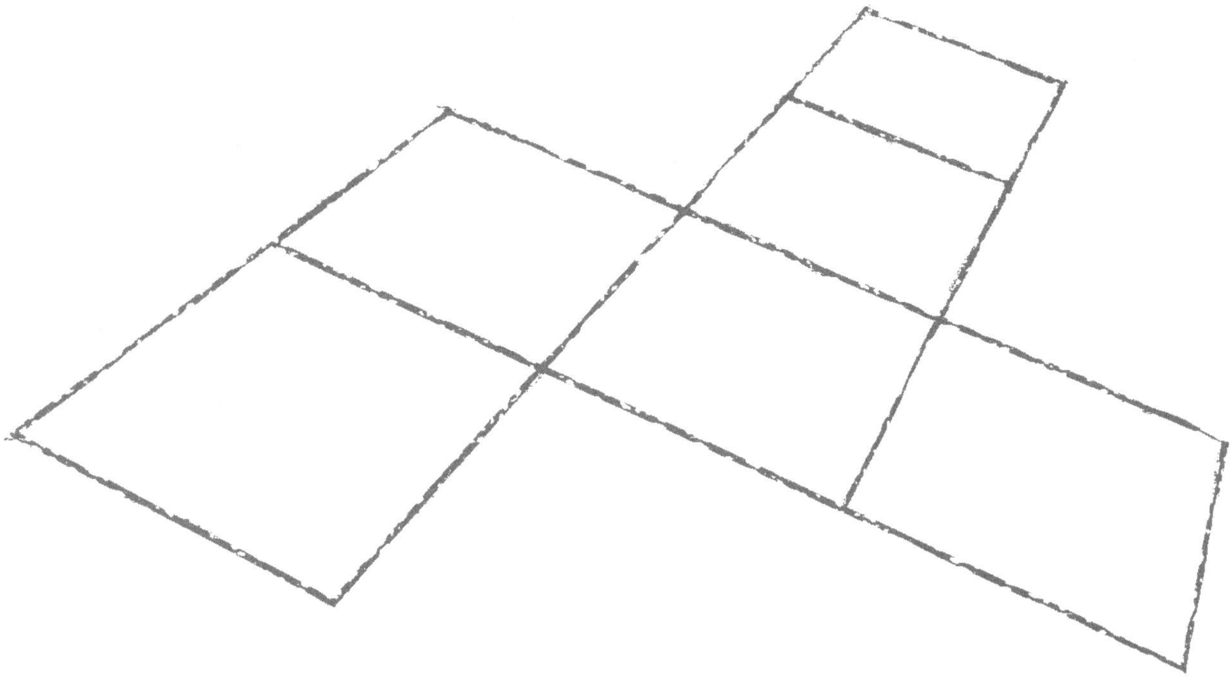

Das Mathematikbuch 5
Begleitband

von
Walter Affolter
Heinz Amstad
Monika Doebeli
Gregor Wieland

bearbeitet von
Claudia Bärenfänger, Hanau
Maren Distel, Singen (Hohentwiel)
Florian Karsten, Stuttgart
Christoph Maitzen, Staufenberg
Hartmut Müller-Sommer, Vechta
Julia Sehling, Konstanz

Ernst Klett Verlag
Stuttgart · Leipzig

Das Mathematikbuch 5, Begleitband

Bildquellennachweis

U1.1 shutterstock (Mireille Miller), New York, NY; **22.1**; **83.1** Klett & Balmer & Co (Pascale Eggermann, Luzern), Zug; **90.4**; **90.5** Max, Binia + Jakob Bill Stiftung/VG Bild-Kunst, Bonn, 2009

Nicht in allen Fällen war es uns möglich, den Rechteinhaber der Abbildungen ausfindig zu machen. Berechtigte Ansprüche werden selbstverständlich im Rahmen der üblichen Vereinbarungen abgegolten.

1. Auflage 1 5 4 3 2 1 | 13 12 11 10 09

Alle Drucke dieser Auflage sind unverändert und können im Unterricht nebeneinander verwendet werden. Die letzte Zahl bezeichnet das Jahr des Druckes.

Autorinnen und Autoren: Walter Affolter, CH-Steffisburg; Heinz Amstad, CH-Zug; Claudia Bärenfänger, Hanau; Ingrun Behnke, Witten; Lothar Carl, Detmold; Maren Distel, Singen (Hohentwiel); Monika Doebeli, CH-St. Gallen; Katrin Eilers, Hannover; Florian Karsten, Stuttgart; Barbara Krauth, Darmstadt; Eckhard Lohmann, Hamburg; Christoph Maitzen, Staufenberg; Hartmut Müller-Sommer, Vechta; Matthias Römer, Saarbrücken; Julia Sehling, Konstanz; Gregor Wieland, CH-Wünnewil

Redaktion: Dr. Gudrun Pofahl, Elke Linzmaier
Mediengestaltung: Jörg Adrion
Umschlaggestaltung: Daniela Vormwald

Layoutkonzeption: Anika Marquardsen, Berlin
Illustrationen: Uwe Alfer, Waldbreitbach; Anika Marquardsen, Berlin; Lorenz Meier, Zürich

Satz: Satzkiste GmbH, Stuttgart
Reproduktion: Meyle + Müller Medien-Management, Pforzheim
Druck: fgb – freiburger graphische betriebe

Printed in Germany
ISBN 978-3-12-700353-6

9 783127 003536

Inhalt

1. Konzeption und Aufbau des Unterrichtswerks *Das Mathematikbuch*

Das Mathematikbuch ist ursprünglich eine Schweizer Entwicklung, die von einem deutschen Autorenteam adaptiert wurde. Es baut auf den Grundideen auf, die im Projekt „mathe2000" von Erich Ch. Wittmann und Gerhard N. Müller ausgearbeitet und in einem Lehrwerk (Zahlenbuch 1, 2, 3, 4) umgesetzt wurden. Das „Schweizer Zahlenbuch" wurde von einem neuen Autoren- und Gutachterteam ausgearbeitet und überprüft. Es ist seit mehreren Jahren in der Schweiz erfolgreich im Einsatz. Das Konzept wurde 2006 mit dem world didac award ausgezeichnet. Ein deutsches Autorenteam hat die vorliegende Adaption erarbeitet.

Das Schülerbuch und das Arbeitsheft

Dem Unterrichtswerk *Mathematikbuch* liegen zwei elementare Bestandteile zugrunde:
Das **Schülerbuch** enthält 46 Lernumgebungen auf 46 Doppelseiten. Jede Lernumgebung stellt im überschaubaren und inhaltlich beschränkten Rahmen bedeutsame Anwendungen und innermathematische Problemstellungen vor. Sie sind so angelegt, dass sie Prozesse eigenständigen Lernens auslösen und unterstützen können.
Zum Schülerbuch braucht jede Schülerin und jeder Schüler ein **Arbeitsheft,** das zu fast allen Lernumgebungen Aufgaben bereitstellt zur selbstständigen Vertiefung, Vernetzung und Erweiterung des Gelernten.

1.1 Konzentration des Stoffes auf die Leitideen der Mathematik

Inhaltliche Leitideen

Inhaltliche Leitideen
Die begrenzte Zeit für Mathematikunterricht in der Schule muss möglichst effizient genutzt werden. Dies ist nur möglich, wenn man den Mathematikunterricht auf jene wesentlichen Leitideen konzentriert, die für das **Verständnis** der Fachstruktur und für die **Umwelterschließung** notwendig sind. Verständnis aufzubauen braucht Zeit.

Die Lernenden haben ein Recht darauf, die Dinge, die sie lernen sollen, zu **verstehen.** Das Üben von neuen Fertigkeiten ist erst dann sinnvoll, wenn die Lernenden verstanden haben, was sie warum so rechnen oder darstellen müssen. Dieses Vorgehen erfordert zwar bei der Einführung in ein neues Thema Zeit. Doch langfristig gesehen bringt dies mehr Sicherheit und mehr Erfolg und ist daher effizient.

Die Lernenden haben auch ein Recht darauf, für sie **sinnvolle Inhalte** zu lernen. Dies ist nur möglich, wenn Sachthemen bearbeitet werden, die nicht nur vom mathematischen Gehalt, sondern insbesondere auch von der Sache her interessant sind. Die Sachthemen sollen auch einen Beitrag leisten, die Umwelt besser zu verstehen.

Vernetzung

Die Leitideen des Mathematikunterrichts sind in Abschnitt 2.3 zusammengefasst. Meist vernetzen die Lernumgebungen inhaltliche Kompetenzen aus verschiedenen Bereichen miteinander. Zudem sind die Lernumgebungen selbst untereinander vernetzt.
Neben der oben erwähnten Übersicht über Leitideen, Kompetenzen und Lernumgebungen sind im Kommentar zu jeder Lernumgebung inhaltliche „Vorgänger-" und „Nachfolger"-Lernumgebungen aufgezeigt, um diese Vernetzung transparent zu machen.

Leitideen sind im Zusammenhang mit dem Spiralprinzip zu sehen. Sie werden im Verlauf der Schulzeit immer wieder aufgegriffen, vertieft und erweitert. Dies zeigt sich beispielsweise in der Leitidee „Zahl" und der Zahldarstellung: Die Dezimalstruktur der Zahlen und die entsprechende Stellenwertschreibweise sind auf jeder Stufe ein wichtiges Thema.

Allgemeine Lernziele des Mathematikunterrichts
Die oben erwähnten fachorientierten Leitideen stehen in engem Zusammenhang mit allgemeinen mathematischen Kompetenzen. Auch diese Lernziele sind auf allen Schulstufen von großer Bedeutung. Die Kultusministerkonferenz hat sie in ihrem Beschluss vom 04.12.2003 folgendermaßen formuliert:

Allgemeine Kompetenzen

(K 1) Mathematisch argumentieren
Dazu gehört:
- Fragen stellen, die für die Mathematik charakteristisch sind („Gibt es …?", „Wie verändert sich …?", „Ist das immer so …?"), und Vermutungen begründet äußern,
- mathematische Argumentationen entwickeln (wie Erläuterungen, Begründungen, Beweise),
- Lösungswege beschreiben und begründen.

(K 2) Probleme mathematisch lösen
Dazu gehört:
- vorgegebene und selbst formulierte Probleme bearbeiten,
- geeignete heuristische Hilfsmittel, Strategien und Prinzipien zum Problemlösen auswählen und anwenden,
- die Plausibilität der Ergebnisse überprüfen sowie das Finden von Lösungsideen und die Lösungswege reflektieren.

(K 3) Mathematisch modellieren
Dazu gehört:
- den Bereich oder die Situation, die modelliert werden soll, in mathematische Begriffe, Strukturen und Relationen übersetzen,
- in dem jeweiligen mathematischen Modell arbeiten,
- Ergebnisse in dem entsprechenden Bereich oder der entsprechenden Situation interpretieren und prüfen.

(K 4) Mathematische Darstellungen verwenden
Dazu gehört:
- verschiedene Formen der Darstellung von mathematischen Objekten und Situationen anwenden, interpretieren und unterscheiden,
- Beziehungen zwischen Darstellungsformen erkennen,
- unterschiedliche Darstellungsformen je nach Situation und Zweck auswählen und zwischen ihnen wechseln.

(K 5) Mit symbolischen, formalen und technischen Elementen der Mathematik umgehen
Dazu gehört:
- mit Variablen, Termen, Gleichungen, Funktionen, Diagrammen, Tabellen arbeiten,
- symbolische und formale Sprache in natürliche Sprache übersetzen und umgekehrt,
- Lösungs- und Kontrollverfahren ausführen,
- mathematische Werkzeuge (wie Formelsammlungen, Taschenrechner, Software) sinnvoll und verständig einsetzen.

(K 6) Kommunizieren
Dazu gehört:
- Überlegungen, Lösungswege bzw. Ergebnisse dokumentieren, verständlich darstellen und präsentieren, auch unter Nutzung geeigneter Medien,
- die Fachsprache adressatengerecht verwenden,
- Äußerungen von anderen und Texte zu mathematischen Inhalten verstehen und überprüfen.

Bereits vorhandenes Wissen im Sinne der inhaltlichen Ziele ist die Basis für das Erreichen prozessbezogener Kompetenzen. Umgekehrt können sich die Fähigkeiten des Mathematisierens, Problemlösens, Argumentierens und Darstellens positiv auf das Erreichen inhaltlicher Ziele auswirken. Im Lernprozess sind immer beide Zielebenen im Auge zu behalten. Dies ist aus folgendem Grund besonders wichtig: Inhaltliche Lernziele sind eher Ziele kurzfristiger Natur, allgemeine Lernziele jedoch können nur langfristig erreicht werden. Die Gefahr besteht daher, dass man sich im Unterricht zu einseitig auf das Erreichen inhaltlicher Lernziele konzentriert. Man lernt jedoch einen Sachverhalt oft besser verstehen, wenn man versucht, ihn mit eigenen, wenn auch unbeholfenenen Worten zu beschreiben, ihn mit unvollkommenen Skizzen darzustellen oder spontane Vermutungen zu formulieren.

Dieser Prozess muss auch lernschwächeren Schülerinnen und Schülern ermöglicht werden, da gerade sie auf das Formulieren ihrer eigenen Gedanken besonders angewiesen sind.

Sie haben in einem solchen Prozess der eigenen Wege auch eine höhere Verstehenschance; zudem kann man als Lehrperson ihre Schwierigkeiten besser begreifen.
Man muss sich dabei bewusst sein, dass auf einem Lernweg selbstverständlich Fehler, ja gar zeitweilige Rückschritte vorkommen. Lehrpersonen benötigen viel Geduld und Ausdauer, solche „Durststrecken" durchzustehen. Man muss die Lernenden immer wieder ermutigen, ihre positiven Ansätze anzuerkennen und Fehler als Grundlage für den Aufbau neuer Erkenntnisse zu nutzen.

Sowohl in den Lernumgebungen als auch im Arbeitsheft gibt es verschiedene Anlässe und Anregungen, mit denen die allgemeinen Lernziele anvisiert werden:

L F D

- Aufforderungen etwas zu beschreiben,
- einander Aufgaben stellen,
- offene Aufgabenstellungen,
- mit einem Eichhörnchen bezeichnete „Schnüffelaufgaben" (Aufgaben zum Ausprobieren),
- sowie die Kopiervorlagen Lernbericht L, Folgenkurs F und Denkschule D im Begleitband.

Sie sollen den Lernenden Gelegenheit zum Überlegen, Vermuten, Argumentieren, Darstellen und Formulieren geben. Sie sind immer für alle Schülerinnnen und Schüler, nicht nur für die lernstärkeren gemacht. Im Kommentar zu den einzelnen Lernumgebungen werden zudem Anregungen gegeben, wie die erworbenen allgemeinen Kompetenzen auch in Leistungsaufgaben einbezogen werden können.

1.2 Aktiv-entdeckendes und soziales Lernen, konstruktivistische Lerntheorie

Lange Zeit wurde Unterrichten ähnlich gesehen wie das Aufbauen einer Mauer, das schrittweise, sozusagen Stein um Stein erfolgt. Dabei war man immer von der Angst begleitet, es könnte einmal ein Stein fehlen und die ganze Mauer würde dadurch zum Einsturz kommen. Lernen verläuft aber nicht so. Das zeigen neuere Ergebnisse aus der Unterrichtsforschung. Lernen ist eher vergleichbar mit dem Knüpfen eines Netzes. Es wird einmal zwischen zwei Aufhängepunkten ein Faden gespannt, dann ein weiterer und noch einer und so fort. Dabei kann es durchaus geschehen, dass das Netz nicht überall gleich dicht gespannt ist, ja es können sogar während längerer Zeit Löcher vorhanden sein, die jedoch, einmal entdeckt, mit neuen Fäden überbrückt werden können. In dieser Metapher steckt die Grundidee konstruktivistischer Lerntheorien.

Lernen ist nur bedingt von außen steuerbar. Die eigentlichen Lernprozesse laufen individuell im Innern jedes Einzelnen ab. Alle Lernenden knüpfen ihre eigenen, persönlichen „Denk-Netze". Je mehr Beziehungen sie herstellen können, desto beweglicher wird das Denken. Lücken sind in einem Lernprozess immer vorhanden. Sie sind kein Hindernis beim Lernen. Im Gegenteil, erkannte Lücken sind der eigentliche Anstoß, etwas Neues zu lernen. Wichtig ist also insbesondere, dass man Strategien entwickelt, Lücken zu erkennen, zu beschreiben und für den weiteren Lernprozess zu nutzen.

Lernen geht oft sprunghaft vor sich. Manchmal dauert es lange, bis man etwas begreift, und manchmal fällt der Groschen plötzlich und alles erscheint klar und „selbst"-verständlich. Lernen muss jedoch durch eigenes Tun erfolgen. Schon Aebli spricht vom Denken als Ordnen des Tuns. All dies bedeutet, dass sinnvolles Lernen nur **aktiv-entdeckend** und nicht **passiv-rezeptiv** ablaufen kann.

Lernen ist ein individueller Prozess. Dennoch oder gerade deswegen ist gemeinsames Lernen besonders wichtig. Das einzelne Individuum ist darauf angewiesen, seine Ideen mit anderen auszutauschen, sich von anderen anregen zu lassen und selbst Denkanstöße geben zu können. Das bedeutet, dass Lernen immer auch ein Lernen von und mit anderen, also **Lernen in einer Gemeinschaft** und **soziales Lernen** ist.

Unterrichten sollte daher vermehrt von den Lernenden aus und erst dann vom Stoff aus konzipiert werden. Lernen kann demzufolge kein Abarbeiten von Stoffplänen sein. Das bedeutet, dass die einzelnen Inhalte nicht kleinschrittig durchgenommen werden sollen. Das Konzept des aktiv-entdeckenden Lernens ist ganzheitlich. Das heißt, dass man bei einem neuen Lerninhalt ganzheitlich, direkt auf den Kern der Sache zielend einsteigt. Man stellt den Lernenden

Probleme, die ihnen Gelegenheit geben, sich mit der Sache intensiv zu beschäftigen.

Ein solches ganzheitliches Lernen bedingt, dass der gleiche Lerninhalt in mehreren Durchgängen behandelt wird. Bei jedem Durchgang haben die Lernenden Gelegenheit, neue Zusammenhänge in ihrem Wissensnetz herzustellen und Lücken zu füllen. Dies entspricht weitgehend dem natürlichen Lernen, wie etwa beim Spracherwerb des Kleinkindes.

Merkblatt für Eltern
Ganz wichtig im Zusammenhang mit aktiv-entdeckendem Lernen ist das Einbeziehen der Eltern. Oft möchten Eltern ihren Kindern verständlicherweise helfen. Da sie jedoch meist andere Unterrichtserfahrungen als ihre Kinder gemacht haben, versuchen sie häufig, ihnen Lösungstechniken beizubringen und legen damit zu wenig Wert auf das Verstehen der Sachzusammenhänge. Es ist deshalb wichtig, den Eltern den Sinn des aktiv-entdeckenden und sozialen Lernens aufzuzeigen, sowie ihnen Anleitungen zu geben, wie sie ihren Kindern sinnvoll helfen können. Der „Elternbrief" kann dabei eine Hilfe sein (Kopiervorlage).

Kopiervorlage: Elternbrief

1.3 Sparsamkeit der Anschauungsmittel und des Arbeitsmaterials

Das konkrete Handeln mit Anschauungsmitteln ist auch in der 5. Klasse wichtig. Es hilft den Lernenden beispielsweise, Vorstellungen zum Bruchzahlbegriff zu verinnerlichen. Erst nach einer individuell unterschiedlich langen Phase des konkreten Handelns sollen die Lernenden von sich aus dazu übergehen, die Aufgaben „im Kopf" zu lösen. Die Anschauungsmittel sollten den Lernenden jedoch immer zur Verfügung stehen.

Materialliste

Lernumgebung	Material	Bezugsquelle
1		
2		
3	Wendeplättchen	Ernst Klett Verlag ISBN 978-3-12-199058-0, magnetische Plättchen unter ISBN 978-3-12-199059-7
4		
5		
6	Doppelspiegel	unzerbrechliche Handspiegel bei www.klett.de ISBN 978-3-12-199070-2
7	Geobrett	Bastelanleitung als Kopiervorlage; transparente Ausführung z. B. bei www.lehrmittel-reinhold.de
8		
9		
10		
11		
12		
13		
14		
15		
16		
17		
18		
19	Wendeplättchen	s. 3
20		
21	Zeichenuhr	Zeichenuhr liegt dem Arbeitsheft bei, siehe auch Kopiervorlage Zeichenuhr Zeichenuhr aus Kunststoff für den Overheadprojektor können Sie über den Buchhandel bestellen unter ISBN 978-3-264-83098-9
21	Wendeplättchen	s. 3
22		
23		
24		
25		
26		

Lernumgebung	Material	Bezugsquelle
27		
28		
29	Papiermaßband	kostenlos in vielen Baumärkten und Möbelhäusern
29	Zeichenuhr	s. 21
30	Zeichenuhr	s. 21
31	Kugeln, Säckchen	im Spielwarenhandel
32		
33		
34	Ziffernkärtchen	Kopiervorlage
35	Wendeplättchen	s. 3
36	Holzwürfel	z. B. www.holzwuerfel.com; Hunderter-Steckwürfel-Sätze aus Kunststoff z. B. unter www.lms.de oder www.betzold.de
37		
38		
39		
40		
41		
42		
43	dm^3-Würfel	z. B. www.conatex.de
44		
45		
46		

1.4 Produktives Üben

Das Üben hat im Konzept des *Mathematikbuchs* einen ganz besonderen Stellenwert. Einzelne Unterrichtseinheiten zu einem Thema sind den Phasen Einführung, Übung, Anwendung oder Erkundung zuzuordnen. Die Phase der Übung durchdringt jedoch die anderen Phasen in doppelter Weise:
- Einerseits wird in jeder Phase des Lernens geübt. Bereits bei der Einführung in ein neues Thema über geeignete Problemstellungen müssen die Lernenden bisheriges Wissen aufgreifen. Damit wiederholen sie in natürlicher Weise bisherigen Stoff. Das Gleiche gilt in der Phase des Anwendens oder Erkundens.
- Andererseits sind in jeder Phase des Lernens immer wieder kleinere oder größere Übungseinheiten einzubauen. Lernen ist ein ganzheitlicher Prozess.

Die Lernenden entfalten in allen Phasen verschiedene Lernaktivitäten. Eine dieser Aktivitäten steht jedoch je nach Phase schwerpunktmäßig im Vordergrund. Entsprechend der Lernaktivität setzt auch die Lehrperson unterschiedliche Schwerpunkte in ihrer Tätigkeit, wie der Tabelle zu entnehmen ist:

Organisation und Selbstorganisation des Lernens

Lehrperson	**einführen** hinweisen beraten zuhören	einführen **hinweisen** beraten zuhören	einführen hinweisen **beraten** zuhören	einführen hinweisen beraten **zuhören**
Phase	Einführung	Übung	Anwendung	Erkundung
Schülerinnen und Schüler	**(kennen) lernen** üben anwenden erkunden	(kennen) lernen **üben** anwenden erkunden	(kennen) lernen üben **anwenden** erkunden	(kennen) lernen üben anwenden **erkunden**

Strukturierte Übungen

Das *Mathematikbuch* zeichnet sich durch strukturierte Übungen aus. Auf den ersten Blick können auch diese Übungen aussehen wie bekannte „Päckchen-Rechnungen". Die einzelnen Rechnungen innerhalb eines solchen Päckchens haben jedoch nicht nur ein mathematisches Thema wie schriftliche Addition oder Proportionalität gemeinsam, sondern enthalten eine innere Struktur, beispielsweise durch eine gesetzmäßige Beziehung zwischen den Ergebnissen.

Selbstkontrolle

Bei speziellen Übungsformen, wie etwa „Hüpf im Päckchen" (siehe Lernumgebung 3, Seite 36), liegt die Selbstkontrolle in der Aufgabe selbst. Jedes richtig berechnete Ergebnis ist Ausgangspunkt einer neuen Rechnung. Dies ist ein Übungsformat, zu dem die Lernenden eigene Beispiele erfinden und sich gegenseitig als Aufgabe stellen können.

Aufgaben erfinden und sich gegenseitig stellen ist ein Übungsfeld, das im bisherigen Unterricht eher vernachlässigt wurde. Die sicheren Rechnerinnen und Rechner, die oft früher als die anderen mit ihren Aufgaben fertig sind, können angehalten werden, für die anderen strukturierte Aufgaben zu erfinden. Das gibt ihnen Gelegenheit, vermehrt über Strukturen nachzudenken. Das bringt sie im Unterricht weiter, ohne dass sie die anderen stofflich überholen. Zudem kommt so für diejenigen, die zusätzliches Übungsmaterial benötigen, solches zustande.

Arbeitsheft

Neben dem *Mathematikbuch* gibt es ein persönliches Arbeitsheft, in das die Lernenden direkt hineinschreiben können. Die dort vorkommenden Übungen stehen immer im Bezug zu einer Lernumgebung. Neben einfachen Aufgaben zum Trainieren von Basisfertigkeiten finden sich hier kompetenzorientierte Aufgaben zum Mathematisieren, Verbalisieren und Argumentieren sowie weiterführende Aufgaben zum Vernetzen mit bekannten Inhalten.
Unter der Rubrik: „Das will ich mir merken:" können die Schülerinnen und Schüler ihre eigenen Erkenntnisse selbst formulieren.
Neben dem Übungsmaterial enthält das Arbeitsheft Anleitungen zur Arbeitstechnik. Die Schülerinnen und Schüler werden aufgefordert, ihr Arbeitsverhalten selbst zu beurteilen. Darüber hinaus kann man die Schüler anhalten, Lernberichte zu verfassen (Kopiervorlagen).

Kopiervorlage: Lernbericht (Begleitband)

Teste dich selbst

Das Arbeitsheft enthält auch Tests („Teste dich selbst" 1–5) mit Lösungen im Anhang. Sie dienen den Lernenden dazu, ihre Fertigkeiten selbstständig zu überprüfen und können zum Beispiel als Vorbereitung auf Klassenarbeiten verwendet werden.

Rechentraining

Besonders zu beachten sind die Übungen zum Rechentraining, wie sie im folgenden Abschnitt beschrieben werden. Man findet sie im Arbeitsheft auf den ersten Seiten als Wiederholungsübungen zum Stoff der 4. Klasse sowie zum Stoff der 5. Klasse.

Automatisierendes Üben

Dem sicheren und automatisierenden Üben wird im *Mathematikbuch* große Bedeutung beigemessen. Im Gegensatz zu den strukturierten Übungen, die dem Einüben und Verstehen dienen, geht es beim Kopfrechnen darum, dass man die vorgegebenen Rechnungen in beliebiger Reihenfolge sicher und mit einer gewissen Routine, d. h. ohne sich den Rechnungsweg überlegen zu müssen, lösen kann. Der Sinn des geläufigen Kopfrechnens liegt darin, dass man sich bei komplexeren Sachaufgaben auf die wesentlichen Dinge der Aufgabe konzentrieren kann. Zudem dient sicheres Kopfrechnen auch dem Abschätzen von Lösungen einer Aufgabe.

An einzelnen Stellen des *Mathematikbuchs* findet man Aufgaben zum Kopfrechnen unter dem Titel „Rechentraining". Sie sind teilweise dem gerade behandelten Thema angepasst. Es ist zum Beispiel sinnvoll, bei der Proportionalität Rechnungen von der Form $a \cdot b : c$ und $a : b \cdot c$ zu üben, weil in Proportionalitätsaufgaben dieser Rechentyp die Regel ist.
Die „Rechentrainings"-Übungen im Arbeitsheft sollen regelmäßig vorgenommen werden. Dies kann vorerst bei einigen der Wiederholungsübungen im Klassenverband geschehen. Mit der Zeit können sich die Schülerinnen und Schüler die Aufgaben gegenseitig stellen und überprüfen. Man kann von der Klasse auch eine Übungskartei erstellen lassen. Eine Anregung dazu findet man im Kommentar zur Lernumgebung 3 „Natürliche Zahlen".

Anregung: Übungskartei

1.5 Natürliche Differenzierung

Differenzierung im Unterricht ist eine Notwendigkeit, da jede Schülerin und jeder Schüler einer Klasse eigene Lernvoraussetzungen hat. Oft gibt die Lehrperson den unterschiedlich begabten Schülerinnen und Schülern oder einzelnen Gruppen verschiedene Aufgaben zu lösen. Oder sie gibt ihnen Aufgaben, die auf unterschiedlichem Niveau mit verschiedenen Mitteln zu lösen sind. Diese Differenzierung, man spricht von **Binnendifferenzierung**, geht von der Lehrperson aus. Sie entscheidet, wer welche Aufgaben zu welchem Zeitpunkt zu lösen hat.

Daneben gibt es auch eine Differenzierung, die vom Lernenden ausgeht, die sogenannte **natürliche Differenzierung.** Der ganzen Klasse wird ein Thema auf einer Doppelseite ganzheitlich angeboten. Innerhalb des Themas bieten Aufgaben- und Problemstellungen unterschiedlichen Schwierigkeitsgrades viele Entfaltungsmöglichkeiten. Die einzelnen Schülerinnen und Schüler bearbeiten denjenigen Teil des Angebots, der ihren Lernvoraussetzungen entspricht. Dabei dient die Nummerierung der Aufgaben nur als Orientierungshilfe. Sie legt weder den Schwierigkeitsgrad noch einen bestimmten Lernweg fest. Die Lernenden wählen ihre Rechenwege und die Hilfsmittel nach freiem Ermessen. Dies kommt nicht nur den Leistungsstarken, sondern besonders auch Lernschwächeren entgegen. Zur Gesamtbearbeitung eines Themas durch die Klasse kann jede Schülerin und jeder Schüler einen persönlichen Beitrag leisten. Zudem haben sie im Sinne des sozialen Lernens auch Gelegenheit von den anderen zu lernen.

Möglichkeiten für diese Art der natürlichen Differenzierung sind auch durch die Themen des Sachrechnens gegeben. Innerhalb eines Sachthemas haben nicht alle Schülerinnen und Schüler alle Aufgaben zu lösen. Alle können ihren Teil zu einer Gesamtlösung beitragen. Häufig wird die Lehrperson bei der Einführung in ein Sachthema unabhängig vom Lehrbuch arbeiten. Das ergibt zusätzlich die Möglichkeit, dass die Schülerinnen und Schüler persönliche Materialien, Literatur, Erfahrungen usw. einbringen können. Dies kann auch ein Beitrag zum häufig empfohlenen fächerübergreifenden Unterricht sein.

Eine weitere Möglichkeit für natürliche Differenzierung bieten **offene Aufgaben oder Problemstellungen.**

Eine Aufgabe oder Problemstellung ist dann offen, wenn sie folgende Kriterien erfüllt:

1. Es darf nicht offensichtlich sein, wie das Problem gelöst werden kann. Das bedeutet, dass eine Aufgabe nur dann offen ist, wenn die Schülerinnen und Schüler unmittelbar vor der Aufgabenstellung keine entsprechenden Lösungstechniken behandelt haben. Das Problem lässt mehrere Lösungswege, in der Regel auch mehrere Lösungen zu.

2. Die Aufgabe ermöglicht allen Schülerinnen und Schülern, etwas damit anzufangen, beispielsweise etwas zu messen, zu zählen, auszuprobieren, einen Spezialfall zu lösen, eine Idee des Vorgehens zu entwickeln.

Die einfachste Art offener Problemstellungen heißt: Erfinde selbst Aufgaben oder Rechengeschichten. Diese Aufforderung ist im *Mathematikbuch* mehrmals anzutreffen, beispielsweise wenn dazu aufgefordert wird, selbst mathematische Geschichten zum Thema Verspätungen zu schreiben. Besonders gut eignen sich auch die Übungsformate als offene Problemstellungen. Die Lernenden erfinden eigene Zahlenmauern, Rechenbäume oder „Hüpf in der Reihe"-Aufgaben, Kopfrechenübungen usw.

1.6 Umgang mit Fehlern

Mathematikunterricht darf nicht zu einer „falsch"- und „richtig"-Kultur verkommen. Natürlich ist es wichtig, dass die Lernenden jeweils wissen, ob ihre Lösungen richtig oder falsch sind. Viel wichtiger jedoch ist, dass sie typische Fehler nicht einfach als etwas Negatives erfahren, als etwas, das in ihnen gar noch Schuldgefühle weckt. Vielmehr sollen sie lernen, wie man mit Fehlern umgehen, ja sie sogar positiv nutzen kann. Dazu gehört vorerst einmal das Bewusstwerden, dass Fehler notwendige Bestandteile in einem Lernprozess sind. Es liegt auf der Hand, dass man bei der Einführung in ein neues Thema noch nicht alles verstehen kann, dass Missverständnisse, Unsicherheiten und Unvollkommenheiten normal sind. Die Lernenden sollen beim Aufbau neuer Erkenntnisse etwas ausprobieren dürfen, auch auf die Gefahr hin, dass es sich als falsch herausstellt. So sollen sie etwa beim Rechnen mit Komma einfach einmal eigene Wege beschreiten und diese veranschaulichen und begründen können. Unterschiedliche Ergebnisse einzelner Schülerinnen und Schüler sollen bewusst zum Anlass genommen werden, die Argumentationsfähigkeit zu fördern. Folgende und ähnliche Fragen können dabei eine Hilfe sein:
- Wie bist du darauf gekommen?
- Warum ist das so?
- Was hast du dir dabei überlegt?

- Wo genau siehst du den Unterschied in den beiden Überlegungen?
- Was hast du gelernt?

Dabei lernen die Schülerinnen und Schüler, sich selbst und anderen Fragen zu stellen. Fragen zu stellen ist meistens noch wertvoller als Antworten zu haben. Denn einer der wichtigsten Aspekte des Problemlösens ist wohl, Fragen und Ergebnisse in Frage stellen zu können. Aus diesen Gründen ist es wichtig, im Unterricht einen positiven Umgang mit Fehlern aufzubauen. Fehler in einem Lernprozess sollten deshalb nach Möglichkeit stehen bleiben. Ein kommentierter und verbesserter Fehler kann eine Hilfe sein. Wird jedoch ein falsches Ergebnis nur ausradiert oder „gekillert" und das richtige darübergeschrieben, weiß man anschließend nicht mehr, was man falsch gemacht hat. Damit ist eine wichtige Lernchance vertan.
Vertiefende Darstellungen findet man in den Dokumentationen des SINUS-Transfer-Moduls 3 „Aus Fehlern lernen".

1.7 Beurteilen und Fördern

Fremd- und Selbstbeurteilung
Unterschiedliche Arten von Lernkontrollen gehören zu jedem Lernprozess. Die am häufigsten verbreitete, weil schnell realisierbare, ist die Kontrolle von außen, sei es durch die Lehrperson oder durch einen Lösungsschlüssel. Diese Art von Beurteilung hat unter anderem den Nachteil, dass sie nicht unmittelbar erfolgt und dadurch den Lernerfolg vermindert. Vor allem aber fördert die Fremdkontrolle die Selbstkompetenz der Lernenden kaum.

Im *Mathematikbuch* wird versucht, die Fremdkontrolle möglichst gering zu halten. Die Lernenden sollen sich immer wieder selbst kontrollieren können, sei es, indem sie ihre Ergebnisse mit vorhandenen Hilfs- und Anschauungsmitteln überprüfen, sei es, indem sie innerhalb einer Aufgabenserie eine Struktur entdecken und beschreiben.

Der Einstieg in ein neues Thema, wie etwa der Umgang mit Brüchen, braucht immer mehrere Durchgänge. Man will den verschiedenen Lerntypen gerecht werden, indem man ihnen unterschiedliche Zugänge zum Thema ermöglicht. In dieser Unterrichtsphase ist eine effiziente Lernbegleitung und Lernberatung notwendig. Dazu gehört auch ein Überprüfen des individuellen Verständnisses, des Wissensstandes und der Fertigkeiten. Dies ist nur möglich, wenn die Lehrperson jede Gelegenheit wahrnimmt, die Lernenden bei ihrer Arbeit zu beobachten, das Gespräch zu suchen und entsprechende Fragen (siehe Abschnitt 1.6, „Umgang mit Fehlern") zu stellen. Ebenso gehören Lernkontrollen zu dieser Phase des Unterrichts. Diese Kontrollen sollen folgende Kriterien erfüllen:
- sie sind zeitlich individuell einsetzbar,
- sie sind auf die gesetzten Lernziele beschränkt,
- sie geben in Worten und/oder Noten Auskunft darüber, ob die Ziele erreicht oder noch nicht erreicht sind und
- sie sind wiederholbar.

Förderung verschiedener Kompetenzen
Neben der Überprüfung von Wissen und Fertigkeiten in schriftlichen Kontrollen ist zu beachten, dass auch andere Kompetenzen gefördert und überprüft werden. Dazu gehören Kompetenzen der mündlichen Ausdrucksfähigkeit, soziale Kompetenzen sowie in zunehmendem Maße auch Arbeitstechniken wie das Abfassen von Lernberichten und Selbstbeurteilungen.
Unter den verschiedenen Kompetenzen ist Folgendes zu verstehen:
- **Sachkompetenz** meint die Fähigkeit, Problemstellungen und Aufgaben mithilfe des erforderlichen Wissens und der nötigen Fertigkeit zu lösen.
- **Methodenkompetenz** meint die Fähigkeit, bei der Bewältigung von Aufträgen oder Problemen über Arbeitstechniken und Lernstrategien zu verfügen, die zum Erfolg führen.
- **Sozialkompetenz** meint die Fähigkeit, mit anderen zusammen zu arbeiten, Verantwortung für die Gemeinschaft zu übernehmen und zum Erreichen gemeinsamer Ziele eigene Beiträge zu leisten.
- **Selbstkompetenz** meint die Fähigkeit, die eigenen Möglichkeiten und Grenzen wahrzunehmen und kennen zu lernen, in konkreten Situationen entsprechend zu handeln und dafür die Verantwortung zu übernehmen.

Ganzheitliche Förderung

Lernkontrollen und Lernberichte

Das *Mathematikbuch* unterstützt die Bemühungen einer ganzheitlichen Beurteilung als Förderinstrument für effizientes Lernen. Im Arbeitsheft und in den Kopiervorlagen findet man entsprechende Vorschläge.

1. Mit den Lernkontrollen unter dem Titel „Teste dich selbst" im Arbeitsheft können die Lernenden ihre Sachkompetenz überprüfen.

2. Als Ergänzung zu den Aufgaben sind Anleitungen zur Reflexion der einzelnen Aufgaben vorhanden. Die Lernenden beurteilen sich mit:
   - Da bin ich sicher. Das kann ich.
   - Da bin ich unsicher. Das werde ich weiter üben.
   - Das kann ich noch nicht. Hier brauche ich Hilfe.

3. Im begleitenden Kommentar zu den Lernumgebungen sind beispielhaft Aufgaben zusammengestellt, die neben den inhaltlichen Kompetenzen auch das Erreichen prozessbezogener Kompetenzen auf verschiedenen Anforderungsniveaus überprüfen. Leistungsaufgaben dieser Art können in Klassenarbeiten oder Lernkontrollen gestellt werden.

Kopiervorlagen: Lernberichte

4. Mit den Lernberichten, die als Kopiervorlagen im Anhang vorhanden sind, werden die Lernenden mehrmals im Schuljahr angeleitet, über ihr Lernverhalten nachzudenken:
   - Ich packe ein mathematisches Problem zielgerichtet an.
   - Ich habe mit anderen zusammen gearbeitet.
   - Ich gehe mit Fehlern bewusst um und achte auf die Darstellung.

1.8 Erweiterte Lernformen, Arbeitstechnik, Lernberichte und Lerntagebuch

In den letzten Jahren haben sogenannte erweiterte Lernformen Einzug in die Klassenzimmer gehalten. Da ist unter anderem von Werkstattunterricht, Projektunterricht, Freiarbeit und Wochenplan die Rede. Wir Autorinnen und Autoren des *Mathematikbuchs* verstehen aktiv-entdeckendes und soziales Lernen als eine erweiterte Lernform im Vergleich zum belehrenden Unterricht. Darin haben Werkstätten, beispielsweise zur Wiederholung von Größen, Projekte, beispielsweise zum Wald, oder Wochenplanarbeit ihren Stellenwert. Wir verstehen erweiterte Lernformen nicht als eine spezielle Methodik im Sinne einer von außen gesteuerten Unterrichtstechnik, sondern als eine Didaktik im Sinne einer konstruktiven Organisation von Lernprozessen, bei denen Lernende und ihr Lernen von Mathematik im Zentrum der Bemühungen stehen. Die Lehrperson setzt also weitgehend auf einen selbstverantwortlichen und selbst gesteuerten Lernprozess.

Ein solcher Unterricht ist geprägt von einer aktiven Auseinandersetzung mit mathematischen Inhalten. Dazu eignen sich die Lernenden gewisse Arbeitstechniken an, wie beispielsweise die Darstellung mathematischer Sachverhalte mithilfe von Tabellen, Grafiken, Stellenwerttafeln usw. Dazu gehören Techniken zum Umgang mit Fehlern, etwa das bewusste Stehenlassen, Korrigieren und allenfalls Kommentieren von Fehlern. Dies kann in der Form eines persönlichen Lerntagebuchs geschehen. Gemeint ist das Führen des persönlichen Mathematikheftes, in dem die Lernenden nicht nur vorgegebene Aufgaben lösen und verbessern, sondern in dem sie auch ihre Gedanken, Gefühle, Frustrationen, Schwierigkeiten, Aha-Erlebnisse, Ideen usw. festhalten. Das Lerntagebuch ermöglicht den Unterrichtenden Einsicht in die Denkweisen der Lernenden und kann somit als Grundlage für geeignete Hilfestellungen sowie für förderorientierte Beurteilung dienen. Weitere Informationen zum Unterricht mit dem Lerntagebuch finden sich zum Beispiel unter www.dialogischer-mathematikunterricht.de.

2. Übersicht über *Das Mathematikbuch,* Klasse 5

In diesem Abschnitt wird der Inhalt des *Mathematikbuchs* Klasse 5 im Überblick dargestellt. In 2.1 werden die Lernumgebungen zu thematischen Blöcken zusammengefasst.
Das nächste Kapitel 2.2 gibt didaktische Hinweise zu den einzelnen Inhalten. Abschließend werden in 2.3 den Lernumgebungen tabellarisch die Leitideen und die Kompetenzbereiche K1 bis K6 (gemäß KMK-Standards) zugeordnet.

2.1 Thematische Verknüpfung der Lernumgebungen

Die Lernumgebungen können in vier thematischen Blöcken geordnet werden, an einigen Stellen sind mögliche Verzweigungen aufgezeigt.
In vielen Lernumgebungen werden mehrere Themen behandelt, unterschiedliche Leitideen angesprochen. Trotzdem wird jede Lernumgebung nur einmal aufgeführt – und zwar unter dem sie bestimmenden Thema.

Themen: Größen, Dezimalzahlen, Tabellen, Grafiken, Sachaufgaben

- **1** Größen bei Flugzeugen
- **2** Größen bei Bienen
- **5** Tabellen und Grafiken
- **9** Mittelwerte
- **11** Anschlüsse
- **27** Staffellauf
- **39** Spitze!
- **40** Wie alt werden Bäume?

←

- **13** Größen und Komma
- **14** Rechnen mit Größen
- **26** Mit dem Schiff zum Meer
- **29** Bruchteile von Größen
- **34** Dezimalbrüche und Zahlenstrahl
- **35** Dezimalbrüche und Stellentafel

→ Wahrscheinlichkeit

- **28** Kriminalpolizei
- **38** Würfelspiele

Themen: Zuordnungen, Brüche

- **15** Proportionalität
- **16** Je mehr, desto …
- **18** Brüche im Alltag
- **19** Anteile darstellen
- **20** Bruchteile erkennen und darstellen
- **21** Bruchteile der Kreisfläche
- **30** Bruchteile legen und zeichnen

Themen: Flächen, Volumina, Körper, räumliches Vorstellungsvermögen

- **6** Ornamente
- **7** Figuren und Flächen
- **8** Winkel sind überall
- **10** Das Glück dieser Erde
- **17** Knoten
- **22** Flächen
- **36** Körper aus Würfeln
- **37** Quaderansichten
- **41** Päckchen schnüren
- **43** Rauminhalt (Volumen)

→

- **23** Künstler konstruieren
- **24** Zirkel und Geodreieck

Themen: Natürliche und ganze Zahlen, Rechnen, Klammern, Gleichungen, Runden, Schätzen

- **3** Natürliche Zahlen
- **4** Grundoperationen
- **31** Zahlenrätsel
- **32** Versteckte Zahlen
- **33** Klammern und Rechenbäume
- **44** Besondere natürliche Zahlen
- **45** Teiler – Vielfache

→

- **12** Runden
- **25** Bäume wachsen nicht in den Himmel
- **42** Schätzen und runden
- **46** Jakob Steiner

2.2 Didaktische Hinweise zu einzelnen Inhalten

Im *Mathematikbuch* werden innerhalb der Bereiche der inhaltlichen Leitideen folgende Rahmenthemen behandelt.

2.2.1 Arithmetik
2.2.2 Geometrie
2.2.3 Sachrechnen
2.2.4 Stochastik
2.2.5 Einsatz technischer Hilfsmittel
2.2.6 Denkschule

2.2.1 Arithmetik im 5. Schuljahr

Übersicht:
- Halbschriftliche und schriftliche Operationen
- Proportionalität
- Bruchdenken: Brüche, Dezimalbrüche, Prozente
- Propädeutische Algebra
- Rechentraining
- Zahlenmuster: F Folgenkurs (Kopiervorlagen)

Operationen

Halbschriftliche und schriftliche Operationen

Bei der Einführung der schriftlichen Operationen in den Zahlenbüchern der Grundschule wird darauf geachtet, dass die Lernenden vorerst ihre eigenen Wege gehen können, wenn sie Rechnungen mit größeren Zahlen lösen sollen. Dabei wählen sie in der Regel Strategien, mit welchen sie die entsprechende Aufgabe in Teilaufgaben leichteren Typs zerlegen. Solche Verfahren nennt man halbschriftliche Rechenverfahren. Da diese Verfahren im Unterricht relativ neu sind, werden sie hier kurz vorgestellt:

Operationen

Verfahren der halbschriftlichen Addition

1. Strategie: „Stellenwerte extra"

Beispiel: 479 + 135 = 500 + 100 + 14 = 614
400 + 100
70 + 30
9 + 5

Auf diese Strategie wird später das schriftliche Additionsverfahren zurückgeführt.

2. Strategie: „Schrittweise"

Beispiel: 479 + 135 = 609 + 5 = 614
579 + 30 + 5

Es erscheint sinnvoll und praktikabel, die Hunderter sofort im Kopf zu addieren und unter dem Strich nur noch die Addition der Zehner und Einer vorzumerken.
Die Strategie „Schrittweise" lässt sich flexibel handhaben.

Beispiel: 479 + 135 = 500 + 114 = 614
479 + 21 + 114

3. Strategie: „Vereinfachen"

Beispiele: 479 + 135 = 614
480 + 134
500 + 114

215 + 230 + 245 = 600 + 90 = 690
3 · 230

108 + 479 + 135 + 248 = 740 + 230 = 970
105 + 480 + 135 + 250
100 + 500 + 140 + 230

Die Beispiele zeigen, dass sich diese auf dem Gesetz von der Konstanz der Summe beruhende Strategie mehrfach hintereinander anwenden lässt und auch für Summen mit mehreren Summanden geeignet ist. Sie empfiehlt sich bei schwellennahen Zahlen oder einer besonderen Struktur der Summanden.

4. Strategie: „Hilfsaufgabe"

Beispiel: 490 + 173 = 663
500 + 173 = 673

Diese Strategie ähnelt dem „Vereinfachen", ist jedoch vielfach leichter zu überblicken. Unter dem Strich wird hierbei nicht der Rechenweg notiert, sondern eine Hilfsaufgabe, die der zu lösenden Rechnung ähnelt, aber leichter zu berechnen ist.

Verfahren der halbschriftlichen Subtraktion

1. Strategie: „Stellenwerte extra"

Beispiel: 634 − 378 = 300 − 40 − 4 = 256
600 − 300
30 − 70
4 − 8

Hier handelt es sich nicht um die heimliche Verwendung negativer Zahlen, sondern nur um die Notation eines Rechenwegs.

2. Strategie: „Schrittweise"

Beispiel: 634 − 378 = 264 − 8 = 256
334 − 70 − 8

Auch hier wird die Subtraktion der Hunderter sofort im Kopf vollzogen, um Schreibarbeit zu sparen.

Operationen

3. Strategie: „Vereinfachen“

Beispiel: 634 − 378 = 256
636 − 380
656 − 400

Diese Strategie beruht auf dem Gesetz von der Konstanz der Differenz und verlangt ein gutes Zahlverständnis.

4. Strategie: „Hilfsaufgabe“

Beispiele: 634 − 398 = 234 + 2 = 236
634 − 400 = 234

498 − 305 = 195 − 2 = 193
500 − 305 = 195

Analog zur Addition wird auch hier eine „Nachbaraufgabe“ gelöst und zur Berechnung des Ergebnisses der eigentlichen Aufgabe verwandt.

5. Strategie: „Ergänzen“

Beispiel: 634 − 378 = 22 + 234 = 256 Hier wird auf volle Hunderter ergänzt.
400
634

634 − 378 = 6 + 50 + 200 = 256 Hier wird stellenweise ergänzt.
384
434
634

Diese Strategie greift auf die Deutung der Subtraktion als Ergänzen zurück: Von der Zahl 634, dargestellt auf dem Tausenderstrahl, werden „von unten her“ 378 weggenommen und es wird durch Ergänzen berechnet, welche Zahl übrig bleibt.

Malkreuz

Verfahren der halbschriftlichen Multiplikation

1. Strategie: „Malkreuz“

Als wichtigste halbschriftliche Strategie beim Multiplizieren kann das Malkreuz gelten, das aus der distributiven Zerlegung eines Punktfeldes erwächst.
Wir stellen z. B. die Aufgabe 14 · 13 durch ein Punktfeld dar, zerlegen dieses durch ein Folienkreuz in vier Teilfelder und übertragen diese Zerlegung ins Malkreuz:

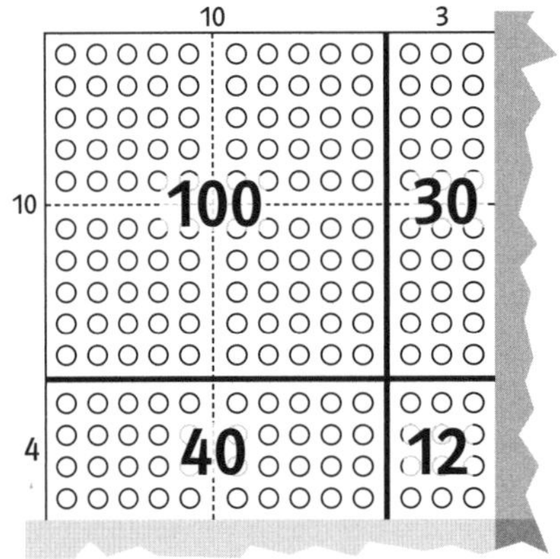

Ikonische Darstellung
(Punktfeld und Folienkreuz)

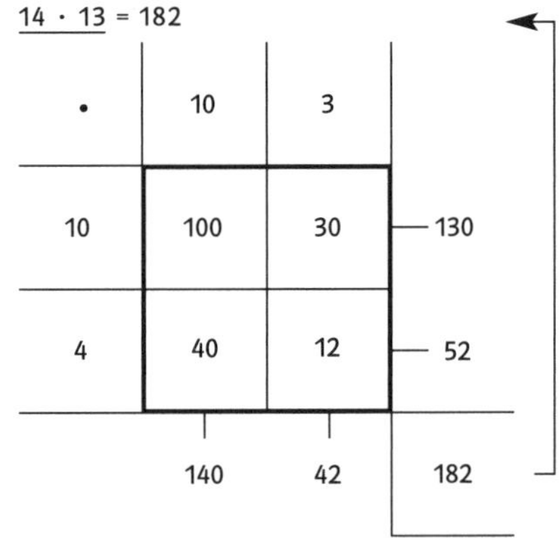

Symbolische Darstellung
(Malkreuz)

Anmerkung: Bei einfachen Aufgaben können die vier Summanden im Kopf addiert werden, ansonsten lassen sie sich schriftlich oder halbschriftlich jeweils zeilenweise oder spaltenweise addieren. Führt man beides durch, so bedeutet dies eine gute Kontrolle. Der häufigste Fehler

Operationen

bei der distributiven Ausmultiplikation von Klammern, nämlich bei $(a + b) \cdot (c + d) = a \cdot c + b \cdot c + a \cdot d + b \cdot d$ einige Produkte zu vergessen, tritt beim Malkreuz nicht auf. Denn die leeren Felder weisen unmissverständlich darauf hin, dass vier Teilprodukte zu berechnen und aufzusummieren sind.

Malkreuz für die Aufgabe $117 \cdot 28 = 3276$

·	100	10	7	
20	2000	200	140	2340
8	800	80	56	936
				3276

Schließlich sei noch darauf verwiesen, dass man mithilfe eines Malkreuzes Ergebnisse von Malaufgaben sehr gut abschätzen kann.

2. Strategie: „Schrittweise"

Die Malkreuzstrategie kann nicht unmittelbar auf das Kopfrechnen übertragen werden. Beim Malkreuz müsste man bei der Berechnung von $13 \cdot 14$ die Aufgaben $10 \cdot 10$; $3 \cdot 10$; $10 \cdot 4$; $3 \cdot 4$ ausrechnen, die Ergebnisse 100; 30; 40 und 12 im Kopf zwischenspeichern und dann addieren. In der Regel reicht aber das Kurzzeitgedächtnis nicht aus, um mehr als zwei Zahlen im Kopf zu behalten. Die Strategie „Schrittweise" lässt sich dagegen auch für das Kopfrechnen nutzen.

Beispiel: $\underline{13 \cdot 14} = 130 + 52 = 182$
$13 \cdot 10$
$13 \cdot 4$

Ein anderer Weg der „schrittweisen" Multiplikation wird durch das Assoziativgesetz der Multiplikation $a \cdot (b \cdot c) = (a \cdot b) \cdot c$ eröffnet.

Beispiele: $\underline{18 \cdot 30} = 540$ oder $\underline{34 \cdot 4} = 68 \cdot 2 = 136$
$18 \cdot 3 \cdot 10$ $\quad$ $34 \cdot 2 \cdot 2$

Auch dies kann man an Feldern, insbesondere am Tausenderfeld, veranschaulichen.

3. Strategie: „Vereinfachen"

Analog zu den Gesetzen von der Konstanz der Summe und von der Konstanz der Differenz gibt es auch ein Gesetz von der Konstanz des Produkts: $a \cdot b = (a \cdot c) \cdot (b : c)$. In Worten: Wenn man einen Faktor verdoppelt, verdreifacht, …, muss der andere Faktor entsprechend halbiert, gedrittelt, … werden, damit das Ergebnis gleich bleibt.

Beispiele: $\underline{16 \cdot 50} = 800$ $\quad$ $\underline{28 \cdot 25} = 700$ $\quad$ $\underline{186 \cdot 5} = 930$
$8 \cdot 100$ $\quad$ $14 \cdot 50$ $\quad$ $93 \cdot 10$
$7 \cdot 100$

4. Strategie: „Hilfsaufgabe"

Diese Strategie erspart viel Schreibarbeit, da hierbei eine Fülle von algebraischen Rechenvorteilen ausgenutzt werden kann. Unter dem Strich wird als Nebenrechnung jeweils eine einfach zu rechnende Hilfsaufgabe geschrieben, aus der dann das Ergebnis abgeleitet werden kann.

Beispiele: $\underline{17 \cdot 19} = 340 - 17 = 323$ $\quad$ $\underline{17 \cdot 21} = 340 + 17 = 357$
$17 \cdot 20 = 340$ $\quad$ $17 \cdot 20 = 340$

Erläuterung:
$17 \cdot 19$ muss um 17 kleiner sein als $17 \cdot 20 = 340$, $17 \cdot 21$ um 17 größer.

$\underline{37 \cdot 5} = 185$
$37 \cdot 10 = 370$ $\quad$ $37 \cdot 5$ ist die Hälfte von $37 \cdot 10$.
$\underline{197 \cdot 5} = 1000 - 15 = 985$
$200 \cdot 5 = 1000$ $\quad$ $197 \cdot 5$ ist um $3 \cdot 5 = 15$ kleiner als $200 \cdot 5 = 1000$.

Operationen

Verfahren der halbschriftlichen Division

1. Strategie: „Schrittweise"

Für diese schrittweise, an der Handlung des Teilens orientierte Division schlagen wir folgende Schreibweise vor:

	425 : 11 = 38 + 7 : 11
	425
	110 : 11 = 10
Rest	315
	220 : 11 = 20
Rest	95
	88 : 11 = 8
Rest	7

Der Vorteil dieser halbschriftlichen Division liegt darin, dass sie sich der individuellen Leistungsfähigkeit des Benutzers anpasst und anders als das schriftliche Verfahren die zu teilenden Zahlen bei allen Zwischenergebnissen nicht zwingend vorschreibt.

Beispiel: 587 : 17

Zögernde, vorsichtige Schülerinnen/Schüler

	587 : 17 = 34 + 9 : 17
	587
	170 : 17 = 10
Rest	417
	170 : 17 = 10
Rest	247
	170 : 17 = 10
Rest	77
	34 : 17 = 2
Rest	43
	34 : 17 = 2
Rest	9

Mutigere, rechenstarke Schülerinnen/Schüler

	587 : 17 = 34 + 9 : 34
	587
	510 : 17 = 30
Rest	77
	68 : 17 = 4
Rest	9

2. Strategie: „Hilfsaufgabe"

Manchmal existieren einfach zu lösende Hilfsaufgaben, aus denen man das Ergebnis ohne größere Mühe folgern kann.

Beispiele:

896 : 3 = 298 + 2 : 3	420 : 7 = 60	370 : 5 = 74	425 : 11 = 38 + 7 : 11
900 : 3 = 300	42 : 7 = 6	370 : 10 = 37	440 : 11 = 40

Das Lösen mit der Strategie „Hilfsaufgabe" erfordert operatives Denken, bei dem letzten Beispiel etwa in folgender Weise:

440 : 11 = 40, also 429 : 11 = 39 (noch zu groß), also 418 : 11, damit 425 : 11 = 38 + 7 : 11.

Das Lösen dieser Aufgabe beinhaltet eine kleine mathematische Beweisführung.

Erst nach einer längeren Phase der halbschriftlichen Operationen werden die algorithmischen Rechenverfahren der schriftlichen Operationen eingeführt. Diese unterscheiden sich von den halbschriftlichen Verfahren dadurch, dass es sich um reines Ziffernrechnen mit ein- bis zweistelligen Zahlen handelt. Dies sind natürlich sehr effiziente und wenig fehleranfällige Verfahren. Sie haben jedoch den Nachteil, dass sie nur mechanisch abgearbeitet werden und für das Verstehen weniger transparent sind als halbschriftliche Verfahren. Die Lernenden üben in der 3. und 4. Klasse die schriftlichen Verfahren. Man erlaube ihnen, bei Sachaufgaben weiterhin halbschriftliche Strategien zu benützen, wenn sie sich darin wohler fühlen. Es gibt nämlich Schülerinnen und Schüler, die sich gegen Verfahren sträuben, die sie nicht verstehen.

Bei der Wiederholung des bisherigen Stoffes, insbesondere in den Lernumgebungen „Natürliche Zahlen" und „Addition und Subtraktion – Multiplikation und Division", ist Gelegenheit für eine Standortbestimmung. Die Schülerinnen und Schüler lösen Aufgaben zu den Grundoperationen nach eigenem Ermessen mit halbschriftlichen Strategien oder mit schriftlichen Verfahren. Die Lehrperson kann dabei deren unterschiedliche Vorgehensweisen kennen lernen. Die Lernenden tauschen die Lösungswege untereinander aus und besprechen sie. Anschließend sollte eine gemeinsame Darstellungsweise für die schriftlichen Operationen behandelt werden. Als Lehrperson wird man sich im Unterricht, beispielsweise wenn etwas vorgerechnet werden muss, an diese Verfahren halten. Es ist daher wichtig, dass die Lernenden wissen, wie man vorgeht. Sie sollen auch angehalten werden, die Verfahren durchzuführen. Nur so können sie die Vorteile des ziffernweisen Rechnens erleben.

Proportionalität

Proportionalität
Die Proportionalität wird im *Mathematikbuch* 5 erstmals als eigentliches Rahmenthema behandelt. Die Schülerinnen und Schüler sind jedoch bereits in den vorangehenden Jahren Problemen rund um die Proportionalität begegnet. So haben sie beispielsweise in der Grundschule Tabellen der folgenden Art ausgefüllt:

Pro Minute fließt immer gleich viel Wasser in den Brunnen. Setze die Tabelle im Heft fort:

Zeit	1 min	2 min	3 min	5 min	10 min	20 min	1 h
Menge	3 l	6 l					

Auch im *Mathematikbuch* 5 kommen Aufgaben zur Proportionalität vor, lange bevor sie thematisiert wird. So werden die Schülerinnen und Schüler beispielsweise bei der Wiederholung der Größen („Größen bei Flugzeugen“ und „Größen bei Bienen“) oder bei den ersten Sachrechenthemen („Das Glück dieser Erde ...“ und „Anschlüsse“) aufgefordert, Tabellen zu erstellen. Diese Tabellen sind nichts anderes als Wertetabellen zur Proportionalität, wobei in Lernumgebung „Das Glück dieser Erde ...“ bereits einmal ein Beispiel zu einem nicht proportionalen Zusammenhang auftaucht.

Die Erfahrung hat gezeigt, dass dieser spiralförmige Aufbau für das Verständnis sehr wertvoll ist. Die Lernenden bearbeiten die Aufgaben von der Sache her und nicht nach einem bestimmten Verfahren. Dies ist auch der Grund, warum schon früh andere Tabellen als Tabellen zur Proportionalität bearbeitet werden, etwa statistische Tabellen. Damit soll der möglichen Fehlvorstellung vorgebeugt werden, dass es sich bei Tabellen „fast immer“ um Proportionalitäten handelt.

Bei der eigentlichen Thematisierung der Proportionalität werden die Tabellen wieder als nützliches Hilfsmittel verwendet. Doch nun werden die Eigenschaften der proportionalen Zuordnungen bewusst behandelt. Die Lernenden werden aufgefordert die Tabellen zu untersuchen. Dabei können sie die Eigenschaften der Proportionalität erkennen.

Die Beurteilung, ob das Proportionalitätsmodell eine Alltagssituation richtig beschreibt, erfordert Urteilsvermögen. Eine entsprechende „Modellkritik“ soll im Arbeitsheft zu Lernumgebung 16 „Je mehr, desto ...“ angebahnt werden und wird später vertieft.
Im Anschluss an diese Thematisierung kommt die Proportionalität immer wieder im Rahmen des Sachrechnens vor. Sie wird jedoch als eigenes Thema erst wieder im Zusammenhang mit der umgekehrten Proportionalität in der 6. Klasse aufgegriffen.

Bruchdenken

Bruchdenken: Brüche, Dezimalbrüche (Prozente)
Hier handelt es sich neben der zunehmenden Bedeutung des Sachrechnens wohl um das zentrale Thema der 5. und 6. Klasse. Zudem ist es ein Thema, das vom didaktischen Standpunkt aus gesehen als eines der schwierigsten betrachtet wird. Es sollen daher die wichtigsten didaktischen Ideen des Bruchrechenkurses im *Mathematikbuch* erläutert werden.

Bruchdenken

1. Bedeutung der Brüche und des Bruchrechnens im Alltag
Brüche kommen in unserem Alltag als Beschreibung von Anteilen eines Ganzen recht häufig vor. Einfache Brüche werden oft sprachlich ausgedrückt, wie etwa Halbe, Viertel, Drittel, Fünftel, Zehntel, Hundertstel, Tausendstel. Sie sind anzutreffen bei Zeitangaben: eine halbe Stunde, eine Viertelstunde, Dreiviertelstunde; ein Drittel als Zeitabschnitt eines Eishockeyspiels, Halbzeit bei einem Fußballspiel, Zehntel-, Hundertstel-, Tausendstelsekunden im Sport; ein Fünftel der Bevölkerung usw.

Manchmal kommen Brüche in der Bruchschreibweise $\frac{a}{b}$, meist im Zusammenhang mit Größen, vor. Beispiele findet man auf dem Markt $\left(\frac{1}{2}\text{kg}\right)$, auf der Bank $\left(1\frac{1}{4}\%\right)$.
Brüche können auch Verhältnisse beschreiben. Doch im Alltag wird dies meist in der Form a : b und nicht in der Form $\frac{a}{b}$ geschrieben.

Das Rechnen mit Brüchen in der Form $\frac{a}{b}$ ist im Alltag kaum existent.

Kompliziertere Beschreibungen von Anteilen eines Ganzen werden im Alltag häufig durch Dezimalzahlen (z,...) oder durch Prozentangaben (p %) angegeben.

2. Bedeutung der Brüche in der (Schul-)Mathematik
Der Aufbau des Zahlbegriffs beginnt „natürlicherweise" mit den natürlichen Zahlen ($\mathbb{N}$) unter verschiedenen Aspekten (Zählzahl, Ordnungszahl, Kardinalzahl, Maßzahl, Operationszahl, Rechenzahl, Codierungszahl). Damit können viele Probleme des täglichen Lebens gelöst werden. Alle vier Grundoperationen können innerhalb der natürlichen Zahlen, wenn auch nicht uneingeschränkt, durchgeführt werden.
Die Subtraktion in $\mathbb{N}$ ist nur möglich, wenn der Minuend größer als der Subtrahend ist. Will man die Subtraktion uneingeschränkt durchführen, so ist eine Zahlbereichserweiterung mit den negativen ganzen Zahlen in die Menge der ganzen Zahlen ($\mathbb{Z}$) notwendig.

Die Division ist in $\mathbb{N}$ nur möglich, wenn der Divisor ein Teiler des Dividenden ist bzw. der Dividend ein Vielfaches des Divisors. Will man die Division uneingeschränkt (mit Ausnahme der Division durch 0) durchführen, so ist eine Zahlbereichserweiterung in die positiven rationalen Zahlen $\mathbb{Q}^+$ notwendig. Das ist aber noch keine genügende Begründung, diese Zahlen in der Form $\frac{a}{b}$ einzuführen, denn Dezimalbrüche genügen an sich auch. Doch es gibt andere Gründe, warum in der Schule die Behandlung der gemeinen Brüche und das Rechnen damit sinnvoll ist. Einige davon seien hier kurz erwähnt:

- Die Bruchschreibweise ist in gewissen Fällen einfacher und erst noch exakter als die Dezimalbruchschreibweise: $\frac{1}{3}$ ist einfacher als 0,333... oder $0,\overline{3}$.
- Das Rechnen mit der Bruchschreibweise ist in gewissen Fällen praktischer und exakter als in der Dezimalbruchschreibweise: $\frac{1}{2} + \frac{1}{3} = \frac{3}{6} + \frac{2}{6} = \frac{5}{6}$ ist exakt. In der Dezimalbruchschreibweise ist die gleiche Rechnung nur so: $0,5 + 0,\overline{3} = 0,8\overline{3}$ exakt, jedoch wenig praktisch, zumal diese Schreibweise im Alltag nicht üblich ist. Dazu kommt, dass sich periodische Dezimalzahlen auf einigen Taschenrechnern nicht als solche erkennen lassen und daher die von den Rechnern gelieferten Ergebnisse nicht exakt sind.
- Das Verständnis der Dezimalbruchschreibweise wird über die Brüche Zehntel, Hundertstel usw. aufgebaut. Der größte dieser Brüche ist $\frac{1}{10}$. Zur Veranschaulichung von Bruchteilen eines Ganzen sind aber größere Anteile, wie $\frac{1}{2}, \frac{1}{4}, \ldots$ besser geeignet. Man denke etwa an Bruchteile im Kreismodell.
- Das Verständnis von Prozenten wird über den Bruchteil „Hundertstel",
  d. h. $1\% = \frac{1}{100} = 0,01$ aufgebaut.
- Der spätere Umgang mit Formeln (algebraischer Aspekt der Brüche in der Sekundarstufe I und II) wird durch ein Verständnis der Bruchschreibweise und des Operierens mit Brüchen wesentlich erhöht. Man muss sich nur die Formel für das Kugelvolumen und die daraus folgende Umstellung für die Berechnung des Radius vorstellen:
  $V = \frac{4}{3}\pi r^3$ und $r = \sqrt[3]{\frac{3}{4}\frac{V}{\pi}}$
- Für das Verständnis von Wahrscheinlichkeiten ist die Bruchschreibweise geeigneter als nur die reinen Prozentangaben. Man denke etwa an die Wahrscheinlichkeit, mit einem gewöhnlichen Spielwürfel eine Sechs zu würfeln. Sie beträgt $\frac{1}{6}$. Die Angabe $16,\overline{6}\,\%$ ist komplexer und für weitere Berechnungen teilweise auch weniger geeignet.

Bruchdenken

3. Brüche und Bruchrechnen im *Mathematikbuch*

Die geringe Bedeutung der Bruchschreibweise im Alltag und die nicht zu unterschätzende, jedoch eher formale Bedeutung der Bruchschreibweise in der späteren (Schul-)Mathematik lassen folgende Schlüsse zu:

a. Der Bruchteil als Anteil eines Ganzen kann auf verschiedene Arten geschrieben werden. Es sind daher schon früh mehrere Schreibweisen (gewöhnliche Brüche, Dezimalbrüche und Prozentangaben) einzuführen und die Beziehungen unter diesen verschiedenen Schreibweisen aufzuzeigen.

b. Viele Aspekte des Bruchbegriffs als gewöhnlicher Bruch sind formaler Natur. Dies zeigt sich darin, dass sie im Alltag nur eine marginale Bedeutung haben. Es ist daher besonders wichtig, dass gewöhnliche Brüche mit geeigneten Hilfsmitteln veranschaulicht werden und der Schritt zur formalen Betrachtungsweise nicht zu früh erfolgt.

Im *Mathematikbuch* 5 werden diese Grundsätze zur Behandlung von Brüchen folgendermaßen umgesetzt:

- Der Aufbau des Bruchbegriffs wird unter dem Aspekt allgemeiner Lernziele gesehen. Es sind dies insbesondere folgende Ziele:
  - Konkrete Situationen mithilfe von Modellen probierend erforschen
  - Beziehungen und Strukturen entdecken und beschreiben
  - Vermutungen aufstellen und anhand von Modellen überprüfen
  - Sachverhalte begründen, Argumente formulieren

Bruchvorstellungen aufbauen

- Es geht nicht um Bruch**rechnen**, sondern um den **Aufbau von Bruchvorstellungen.** Als Ausgangspunkt dazu können bekannte Alltagssituationen dienen.
- Die Entwicklung von Bruchvorstellungen muss durch geeignete anschauliche Modelle unterstützt werden, die Erkenntnisse durch „Handeln" ermöglichen.

Punktefeld:
$\frac{1}{4}$ von 100 = 25

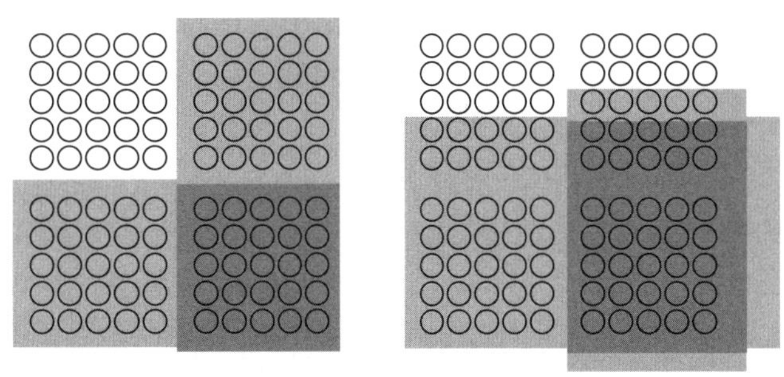

Quadrat:
$\frac{1}{2}$

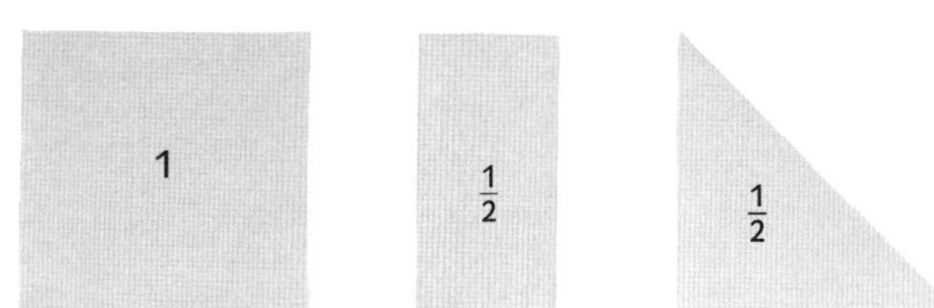

Rechteck:
$\frac{1}{4}$

Kreis:
$\frac{1}{2}$, $\frac{1}{3}$, $\frac{1}{4}$, $\frac{1}{5}$

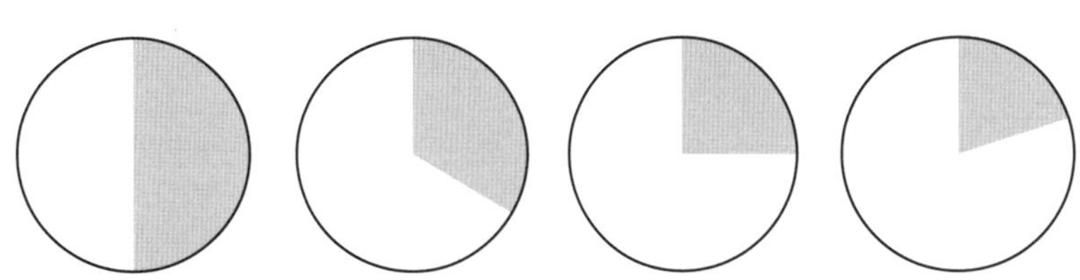

- Der Aufbau des Bruchverständnisses muss ganzheitlich, dafür in mehreren Durchgängen erfolgen. Folgende Durchgänge sind im *Mathematikbuch* vorgesehen:
  - Brüche im Alltag
  - Bruchteile von Anzahlen darstellen
  - Bruchteile durch Falten von Papier herstellen und beschreiben
  - Bruchteile als Teil einer Einheit im Kreismodell darstellen
  - Bruchteile von Größen auf verschiedene Arten beschreiben
  - Mit Bruchteilen operieren durch Legen und Zeichnen

Es ist notwendig, den Schülerinnen und Schülern alle diese Zugänge zum Bruchbegriff zu ermöglichen, bevor man überprüfen kann, ob sie bereits einen Bruchbegriff aufgebaut haben.

- Das Operieren mit Bruchteilen muss auf anschauliche Weise erfolgen, d.h., die Lernenden müssen die Modelle und Hilfsmittel immer zur Verfügung haben. Damit sollen die Erkundungen mit Bruchteilen auf operative Weise erfolgen.

Beispiel: Was geschieht, wenn ein Bruch operativ verändert wird?

$\frac{5}{20}$ m = 25 cm oder 250 mm oder 0,25 m oder $\frac{1}{4}$ m

$\frac{10}{20}$ m = 50 cm; 500 mm; 0,5 m oder $\frac{1}{2}$ m

$\frac{15}{20}$ m = 75 cm; 750 mm; 0,75 m oder $\frac{3}{4}$ m

$\frac{20}{20}$ m = …

$\frac{25}{20}$ m = …

$\frac{30}{20}$ m = …

Das Beispiel zeigt:

- Es soll kein rein formales Operieren gefordert werden. Sogar die Sprechweisen dürfen noch vorläufig und individuell sein.

Im letzten Teil des *Mathematikbuchs* wird der Dezimalbruchaspekt besonders fokussiert. Dieser Aspekt wird in Klasse 6, zusammen mit dem Aspekt der Prozentschreibweise, wieder aufgegriffen.

Propädeutische Algebra

Algebra

Im *Zahlenbuch* der Grundschule wurden gute Erfahrungen mit Aufgaben folgenden Typs gemacht:

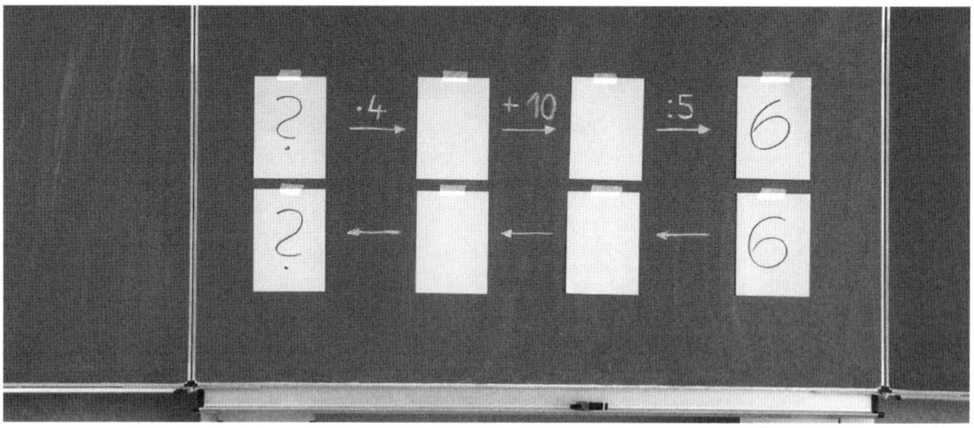

Hier taucht erstmals eine Variable in Form eines Fragezeichens auf. Das Problem wird mithilfe der Umkehroperationen gelöst. Die Frage lautet: Welche Zahl muss anstelle von ? stehen? Die Variable hat in dieser Lernumgebung für die Lernenden die natürliche Bedeutung eines Platzhalters für eine noch unbekannte Zahl. Sie hat die gleiche Bedeutung wie eine Leerstelle oder ein Fragezeichen.

Algebra
Verständnis vorbereiten

Die Lernenden sollen ausgehend von solchen praktischen Situationen mit dem Gebrauch von Buchstaben als Platzhalter vertraut werden. Wir wollen jedoch auf eine weitergehende Formalisierung verzichten. Es handelt sich nicht um Algebra im eigentlichen Sinn, sondern nur um eine Vorbereitung des Verständnisses, dass man Buchstaben in natürlicher Weise so gebrauchen kann. Darum bezeichnen wir diese Art der Arbeit als vorbereitende oder propädeutische Algebra innerhalb der Lernspirale über die ganze obligatorische Schulzeit. Statt der Papygramme wird auch die Darstellung als Rechenbaum verwendet:

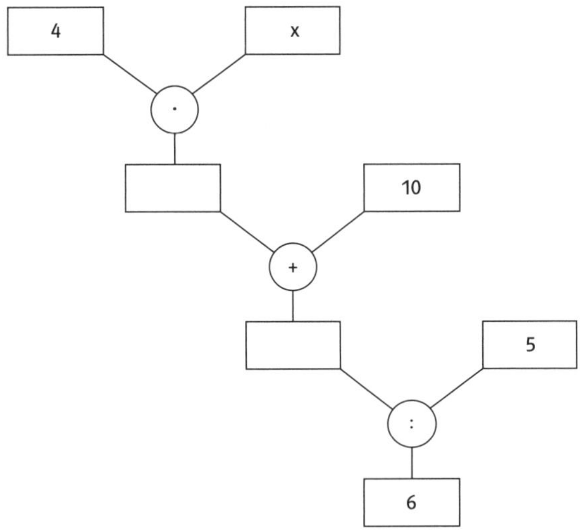

Der algebraische Formalismus ist der Sekundarstufe I vorbehalten. Dort kann dann das gleiche Problem in eine Gleichung übersetzt und als Gleichung gelöst werden:

$\frac{4x + 10}{5} = 6$

Das Beispiel zeigt, dass die Vorgehensweise mit Papygrammen vorteilhaft für das Verstehen von Gleichungen und deren Lösung ist.

Die gleiche Art Aufgabenstellung wird im *Mathematikbuch* 5 wieder aufgenommen und weitergeführt. Die Problemstellung „versteckte Zahlen" (Lernumgebung 32) ist genau die gleiche wie im Zahlenbuch der Grundschule. Die Aufgaben können mit Papygrammen gelöst werden, wie dies beim entsprechenden Seitenkommentar vermerkt ist. Diese Doppelseite ist angereichert mit einigen anderen Problemstellungen, in denen Buchstaben als Platzhalter für Zahlen verwendet werden. Es handelt sich um einfache Ungleichungen, an denen die Lernenden erfahren, dass ein Problem mehrere Lösungen haben kann. Auch diese Aufgabenart ist eine Fortsetzung ähnlicher Probleme aus der Grundschule.

Die Zahlenrätsel (Lernumgebung 31) eröffnen einen weiteren Zugang zum späteren Gebrauch von Buchstaben. Das dort gezeichnete Säckchen hat die Bedeutung einer unbekannten Zahl. Es könnte ebenso durch einen Buchstaben ersetzt werden. Im Gegensatz zu den „versteckten Zahlen" wird hier weniger der Aspekt „Platzhalter" für eine Zahl, sondern eher der Aspekt eines Gegenstandes – eben das Säckchen – betont. Günther Malle unterscheidet in seinem Buch „Didaktische Probleme der elementaren Algebra" zwischen Gegenstandsaspekt und Einsetzungsaspekt des Variablenbegriffs. Er plädiert dafür, dass im Unterricht diese beiden Aspekte in den Vordergrund treten sollen, um algebraisches Verständnis zu fördern. Im Weiteren plädiert er dafür, dass man zunächst Gleichungen einfach gebrauchen und erst später darüber reden soll. Diesem Anliegen entspricht das *Mathematikbuch* mit einem Verzicht auf unnötigen Formalismus.

Im Sachrechnen wird der Variablenbegriff nochmals aufgenommen und vertieft. „Päckchen schnüren" (Lernumgebung 41) ist eine Idee, die im oben erwähnten Buch von G. Malle enthalten ist. Es geht hier darum, erstmals eine Art Formel zu gebrauchen, wie sie in der Geometrie häufig vorkommt. Die Lernenden werden angeleitet, selbst Formeln aufzustellen und mit ihrer Hilfe Berechnungen anzustellen. Auch bei dieser Doppelseite ist die Anschaulichkeit des Variablenbegriffs ein vordringliches Anliegen.

Rechentraining

Im Arbeitsheft findet sich auf den ersten Seiten ein „Rechentraining"-Kurs. Es handelt sich um Automatisierungsübungen. Die Erfahrungen haben gezeigt, dass es sich lohnt, die Übungen dieses Kurses regelmäßig durchzuführen. Siehe dazu auch die didaktischen Hinweise zum automatisierten Üben im Abschnitt 1.4. Einige „Rechentraining"-Übungen findet man auch im *Mathematikbuch* integriert. Sie sind jeweils mit dem Symbol „Skateboard" gekennzeichnet, um deutlich zu machen, dass man hier genau wie im Sport – dort sind es Bewegungsabläufe – Fertigkeiten durch gezieltes Training automatisieren kann.

F

Zahlenmuster: Folgenkurs
Der Begleitband enthält im Anhang Kopiervorlagen: Folgenkurs. Dies ist eine Fortsetzung des Folgenkurses aus dem Zahlenbuch der Grundschule unter dem Titel „Wie geht es weiter?". Dieser Kurs, in welchem Zahlenreihen und Tabellen fortgesetzt werden müssen, bietet Gelegenheit für aktiv-entdeckendes Lernen und produktives Üben. Zudem kann die Art der Aufgabenstellung die Schülerinnen und Schüler dazu animieren, selbst Zahlenfolgen nach eigenen Regeln zu erfinden und einander zum Knacken zu geben. Der Folgenkurs eignet sich vorzüglich als Ergänzung zum „Rechentraining"-Kurs. Nebenbei wird hier im propädeutischen Sinn wichtige Vorarbeit für das Verständnis von funktionalen Zusammenhängen geleistet.

2.2.2 Geometrie im 5. Schuljahr
Übersicht:
- Herstellen von Formen
- Operieren mit Formen
- Geometrische Maße
- Geometrische Muster

Herstellen von Formen
Geometrische Formen werden auf vielfältige Weise hergestellt. Dabei handelt es sich in einer ersten Phase um ebene geometrische Figuren auf dem Geobrett. Besonders bedeutungsvoll ist jedoch das Herstellen von dreidimensionalen Körpern, weil damit das räumliche Vorstellungsvermögen geschult wird. Dies geschieht bereits mit dem Aufzeichnen eines Quadernetzes und der anschließenden Konstruktion des Quaders, wie er als Vorbereitung für die Übungen zu den Quaderansichten vorgeschlagen wird.

Operieren mit Formen
Das Operieren mit Figuren und Formen stellt an die Schülerinnen und Schüler hohe Ansprüche, vor allem dann, wenn das Operieren als verinnerlichte Handlung aus der Vorstellung heraus geschehen soll. Doch gerade durch solche Übungen kann das räumliche Vorstellungsvermögen bestens geschult werden. Aber die Lernenden müssen das notwendige Material immer zur Verfügung haben. Sie sollen darauf zurückgreifen können, wenn sie unsicher sind, aber auch um ihre Vermutungen oder Lösungen selbstständig kontrollieren zu können.

Schon in der Lernumgebung „Ornamente" wird mit ebenen Formen operiert. Viele Muster können gespiegelt, gedreht und alle verschoben werden. Diese Tätigkeiten sollen gemäß den Vorschlägen zur entsprechenden Doppelseite konkret mit Spiegel oder Klarsichtfolie durchgeführt werden.

Das Operieren mit Formen findet sich auch bei der Einführung in die Proportionalität (vergrößern, verkleinern).

Bewusst wird im *Mathematikbuch* das Operieren im Raum gepflegt. Die Lernenden sollen gleiche Würfelgebäude in verschiedenen Lagen sowie die Zusammensetzung von Körpern aus Teilkörpern erkennen (Lernumgebung 36). Diese Übungen sind unter anderem darum so anspruchsvoll, weil die dreidimensionalen Informationen aus einer zweidimensionalen Zeichnung entnommen werden müssen. Versteckte, d.h. auf der Zeichnung nicht sichtbare Würfel muss man sich innerlich vorstellen.

Ebenso anspruchsvoll sind die Übungen zu den Quaderansichten (Lernumgebung 37). Diese Problemstellungen wurden jedoch bereits in den Zahlenbüchern der Grundschule mit einfacheren Aufgaben vorbereitet: Quader kippen (Zahlenbuch 3) und Quaderansichten (Zahlenbuch 4).

Geometrische Maße
Die geometrischen Maße (Länge, Fläche, Volumen) kommen im *Mathematikbuch* auch als eigenständiges Rahmenthema vor. Zudem werden diese Maße bei den Sachaufgaben immer wieder in natürlicher Weise verwendet.
Beispiel: Lernumgebung „Das Glück dieser Erde ..."
„Wie viele kg Heu hätten in eurem Klassenzimmer Platz?
Wie viel Platz brauchen 1 t, 2 t, 3 t, ... Heu und Stroh?"
Es geht noch nicht um die standardisierte Maßeinheit, wie m^3. Dennoch wird das Volumenmaß – auf natürliche Weise – behandelt. Die Lernenden können hier Formulierungen wie „1 m auf 1 m auf 1 m" verwenden. Volumenmaße werden erst in Lernumgebung 43 thematisiert.

Bei der Arbeit mit dem Geobrett werden die Flächen kurz thematisiert. Dort geht es nicht mehr nur um Flächen, die aus reinen Quadraten zusammengesetzt sind, sondern auch um Teile von Flächen. Diese Übungen sind eher unter einem propädeutischen Gesichtspunkt im Sinne einer späteren allgemeinen Flächenberechnung zu sehen. Das Thema Flächen wird wie das Thema Volumen später wieder aufgegriffen und vertieft behandelt.

Geometrische Muster
Geometrische Muster kommen an verschiedenen Stellen im *Mathematikbuch* vor, insbesondere bei den Lernumgebungen „Ornamente" und „Zirkel und Geodreieck". Bewusst werden in diesem Zusammenhang ästhetische und künstlerische Aspekte (Lernumgebung „Künstler konstruieren") angesprochen.

2.2.3 Sachrechnen im 5. Schuljahr
Übersicht:
- Größen (Lernumgebung 1, 2, 11, 12, 13, 29, 42)
- Zahlen und Formen in der Umwelt (Lernumgebung 10, 25, 26, 27, 39, 40)

Größen
Die gebräuchlichen Größen wurden bereits in den Schuljahren 1–4 eingeführt. Eine Übersicht findet man auf der inneren Umschlagseite des *Mathematikbuchs*, der letzten Seite des Arbeitshefts. Im *Mathematikbuch* werden die Größen (große und kleine Einheiten) je in einem Sachzusammenhang „Flugzeuge" und „Bienen" wiederholt.
Die Schreibweise mit Komma und das Rechnen mit entsprechenden Größen wird im *Mathematikbuch* erstmals explizit thematisiert. In den vorangehenden Zahlenbüchern sind nur Preise in entsprechender Darstellung vorgekommen. Die Lernenden sollen im 5. Schuljahr auch die formale Umwandlung von einer Einheit in eine andere benachbarte Einheit lernen. Dazu ist neben der Übersicht die Stellentafel eine große Hilfe.

Beispiele:

				m	
1	2	3	4	5	12 345 m

	km			m	
1	2	3	4	5	12 km 345 m

	km				
1	2	3	4	5	12,345 km

Je nachdem, welche Stellenwerte „ausgeblendet" sind, wird die Größe anders geschrieben. Ein Komma wird dann notwendig, wenn die Stellenwerte rechts von einer bestimmten Spalte aus alle „ausgeblendet" sind.

Rolle von Repräsentanten

Eine weitere Dimension erfahren die Größen im Zusammenhang mit der Bruchdarstellung. Dort dienen sie insbesondere zur Unterstützung der Bruchvorstellung. Es ist wichtig, dass die Lernenden für alle Einheiten entsprechende Repräsentanten kennen. Sie sollten zu jeder Größe entsprechende Gegenstände nennen können:

- Nenne Gegenstände (Strecken), die etwa 1 mm, 1 cm, 1 dm, 1 m, 1 km lang sind.
- Nenne Gegenstände (Mengen), die etwa 1 mg, 1 g, 1 kg, 1 t schwer sind. (Physikalisch korrekt: ... „die etwa die Masse 1 mg, 1 g, 1 kg, 1 t haben.")
- Nenne Gefäße (Räume), die etwa 1 ml, 1 cl, 1 dl, 1 l, 1 hl fassen.
- Nenne Tätigkeiten (Geschehnisse), die etwa 1 s, 1 min, 1 h dauern.

Anregung: Repräsentantenheft

Es empfiehlt sich, dass die Lernenden zu den Größen, ausgehend von solchen Aufforderungen, ein persönliches Heft zusammenstellen. Es könnte als eine Art Vorläufer einer Formelsammlung gebraucht werden. In eine solche Sammlung können auch Bilder von Gegenständen eingeklebt werden. Dazu schreiben die Schülerinnen und Schüler entsprechende Größenangaben.

Zahlen und Formen in der Umwelt

Dem Sachrechnen wird im *Mathematikbuch* neben den produktiven Übungsformen größte Aufmerksamkeit geschenkt. Sachrechnen ist nicht beschränkt auf das Lösen von einfachen Textaufgaben, oft ausschließlich als „Anwendung" der eben eingeführten Operation. Im Sachrechnen soll vielmehr die Anwendbarkeit der Mathematik aufgezeigt werden. Das Sachrechnen im *Mathematikbuch* ist nach folgenden Grundsätzen konzipiert worden:
- Die Texte und Informationen des Sachrechnens sollen möglichst wirklichkeitsnah sein.
- Die Texte sollen an sich und von der Sache her lesenswert sein und einen Beitrag zum Verständnis der Sache selbst leisten.
- Die Sachthemen sollen insgesamt in ausgewogener Weise beide Geschlechter ansprechen.
- Die Informationen sollen Schülerinnen und Schüler anregen, sich selbst Fragen zu stellen, Berichte zu schreiben oder weitere Informationen zur Bearbeitung zu beschaffen. In diesem Sinn sind auf den Seiten des Sachrechnens auch offene Aufgabenstellungen eingebaut.

Anregung: Arbeitsteilige Aufträge

Die Entwicklung von Fähigkeiten zum Lösen von Sachaufgaben ist ein langfristiger Prozess, in dem die allgemeinen Lernziele eine zentrale Rolle spielen.
Diese Ziele können jedoch nur in einem offenen, angenehmen Lernklima als Gemeinschaftsaufgabe erreicht werden. Die Schülerinnen und Schüler müssen Gelegenheit haben, Sachthemen gemeinsam aufzuarbeiten. Es ist nicht sinnvoll, von allen alle Aufgaben lösen zu lassen. Aber jeder soll seinen Beitrag zu einer Gesamtlösung leisten können.

Man kann den Grundgedanken des Sachrechnens schematisch verdeutlichten:

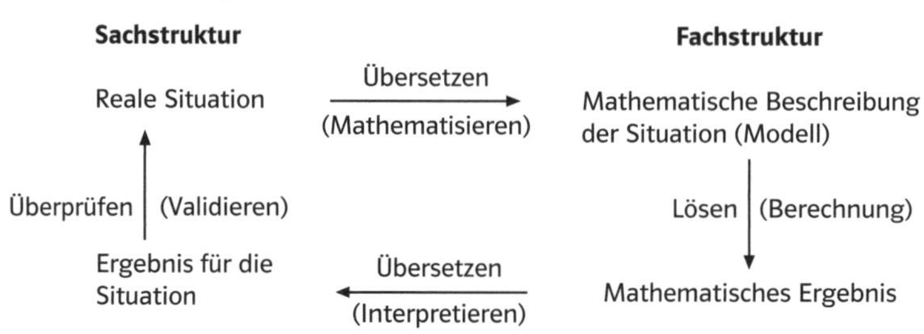

Die Übersetzung ist je nach Sachsituation neu. Es ist daher nicht sinnvoll, schematische Lösungsverfahren zum Sachrechnen einzuführen. Es ist ein Merkmal aktiv-entdeckenden Lernens, dass von den Vorkenntnissen und spontanen Lösungsansätzen der Lernenden ausgegangen wird. Dabei ist zu beachten,
1. dass der Aufbau von Vorstellungen von Zahlen, Größen und Rechenoperationen ein langfristiger Prozess ist,
2. dass der soziale Austausch unter den Lernenden Möglichkeiten der Übersetzung von Sachaufgaben in die Mathematik, der Lösungsfindung und der Darstellung der Ergebnisse aufzeigt und
3. dass die Lernenden immer wieder ermutigt werden, eigene Lösungswege zu suchen.

Die Sachrechenthemen im *Mathematikbuch* sind bewusst unterschiedlich gestaltet.
1. Einige Doppelseiten sind eher eng an einen mathematischen Inhalt geknüpft. Dazu gehören die Lernumgebungen: „Größen bei Flugzeugen", „Tabellen und Grafiken", „Mittelwerte", „Runden", „Proportionalität". Diese Doppelseiten dienen dazu, dass sich die Lernenden einige Techniken des Mathematisierens aneignen können. Darum ist die Bedeutung des Sachinhalts bei diesen Doppelseiten der Bedeutung des mathematischen Gehalts eher untergeordnet.

2. Bei einigen Doppelseiten ist die Bedeutung von Sachinformation und mathematischem Gehalt eher ausgewogen. Dies zeigt sich darin, dass viele Problemstellungen (Aufgabenformulierungen) vorgegeben sind. Lernumgebungen „Größen bei Bienen"; „Das Glück dieser Erde …"; „Bäume wachsen nicht in den Himmel"; „Mit dem Schiff zum Meer"; „Staffellauf" und „Kriminalpolizei".
3. Bei einigen Doppelseiten, z. B. „Spitze!" und „Wie alt werden Bäume?" stehen die Sachinformationen im Vordergrund. Dies zeigt sich unter anderem dadurch, dass die Aufgaben etwas offener formuliert sind und die Schülerinnen und Schüler vermehrt dazu aufgefordert werden, sich selbst Aufgaben zu stellen.

2.2.4 Stochastik: Statistik, Kombinatorik und Wahrscheinlichkeit

Statistik, Kombinatorik und Wahrscheinlichkeit sind Themen, die den Lernenden oft besonderen Spaß bereiten, weil die entsprechenden Problemstellungen neuartige Zugänge zur Mathematik ermöglichen und nur wenig fachliche Voraussetzungen benötigen. Die Leitidee Daten und Zufall findet man im *Mathematikbuch* 5 in statistischen Tabellen und Grafiken, beispielsweise in den Lernumgebungen 5 und 9. Zwei Lernumgebungen sind vollständig und in einem ganzheitlichen Sinn der Stochastik gewidmet: „Kriminalpolizei" und „Würfelspiele". Bei der Kriminalpolizei werden die Lernenden dazu angeregt, selbst Statistiken zu erstellen und daraus Schlüsse zu ziehen, die mehr oder weniger wahrscheinlich sind. In diesem Zusammenhang sind auch kombinatorische Fragestellungen anzutreffen. Die Würfelspiele geben ebenso Anlass – ausgehend von statistischen Erfahrungen –, Aussagen über wahrscheinliche oder eher unwahrscheinliche Ereignisse zu machen sowie kombinatorische Überlegungen anzustellen.

2.2.5 Einsatz technischer Hilfsmittel

1. Taschenrechner

   Es ist möglich, mit dem *Mathematikbuch* ohne Taschenrechner zu arbeiten. Wenn man jedoch den Taschenrechner einsetzen will, genügen einige wenige Exemplare im Klassenzimmer.

   In jedem Fall ist es wichtig, zunächst ohne Taschenrechner zu arbeiten und Rechnungen im Kopf oder schriftlich ausführen zu lassen, damit sich bei den Lernenden Rechenfähigkeiten entwickeln können. Es kann sinnvoll sein, in Klasse 6 oder 7 einen Taschenrechner einzuführen, dessen Einsatz bis zum Abitur möglich ist.

   Die Lehrpläne der einzelnen Bundesländer machen hierzu unterschiedliche Vorgaben.
2. Computer

   In den Bildungsstandards wird der sinnvolle und verständige Umgang mit Software wie Tabellenkalkulation und Dynamischer Geometriesoftware zum Ziel erklärt.

   Die Lernenden sollen mit den genannten Werkzeugen umgehen können, vor allem aber langfristig auch über den sinnvollen Einsatz der Werkzeuge entscheiden können.

   Dabei kann der Umgang mit einer bestimmten Software immer nur exemplarischen Charakter haben. In den Klassen 5 und 6 werden bereits an geeigneten Stellen Hinweise auf den sinnvollen Einsatz einer Tabellenkalkulation oder einer Dynamischen Geometriesoftware gegeben. Eine kleinschrittige Anleitung ist für diese Aufgaben nicht notwendig und auch nicht sinnvoll.

Anregungen: Tabellenkalkulation und Dynamische Geometriesoftware

D

2.2.6 Denkschule

Im Begleitband findet man im Anhang zu den Kopiervorlagen eine Fortsetzung der Denkschule der Zahlenbücher der Grundschule. Es sind 10 Problemstellungen in spielerischer Form, die von den Schülerinnen und Schülern selbstständig bearbeitet werden können. Eine ausführliche Erläuterung dazu ist den Kopiervorlagen vorangestellt.

2.3 Lernumgebungen, Leitideen und Kompetenzbereiche im Überblick

K1 Mathematisch argumentieren	K2 Probleme mathematisch lösen	K3 Mathematisch modellieren	K4 Mathematische Darstellungen verwenden	K5 Mit symbolischen, formalen und technischen Elementen der Mathematik umgehen	K6 Kommunizieren	Lernumgebung		Leitidee Zahl	Leitidee Messen	Leitidee Raum und Form	Leitidee funktionaler Zusammenhang	Leitidee Daten und Zufall
x				x	x	1	Größen bei Flugzeugen	x	x			
x				x	x	2	Größen bei Bienen		x		x	
		x	x	x		3	Natürliche Zahlen	x				
x				x	x	4	Addition und Subtraktion – Multiplikation und Division	x				
	x		x		x	5	Tabellen und Grafiken					x
x			x		x	6	Ornamente			x		
x	x				x	7	Figuren und Flächen		x	x		
		x	x	x		8	Winkel sind überall		x	x		
	x	x	x		x	9	Mittelwerte	x				x
		x		x	x	10	Das Glück dieser Erde ...		x		x	
			x	x	x	11	Anschlüsse		x		x	
x	x		x	x		12	Runden	x				
			x	x		13	Größen und Komma	x	x			
			x	x	x	14	Rechnen mit Komma	x				
x	x			x	x	15	Proportionalität				x	
x	x	x		x	x	16	Je mehr, desto ...		x		x	
		x	x			17	Knoten			x		
x			x		x	18	Brüche im Alltag	x	x			
x			x		x	19	Anteile darstellen	x				
x	x		x	x	x	20	Bruchteile erkennen und darstellen	x		x		
x	x		x		x	21	Bruchteile der Kreisfläche	x		x		
x	x					22	Flächen und Figuren		x	x		
x				x		23	Künstler konstruieren		x	x		
x				x		24	Zirkel und Geodreieck			x		
x		x	x		x	25	Bäume wachsen nicht in den Himmel		x		x	
			x	x	x	26	Mit dem Schiff zum Meer	x	x			
			x	x	x	27	Staffellauf		x			x
	x	x				28	Kriminalpolizei	x				x
			x	x		29	Bruchteile von Größen	x	x			
			x			30	Bruchteile legen und zeichnen	x		x		
	x	x		x		31	Zahlenrätsel	x				
x	x		x	x	x	32	Versteckte Zahlen	x			x	
			x	x		33	Klammern und Rechenbäume	x				
			x	x		34	Dezimalbrüche und Zahlenstrahl	x				
			x	x		35	Dezimalbrüche und Stellentafel	x				
	x		x	x		36	Körper aus Würfeln			x		
			x	x		37	Quaderansichten			x		
	x				x	38	Würfelspiele	x				x
x			x		x	39	Spitze!		x			x
				x	x	40	Wie alt werden Bäume?	x				
			x	x	x	41	Päckchen schnüren			x	x	
				x		42	Schätzen und runden	x				
			x	x		43	Rauminhalt (Volumen)		x	x		
			x			44	Besondere natürliche Zahlen	x				
x				x		45	Teiler – Vielfache	x				
x	x				x	46	Jakob Steiner	x			x	

Kompetenzerwartungen

- Beschreibung inhaltsbezogener Kompetenzen und Zuordnung allgemeiner Kompetenzen, entsprechend der Kompetenzbereiche K1 – K6 der KMK-Bildungsstandards.
- (K1) Mathematisch argumentieren
- (K2) Probleme mathematisch lösen
- (K3) Mathematisch modellieren
- (K4) Mathematische Darstellungen verwenden
- (K5) Mit symbolischen, formalen und technischen Elementen der Mathematik umgehen
- (K6) Kommunizieren

Einordnen

Darstellung der inhaltlichen Vernetzung: Jede Lernumgebung steht im Zusammenhang mit vorangegangenen und folgenden Lernumgebungen.

Zur Sache

Begriffe

Mathematische Begriffe, die anhand der Lernumgebung neu erarbeitet oder vertieft werden können. Fakultative Begriffe stehen in Klammern.

Merktexte

Schülergerechte Formulierungen der wichtigsten Definitionen oder Sätze der Lernumgebung. Diese sind eine Ergänzung zu den Merktexten im Schülerbuch. Weiterhin werden die Schülerinnen und Schüler im Arbeitsheft an geeigneter Stelle dazu aufgefordert, Merkwissen selbst zu formulieren („Das will ich mir merken:“).

Worum geht es?

Inhaltlicher Überblick über den Schwerpunkt der Lernumgebung

Zum Unterricht

Was wird benötigt?

Mitzubringende Materialien und Verweise auf Kopiervorlagen am Ende des Bandes, ggf. Bezugsquellen

Vorschlag zur Stundenverteilung

Vorschlag als Anhaltspunkt, wie die Aufgaben aus der Lernumgebung (LU) und dem Arbeitsheft (AH) kombiniert werden können und wie viel Zeit dafür eingeplant werden sollte. Die genannten Zeiten variieren je nach Klasse und Auswahl der Aufgaben. (Da die Gesamtsumme über der Summe der verfügbaren Stunden liegt, wird deutlich, dass eine Auswahl getroffen werden muss.)

Wie kann man vorgehen?

Didaktische Kommentare zur Lernumgebung und Hinweise zu einzelnen Aufgaben

Wie könnte es weitergehen?

Anregungen zur Vertiefung eines Themas

Literatur

Weiterführende Literatur und Internetadressen (Stand 2008) zum Thema der Lernumgebung oder zum didaktischen Hintergrund

Lösungen

Lösungen zu den Aufgaben im Schülerbuch

Leistungsaufgaben

Vorschläge für mögliche Aufgaben zur Diagnose oder zur Leistungsfeststellung. Vorangestellt ist eine Übersicht über die Kompetenzen und die Anforderungsbereiche gemäß KMK-Standards:

I Reproduzieren,
II Zusammenhänge herstellen,
III Verallgemeinern und reflektieren.

Die Einordnung ist als Anhaltspunkt zu verstehen. Insbesondere der Anforderungsbereich ist von den Lerngruppen, ihren Vorkenntnissen und den Vorübungen abhängig.

Lösungen zu den Leistungsaufgaben

Kompetenzerwartungen
- Vorstellungen von großen und kleinen Maßeinheiten entwickeln und vertiefen (K 1)
- Beziehungen zwischen den Maßeinheiten kennen (K 1)
- Größenangaben aus Texten und Tabellen entnehmen (K 6)
- mit großen und kleinen Größen rechnen (K 5)

Einordnen

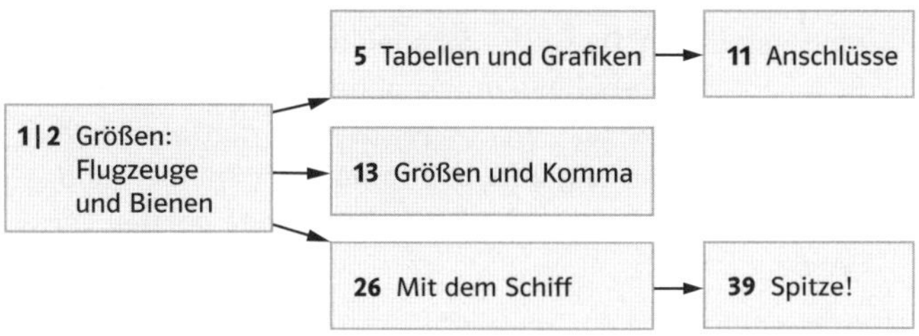

Zur Sache

Begriffe

Größe, (Maßzahl, Maßeinheit)

Worum geht es?

Am Thema Fliegen kann der Kenntnisstand der Lernenden zum Thema Größen überprüft werden. Hier stehen nicht wie bei den übrigen Seiten zum Sachrechnen die Sachinformationen im Vordergrund, sondern die Vorstellungen der Lernenden zu den Maßeinheiten und das Rechnen mit Größen. Das Thema Fliegen mit den Unterthemen Flugzeuge und Bienen ermöglicht es, sowohl mit großen als auch kleinen Maßeinheiten umzugehen. Zudem können Beziehungen zwischen kleinen und großen Maßeinheiten hergestellt werden.

Zum Unterricht

Was wird benötigt?

Arbeitsmaterial: Messbänder, evtl. Waagen und Messgefäße
Demonstrationsmaterial: Bilder von Flugzeugen und Bienen

Vorschlag zur Stundenverteilung

1

Stunde	1, 2	3, 4	5	6
LU	1	2	3, 4	5
AH	1	2	3, 4	5

2

Stunde	1	2, 3	4	5
LU	1, 2	3	4, 5	6, 7
AH	1, 2	3	4	

Wie kann man vorgehen?

Um in das Thema einzuführen, können beispielsweise Fragen gestellt werden der Art: Wer hat schon große Flugzeuge auf einem Flughafen gesehen? Wer ist schon einmal in die Ferien geflogen? Wie groß können Flugzeuge sein? Wie viele Personen haben Platz in einem Flugzeug? Wie lange dauerte der Flug von Frankfurt oder Berlin zu einem von Schülerinnen oder Schülern erwähnten Ort? Wie weit weg ist dieser Ort etwa? Wie schwer ist ein Flugzeug?
Auch Fragen des Umweltschutzes können hier angesprochen werden. Welche Gründe sprechen dafür oder dagegen, zu fliegen? Wann ist es vielleicht sinnvoller, ein anderes Verkehrsmittel zu wählen? Umweltaspekte können an dieser Stelle aber sicherlich nur stichwortartig erwähnt werden (Treibhauseffekt, Zerstörung der Ozonschicht, hoher Treibstoffverbrauch).
Bei den Bienen können die Lernenden auch frei erzählen, was sie von diesen Tieren schon wissen. Vielleicht sind einige schon gestochen worden und haben eher unangenehme Erinnerungen. Andere wissen, dass wir den Bienen Honig zu verdanken haben usw. Vielleicht kennt jemand eine Imkerin oder einen Imker, die man zu einem Gespräch einladen könnte.
Die Schülerinnen und Schüler sollen zum Staunen kommen, sei es über die Ausmaße eines Jumbos, sei es über die Riesenarbeit der Bienen, bis ein Löffel voll Honig gesammelt ist.

Hinweise zu 1 Größen bei Flugzeugen
Bevor die eigentlichen Aufgaben gelöst werden, gilt es, Verständnisfragen und Begriffe zu klären, beispielsweise:
Spannweite: Abstand zwischen den zwei Flügelspitzen.
Nutzlast: Gewicht, mit dem ein Flugzeug beladen werden kann. Darin ist der Treibstoff nicht inbegriffen.
Gewicht: Im Alltag die Bezeichnung für die „Masse" eines Körpers (physikalischer Begriff). Beispiel: Ein Holzklotz wiegt 2 kg.
Reichweite: So weit darf das Flugzeug mit vollen Treibstofftanks höchstens fliegen. Dann muss es spätestens wieder landen und auftanken. In dieser Zahl ist eine gewisse Reserve inbegriffen.

1

a. Die Unterschiede der Spannweite (S), Länge (L) und Höhe (H) können in m und cm, nur in cm oder in m mit Komma angegeben werden.

b. Die Größen können in t und kg oder nur in kg oder mit Komma angegeben werden. Die Differenz zwischen Start- und Landegewicht ist auf den Treibstoffverbrauch zurückzuführen. Dabei ist der maximale Treibstoffverbrauch bei den beiden größten Flugzeugen größer als die Nutzlast. Dies ist aber nicht einfach auf einen größeren Treibstoffverbrauch für größere Flugzeuge zurückzuführen, sondern auf die größeren Flugstrecken, welche größere Treibstofftanks bedingen.

c. Maße aus der Tabelle herauslesen und auf dem Schulhof oder Fußballplatz ausmessen.

2 Die Lernenden suchen selbst Lösungswege und vergleichen sie.

a. Die auf 100 km gerundeten Strecken lassen sich mit der 600er-Reihe vergleichen. Die nächstliegende 600er-Zahl wird für die Berechnung benutzt.
An sich verbraucht die A 319 mehr Treibstoff als aus den offiziellen Angaben hervorgeht. In diesen Angaben ist nämlich nur der effektive, für das Fliegen benötigte Treib-

stoff berücksichtigt. In der Praxis ist es jedoch so, dass die Flugzeuge in der Regel mit vollen Tanks starten oder aus Sicherheitsgründen eine genügende Reserve bei sich haben, damit sie bei fehlender Landeerlaubnis bis zum nächsten Flughafen fliegen können. Korrekterweise müsste man bei Linienflugzeugen diesen zusätzlichen Verbrauch mit berücksichtigen.

b. Die Näherungsrechnung könnte etwa so aussehen: 23 700 l : 600 l ≈ 40. Dies entspricht etwa 4000 km. Die maximale Reichweite ist in der Praxis aus Sicherheitsgründen nicht so groß (siehe Begriffsverständnis oben).

3 Die Lernenden suchen selbst Lösungswege und vergleichen. Jede Zahl in der Tabelle ist mit 14 (2-mal 7 Tage) zu multiplizieren. Die km-Angaben in der Tabelle sind auf 100 km gerundet. Unter der Reisedauer eines Fluges versteht man die Zeit zwischen der ersten bis zur letzten Bewegung des Flugzeuges am Dock, und nicht die Zeit, die das Flugzeug in der Luft verbringt (siehe Begriffsverständnis oben).

4 Diese Aufgabe ermöglicht natürliche Differenzierung, da einfache und schwierige Rechnungen möglich sind. Einfache Aufgaben ergeben zum Beispiel die Unterschiede in den Passagierzahlen. Überlegungsaufgaben ergeben sich etwa beim Vergleich zwischen Reisedauer und Reisegeschwindigkeit. So fliegt die A 340-600 beispielsweise mit über 900 km/h, braucht aber für die 500 km lange Strecke nach Amsterdam dennoch 1 h 10 min. In der Reisezeit sind die Rollzeit auf den Flughäfen sowie kurze Wartezeiten auf der Startbahn inbegriffen.

5 Diese Aufgabe ist bewusst offen formuliert. Flugzeuge kann man auf verschiedene Arten falten. Einzelne Schülerinnen oder Schüler werden die eine oder andere Art kennen und den Faltvorgang anderen zeigen, siehe auch Arbeitsheft Aufgabe 5. Es gibt dazu auch spezielle Literatur. Die Rahmenbedingungen für den Distanzflug müssen abgemacht werden, zum Beispiel Abflughöhe, Flugstreckenmessung usw. Die Lernenden definieren die Regeln selbst.

Hinweise zu 2 Größen bei Bienen

1 Ein zusätzlicher Vergleich mit den Abmessungen von Flugzeugen zeigt unter anderem:
Die Spannweite der Bienen ist größer als ihre Länge. (Bei Flugzeugen ist es umgekehrt.)

2 1500 m : 6 m = 250
Die Biene braucht für 1500 m ungefähr 250 s. (Das sind 4 min 10 s.)
Für die gleiche Strecke braucht man zu Fuß etwa 20 Minuten, mit dem Fahrrad 5 bis 10 Minuten.
Um eine gute Vorstellung von diesen Größen zu erhalten, können die Lernenden mit ihrem Schulweg vergleichen. Dabei kommen unter anderem die folgenden Fragen zur Sprache: Wer wohnt etwa 500 m, 1000 m, 1500 m von der Schule entfernt? Wie lange brauchst du für diesen Schulweg?

3 Diese Aufgabe sollte in Arbeitsgruppen gelöst werden. Jedes Kind übernimmt eine Teilaufgabe.
10 Bienen führen also 200 Flüge aus. Dem Text entnehmen wir, dass dabei 10 g Nektar gesammelt und 4 g davon gleich verbraucht werden. Aus den verbleibenden 6 g Nektar entsteht 2 g Honig (denn im Text heißt es: „Aus 3 g Nektar entsteht 1 g Honig.").
Die Tabellen können auf verschiedene Art ausgefüllt werden. Alle Schreibweisen sollen akzeptiert werden, auch wenn sie in ein und derselben Tabelle gemischt auftreten. Bei den Tabellen handelt es sich um reine Proportionalitätstabellen. Da solche Tabellen bereits in früheren Schuljahren bearbeitet wurden, ohne die Proportionalität explizit zu behandeln, dient das Ausfüllen der Tabellen als Standortbestimmung über das vorhandene momentane Verständnis proportionaler Zusammenhänge bei den Lernenden.

5 Diese Aufgabe ist recht anspruchsvoll, weil die einzelnen Informationen im Text gesucht werden müssen.

a. Man rechnet mit 10 sehr guten Sammeltagen. Aus dem Text entnimmt man, dass eine Biene pro Tag 20 Ausflüge, in ihrem Leben also etwa 200 Ausflüge macht. In dieser Zeit sammelt sie gemäß Tabelle in Aufgabe 3 etwa 10 g Nektar, was 2 g Honig ergibt.

b. Aus 1250 Rotkleeköpfen sammeln die Bienen etwa 10 g Nektar (siehe Bildlegende), was gerade etwa der Lebensleistung einer Biene entspricht.

c. Dies ist ein Schätzaufgabe, zu deren Lösung verschiedene Strategien denkbar sind. Sie gehen vom Abzählen aller (vermuteten) Blüten auf dem Bild bis zum Abzählen eines Streifens mit entsprechender Hochrechnung auf das ganze Feld. Auf dem Bild sind es 200 – 250 Rotkleeköpfe.

d. Je nach Schätzung sind hier unterschiedliche Resultate denkbar. Die 200 – 250 Rotkleeköpfe ergeben ca. 0,4 g Honig.

6 Diese Aufgabe dient wieder der Angabe einer Größenordnung:
15 g Nektar ergeben etwa 5 g Honig. Eine Biene sammelt in ihrem Bienenleben unter sehr guten Bedingungen etwa 2 g Honig. Das ist weniger als ein Löffel.
Für ein Glas Honig (500 g oder 1 kg) müssen 250 bzw. 500 Bienen ihr Leben lang arbeiten.

7 Diese Aufgabe ermöglicht natürliche Differenzierung, da die Lernenden einfache und schwierige Berechnungen entsprechend ihren Fähigkeiten durchführen können.

Wie könnte es weitergehen?

Sammeln von Informationen zu anderen Fahr- oder Flugzeugen bzw. zu anderen Tieren. Selbstständig Aufgaben oder Rechengeschichten dazu erfinden.

Literatur

- Campbell Morris: Schnelle Papierflieger, Carlsen Verlag, Hamburg o. J.

- Jerry Mander u. a.: Papierflieger, Modelle zum Selberfalten, dtv Spiele, München o. J.
- mathematik lehren 6, Fliegen, Erhard Friedrich Verlag, Velber 1984

Lösungen zu 1 Größen bei Flugzeugen

1

a. Unterschied der Spannweiten:

	A 319	A 320	A 380	A 321	A 340-600
A 319		0 m	45 m 70 cm	0 m	29 m 35 cm
A 320	0 m		45 m 70 cm	0 m	29 m 35 cm
A 380	45 m 70 cm	45 m 70 cm		45 m 70 cm	16 m 35 cm
A 321	0 m	0 m	45 m 70 cm		29 m 35 cm
A 340-600	29 m 35 cm	29 m 35 cm	16 m 35 cm	29 m 35 cm	

Unterschied der Längen:

	A 319	A 320	A 380	A 321	A 340-600
A 319		1,23 m	39,20 m	10,71 m	41,5 m
A 320	1,23 m		35,43 m	6,94 m	37,73 m
A 380	39,20 m	35,43 m		28,49 m	2,30 m
A 321	10,71 m	6,94 m	28,49 m		30,79 m
A 340-600	41,5 m	37,73 m	2,30 m	30,79 m	

Unterschied der Höhen:

	A 319	A 320	A 380	A 321	A 340-600
A 319		0 m	1210 cm	0 cm	530 cm
A 320	0 m		1210 cm	0 cm	530 cm
A 380	1210 cm	1210 cm		1210 cm	680 cm
A 321	0 cm	0 cm	1210 cm		530 cm
A 340-600	530 cm	530 cm	680 cm	530 cm	

Unterschied des Start- und Landegewichts der einzelnen Flugzeuge:

A 319	7 t
A 320	9 t
A 380	174 t
A 321	13,5 t
A 340-600	109 t

2

a.	Amsterdam	3 000 l
	Athen	15 600 l
	Berlin	3 600 l
	Brüssel	3 000 l
	Budapest	6 000 l
	Kopenhagen	4 800 l
	Lissabon	13 800 l
	London	4 200 l
	Madrid	10 800 l
	Oslo	8 400 l
	Paris	3 600 l
	Prag	3 000 l
	Rom	7 800 l
	Stockholm	8 400 l
	Wien	4 200 l
b.	Berechnet	3650 km
	Reichweite	3400 km
	Unterschied	250 km

3

	a.	b.
Amsterdam	7 000 km	16 h 20 min
Athen	36 400 km	37 h 20 min
Berlin	8 400 km	15 h 10 min
Brüssel	7 000 km	12 h 50 min
Budapest	14 000 km	21 h
Kopenhagen	11 200 km	18 h 40 min
Lissabon	32 200 km	40 h 50 min
London	9 800 km	22 h 10 min
Madrid	25 200 km	35 h
Oslo	19 600 km	25 h 40 min
Paris	8 400 km	16 h 20 min
Prag	7 000 km	14 h
Rom	18 200 km	24 h 30 min
Stockholm	19 600 km	28 h
Wien	9 800 km	18 h 40 min

Lösungen zu 2 Größen bei Bienen

1 Einige Maße der Bienen:

	Königin	Arbeitsbiene	Drohne
Körperlänge (mit Fühler)	ca. 23,5 mm	ca. 16,5 mm	ca. 22 mm
Flügellänge	ca. 9,5 mm	ca. 9 mm	ca. 13 mm
Fühler	ca. 3 mm	ca. 3,5 mm	ca. 5 mm
Vorderbeine	ca. 5,5 mm	ca. 4 mm	ca. 3 mm
Mittelbeine	ca. 7 mm	ca. 5 mm	ca. 6,5 mm
Hinterbeine	ca. 10 mm	ca. 8 mm	ca. 10 mm
Körperbreite	ca. 5 mm	ca. 5 mm	ca. 7 mm

2 Die Biene braucht 4 min 10 s. Ein Mensch braucht zu Fuß etwa 20 min.

3 1 Sammeltag:

Anzahl Bienen	10	1000	10 000
Anzahl Flüge	200	20 000	200 000
gesammelter Nektar	10 g	1000 g	10 000 g
verbrauchter Nektar	4 g	400 g	4000 g
Nektar für Honig	6 g	600 g	6000 g
Honig	2 g	200 g	2000 g

10 Sammeltage:

Anzahl Bienen	10	1000	10 000
Anzahl Flüge	2000	200 000	2 000 000
gesammelter Nektar	100 g	10 000 g	100 000 g
verbrauchter Nektar	40 g	4000 g	40 000 g
Nektar für Honig	60 g	6000 g	60 000 g
Honig	20 g	2000 g	20 000 g

100 Sammeltage:

Anzahl Bienen	10	1000	10 000
Anzahl Flüge	20 000	2 000 000	20 000 000
gesammelter Nektar	1000 g	100 000 g	1 000 000 g
verbrauchter Nektar	400 g	40 000 g	400 000 g
Nektar für Honig	600 g	60 000 g	600 000 g
Honig	200 g	20 000 g	200 000 g

4

Anzahl Bienen	50	100	150	200	250
Anzahl Drohnen	1	2	3	4	5

Anzahl Bienen	2500	5000	7500	10 000
Anzahl Drohnen	50	100	150	200

Leistungsaufgaben

Aufgabe	Kompetenz	Anforderungsbereich
1a.	K6	I
1b.	K5	I
1c.	K5	II
2a.	K6, K5	II
2b.	K6, K5	II

1

a. Beschreibe, was in der Tabelle unten dargestellt wird.
b. Erstelle eine Liste, die die Vögel der Länge nach sortiert. Fange mit dem kleinsten an.
c. Wie viele Spatzen wiegen ungefähr so viel wie ein Kondor?

	Albatross	Spatz	Kondor
Länge (cm)	140	16	110
Spannweite (cm)	260	25	320
Gewicht (g)	7500	32	12 000
Geschwindigkeit (km/h)	75	40	55

	Wanderfalke	Wildgans	Möwe	Amsel
Länge (cm)	51	110	81	25
Spannweite (cm)	114	165	170	26
Gewicht (g)	750	5200	2000	110
Geschwindigkeit (km/h)	140	95	110	30

2 Eine Pfuhlschnepfe (ein Zugvogel) hat vor einiger Zeit den Weltrekord im Nonstop-Flug aufgestellt. Dieser Vogel ist ohne Zwischenlandung von Alaska nach Neuseeland geflogen. Das ist eine Strecke von 11 550 km. Dabei hatte er eine Durchschnittsgeschwindigkeit von etwa 50 km/h.

a. Wie lange war der Vogel unterwegs?
b. Wie lang war die Strecke, die er dabei pro Tag zurückgelegt hat?

Lösungen zu den Leistungsaufgaben

1

a. In der Tabelle werden Länge, Spannweite, Gewicht und Geschwindigkeit verschiedener Vögel dargestellt.
b. Spatz
Amsel
Wanderfalke
Möwe
Kondor/Wildgans
Albatross
c. 375 Spatzen

2

a. 231 Stunden, das sind 9 Tage und 15 Stunden
b. 1200 km

Kompetenzerwartungen
- Stellenwertschreibweise und Sprechweise wiederholen (K 5)
- Zahlen in Stellentafel und am Zahlenstrahl darstellen (K 4)
- Gefühl für die Größenordnung von Zahlen entwickeln (K 3)
- Kopfrechnen mit den vier Grundoperationen wiederholen (K 5)
- halbschriftliche Rechenverfahren, beispielsweise mit dem Zahlenstrahl, wiederholen (K 4, K 5)

Einordnen

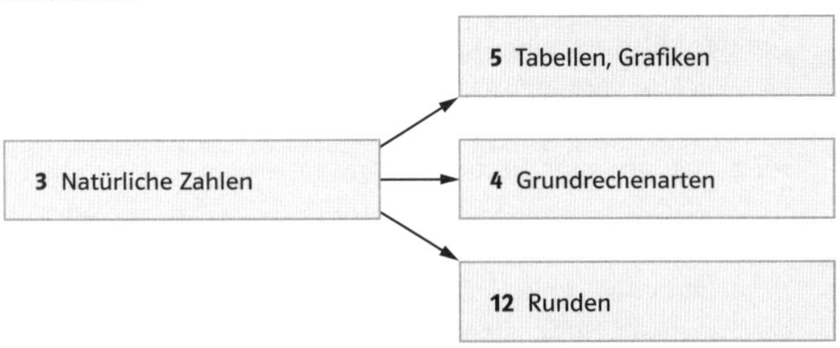

Zur Sache

Begriffe

Runden, Stellenwert, Stellenwerttafel, Zahlenstrahl, (Stufenzahl), nächstliegender Zehner, Hunderter, …

Merktexte

Runden: Wenn man bei einer Zahl am Zahlenstrahl zum nächstliegenden Zehner, Hunderter, … geht, spricht man vom Runden auf Zehner, Hunderter …
Vereinbarung: Wenn eine Zahl genau in der Mitte zwischen zwei Zehnern, Hundertern … liegt, dann geht man immer zur nächstgrößeren Stufenzahl.

Worum geht es?

Im 4. Schuljahr wurden die natürlichen Zahlen bis zur Million eingeführt. Die vier Grundrechenarten wurden geübt: Kopfrechnen, halbschriftliches Rechnen, schriftliches Rechnen. Hier wird das grundlegende Verständnis der natürlichen Zahlen überprüft. Dazu gehören:
- Stellenwertschreibweise der Zahlen,
- Sprechweise der Zahlen,
- Darstellung der Zahlen am Zahlenstrahl,
- Ordnen der Zahlen,
- Runden auf den nächstliegenden Zehner, Hunderter, …,
- Größenordnung von Zahlen mit Beispielen aus dem Alltag in Verbindung bringen,
- Kopfrechnen und halbschriftliches Rechnen in allen vier Grundrechenarten.

Diese Doppelseite dient neben der Wiederholung insbesondere dazu, Schwächen und Fehlvorstellungen der Lernenden zu erkennen und gezielte Übungen hierzu im Arbeitsheft zur Verfügung zu stellen. Die Aufgaben im Arbeitsheft haben sehr unterschiedliche Anforderungsbereiche und müssen nicht alle von jedem Schüler bearbeitet werden.

Zum Unterricht

Was wird benötigt?

Demonstrationsmaterial: Stellenwerttafel, Plättchen, Ziffernkärtchen und ein großer Blanko-Zahlenstrahl, der im Klassenraum angebracht werden kann.
Kopiervorlagen: Stellenwerttafel, Zahlenstrahl, Ziffernkärtchen, Hunderterfeld, Millimeterpapier
Taschenrechner ggf. zur Überprüfung

Vorschlag zur Stundenverteilung

Stunde	1	2	3	4
LU	0	1–2	3–4	5–6
AH				

Werden die Aufgaben im Arbeitsheft und die im Laufe der Bearbeitung entstandenen Karteikarten (siehe auch Aufgabe 1) nicht am Stück bearbeitet, sondern in kleinen Teilen immer wieder in den späteren Unterricht eingebunden, so kann dies zu einer nachhaltigen Festigung des Gelernten beitragen.

Wie kann man vorgehen?

Wenn Schülerinnen oder Schüler in der Klasse sind, die eine weitere Sprache sprechen, kann man sie einladen, die ersten natürlichen Zahlen und einige größere in Ziffern und in Worten aufzuschreiben und zu sprechen. Dabei kommt die unterschiedliche Sprechweise zwischen Deutsch und den anderen Sprachen zum Vorschein. Auf Deutsch werden die Zahlen nicht in der Reihenfolge der Ziffern gesprochen. Die Schülerinnen und Schüler erzählen von großen Zahlen im Alltag. Die Schülerinnen und Schüler können aktuelles Zahlenmaterial mit großen Zahlen mit in den Unterricht bringen, z. B. aus Zeitungen oder dem Internet. Die Zahlen werden gelesen, verglichen und aufgeschrieben. Dann kann das Buch zur Hand genommen werden und die Liste der Ziffern in den verschiedenen Sprachen kann ergänzt werden.

1 Mit der Stellenwerttafel, die aus der Grundschule bekannt sein dürfte, wird das Verständnis der Stellenwertschreibweise geschult. Den Lernenden kann hier auch schon Gelegenheit gegeben werden, Zahlen, die größer als 1 Million sind, darzustellen und zu lesen. Das Hantieren mit den Plättchen unterstützt die Vorstellung des Stellenwertsystems. Den Lernenden soll deutlich werden, dass höchstens 9 Plättchen an einer Stelle sinnvoll sind. Liegen beispielsweise 10 Plättchen an einer Stelle, so kann man diese wegnehmen und stattdessen ein Plättchen zu dem nächsthöheren Stellenwert hinzufügen. Liegt an einer Stelle kein Plättchen, so muss man an dieser Stelle der Zahl eine Null einfügen.
Die in Teilaufgabe f. von den Schülern selbst erfundenen Aufgaben geben den Lernenden Gelegenheit, an ihren individuellen Fähigkeiten anzuknüpfen.

Aufgaben auf Karteikarten
Mithilfe der folgenden Methode können viele Übungsaufgaben erzeugt werden, die im späteren Unterricht immer wieder eingesetzt werden können:
Die Lernenden schreiben jeweils eine Aufgabe (oder wenige zusammenhängende Aufgaben) auf die Vorderseite einer Karteikarte (am besten im Format A 5). Auf die Rückseite kommt eine schmale Spalte für Datum und Name. Daneben wird die Lösung der Aufgabe geschrieben.

Aufgabe:

M	HT	ZT	T	H	Z	E
●●●	●	●●●●● ●●●●		●	●●	●●●●

a. Wie heißt die Zahl?
b. Verschiebe immer ein Plättchen nach links.
Wie kann die Zahl heißen?
Wie groß ist der Unterschied?

	Name:	Datum:
a. Die Zahl heißt: 3 190 124	Vicky	26.9.
b. So kann die Zahl jetzt heißen:		

vorher	jetzt	Unterschied
3 190 124	12 190 124	9 000 000
3 190 124	4 090 124	900 000
3 190 124	3 280 124	90 000
3 190 124	3 191 024	900
3 190 124	3 190 214	90
3 190 124	3 190 133	9

Jetzt kann die Karte von einem nächsten Schüler bearbeitet werden. Er löst die Aufgabe (z. B. in seinem Heft) und überprüft die Lösung auf der Rückseite der Karteikarte. Ist er zum gleichen Ergebnis gekommen, so setzt er sein Bearbeitungsdatum und seinen Namen ein. Hat er ein anderes Ergebnis, so muss er sich mit dem Urheber der Lösung auseinandersetzen. Beide einigen sich auf eine Version, die dann auf die Rückseite geschrieben wird. Gegebenenfalls muss die ursprüngliche Lösung überklebt werden.

2 Hier werden die Plättchen durch Ziffernkärtchen ersetzt. Das Umlegen von Ziffernkärtchen erleichtert den Zugang zum systematischen Ausprobieren bei den Teilaufgaben b. und c.
Der Begriff „nächstliegend" wird vorbereitet. Er kann hier schon mithilfe eines Zahlenstrahles veranschaulicht werden oder aber als kleinste Differenz der beiden Zahlen interpretiert werden.

3 Verfahren, einen Zahlenstrahl bzw. Zahlenstrahlausschnitt in gleiche Abstände einzuteilen, werden eingeübt. Dabei wird dem Lernenden verdeutlicht, dass Einteilungen nicht notwendigerweise in 10er-Schritten erfolgen müssen, sondern dass auch das wiederholte Halbieren von Abständen ein sinnvolles Verfahren ist. Insbesondere wird der verbreiteten Fehlvorstellung vorgebeugt, dass 1 mm im Heft immer gleichbedeutend mit einer 10er-Stufenzahl ist.
Der Zahlenstrahl unterstützt die Veranschaulichung von Verfahren wie Ordnen und Runden von Zahlen und bereitet sinnvolle Skaleneinteilungen beim späteren Zeichnen von Diagrammen, beispielsweise Balken- oder Säulendiagrammen, vor.

4 Mithilfe des Zahlenstrahls und den immer feineren Unterteilungen wird die Rundungsregel veranschaulicht. Man geht immer zur nächstliegenden Stufenzahl. Es wird hier bewusst vermieden, die schematische Rundungsregel: „von der Fünf an wird aufgerundet" zu benutzen, vielmehr wird Wert darauf gelegt, den kleineren Abstand zur nächstliegenden Stufenzahl zu veranschaulichen. Die Vorstellung „ab der Mitte zur nächstgrößeren Stufenzahl gehen" lässt sich leichter verallgemeinern und erleichtert später z. B. das Ablesen von Werten aus Diagrammen, das Einzeichnen möglichst genauer Werte in Diagramme usw.

5 **6** Konkrete Vorstellungen der Größenordnung von Zehnerpotenzen entwickeln. Anstelle des Millimeterpapiers kann man auch auf Heftkästchen zurückgreifen, man braucht dann entsprechend den 25fachen Platz.

Hinweise zu den Rechentraining-Aufgaben im Arbeitsheft
Die Aufgaben 1 – 22 sollten entsprechend der Vorkenntnisse eingesetzt werden.
In einigen Aufgaben kommen Begriffe vor, die für einige Lernende neu sein könnten, wie z. B. der vierte Teil von … oder ein Viertel von … In einem solchen Fall kann die Bedeutung kurz erläutert werden, der Gebrauch dieser Begriffe sollte weitgehend intuitiv erfolgen.
Fast alle Aufgaben eignen sich dazu, dass die Schülerinnen und Schüler ähnliche Aufgaben selbst erfinden.
Die Chance, selbst Aufgaben zu erfinden und auf Karteikarten zu schreiben, gibt den Lernenden Gelegenheit, ihre individuellen Fähigkeiten ins Spiel zu bringen und die von den Lernenden zusammengestellten Aufgaben geben zudem gute Hinweise auf ihre momentane Leistungsfähigkeit.
Ein Übungsformat, bei dem eine direkte Selbstkontrolle ermöglicht wird, sind die „Hüpf-im-Päckchen"-Aufgaben. Sie können von der Grundschule her bekannt sein.

„Hüpf-im-Päckchen"-Aufgaben
(und „Hüpf-in-der-Reihe"-Aufgaben)
Die Regel bei diesen Aufgaben: Jedes Zwischenergebnis ist Ausgangspunkt einer weiteren Rechnung im Päckchen oder in der Reihe.
Beispiel:
2300 + 5200 = 7500
2700 + 500 = …
1500 + 8500 = …
3200 − 1700 = …
7500 − 4800 = … Ziel: 10 000 (Das bedeutet, dass die letzte gerechnete Aufgabe das Ergebnis 10 000 hat.)

Seite 11, „Das will ich mir merken:". Hier sollte notiert werden, wie schriftlich gerechnet wird und worauf zu achten ist. Dies kann anhand von Beispielen geschehen.

Rechentraining in den Lernumgebungen

Wiederholungen aus den vorangegangenen Schuljahren sowie Trainingsaufgaben zur aktuellen Lernumgebung sollten regelmäßig in den Unterricht eingebaut werden. Dazu ist es hilfreich, wenn jede Schülerin und jeder Schüler über Blanko-Vorlagen an Hunderterfeldern, Stellenwerttafeln sowie Zahlenstrahlen (Kopiervorlagen) verfügt.

Beispiele:
- Umgang mit dem Hunderterfeld

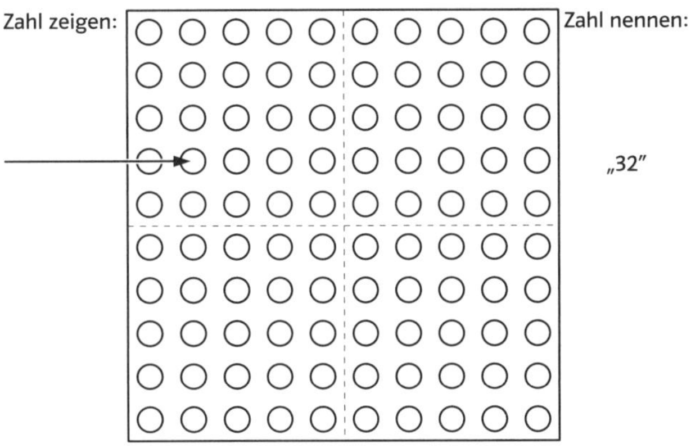

- In … Schritten von … bis …
  „In 8 Schritten von 0 bis 1000" — „125, 250, 375, 500, …, 1000"
- Umgang mit dem Zahlenstrahl
  „Welches ist die zu 7467 nächstliegende Hunderterzahl?" — „7500"
- Halbieren – Verdoppeln – Vierteln – Vervierfachen
  „Ein Viertel von 22 000" — „Die Hälfte, das sind 11 000, davon die Hälfte, das sind 5500."
- Wie viele Stellen hat das Ergebnis?
  „400 · 30" — „5 Stellen!"

Wie könnte es weitergehen?

- Im Zusammenhang mit Aufgabe 6 können die Lernenden ein eigenes „Zahlenbuch" erstellen. Sie sammeln Zahlen aus der Umwelt und ordnen sie ein. Das Buch kann ständig erweitert werden und später bei Themen wie Brüche, Dezimalbrüche, Größen usw. gute Dienste leisten.
- Das Rechentraining sollte im Unterricht immer wieder aufgegriffen werden, damit sich grundlegende Vorstellungen und Rechenfertigkeiten festigen. Die während des Unterrichts und beim Bearbeiten des Arbeitsheftes entstandenen Karteikarten (siehe Aufgabe 1) können immer wieder eingesetzt werden.
- Wird dieses Material im weiteren Verlauf des Unterrichts immer wieder eingesetzt, so kann dies zu einem stärkeren Vernetzen der Themen und zur nachhaltigen Festigung beitragen.

Literatur

- G. N. Müller/E. Ch. Wittmann: Handbuch produktiver Rechenübungen Band 2, Ernst Klett Schulbuchverlag, Leipzig 1992
- G. N. Müller/E. Ch. Wittmann: Das Zahlenbuch 4, Ernst Klett Grundschulverlag, Leipzig 2005

Lösungen

1

b.

Die 20 kleinsten Zahlen von klein nach groß	Die 20 größten Zahlen von groß nach klein
4	4 000 000
13	3 100 000
22	3 010 000
31	3 001 000
40	3 000 100
103	3 000 010
112	3 000 001
121	2 200 000
130	2 110 000
202	2 101 000
211	2 100 100
220	2 100 010
301	2 100 001
310	2 020 000
400	2 011 000
1003	2 010 100
1012	2 010 010
1021	2 010 001
1030	2 002 000
1102	2 001 100

c.

Toms Zahl	Ein Plättchen dazu	Veränderung
1 020 100	2 020 100	Die Zahl wird um 1 000 000 größer.
	1 120 100	Die Zahl wird um 100 000 größer.
	1 030 100	Die Zahl wird um 10 000 größer.
	1 021 100	Die Zahl wird um 1000 größer.
	1 020 200	Die Zahl wird um 100 größer.
	1 020 110	Die Zahl wird um 10 größer.
	1 020 101	Die Zahl wird um 1 größer.

d.

Lisas Zahl	Ein Plättchen weg	Veränderung
1 020 100	20 100	Die Zahl wird um 1 000 000 kleiner.
	1 010 100	Die Zahl wird um 10 000 kleiner.
	1 020 000	Die Zahl wird um 100 kleiner.

e. mögliche Lösungen sind:

Toms Zahl	Ein Plättchen verschieben	Rechnung	Unterschied
1020100	120100	1020100 − 1000000 + 100000 = 120100	Die Zahl wird um 900000 kleiner.
	1110100	1020100 − 10000 + 100000 = 1110100	Die Zahl wird um 90000 größer.
	1011000	1020100 − 10000 + 1000 = 1011100	Die Zahl wird um 9000 kleiner.
	1021000	1020100 − 100 + 1000 = 1021000	Die Zahl wird um 900 größer.
	1021010	1020100 − 100 + 10 = 1011100	Die Zahl wird um 90 kleiner.
	2010100	1020100 − 10000 + 1000000 = 2010100	Die Zahl wird um 990000 größer.
	30100	1020100 − 1000000 + 10000 = 30100	Die Zahl wird um 990000 kleiner.
	…		

2

a. große Zahlen: 987654, 987645, 987564, 987546, 987465, 987456, 978654, 978564, …
kleine Zahlen: 102345, 102354, 102435, 102453, 102534, 102543, 103245, 103254, …

b. 501234, 498765 liegen nahe an 500000.
501234 liegt am nächsten bei der Zahl 500000.

c. 862359 oder 865329 können es sein.

3

a.

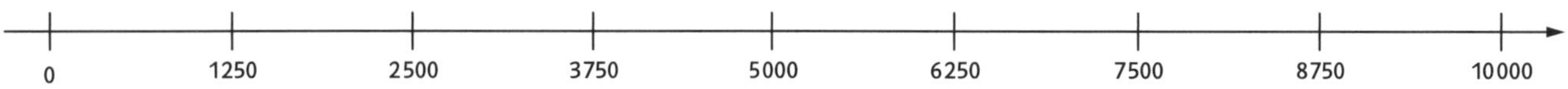

b.

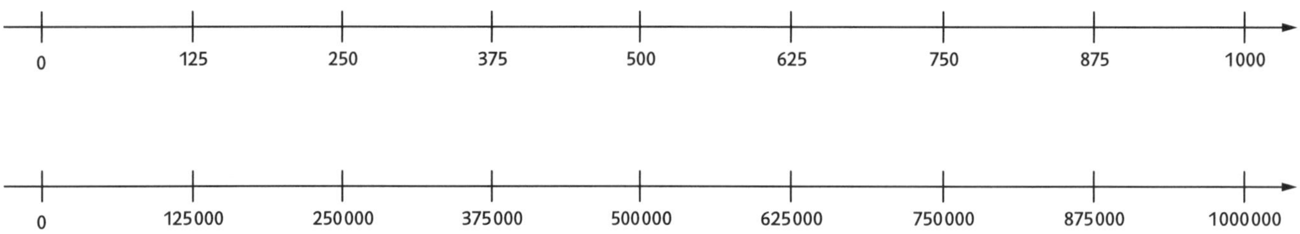

c.

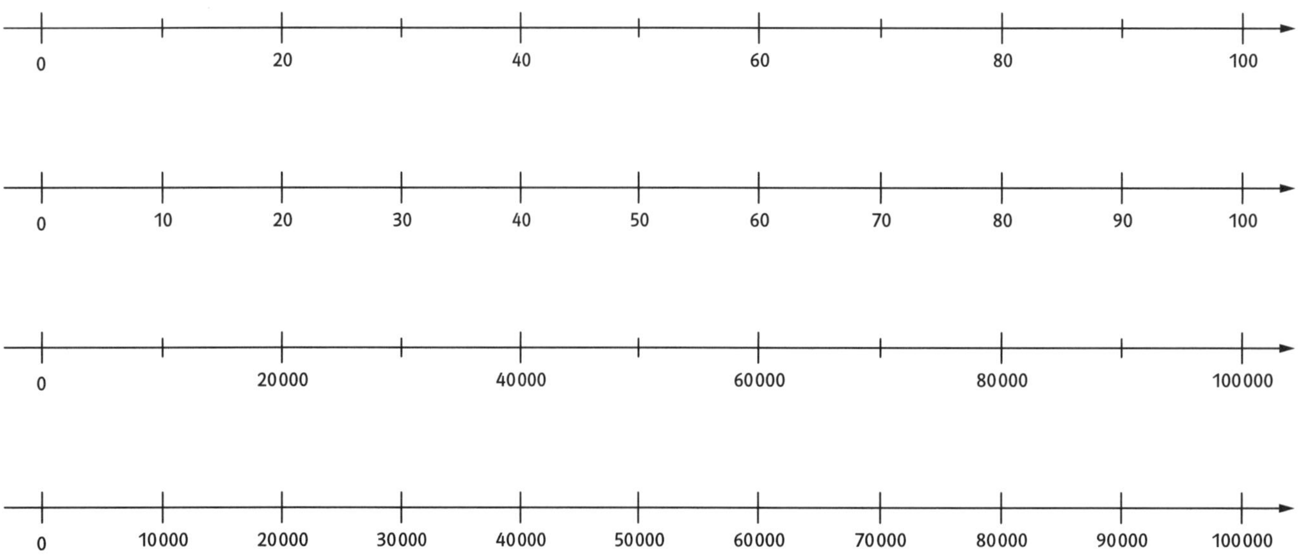

4

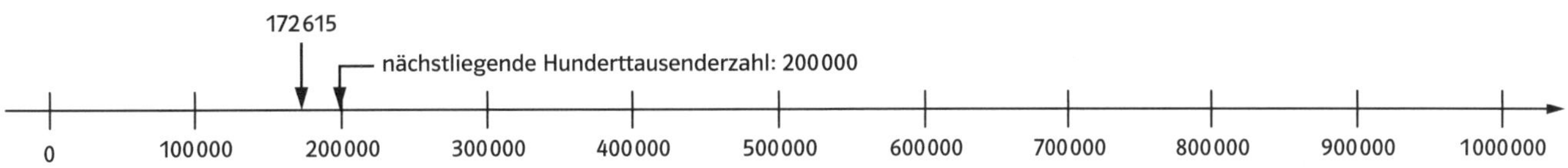

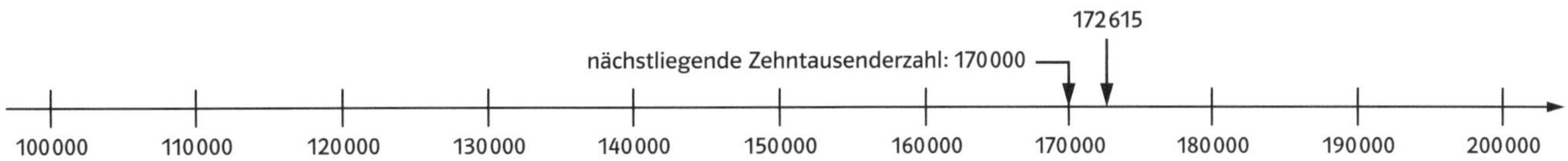

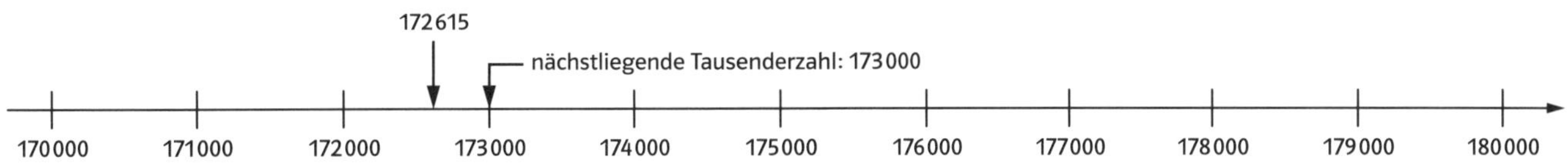

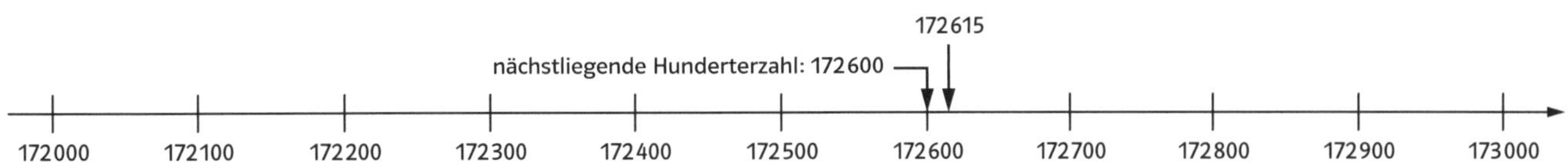

Die beiden Stufenzahlen 172 610 und 172 620 liegen gleich weit von der Zahl 172 615 entfernt. Die Zahl liegt genau in der Mitte der beiden Stufenzahlen. Wir vereinbaren: Die Zahl 172 615 wird auf die nächstgrößere Stufenzahl, also auf **172 620**, gerundet.

5 So könnten beispielsweise die gefärbten Millimeterquadrate aussehen:

a.

b. 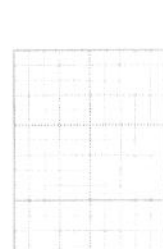

c. 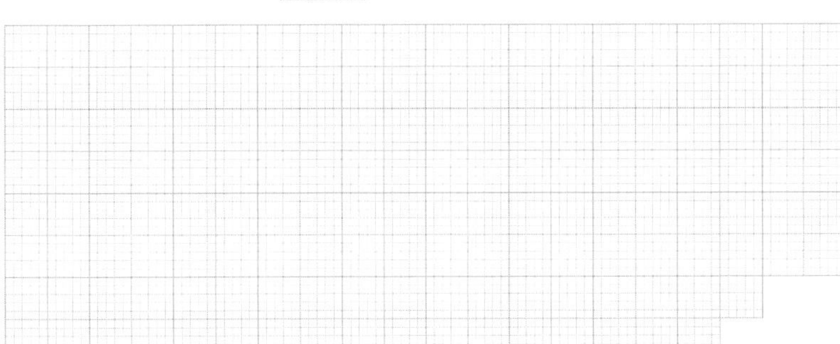

d. Nein, auf eine DIN-A4-Seite passen ungefähr 60 000 Millimeterquadrate.

e. Man benötigt etwa 16 DIN-A4-Seiten, also 8 Blätter.

f. Man benötigt etwa 24 DIN-A4-Seiten, also 12 Blätter.

Leistungsaufgaben

Aufgabe	Kompetenz	Anforderungsbereich
1	K 4	I
2	K 5	I
3	K 5	II
4	K 4	I
5	K 1	II

1 Hier ist eine Zahl mit Plättchen dargestellt:

M	HT	ZT	T	H	Z	E
●	●		●●●●● ●●●●	●	●●●●● ●●●●	●●

a. Wie heißt die Zahl?
b. Nenne zu der Zahl die nächstliegende Hunderterzahl.
c. Tom nimmt an der Hunderterstelle ein Plättchen weg. Wie heißt die neue Zahl?
d. Ute macht es anders. Sie legt an der Tausenderstelle ein Plättchen dazu. Schreibe eine Rechnung dazu.
e. Nenne die drei größten Zahlen, die du mit drei Plättchen in dieser Stellentafel darstellen kannst.

2

a. 35 836 + 6000 b. 245 789 – 999
c. 5000 · 400 d. 480 000 : 60

3 Finde zwei Kärtchen mit dem gleichen Ergebnis:

[ ] = [ ]

6000 : 30 | 60 000 : 3 | 60 000 : 300 | 600 : 300 | 600 000 : 300

4 Wie viele Kästchen hast du ungefähr ausgefüllt, wenn du ein ganzes DIN-A4-Matheheft voll geschrieben hast? Notiere deine Überlegungen.

☐ 300 bis 400
☐ 3000 bis 4000
☐ 30 000 bis 40 000
☐ 300 000 bis 400 000
☐ 3 Millionen bis 4 Millionen

5 Beschrifte den Zahlenstrahl.

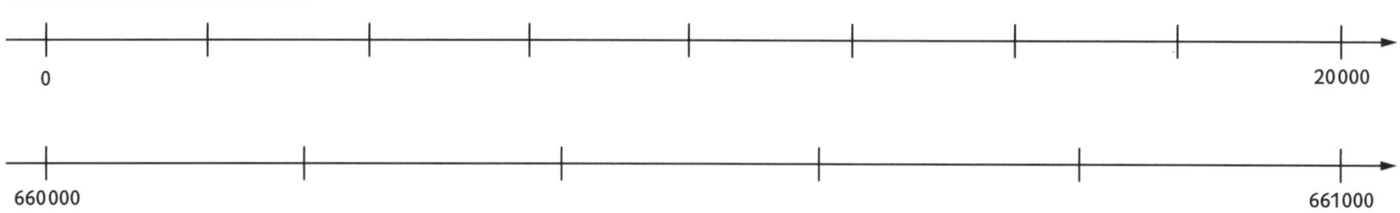

Lösungen zu den Leistungsaufgaben

1

a. 1 Million 109 Tausend 192 (1 109 192)
b. 1 109 200
c. 1 Million 109 Tausend 92 (1 109 092)
d. Es liegen dann zehn Plättchen an der Tausenderstelle. Sie müssen gegen ein Zehntausenderplättchen umgetauscht werden.
1 109 192 + 1000 = 1 110 192
e. 3 000 000, 2 100 000, 2 010 000

2

a. 41 836
b. 244 790
c. 2 000 000
d. 8000

3 6000 : 30 = 60 000 : 300

4 ☒ 30 000 bis 40 000
Mögliche Überlegungen (je nachdem, ob das Heft einen Rand hat oder nicht):
In einer Reihe sind etwa 40 Kästchen, es passen etwa 60 Reihen auf eine Seite, das sind dann ungefähr 2400 Kästchen. Das Heft hat 16 Seiten. Auf 10 Seiten passen ungefähr 24 000 Kästchen, auf 20 Seiten etwa 48 000 Kästchen. Das Ergebnis 30 000 bis 40 000 passt am besten dazu.

Lösung 5

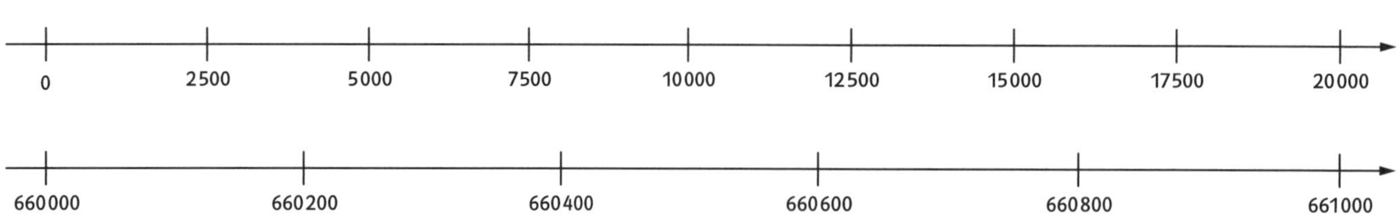

Addition und Subtraktion – Multiplikation und Division 4

Kompetenzerwartungen
- Die vier Grundrechenarten als handschriftliche oder schriftliche Rechenarten wiederholen (K 5)
- das Rechnen mit den vier Grundrechenarten üben und festigen (K 5)
- verschiedene Übungsformate wiederholen bzw. kennenlernen (K 5)
- unterschiedliche Lösungswege nachvollziehen und beschreiben (K 6)
- Rechenwege und einfache Beziehungen begründen (K 1)
- das Distributivgesetz intuitiv anwenden und begründen (K 5, K 1)
- das Gesetz der mehrfachen Subtraktion intuitiv anwenden und begründen (K 5, K 1)

Einordnen

3 Natürliche Zahlen → 4 Grundrechenarten → 31 Zahlenrätsel

Zur Sache

Begriffe

Addition, Subtraktion, Multiplikation, Division, stellenweise addieren bzw. subtrahieren, stellenweise multiplizieren

Merktexte

Addieren heißt zusammenzählen, z. B. 5 + 3 = 8.
Subtrahieren bedeutet, eine Zahl von einer anderen abzuziehen, z. B. 8 − 3 = 5.
Multiplizieren heißt malnehmen oder auch vervielfachen, z. B. 12 · 3 = 36.
Dividieren heißt teilen, z. B. 36 : 12 = 3.

Rechenoperationen werden am besten in Form geeigneter Beispiele festgehalten:

Mehrfache Subtraktion: Man kann mehrere Zahlen von einer größeren Zahl subtrahieren, indem man die Zahlen nacheinander subtrahiert. Oder man kann zuerst alle Zahlen, die abgezogen werden sollen, addieren, und dieses Ergebnis dann von der größeren Zahl abziehen.
Beispiel:
678 − 67 − 6 = 605
Weg 1: 678 − 67 = 611 611 − 6 = 605
Weg 2: 67 + 6 = 73 678 − 73 = 605

Multiplikation von mehrstelligen Zahlen: Man kann sich die Multiplikation von mehrstelligen Zahlen stellenweise in einem **Malkreuz** aufteilen und anschließend die einzelnen Ergebnisse addieren.
Zur Probe kann man die Zahlen in der rechten Spalte addieren und die Zahlen in der unteren Zeile. Das Ergebnis muss das gleiche sein.
Beispiel: 246 · 43 = 10 578

·	200	40	6	
40	8000	1600	240	9840
3	600	120	18	738
	8600	1720	258	**10 578**

Probe: 8600 + 1720 + 258 = 10 578
9840 + 738 = 10 578

Schriftliche Division: Bei der schriftlichen Division von mehrstelligen Zahlen kann es helfen, wenn man sich zuerst die Zahlenreihe, die man benötigt, aufschreibt. Außerdem hilft es, die Zahlen sehr ordentlich stellenweise untereinanderzuschreiben:
Beispiel: 86 547 : 17

17er-Reihe aufschreiben:

0	1	2	3	4	5	6	7	8	9	10
0	17	34	51	68	85	102	119	136	153	170

86 547 : 17 = 5091
85
 15
  0
 154
 153
   17
   17
    0

Worum geht es?

Im 1. bis 4. Schuljahr wurden in der Regel einige Übungsformate eingeführt, die den Lernenden vielfältiges Üben, teilweise mit Selbstkontrolle, ermöglichen. Falls diese Übungsformate nicht eingeführt wurden, ist hier die Gelegenheit, dieses nachzuholen. Zu diesen Übungsformaten können die Lernenden sich auch gegenseitig Aufgaben stellen. Sie können beispielsweise selbst Aufgaben von der Form „Hüpf in der Reihe“ erfinden und auf Karteikarten schreiben. (Vgl. dazu Kommentar der vorangehenden Lernumgebung, Aufgabe 1.) Zudem sind im Anhang Kopiervorlagen zu den Übungsformaten „Zahlenmauer“ und „Malkreuze“ (vgl. Einführung) vorhanden. Bei einzelnen Teilaufgaben müssen Nebenrechnungen durchgeführt werden. Diese können schriftlich oder halbschriftlich gelöst werden.
Die schriftlichen Rechenoperationen Addition und Subtraktion werden um das Verfahren der mehrfachen Subtraktion ergänzt. Dazu werden unterschiedliche Lösungswege vorgestellt. In allen Teilbereichen sind die Lernenden frei, nach welchem Verfahren sie die Aufgaben lösen wollen.
Die schriftlichen Rechenoperationen Multiplikation und Division werden um die Division durch zweistellige Zahlen ergänzt. Auch hier werden unterschiedliche Lösungsverfahren vorgestellt und die Lernenden sind frei, nach einem Verfahren ihrer Wahl vorzugehen. „Eine Reihe von Untersuchungen belegt, dass Kinder und Erwachsene – vor allem im Alltag – Aufgaben häufig auf eigenen Wegen lösen und dabei nicht das in der Schule erlernte Normalverfahren heranziehen. Mathematik wird vielfach als Ansammlung von unverstehbaren, geheimnisvollen Regeln gesehen. Das kann auch durch eine starke Ausrichtung auf die schriftlichen Rechenverfahren mit verursacht

werden, da diese die Vielfalt, die Eigenständigkeit und die Flexibilität des Denkens auf das Ausführen vorgeschriebener Schritte reduzieren können."
Die Übungen geben der Lehrperson die Gelegenheit einer Standortbestimmung. Sie kann erfahren, wie die Lernenden rechnen, wo sie Schwierigkeiten haben und ob sie mit den Übungsformaten vertraut sind.

Zum Unterricht

Was wird benötigt?

Kopiervorlagen: Malkreuze, Zahlenmauern
Taschenrechner ist möglich zur Überprüfung bei den Aufgaben 2 d. und 6.

Vorschlag zur Stundenverteilung

Es empfiehlt sich nicht, die Seiten an einem Stück zu bearbeiten. Im Laufe der Bearbeitung der Lernumgebung und des Arbeitsheftes sollten von den Schülerinnen und Schülern immer wieder selbst Aufgaben erstellt werden, die dann in späteren Phasen als Übungsmaterial dienen.

Wie kann man vorgehen?

Vor der jeweils zu übenden Operation kann man den Lernenden ein Problem stellen, das die entsprechende Operation beinhaltet, oder umgekehrt, die Schülerinnen und Schüler Probleme finden lassen, die zu den entsprechenden Operationen passen.

1 Mit dieser Aufgabe können verschiedene Grundprobleme der Addition und der Subtraktion angesprochen werden, zum Beispiel:
- Verschiedene Rechnungen können zum gleichen Ergebnis führen. Warum? Kannst du Beispiele geben?
- Wenn das Ergebnis als Zehnerziffer (Hunderterziffer usw.) eine Null haben soll, muss nicht unbedingt die Summe der Zehner null ergeben. Warum nicht? Kannst du Beispiele angeben?
- Was ändert sich am Ergebnis, wenn z. B. Einer- und Zehnerziffer einer Zahl vertauscht werden?

2 Bevor die Aufgabe im Buch bearbeitet wird, ist es zweckmäßig, ein Problem zu stellen, das die mehrfache Subtraktion beinhaltet. Zum Beispiel: „Schalke 04 hat in der letzten Saison 20 von 34 Spielen gewonnen und 6-mal unentschieden gespielt. Wie oft hat die Mannschaft verloren?" Die Lernenden könnten auch eigene Probleme erfinden, bei denen es um mehrfache Subtraktion geht. Dabei werden die unterschiedlichen Herangehensweisen und Lösungswege der Kinder thematisiert. Anschließend kann man zu den im Buch vorgestellten Lösungswegen übergehen. Die Kinder sollen erkennen, dass man diese Aufgaben auf unterschiedlichen Wegen lösen kann, und sich dann frei für einen eigenen Lösungsweg entscheiden. Bei Aufgabe c. geht es darum, unerwünschten Automatismen vorzubeugen. Falls nötig, könnten die Kinder auch hier nochmals Sachprobleme passend zu den Aufgaben erfinden.

3 Bei diesem Rechentraining geht es darum, das Distributivgesetz intuitiv anzuwenden, um die Ergebnisse im Kopf auszurechnen, sowie ein Gefühl für die Größenordnung der Ergebnisse zu entwickeln. Für den persönlichen Erfolg in dieser Übung ist ein vorheriges Abschätzen der Ergebnisse hilfreich. Günstige Vorgehensweisen zum Erreichen möglichst großer Produkte können im Klassengespräch thematisiert werden. Auch können sich die Schülerinnen und Schüler neue Vorgaben für dieses Rechentraining überlegen, wie beipielsweise: Das Produkt soll möglichst klein sein oder es soll eine einstellige Zahl mit einer dreistelligen multipliziert werden. Um sicherzugehen, dass sich keine falschen Lösungswege einschleifen, könnten die Lernenden ihre Ergebnisse per Taschenrechner überprüfen. Dieses Rechentraining kann immer wieder in den Unterricht einbezogen werden, auch wenn die Schülerinnen und Schüler sich schon lange mit anderen Lernumgebungen befassen.

4 Für diese Aufgabe gelten ähnliche Überlegungen wie für Aufgabe 3. Gefundene Rechnungen können gesammelt, geordnet und diskutiert werden. Bei a. kommen insgesamt 24 mögliche Rechnungen in Frage. Bei b. gibt es zwölf mögliche Rechnungen (abgesehen von der Vertauschung der Faktoren).

5 Produkte können als Flächeninhalt eines Rechtecks interpretiert werden. Diese Idee wird im Verlauf der späteren Jahre immer wieder aufgegriffen und erweitert (Produkte mit negativen oder gebrochenen Faktoren, Produkte aus Summen, binomische Formeln usw.). Deshalb ist es sinnvoll, den Lernenden dieses Übungsformat immer wieder anzubieten. In der aktuellen Lernumgebung kann man außerdem die Multiplikation mehrstelliger Zahlen mithilfe des Malkreuzes schon als halbschriftliches Verfahren bezeichnen.

·	300	60	9	
80	24 000	4800	720	29 520
4	1200	240	36	1476
	25 200	5040	756	30 996

Die Summe der sechs Produkte im Innern ist gleich dem Produkt der Summen der äußeren Zahlen.

$369 \cdot 84 = 30\,996$
$24\,000 + 4800 + 720 + 1200 + 240 + 36 = 30\,996$

Alle Zahlen in dieser Tabelle lassen sich mithilfe einer Multiplikation darstellen.
$240 = 60 \cdot 4$
$25\,200 = 300 \cdot 84$
$756 = 9 \cdot 84$
$1476 = 4 \cdot 369$
usw.

Es gibt zwölf Multiplikationsaufgaben pro Tabelle.

Werden nicht nur die Zahlen an den Rändern vorgegeben, so ist es eine Übung zur Division oder auch zur Subtraktion. Das zweite Malkreuz in Aufgabe 5 erfordert außerdem von den Lernenden Strategien zum Problemlösen, die z. B. mit der Methode der wachsenden Gruppe thematisiert werden können (Ich-Du-Wir-Methode: Wie habe ich versucht, die Aufgabe zu lösen? Wie hast du versucht, die Aufgabe zu lösen? Wie können wir versuchen, die Aufgabe zu lösen? …). Die Gruppenergebnisse in Bezug auf geschickte Vorgehensweisen können dann gesammelt und vorgestellt werden.

·	800		2	
60	A	B	C	50 520
	2400			
		2520	756	53 046

So könnten beispielsweise die Zahlen in den Feldern A und C mithilfe der Multiplikation berechnet werden, anschließend Feld B mithilfe der Subtraktion.
Insbesondere kann man mit den Malkreuzen das Zehner-, Hunderter-, … -Einmaleins üben, das für das Überschlagsrechnen von großer Bedeutung ist. Mithilfe der von den Schülern ausgedachten Aufgaben kann ein Vorrat an Aufgaben zu Übungszwecken auch für spätere Zeitpunkte angelegt werden.

6 Die Division kann mithilfe des Standardverfahrens „Schriftliche Division" durchgeführt werden, durch Aufteilung des Dividenden in durch 14 teilbare Summanden (57 470 = 56 000 + 1400 + 70) oder als Umkehrung der Multiplikation (Mit welcher Zahl muss ich 14 multiplizieren, um 57 470 zu erhalten?). In all diesen Fällen kann es hilfreich sein, sich zuerst die 14er-Reihe zu notieren.

Die Zahl 12 252 240 lässt sich durch alle angegebenen Zahlen ohne Rest teilen. Jede Rechnung in c. hat den Rest 1. Bei Teilaufgabe d. werden einige Schüler jede Aufgabe neu rechnen, während andere den jeweiligen Rest durch Überlegungen der folgenden Art erhalten: 12 252 252 ist um 12 größer als die Zahl 12 252 240. Wenn man jetzt also 12 252 252 durch 8 teilt, so passt die 8 einmal mehr hinein und es bleiben 4 übrig. Mit der gleichen Argumentation erhält man für die Division durch 9 den Rest 3, für die Division durch 10 den Rest 2 und für die Division durch 11 den Rest 1. Durch 12 kann man infolgedessen ohne Rest dividieren. Und bei der Division durch die Zahlen 13, 14 und 15 bleibt jeweils der Rest 12.
Das Erfinden eigener Divisionsaufgaben ohne Rest lässt sich dann besonders vorteihaft umsetzen, wenn es den Lernenden gelingt, die Kenntnisse aus den vorangegangenen Aufgabenteilen anzuwenden.

Wie könnte es weitergehen?

Ebenso wie die Lernumgebung selbst, sollten die Aufgaben 23 – 36 im Arbeitsheft über einen längeren Zeitraum verteilt, eingesetzt werden.
Im Arbeitsheft wird ein weiteres Übungsformat, die Zahlenmauer, eingesetzt. Die Aufgaben hierzu sind nicht nur zum Üben der Grundrechenarten Addition und Multiplikation geeignet, sondern auch zum Erforschen von Zahlbeziehungen:
Stehen in der unteren Reihe einer Additions-Zahlenmauer aufeinanderfolgende Zahlen, so stehen in der zweiten Reihe der Zahlenmauer nur ungerade Zahlen, deren Differenz immer 2 beträgt. In der dritten Reihe stehen dann aufeinanderfolgende Zahlen aus der Viererreihe, im oberen Stein steht eine Zahl, die durch 4, aber nicht durch 8 teilbar ist.
Verändert man die Reihenfolge der Zahlen in der unteren Reihe, dann erhält man unterschiedliche Ergebnisse im oberen Stein. Setzt man die größten Zahlen in die Mitte und die kleinsten nach außen, dann wird der Wert im oberen Baustein am größten und umgekehrt.
Zahlenmauern eignen sich von daher besonders, um die Kinder mithilfe selbst erfundener Zahlenmauern zu eigenen Fragestellungen zu ermutigen und selbst die Anworten dazu zu finden. Was passiert, wenn in der unteren Reihe vier aufeinanderfolgende ungerade Zahlen stehen? Was passiert, wenn in der unteren Reihe vier aufeinanderfolgende Zahlen aus der 3er-Reihe stehen? Was passiert, wenn in der unteren Reihe jede Zahl doppelt vorkommt? Was passiert, wenn man subtrahiert oder multipliziert statt zu addieren? …
Um die Forschungsergebnisse der Lernenden zu würdigen und zu vergleichen, ist es sinnvoll, diese auch in Klassengespräche o. Ä. einzubeziehen und die Aufgaben nicht als reine Übungsaufgaben zu behandeln.
Wie die Zahlenmauern, so eignen sich auch viele der anderen Übungsaufgaben im Arbeitsheft dazu, dass die Schülerinnen und Schüler ähnliche Übungsaufgaben erfinden. Diese ermöglichen dann einen großen Vorrat an Übungsaufgaben für die Klasse während des gesamten Schuljahres. Wie man das im Unterricht umsetzen kann, ist im Kommentar zur Lernumgebung 4, Aufgabe 1 beschrieben.

Literatur

- Hartmut Spiegel/Christoph Selter: Kinder & Mathematik, Kallmeyer'sche Verlagsbuchhandlung, Seelze-Velber 2004
- Gerhard N. Müller/Erich Ch. Wittmann, G. Krauthausen: Handbuch produktiver Rechenübungen, Band 2, Ernst Klett Grundschulverlag, Stuttgart 1992
- Kopp, Margit: Algebra mit Zahlenmauern; IN: mathematik lehren, Heft 105, S. 16 – 19, Erhard Friedrich Verlag, Velber 2001
- Krauthausen, G.: Kopfrechnen, halbschriftliches Rechnen, schriftliche Normalverfahren, Taschenrechner: Für eine Neubestimmung des Stellenwertes der vier Rechenmethoden; IN: Journal für Mathematikdidaktik 14 (1993) Heft 3/4 Seiten 189 – 219

Lösungen

2

d.

10 988	91 888	7556
20 877	81 777	17 445
30 766	71 666	27 334
40 655	61 555	37 223
50 544	51 444	47 112
Fortsetzung nicht sinnvoll	41 333	57 001

4

a. größtes Ergebnis: 9 · 764 = 6876
kleinstes Ergebnis: 4 · 679 = 2716

b. größtes Ergebnis: 94 · 76 = 7144
kleinstes Ergebnis: 47 · 69 = 3243
Es gibt insgesamt zwölf unterschiedliche Ergebnisse:

94 · 76 = 7144 49 · 76 = 3724
94 · 67 = 6298 49 · 67 = 3283
96 · 74 = 7104 69 · 74 = 5106
96 · 47 = 4512 69 · 47 = 3243
97 · 64 = 6208 79 · 64 = 5056
97 · 46 = 4462 79 · 46 = 3634

5

a.

·	300	60	9	
80	24 000	4800	720	29 520
4	1200	240	36	1476
	25 200	5040	756	30 996

·	800	40	2	
60	48 000	2400	120	50 520
3	2400	120	6	2526
	50 400	2520	126	53 046

b. Zum ersten Malkreuz gehören zwölf Aufgaben:
24 000 = 300 · 80 720 = 9 · 80
1200 = 300 · 4 36 = 9 · 4
25 200 = 300 · 84 756 = 9 · 84
4800 = 60 · 80 29 520 = 369 · 80
240 = 60 · 4 1476 = 369 · 4
5040 = 60 · 84 30 996 = 369 · 84
Zum zweiten Malkreuz gehören zwölf Aufgaben:
48 000 = 800 · 60 120 = 2 · 60
2400 = 800 · 3 6 = 2 · 3
50 400 = 800 · 63 126 = 2 · 63
2400 = 40 · 60 50 520 = 842 · 60
120 = 40 · 3 2526 = 842 · 3
2520 = 40 · 63 53 046 = 842 · 63

6

b. 12 252 240 : 8 = 1 531 530
12 252 240 : 9 = 1 361 360
12 252 240 : 10 = 1 225 224
12 252 240 : 11 = 1 113 840
12 252 240 : 12 = 1 021 020
12 252 240 : 13 = 942 480
12 252 240 : 14 = 875 160
12 252 240 : 15 = 816 816

c. Es bleibt immer der Rest 1.

d. 12 252 252 : 8 Rest 4
12 252 252 : 9 Rest 3
12 252 252 : 10 Rest 2
12 252 252 : 11 Rest 1
12 252 252 : 12 Rest 0
12 252 252 : 13 Rest 12
12 252 252 : 14 Rest 12
12 252 252 : 15 Rest 12

Leistungsaufgaben

Aufgabe	Kompetenz	Anforderungsbereich
1a.	K5	I, II*
1b.	K5	I, II*
1c.	K6	I
2	K1	I, II**
3	K5	III***

*, **, *** Verschiedene Anforderungsniveaus möglich.
* I: rein schematisch
II: Ausnutzen von Zusammenhängen
bei a. 2468 + 24 = 2492
246 802 + 2468 + 24 = 246 802 + 2492 = 249 294
246 802 − 2468 − 24 = 246 802 − 2492 = 244 310
bei b. 62 208 : 18 = 3456
62 226 : 18 = 3456 + 1 = 3457
** I: eine einzige schriftliche Rechnung
II: Verknüpfung mehrerer Fertigkeiten (z. B. Malkreuz)
*** I: schematisch, einschrittig ausrechnen
II, III: geeignete Überschlagsrechnung

1 Berechne:

a. 246 802 + 2468 + 24
246 802 − 2468 − 24

b. 62 208 : 18
62 226 : 18

c. Suche dir eine der vier Aufgaben aus und erläutere kurz deine Überlegungen dazu, wie du mit Köpfchen rechnest.

2 Carla sagt: „21 · 42 = 802, weil 20 · 40 = 800 und 1 · 2 = 2 ist." Stimmt das? Begründe deine Antwort.

3 Wie viele Stellen hat das Ergebnis? Rechne so wenig wie möglich und begründe deine Antwort.

a. 9900 · 98

b. 59 022 : 6

Lösungen der Leistungsaufgaben

1

a. 246 802 + 2468 + 24 = 249 294
246 802 − 2468 − 24 = 244 310

b. 62 208 : 18 = 3456
62 226 : 18 = 3457

c. zu a (I) „Ich habe die Zahlen so untereinandergeschrieben, dass die Einer unter die Einer kommen, die Zehner unter die Zehner usw. und dann schriftlich addiert."
zu a (II) „Ich habe zuerst die Zahlen 2468 und 24 addiert und dieses Ergebnis anschließend von 246 802 abgezogen."
zu b (I) „Ich habe mir zuerst die 18er-Reihe aufgeschrieben. Dann habe ich schriftlich dividiert."
zu b (II) „Ich habe zu dem Ergebnis aus Aufgabe (I) 1 addiert, weil es genau 18 mehr sind."

2 Carlas Behauptung ist falsch. 21 · 42 = 882 und nicht 802, bzw. Carla hat vergessen, 1 · 40 und 2 · 20 zu addieren.

3

a. Das Ergebnis von 9900 · 98 hat sechs Stellen, da das Ergebnis kleiner ist als das Ergebnis von 10 000 · 100.

b. Das Ergebnis von 59 022 : 6 hat vier Stellen, da es kleiner ist als das Ergebnis von 60 000 : 6.

Kompetenzerwartungen
- Einfache Tabellen und Grafiken des täglichen Lebens lesen und interpretieren (K 4)
- einfache statistische Erhebungen durchführen und Daten in Tabellen und Grafiken darstellen (K 4)
- selbstständig mit Zahlenmaterial des Alltags Aufgaben stellen und lösen (K 2)
- einfache Tabellen erstellen und Daten als Diagramme darstellen, ggf. mithilfe einer Tabellenkalkulation (K 4)

Einordnen

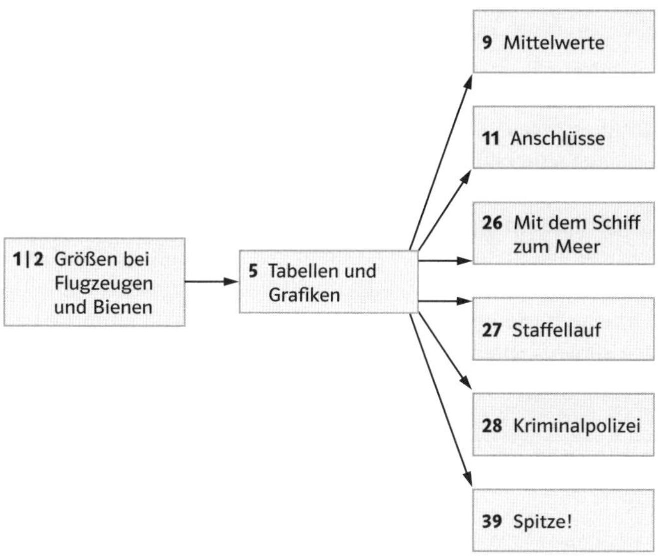

Zur Sache

Begriffe

Daten, Tabelle, Diagramm, Säulendiagramm, Balkendiagramm, Stabdiagramm, Punktdiagramm, Liniendiagramm, Kreisdiagramm

Merktexte

Säulendiagramm

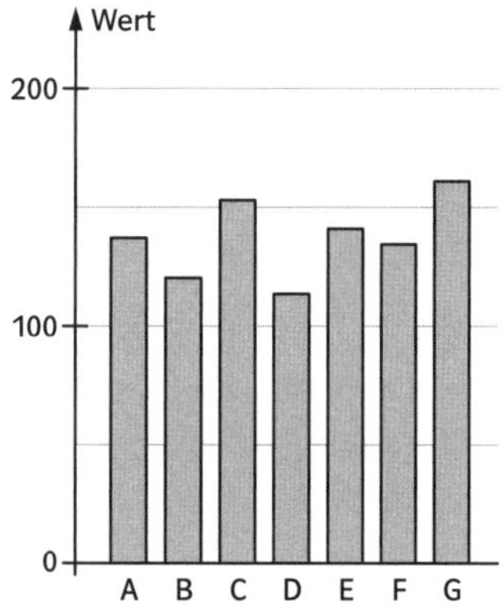

Stabdiagramm

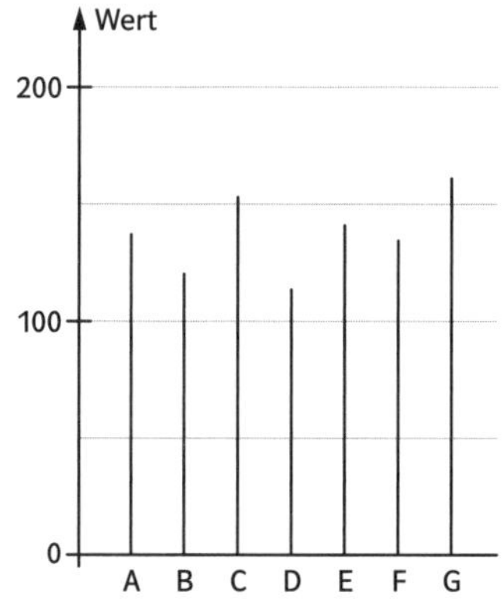

Balkendiagramm

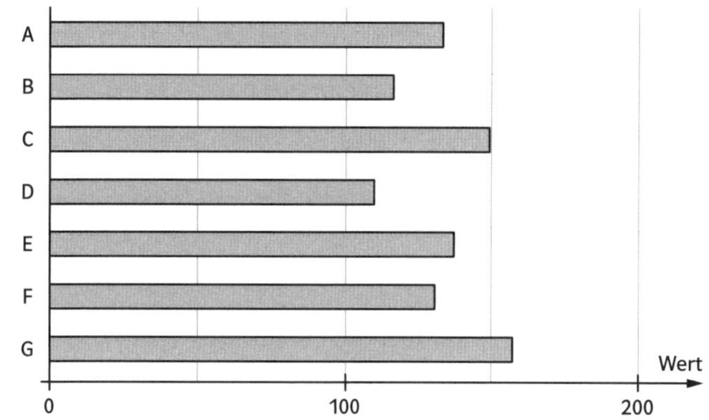

Punktdiagramm

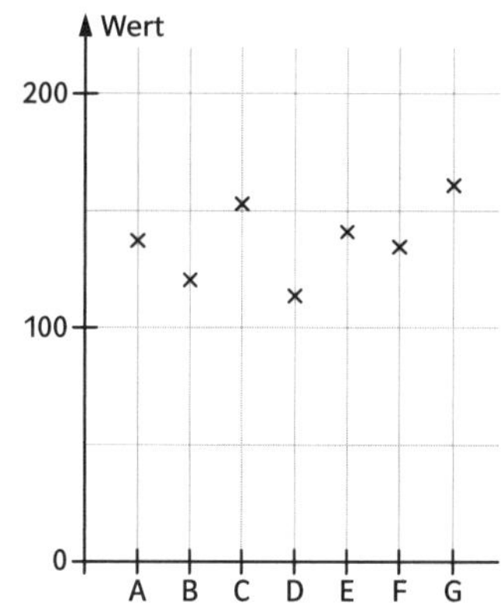

Liniendiagramm

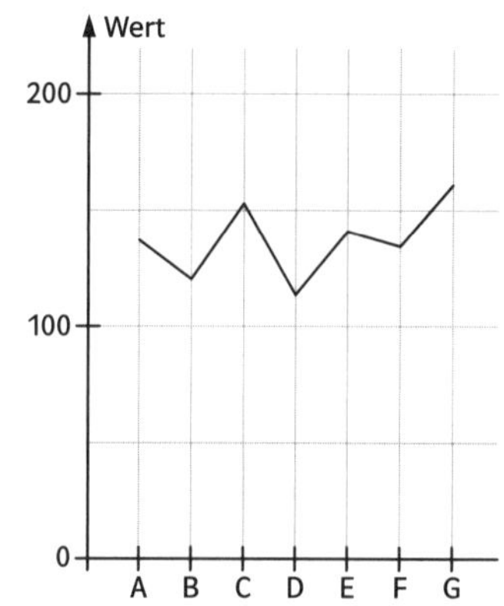

Unser Alltagsleben hält ein reichhaltiges Angebot an Zahlenmaterial bereit. Die Lernenden haben eventuell bereits in den ersten Schuljahren solches Zahlenmaterial gesammelt und damit Rechengeschichten erfunden. Hier wird weitergeführt, was dort begann. Die Schülerinnen und Schüler lernen, einfache Tabellen und Grafiken zu lesen. Teilweise wissen sie schon Bescheid, beispielsweise über Ranglisten beim Fußball: Gewisse Zahlen bedeuten Punkte, andere Zahlen bedeuten eigene oder gegnerische Tore.

Zum Unterricht

Was wird benötigt?

Arbeitsmaterial: Zahlen, Tabellen, Grafiken aus Zeitungen und Zeitschriften, Fahrpläne und Tabellen, wie beispielsweise Preistabellen

Demonstrationsmaterial: Folienkopien von Tabellen und Grafiken für den Tageslichtprojektor

Vorschlag zur Stundenverteilung

Stunde	1, 2	3, 4	5	6
LU	Tabellen lesen	Tabellen erstellen	Grafiken lesen	Grafiken erstellen
AH			1, 2	

5 Tabellen und Grafiken

Wie kann man vorgehen?

Die Lernenden sammeln gezielt Tabellen mit Zahlen und Grafiken aus Zeitungen oder Zeitschriften, wie beispielsweise Ranglisten, Fahrpläne, Preislisten, grafische Darstellungen usw. Sie erzählen einander, was sie aus den Tabellen schon lesen können, was die einzelnen Zahlen bedeuten oder bedeuten könnten. Sie äußern sich auch darüber, was sie noch nicht verstehen. Die Lehrperson bringt einige geeignete Tabellen und Grafiken mit. Sie erforscht, was die Lernenden davon schon lesen können und erklärt, wenn nötig, wie man eine Preistabelle, einen Fahrplan oder eine Grafik liest. Anschließend können die Tabellen und Grafiken aus dem Buch betrachtet werden.

1

Tabellen lesen

Skipass - Preise

Hier sind unzählige Aufgaben denkbar. Man kann mit einfachen Fragen überprüfen, ob die Lernenden den Aufbau der Tabelle verstanden haben. Die Lernenden stellen sich gegenseitig entsprechende Aufgaben.
Was kostet ein Skitag für die ganze Klasse? Was lohnt sich eher, wenn ich eine Woche lang nur nachmittags Ski fahren gehe, spezielle Tageskarten oder eine Mehrtageskarte? Wie groß ist der Preisunterschied? Die Schülerinnen und Schüler können Geschichten erfinden, in denen die Angaben der Tabelle eine Rolle spielen. Erfahrungen im Unterricht haben gezeigt, dass die Lernenden in solchen Rechengeschichten häufig ihre eigene Familie ins Spiel bringen. Solche Geschichten ermöglichen es unter anderem, einen persönlichen Bezug zur Mathematik (und zur Sprache!) herzustellen. Die Lernenden können einander ihre Geschichten erzählen oder die Geschichten als Rechengeschichten mit entsprechenden Fragen an Mitschülerinnen und Mitschüler weitergeben.

Rangliste beim Fußball

Die Zahlen sind folgendermaßen zu verstehen: Ganz links, noch vor dem Clubnamen, steht der aktuelle Rang des entsprechenden Clubs in der Rangliste. Die erste Spalte rechts von den Clubnamen bedeutet die Anzahl bereits gespielter Spiele, die zweite die Anzahl gewonnener, die dritte die Anzahl unentschiedener, die vierte die Anzahl verlorener Spiele. Die nächste Spalte gibt das Torverhältnis an. Links stehen die geschossenen Tore und rechts die erhaltenen Tore. Die letzte Spalte gibt die Anzahl der Punkte an. Sie kommen folgendermaßen zustande: Ein Sieg gibt drei Punkte, ein Unentschieden einen Punkt. Dies kann mit den Zahlen in der Tabelle nachgeprüft werden. Folgende Fragen können von Interesse sein: Wie viele Spieltage hat eine Saison? (Bei 18 Mannschaften 34) Wer kann noch Meister werden? Wer hat eine Chance auf einen UEFA-Cup-Platz? Wer kann noch absteigen? Wer kann den Abstieg nicht mehr verhindern? Letztlich wurde 2007 Stuttgart Meister, Schalke Vizemeister, Aachen, Mainz und Gladbach sind abgestiegen. Welche Mannschaften haben mehr Tore erhalten als sie geschossen haben? Die Lernenden können einander weitere Fragen stellen.

2

Tabellen und Grafiken erstellen

Bevor die Daten gesammelt werden, ist es sinnvoll, entsprechende Listen vorzubereiten. Bei den vorgeschlagenen Beispielen handelt es sich um Klassenlisten, in welche die entsprechenden Daten eingetragen werden. Mit den gesammelten Zahlen können verschiedene Überlegungen angestellt werden. Wer hat am meisten Geschwister, den längsten Schulweg, die kürzeste Laufzeit zur Schule? Wie groß ist der Unterschied zwischen kürzestem und längstem Schulweg, zwischen den kleinsten und größten, den schnellsten und langsamsten Schülern/Schülerinnen usw. Im letzten Teil dieser Doppelseiten können die Lernenden die Daten in eine Grafik übertragen. Für solche Daten sind in der Regel Säulen-, Balken-, Stab- oder Punktdiagramme geeignet.
Die Tabellenkalkulation ermöglicht es, auch andere Darstellungsformen zu erproben. So kann man z. B. Daten als Kreis- oder Tortendiagramm darstellen, auch ohne vorherige Behandlung von Brüchen.

3

Grafiken lesen

Grafiken sind bildliche Veranschaulichungen von Zahlen. Grafiken sind viel schneller und globaler erfassbar als reine Zahlentabellen. Beziehungen werden besser wahrnehmbar. Sie besitzen allerdings auch die Gefahr, dass sie Aussagen verfälschen können. Werden Zahlen durch Flächen bzw. Rauminhalte dargestellt wie im Beispiel a., so müssen sie die entsprechenden Zahlen repräsentieren. Oft sieht man in Zeitungen auch Übertreibungen (s. Abb.)

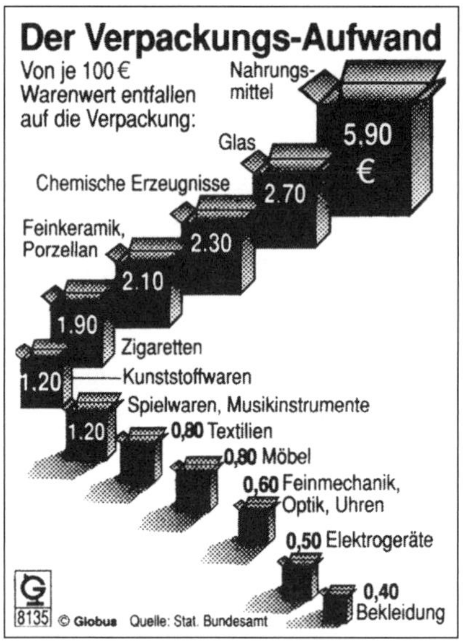

Ein anderes Beispiel von unkorrekten Darstellungen ist dann vorhanden, wenn die Größen auf den Achsen nicht vollständig oder in verzerrten Abständen gezeichnet sind.

4

Hier sind verschiedene Diagramme dargestellt. Die Lernenden sollen vorerst frei erzählen, was sie aus den Darstellungen lesen können. Teilweise können die Zahlen aus den Grafiken nur ungefähr entnommen werden.

Wie könnte es weitergehen?

- Weitere Tabellen und Grafiken sammeln und auswerten,
- weitere Daten sammeln und darstellen,

- weitere Statistiken beispielsweise über die eigene Gemeinde, das Bundesland einholen und durch Grafiken veranschaulichen (häufig sind solche Statistiken noch nicht durch Grafiken veranschaulicht).

Literatur

- Statistisches Bundesamt (Hrsg.): Alltag in Deutschland – Analysen zur Zeitverwendung (Internetadresse: www-ec.destatis.de/csp/shop/)
- W. Krämer: So lügt man mit Statistik, Reihe Campus Band 1036, Frankfurt/Main 1997 (7. Auflage)
- H. Kütting: Beschreibende Statistik im Schulunterricht, Spektrum Akademischer Verlag, Zürich 1994

Lösungen

3 Grafiken lesen
Der Anteil der Fahrradfahrer in Nordrhein-Westfalen beträgt 10 (von Hundert). Halb so groß ist er in Rheinland-Pfalz, fast doppelt so groß in Bremen.

4 Die Sonnenstunden können leicht dem Diagramm **a.** entnommen werden, 4 Stunden am Montag usw. Das Kreisdiagramm **b.** zeigt eine Drittel-Einteilung, die auch ohne Kenntnis der Winkel erkannt wird. $\frac{1}{3}$ der Junitage, also 10 Tage waren überwiegend trüb und 20 Tage sonnig. Aus dem Liniendiagramm **c.** lässt sich die jährliche Sonnenscheindauer ablesen. 1959 schien die Sonne am meisten und 1995 am wenigsten.

Leistungsaufgaben

Aufgabe	Kompetenz	Anforderungsbereich
1a	K5	I
1b	K5	I
2a	K6	II
2b	K5	I
2c	K2	II
2d	K2	II

1 Eine Klasse von 20 Schülerinnen und Schülern wurde befragt, welches ihre Lieblingsfächer sind.

Lieblingsfach	Schüler/-innen	Anzahl
Deutsch	Monika	
Englisch	Simon, Mascha	
Mathematik	Melanie, Josef, Luc, Manuel, Bärbel	
Sport	Svenja, Albert, Turgut, Mara, Veronika	
Religion	Petrus, Jonas, Anna	
Kunst	Stefan, Thomas, Jörg, Katharina	
alle anderen Fächer	–	

a. Trage in der Tabelle ein, wie häufig welches Fach als Lieblingsfach angegeben wurde.

b. Zeichne ein Säulendiagramm, das die Verteilung der Lieblingsfächer darstellt.

2

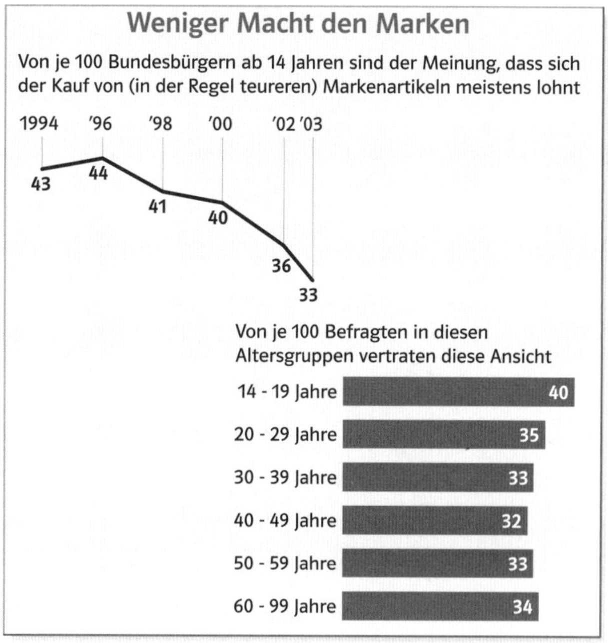

a. Beschreibe, was in dem obigen Diagramm dargestellt wird.
b. Wann war die „Macht der Marken" am größten und wie groß war der Anteil derjenigen, die die Meinung vertraten, dass es sich lohnt, Markenartikel zu kaufen?
c. Wie viele Personen waren 2002 in einer Stadt wie Köln (ca. 1 Mio. Einwohner) der Meinung, dass es sich lohnt, Markenartikel zu kaufen?
d. Schätze anhand des Balkendiagramms, wie viele Schülerinnen und Schüler deiner Schule diese Ansicht vertreten.

Lösungen zu den Leistungsaufgaben

1

Lieblingsfach	Schüler/-innen	Anzahl
Deutsch	Monika	1
Englisch	Simon, Mascha	2
Mathematik	Melanie, Josef, Luc, Manuel, Bärbel	5
Sport	Svenja, Albert, Turgut, Mara, Veronika	5
Religion	Petrus, Jonas, Anna	3
Kunst	Stefan, Thomas, Jörg, Katharina	4
alle anderen Fächer	–	0

b. Säulendiagramm

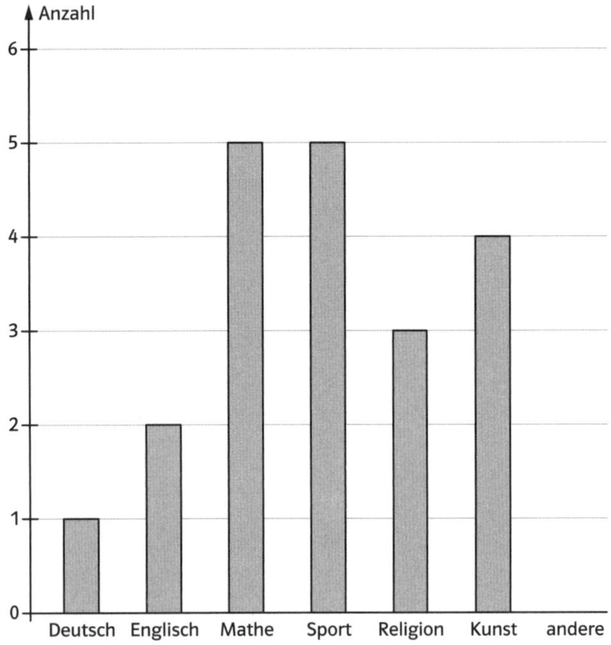

2

a. Der Graph zeigt den Anteil der Leute ab 14 Jahren, die der Meinung sind, dass es sich lohnt, Markenartikel zu kaufen, im Zeitraum von 1994 bis 2003.
Das Balkendiagramm schlüsselt diesen Anteil nach Altersgruppen auf, ohne dass angegeben wird, auf welches Jahr sich die Angaben beziehen.

b. Der größte Wert wurde 1996 erreicht. Der Anteil betrug damals 44 von 100 bzw. 44 %.

c. etwa 360 000

d. etwa 240 (bei 600 Schülern)

Kompetenzerwartungen
- Einen kleinen Einblick in die Kunst aus einem anderen Kulturkreis gewinnen
- Zeichnerische, geometrische Gesetzmäßigkeiten wahrnehmen (K 1), verstehen, reproduzieren (K 4) und beschreiben (K 6)
- Spiegelungen und andere Symmetrien erkennen (K 1) und beschreiben (K 6)

Einordnen

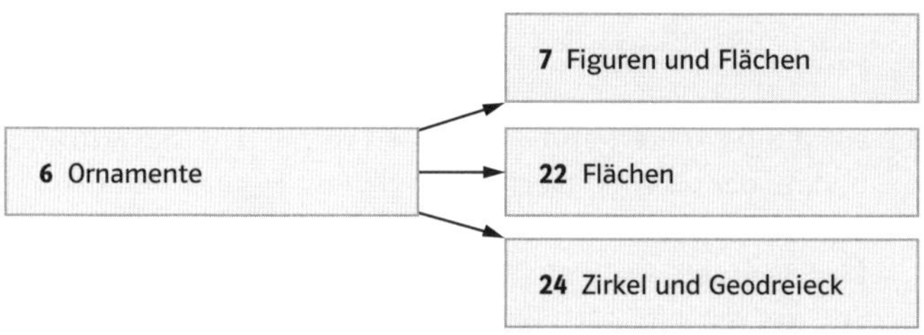

Zur Sache

Begriffe

Symmetrie, Drehung, Verschiebung
(parallel, senkrecht, symmetrisch, achsensymmetrisch, punktsymmetrisch, drehsymmetrisch, Achsenspiegelung, Drehzentrum)

Worum geht es?

In dieser Einheit geht es um die Beschreibung der Eigenschaften von Figuren und Mustern, nicht um die exakte Definition der Kongruenzabbildungen. Aus diesem Grund sollen hier auch keine Merksätze formuliert werden.

Es wird ein ganz kleiner Ausschnitt aus der Kunst des Islam gezeigt. Dabei kann es nicht darum gehen, den Islam oder die arabische Kunst selbst zum Thema zu machen. Doch vielleicht sind Schülerinnen oder Schüler in der Klasse, die aufgrund ihrer Herkunft etwas zu diesem Thema berichten können und wollen. Das Wichtigste ist jedoch, den Lernenden zu zeigen, wie schön und vielseitig diese Art Kunst sein kann. Wenn es gelingt, die Lernenden zum Staunen über die symmetrischen Eigenschaften dieser einfach scheinenden Muster zu bringen, ist ein wichtiges Ziel erreicht. Auch an Häusern in Thüringen oder im Engadin gibt es spezielle Verzierungen, die Sgraffiti.

Inhaltlich geht es um eine Wiederholung und Erweiterung der bisherigen Erfahrungen mit dem Spiegel und den Symmetrien. Diese sind:
Verschiebung (Translationssymetrie): Das gleiche Muster wird durch Verschieben wiederholt.
Die Folie mit dem kopierten Muster lässt sich durch Verschiebung mit dem ursprünglichen Muster zur Deckung bringen.
Achsensymmetrie: Das Muster lässt sich an einer Spiegelachse bzw. mit einem Spiegel spiegeln.
Die Folie mit dem kopierten Muster lässt sich wenden und mit dem ursprünglichen Muster zur Deckung bringen.
(Letzteres ist mathematisch gesehen auch bei einer **Schubspiegelung** der Fall. Der Unterschied liegt darin, dass man bei der Schubspiegelung den Spiegel nicht hinhalten kann.)
Drehsymmetrie: Die Folie mit dem kopierten Muster lässt sich um einen geeigneten Punkt drehen und mit dem ursprünglichen Muster zur Deckung bringen. Ein Spezialfall der Drehsymmetrie ist die **Punktsymmetrie**. Sie entspricht einerseits einer Drehung um 180° und andererseits einer Doppelspiegelung an zwei senkrecht zueinander stehenden Spiegeln (Achsen). Bei punktsymmetrischen Mustern kann das auf die Folie gezeichnete Muster horizontal und anschließend vertikal gewendet und so mit dem ursprünglichen Muster zur Deckung gebracht werden.

Übersicht:

Verschiebung

Achsenspiegelung

Drehung um 90°

Drehung um 180° oder
Punktspiegelung oder
Achsenspiegelung an horizontaler
und vertikaler Achse

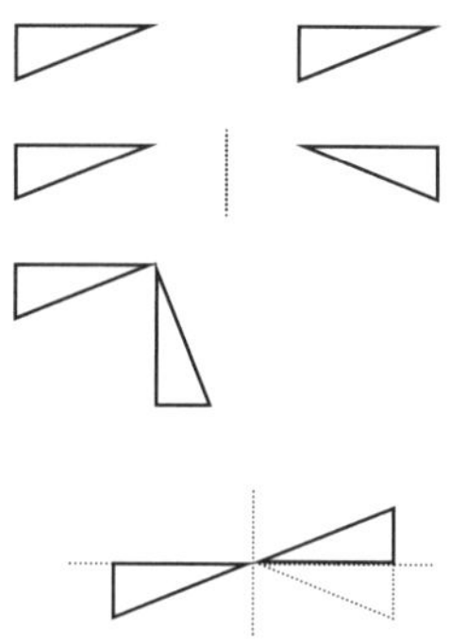

In Ornamenten kommen meistens mehrere verschiedene Symmetrien vor. Es muss betont werden, dass es sich hier nicht um eine systematische Untersuchung von Parkettierungen mit ihren insgesamt 17 möglichen Flächenornamenten handelt.

Zum Unterricht

Was wird benötigt?

Arbeitsmaterial: kariertes Papier, Spiegel und Doppelspiegel, Klarsichtfolien, Folienstifte, Kopiervorlage: Punktpapier
Demonstrationsmaterial: evtl. Tapeten, Geschenkpapier, Bilder und Folienkopien von Ornamenten, Sgraffiti und Parketten

Vorschlag zur Stundenverteilung

Stunde	1, 2	3	4	5
LU	1	2	3	4
AH	1	2		

Wie kann man vorgehen?

Den Lernenden können verschiedene Beispiele gezeigt werden, in denen sich ein Muster regelmäßig wiederholt. Sehr geeignet sind in der Regel Geschenkpapiere, Tapeten, Bodenparkette oder Fliesenböden. Die Schülerinnen und Schüler erzählen, was sie sehen. Vorerst werden die Muster beschrieben (Blumen, Tiere, geometrische Muster, ...). Dabei wird auffallen, dass sich die einzelnen Teile wiederholen oder „verkehrt" vorkommen. Man kann fragen, wo die Schülerinnen und Schüler solche sich wiederholende Muster schon gesehen haben. Sie erzählen:

Boden im Klassenzimmer, Fliesen im Flur des Schulhauses, Fliesen auf dem Parkplatz, Tapeten zu Hause usw.

Man kann von speziellen Verzierungen sprechen, wie zum Beispiel von den Sgraffiti in Thüringen oder von der ornamentalen Kunst des Islam. Es werden entsprechende Bilder gezeigt.

1 Das Zeichnen der Muster auf kariertem Papier soll sowohl die Wahrnehmungsfähigkeit für geometrische Formen als auch das exakte Arbeiten fördern. Es erfordert eine gute Konzentration.

Bei a. kann der Spiegel an verschiedenen Orten vertikal, horizontal und in zwei „Diagonalen" gestellt werden. Die Mittelpunkte der „Sterne" und der „Kreuze" sind Drehpunkte für Drehsymmetrien (Drehung um rechte Winkel). Die Linienschnittpunkte des Musters sind Drehpunkte für Halbdrehungen einer vollen Drehung (Punktspiegelung). An allen diesen Punkten kann man einen Doppelspiegel mit einer 90°-Öffnung geeignet hinstellen und man sieht das ursprüngliche Bild.

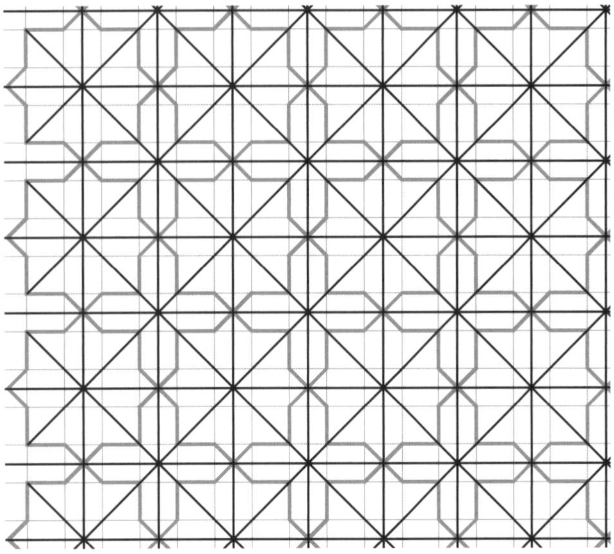

Die feinen Linien sind die Spiegelachsen. Dort wo sich vier im gleichen Punkt schneiden, sind die Drehpunkte um 90°. Dort wo sich nur zwei senkrecht schneiden, sind die Drehpunkte um 180°. Auf alle diese Punkte kann man einen Doppelspiegel stellen.

Bei b. kann der Spiegel vertikal und horizontal gestellt werden. Die Schnittpunkte der Symmetrieachsen sind Drehpunkte für Halbdrehungen einer vollen Drehung (Punktspiegelung). Hier kann der Doppelspiegel geeignet aufgestellt werden. Zusätzlich sind noch Drehzentren für Drehungen um einen rechten Winkel vorhanden, jeweils die Mittelpunkte der „Sterne". Um dies nachzuweisen, kann man das Muster auf eine Folie übertragen, die Folie exakt auf die Zeichnung legen, mit der Zirkelspitze die Folie in der Mitte der „Sterne" festhalten und die Folie um rechte Winkel drehen. Dann kommt das Muster auf der Folie wieder mit dem gezeichneten Muster zur Deckung. Insgesamt kann man viermal eine Drehung um einen rechten Winkel durchführen, bis die ursprüngliche Lage wieder erreicht ist, das heißt eine volle Drehung gemacht wurde.

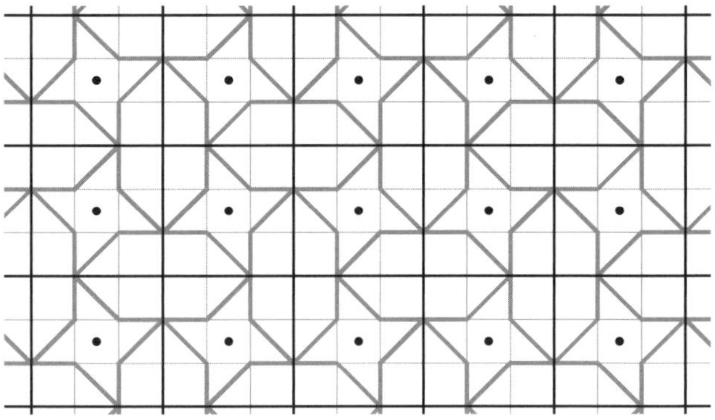

2 Bei a. sind keine Symmetrieachsen vorhanden. Die Mittelpunkte der „Sterne" (sechs Drehungen möglich) und der Sechsecke (drei Drehungen möglich) sind Drehpunkte für Drehsymmetrien. In der Mitte zwischen „benachbarten" Sechsecken sind noch Drehpunkte für Halbdrehungen.

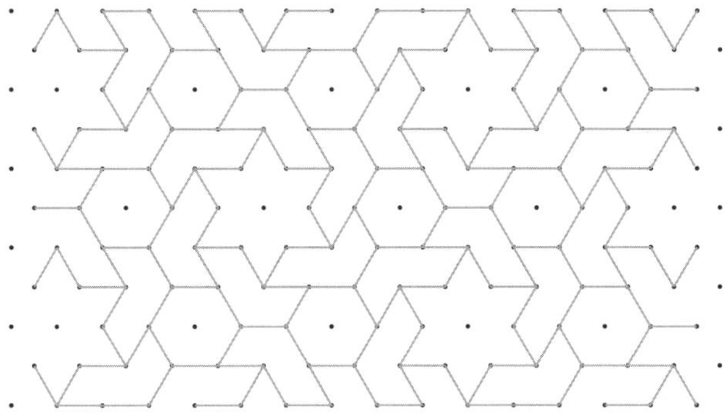

Bei b. sind sehr viele Symmetrielinien vorhanden. In der Mitte der Sechsecke kreuzen sich jeweils drei verschiedene Symmetrieachsen. Das sind die Drehpunkte mit drei möglichen Drehungen, bis man wieder in der Ausgangslage ist. In der Mitte der Sterne kreuzen sich gar sechs verschiedene Symmetrieachsen. Dies sind Drehpunkte mit sechs möglichen Drehungen bis zur vollen Drehung. Die Mittelpunkte der kleinen Rauten sind Drehpunkte für Halbdrehungen. Überall dort, wo zwei Symmetrieachsen senkrecht aufeinander stehen, kann man einen Doppelspiegel hinstellen.

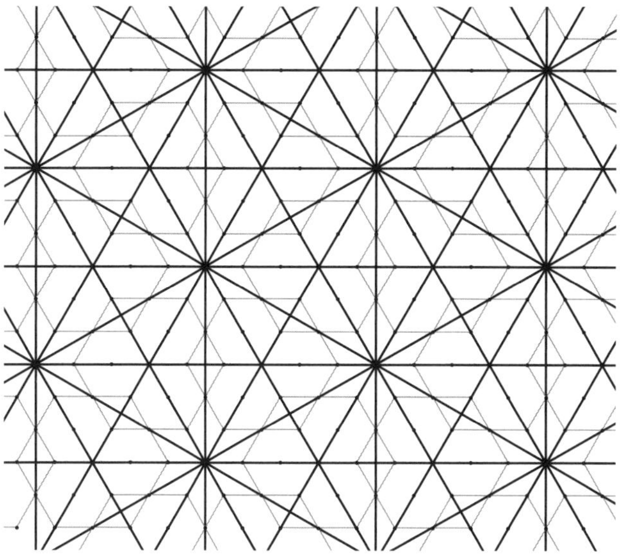

3 **4** Diese Aufgaben sind als offene Aufgaben zu verstehen. Die Lernenden können ihre eigenen Entdeckungen mit Spiegeln oder Folien an verschiedenen Mustern durchführen, ihre Entdeckungen in eigenen Worten beschreiben und einander erklären.

Mögliche Lösung zu Aufgabe 3:

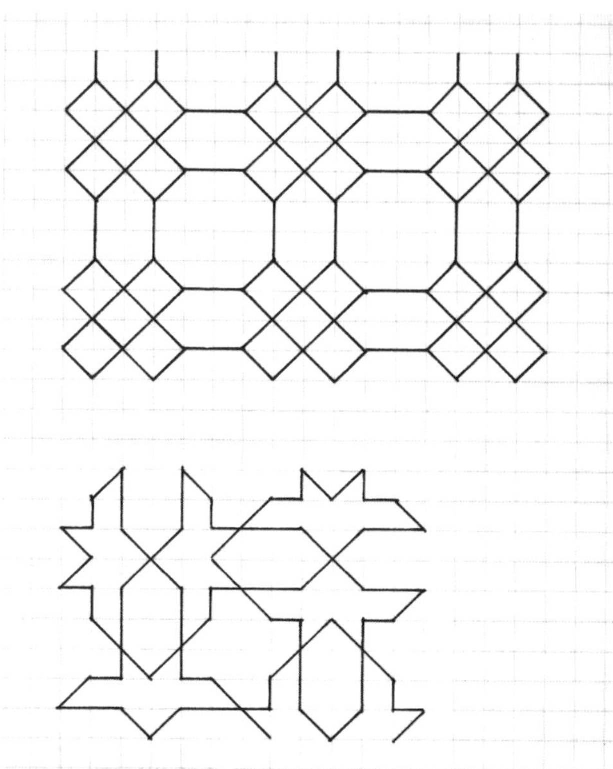

Wie könnte es weitergehen?

- Weitere Muster suchen und untersuchen.
- Eigene Muster entwerfen und untersuchen.

Literatur

- E. Ch. Wittmann/G. N. Müller: Spiegeln mit dem Spiegelbuch, Ernst Klett Grundschulverlag, Leipzig 1997
- H. Spiegel: Spiegeln mit dem Spiegel, Ernst Klett Grundschulverlag, Leipzig 1998
- Wikipedia: Sgraffito

7 Figuren und Flächen

Kompetenzerwartungen
- Auf dem Geobrett Figuren spannen
- Figuren auf rechte Winkel, Parallelität und gleiche Seitenlängen untersuchen (K1)
- Figuren aufgrund ihrer Eigenschaften ordnen (K1, K6)
- Achsensymmetrische Figuren erkennen und zeichnen (K1, K5)
- Größen von Flächen von Figuren bestimmen (K1)
- Flächengleiche Figuren finden (K2)

Einordnen

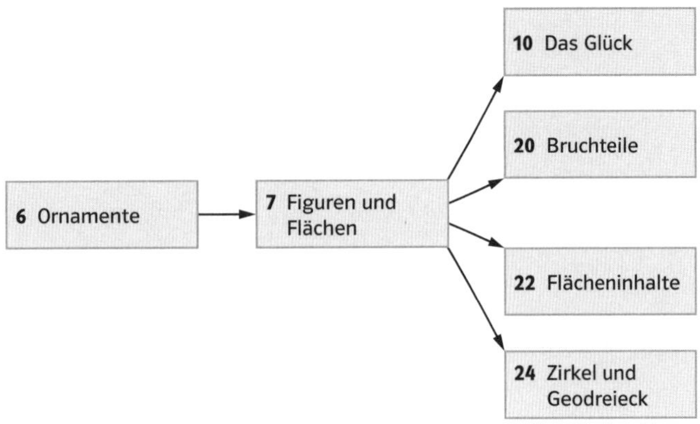

Zur Sache

Begriffe

Dreieck, Viereck, Rechteck, Quadrat, Trapez, Parallelogramm, Raute, Achsensymm., Symmetrieachse, Fläche, Einheitsquadrat

Merktexte

Ein Quadrat ist immer auch ein Rechteck, ein Trapez, ein Parallelogramm und eine Raute.
Ein Rechteck ist immer auch ein Trapez und ein Parallelogramm.
Eine Raute ist immer auch ein Trapez und ein Parallelogramm.
Ein Parallelogramm ist immer auch ein Trapez.
Diese vier Sätze gelten andersherum nicht.

(Einige Lehrwerke schränken die Definition eines Trapezes auf symmetrische Trapeze ein, indem sie fordern, dass die Schenkel des Trapezes die gleiche Länge haben müssen. Wer sich dieser Definition anschließen möchte, müsste die obigen Sätze entsprechend modifizieren.)

Zum Unterricht

Was wird benötigt?

Arbeitsmaterial: Geobretter mit 25 Nägeln oder Schrauben, Gummibänder, Kopiervorlage Geobrett, kariertes Papier. Transparente Ausführung z. B. bei www.lehrmittel-reinhold.de. Geobretter kann man bestellen oder selbst herstellen, z. B. entsprechend der Kopiervorlage.

Worum geht es?

Das Geobrett (oder Nagelbrett) ist ein Arbeitsmaterial, das den Schülerinnen und Schülern eine Fülle selbstständiger Entdeckungen ermöglicht, wie
- Figurenkenntnis, z. B. Dreiecke, Vierecke,
- Vergleichen von Winkeln, z. B. rechte, spitze, stumpfe Winkel,
- Erkennen von Symmetrien, z. B. Achsen-, Dreh-, Verschiebungssymmetrie,
- Erkennen von Ähnlichkeiten, z. B. Vergrößerungen oder Verkleinerungen,
- Ermitteln von Flächeninhalten, ausgehend von Einheitsquadraten,
- Veranschaulichen einfacher Brüche und elementare Bruchrechnung.

Im Mittelpunkt dieser Lernumgebung stehen Figurenkenntnis, Achsensymmetrie und das Ermitteln von Flächeninhalten.

Vorschlag zur Stundenverteilung

Stunde	1	2	3	4	5	6
LU	1, 2	3, 4, 5	(Haus der Vierecke)	6, 7	8, 9	10, 11
AH			1, 2	3	4	

Wie kann man vorgehen?

Wie bei jedem neuen Material ist den Schülerinnen und Schülern vorerst Gelegenheit zu bieten, dieses kennenzulernen. Geeignete Spiele sind etwa:
- Mit dem Gummiband Figur spannen, Partner oder Partnerin spannt gleiche Figur auf eigenem Brett,
- gleiche Übung mit 2 oder mehr Gummibändern,
- gleiche Übung, jedoch Figur nur aus Erinnerung heraus spannen,
- gleiche Übung, jedoch spiegelbildliche Figur dazu spannen,
- Figuren spannen und auf quadratisches Punktpapier oder kariertes Papier abzeichnen.

Dreiecke

1 2 Hier geht es darum, den Begriff „rechtwinklig“ aufzufrischen und auf Dreiecke zu übertragen.

Vierecke

3 4 5 Die Begriffe „rechtwinklig“, „parallel“ und „gleich lange Seiten“ werden auf Vierecke angewandt und dienen dazu, die Viereckfamilie zu strukturieren (Haus der Vierecke).
Aufgabe 1 und 2 im Arbeitsheft können als Ersatz für die Merktexte dienen.
Hier begegnen die Schülerinnen und Schüler erstmals dem Strukturaspekt der Mathematik. Sie lernen, dass das Weglassen oder Hinzufügen einer Eigenschaft die Einordnung einer Figur verändern kann.

6 7 Übungen zur Achsensymmetrie wurden schon in früheren Schuljahren durchgeführt, sei es mit dem Spiegel oder mit einem (kleineren) Geobrett. Wenn man die Symmetrieachse in die Brettdiagonale legt, sind Übungen für viele Schülerinnen und Schüler – oft auch Erwachsene – erheblich schwieriger, als wenn die Symmetrieachse parallel zu den Brettkanten verläuft. Es lohnt sich daher, beide Fälle durchzuführen. In Aufgabe 7 können Figuren auch über die Achse hinaus gespannt werden (siehe Foto auf der Randspalte und Übungen im Arbeitsheft).

Flächen
Hier geht es um einen ersten Zugang zum Flächenbegriff. Ziel ist nicht eine Sammlung von Formeln zur Berechnung von Dreiecken und Vierecken.
Die Einführung einer Flächeneinheit wie EQ (Einheitsquadrat), kQ (kleines Quadrat) oder auch schlicht FE (Flächeneinheit) hat sich bewährt und erhöht den Spaß an der Sache für viele Schüler. Die Bezeichnung der Flächeneinheit sollte dabei den Schülern überlassen bleiben. Die Einführung üblicher Flächenmaße oder gar die Umrechnung von einem Flächenmaß in ein anderes ist an dieser Stelle verfrüht.

8 9 Mögliche Lösungen für beide Aufgaben können den Aufgaben 1 – 3 entnommen werden.
Bemerkung: Für die Aufgaben 6 und 7 sind auch solche Figuren denkbar.

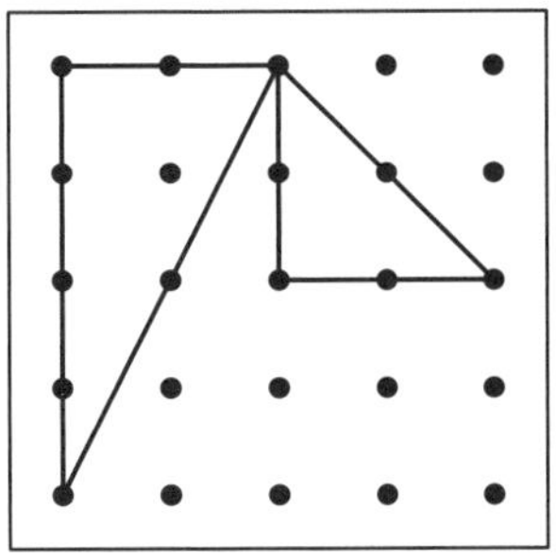

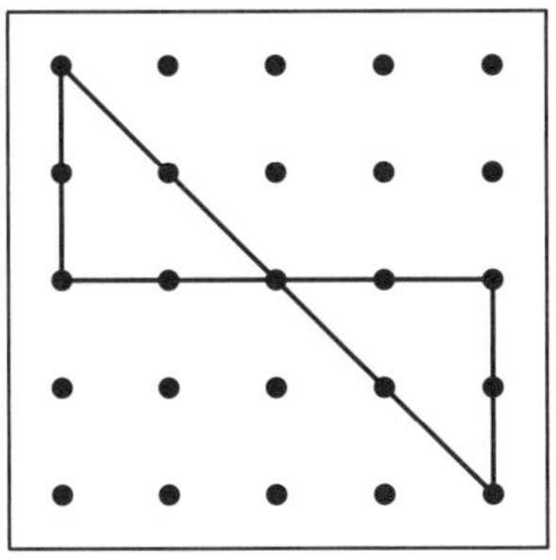

Man nennt solche Figuren „nicht-einfach-zusammenhängende Flächen". Sie sind zugelassen, wenn die Kinder von sich aus darauf kommen. Sie müssen jedoch nicht thematisiert werden.

Literatur

- Hans-Günter Senftleben: Aufgabensammlung für das große Geobrett, Rittel-Verlag, Köthen 2001
- Roswitha Lammel und Gudrun Maas: Mathematik Lernhilfen – Ausgabe 2004 für Grundschulen: Geobrett-Werkstatt für das 3. oder 4. Schuljahr. 24 Stationen für 4 × 4- und 5 × 5-Geobretter, Westermann Schulbuchverlag, Braunschweig
- Internetadresse: http://www.computerdienstmeyn.de/5x5_-_geobrett.htm

Lösungen

1 2 Es gibt allein 16 verschiedene rechtwinklige Dreiecke.

3 4 5 Es gibt 8 verschiedene Quadrate, 8 verschiedene Rechtecke (die keine Quadrate sind), 25 verschiedene Parallelogramme (die keine Rechtecke oder Rauten sind), 1 Raute (die kein Quadrat ist) und allein 22 Trapeze mit rechten Winkeln (die keine Rechtecke sind).

8 Flächen: Einige Beispiele sind:

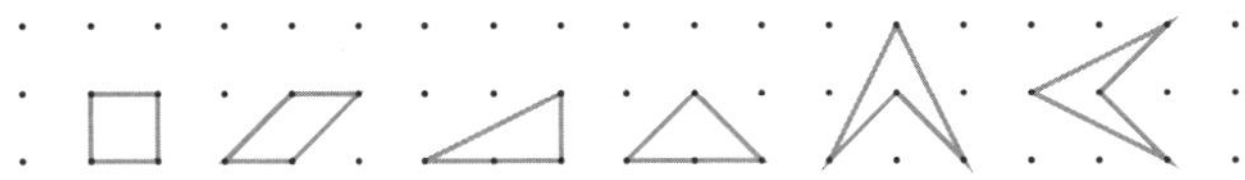

11 Das Quadrat mit der Seitenlänge einer Diagonale im Einheitsquadrat

Leistungsaufgaben

Aufgabe	Kompetenz	Anforderungsbereich
1	K1	II (c, g: III)
2	K5	A, D: I; B, C, E: II; F: III
3	K5	I

1 Überprüfe, ob folgende Aussagen richtig sind. Begründe deine Antwort durch einen Satz oder eine Skizze.
a. Ein Viereck, das 4 gleich lange Seiten hat, kann ein Quadrat sein.
b. Bei einem Trapez muss mindestens eine Seite kürzer sein als die anderen.
c. Ein Viereck mit 2 nebeneinanderliegenden rechten Winkeln ist ein Trapez.
d. Ein Viereck, das 4 gleich lange Seiten hat, kann nur ein Quadrat sein.
e. Eine Raute darf keinen rechten Winkel haben.
f. Bei einem Parallelogramm sind 2 gegenüberliegende Seiten parallel.
g. Eine Raute mit einem rechten Winkel ist ein Quadrat.

2 Jeweils 2 der unteren Figuren sind flächengleich.

A.

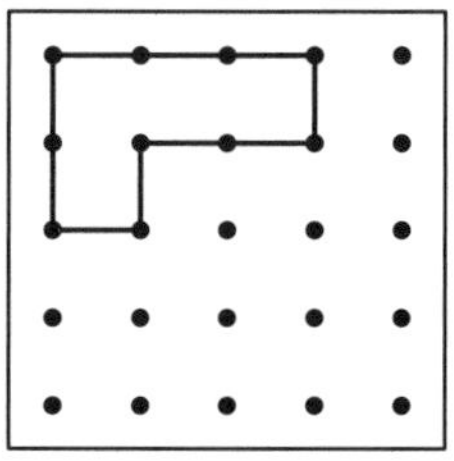

B.

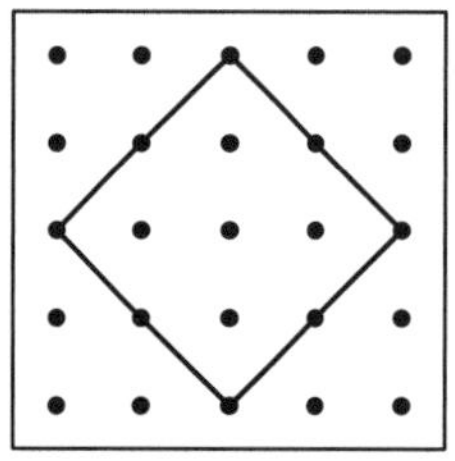

C.

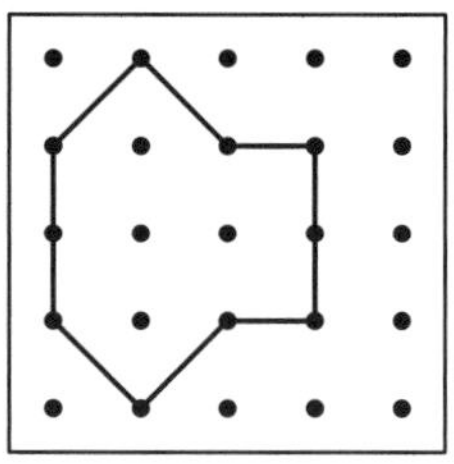

D.

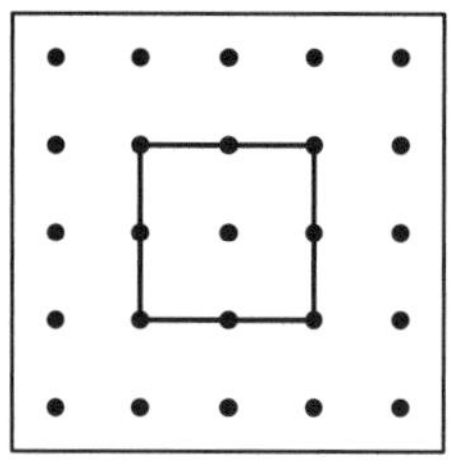

E.

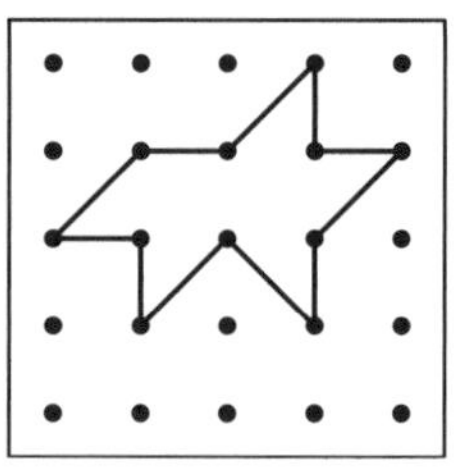

F.

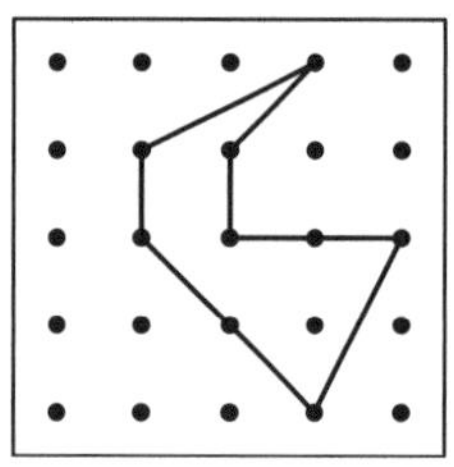

Gib jeweils die zusammengehörenden Paare und deren Flächeninhalt an. Begründe deine Angaben.

3 Welche der Figuren aus Aufgabe **2** sind achsensymmetrisch? Zeichne die Symmetrieachse (blau) ein.

Lösungen zu den Leistungsaufgaben

1

a. Richtig. Wenn es außerdem noch 4 rechte Winkel hat, ist es ein Quadrat.
b. Falsch. Ein Quadrat ist auch ein Trapez. Da sind aber alle Seiten gleich lang.
c. Richtig. Durch die beiden rechten Winkel hat es zwei parallele Seiten.
d. Falsch. Es könnte auch eine Raute ohne rechte Winkel sein.
e. Falsch. Ein Quadrat ist auch eine Raute.
f. Richtig. Die anderen beiden Seiten sind zueinander auch parallel.
g. Richtig. Wenn bei einer Raute ein rechter Winkel vorliegt, müssen alle Winkel rechte Winkel sein.

2

A und D	4 kQ	Lässt sich durch einfaches Auszählen der ganzen Quadrate ermitteln.
B und C	8 kQ	Wenn man die linke Spitze von B in zwei Stücken an die rechte Spitze anlegt, erhält man C. C hat 6 ganze kQ und 4 halbe.
E und F	$4\frac{1}{2}$ kQ	Beide Figuren haben 2 ganze kQ. E hat dazu noch 5 halbe kQ. Bei F ist das etwas komplizierter. Durch Umlegen von Teilen lassen sich aber auch hier 5 halbe kQ bilden.

3

B. (vier Symmetrieachsen)
C. (eine Symmetrieachse)
D. (vier Symmetrieachsen)

Kompetenzerwartungen
- Winkel nach ihrer Größe benennen (K4, K5)
- Winkel schätzen, messen, zeichnen (K5)

Einordnen

7 Figuren und Flächen → 8 Winkel sind überall

Zur Sache

Begriffe

Winkel, Winkel messen, Winkelbenennung nach Größe, Winkel schätzen, Winkel zeichnen, Innenwinkel
(Koordinatensystem, x-Achse, y-Achse, Koordinaten, x-Wert, y-Wert)

Merktexte

Winkel werden nach ihrer Größe benannt.
0° bis 90° spitze Winkel
90° rechter Winkel
90° bis 180° stumpfe Winkel
180° gestreckter Winkel
180° bis 360° überstumpfe Winkel
360° Vollwinkel

Worum geht es?

Den Lernenden ist der Begriff „senkrecht" und unter Umständen auch der Begriff des „rechten Winkels" bereits bekannt. Weiterhin sollte der allgemeine Winkelbegriff vertraut sein. Hier wird allgemein das Winkelmaß in Grad thematisiert. Dabei wird das Messen, Schätzen und Zeichnen von Winkeln erarbeitet. Weiterhin wird die Benennung der Winkel entsprechend ihrer Größe erlernt.
Die Orientierung von Winkeln und die Thematisierung von Innenwinkeln stehen nicht im Vordergrund.

Zum Unterricht

Was wird benötigt?

Geodreieck, Geobrett
Kopiervorlagen: Winkelmessung, Stern-Koordinaten, Koordinatensystem

Vorschlag zur Stundenverteilung

Stunde	1, 2	3, 4	5, 6
LU	1–3	4, 5, 6, 7	8, 9
AH		1–4	5–8

Wie kann man vorgehen?

Zunächst kann man im Bild des Olympiastadions nach Winkeln schauen und diese beschreiben lassen. Den Lernenden ist vor allem der rechte Winkel ein Begriff. Diesen können sie einfach benennen. Bereits an dieser Stelle wird es nötig, die anderen Winkel ebenfalls mit Namen zu versehen. Es kann die Frage gestellt werden, ob alle Winkelarten gleich oft vorkommen oder ob gewisse Winkel überwiegen. Im Anschluss kann man weiter überlegen, wo wir auf welche Winkel treffen.

1 In dieser Aufgabe wird das Wissen der letzten Lernumgebung aufgegriffen und vertieft. Nachdem die Benennung der Winkel bereits zum Einstieg angesprochen wurde, wird diese hier vertieft.

2 Das eigenständige Erzeugen der Figuren gibt den Lernenden die Möglichkeit, produktiv Erfahrungen mit Innenwinkeln zu machen. Es gibt gewisse Zusammenhänge zwischen den verschiedenen Winkeln. Es geht hier nicht um das Erkennen der Innenwinkelsätze, aber das Auffinden gewisser Zusammenhänge ist an dieser Stelle sinnvoll.

3 Nach dem groben Zuordnen der Winkelgröße in 1 soll nun die Vorstellung verfeinert werden.

4 Verinnerlichen der Begrifflichkeiten.

5 6 7 8 Hier werden am Beispiel der Uhr die Winkel ausführlich geübt. In welcher Zeit wird von welchem Zeiger welcher Winkel überstrichen? Gleichzeitig wird propädeutisch die Proportionalität zwischen Winkel und Zeit erfahren.

9 Zunächst sollen die Winkel nur durch Betrachten klassifiziert werden. Anschließend wird das genaue Messen geübt und somit das Klassifizieren überprüft.

Wie könnte es weitergehen?

Durch die Beschriftung der beiden Achsen des Geobrettes in Lernumgebung 7 ist eine Vorstufe des Koordinatensystems bereits bekannt. Somit bietet sich an dieser Stelle die formale Einführung des Koordinatensystems an. In einer ersten Stufe erscheinen die Begriffe Rechtsachse und Hochachse und somit auch Rechtswert und Hochwert geeignet, der Übergang zu den Fachbegriffen x- bzw. y-Achse mit x- bzw. y-Wert ist nur ein kleiner Schritt. Diese Begriffe können auf den zugehörigen Kopiervorlagen ergänzt werden.
Man könnte sich vorstellen, an dieser Stelle eine Dynamische Geometriesoftware einzusetzen.

Literatur

http://www.schule.at/index.php?url=kategorien&kthid=1741

Lösungen

1 Figur 1: in A5, D1, E4 spitze Winkel, in A1 rechter Winkel, in C3 überstumpfer Winkel
Figur 2: in A1, D4, E1 rechte Winkel, in A3, E3 stumpfe Winkel, in B5 spitzer Winkel, in C3 überstumpfer Winkel.
Figur 3: in A1, B3, C4 spitze Winkel, in C2 überstumpfer Winkel, in E2 rechter Winkel, in D1 stumpfer Winkel.

2
a.–d. Individuelle Lösungen
e. zu a: Figuren, die aus Rechtecken gebildet werden.
zu b: spitzwinklige Dreiecke.
zu c: Mindestens Fünfecke, sonst können nicht nur stumpfe Winkel vorkommen.
zu d: symmetrische Vielecke mit gerader Eckanzahl.

3 Figur 1: A5 77°, A1 90°, D1 63°, C3 270°, E4 40°
Figur 2: A1 90°, E1 90°, E3 135°, D4 90°, C3 290°, B5 52°, A3 153°
Figur 3: A1 63°, D1 135°, E2 90°, C4 45°, C2 315° B3 72°

4
a. gegenseitige Kontrolle
b. Selbstkontrolle oder gegenseitige Kontrolle mithilfe eines Geodreiecks

5
a. 3 Stunden
b. 15 Minuten
c. 15 Sekunden

6 pro Stunde 30°, also 30°, 60°, 90°, usw.

7
a.

Minuten	5	10	20
Winkel	30°	60°	120°

b.

Minuten	180	150	120	80
Winkel	90°	75°	60°	40°

8
a. 150°
b. 270°
c. 210°
d. 108°

9
a. rechte Winkel: 9; 10; 11; 12
spitze Winkel: 1; 4; 6; 7; 14; 15; 17; 20
stumpfe Winkel: 2; 3; 5; 8; 13; 16; 18; 19
b. Winkel 1; 4; 17; 20: 58°
Winkel 2; 3; 18; 19: 122°
Winkel 6; 7; 14; 15: 32°
Winkel 5; 8; 13; 16: 148°
Winkel 9; 10; 11; 12: 90°

Lösung zur Kopiervorlage

Stern-Koordinaten

A(2|10,5)	E(10|1,5)
B(0|6)	F(12|6)
C(2|1,5)	G(10|10,5)
D(6|0)	H(6|12)

Leistungsaufgaben

Teilaufgabe	Kompetenz	Anforderungsbereich
a.	K 5	I
b.	K 1	II
c.	K 1, K 2	III
d.	K 4	I
e.	K 1	II

Gegeben sei das folgende Sechseck:

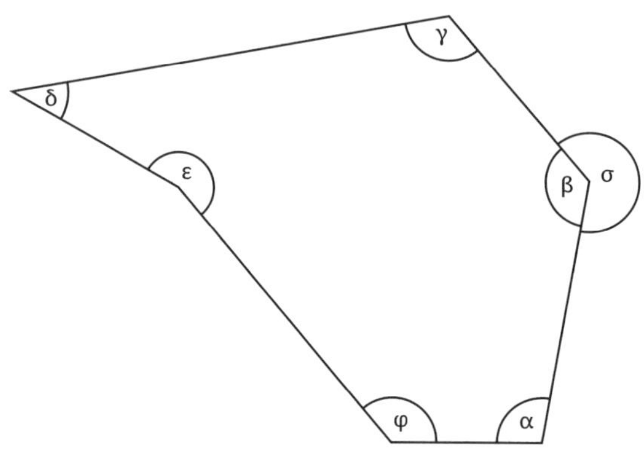

a. Miss die Größe der Innenwinkel.
b. Addiere die sechs festgestellten Maße.
c. Wie kannst du die Größe des zusätzlich eingezeichneten Winkels σ bestimmen, ohne erneut zu messen?
d. Zeichne einen Winkel, der halb so groß ist wie ein rechter Winkel.
e. Klara behauptet, dass der eingezeichnete Winkel etwa 80° sei. Begründe, ob sie Recht hat.

Lösungen zur Leistungsaufgabe

a. $\alpha = 100°$; $\beta = 130°$; $\gamma = 120°$; $\delta = 40°$; $\varepsilon = 200°$; $\varphi = 130°$
b. Summe aller Innewinkelmaße muss etwa 720° ergeben.
c. β und σ bilden zusammen einen Vollwinkel.
Also muss $\sigma = 360° - 130° = 230°$ sein.
d. 45°-Winkel
e. Klara hat nicht Recht, da der Winkel größer als ein rechter Winkel ist.

Kompetenzerwartungen
- Objekte mittlerer Größe herausfinden (K 6, K 4)
- Mittelwerte als eine Kenngröße von Datenlisten bestimmen (K 2)
- Rechenergebnisse entsprechend dem Sachverhalt sinnvoll runden (K 3)

Einordnen

4 Grundrechenarten → 9 Mittelwerte

Zur Sache

Begriffe

Mittelwert, arithmetisches Mittel (= „Durchschnitt"), Zentralwert, (Median)

Merktexte

Verschiedene Werte bzw. Daten können durch Mittelwerte zusammengefasst werden. Geeignete Mittelwerte sind das arithmetische Mittel und der Zentralwert.

Berechnung von Mittelwerten: Man berechnet das arithmetische Mittel, indem man alle Werte addiert und dann durch die Anzahl der Werte teilt.
Man bestimmt den Zahlenwert, indem man den Wert heraussucht, der in der Mitte der nach Größe geordneten Werte liegt. Bei lauter verschiedenen Werten sind dann gleich viele Werte kleiner und gleich viele Werte größer als der herausgesuchte Wert. Kann man die Mitte nicht genau bestimmen, so nimmt man das arithmetische Mittel der beiden mittleren Werte.

Worum geht es?

Durchschnittswerte kommen im Alltag in unterschiedlichen Sachzusammenhängen und unter unterschiedlichen Begriffen vor. So ist die Rede vom Mittel, Mittelwert, Durchschnitt, außerdem vom Zentralwert (Median).

Zum Unterricht

Was wird benötigt?

Demonstrationsmaterial: Zeitungsausschnitte mit berechneten Durchschnittszahlen

Vorschlag zur Stundenverteilung

Stunde	1	2	3	4
LU	1, 2, 3	4	5, 6	7, 8
AH		1, 2, 3, 4	5, 6	7, 8

Wie kann man vorgehen?

Da die Kinder eine intuitive Vorstellung von Mittelwerten haben, kann man zunächst darauf zurückgreifen und sie durchschnittliche bzw. mittlere Elemente heraussuchen lassen. Anschließend wird man mathematische Verfahren zur Mittelwertbildung einführen und gegeneinander abgrenzen. Durch Übungen und Erweiterungen sollten Vorstellung und Verfahren gefestigt werden.

1 Zunächst sollen intuitiv Objekte mittlerer Größe identifiziert werden. Dazu bietet sich die Klassengemeinschaft an. Das Verfahren wird auf Teilmengen nochmals angewendet. Dass Mädchen in der Regel in diesem Alter größer sind, kann thematisiert werden.

2 Da es sich immer um eine ungerade Anzahl von Werten handelt, kommt immer die mittlere Zahl heraus. Vertiefend kann man natürlich auch noch erforschen lassen, was passiert, wenn es sich um eine gerade Anzahl von Werten handelt.

3 Diese Aufgabe dient zur Einführung und zum Bekanntmachen mit dem Zentralwert und dem arithmetischen Mittel. In der Diskussion sollen erste Erfahrungen mit diesen Lageparametern gemacht werden.

4 **5** Aufgaben zum Üben, Anwenden und Rückwärtsrechnen. Die Vorteile des Sortierens der Daten können bei der Bestimmung des Zentralwerts selbstständig erkannt werden. Bei Aufgabe 5 b. soll die Lösungsmannigfaltigkeit erkannt werden, 5 c. kann über die Anschauung gelöst werden: Die Eigenschaft des Mittelwertes, die in der Arbeitsheftaufgabe 4 b. angesprochen wird, kann hier wieder genutzt werden.
Hier können die Schülerinnen und Schüler zum einen schätzen wie hoch die fünfte Säule ist. Zum anderen können sie alle Säulen abmessen und dann mit gerundeten Werten die fünfte Säule über das arithmetische Mittel berechnen.

6 Diese Aufgabe ist auf verschiedene Art lösbar. Natürlich können Mittelwerte berechnet und verglichen werden. Es reicht auch festzustellen, dass nur drei Spieler der Bamberger Mannschaft kleiner als der durchschnittlich große Gegenspieler sind.

7 Die Lernenden sollen bei dieser Aufgabe einen ersten Eindruck von den Eigenschaften der beiden Mittelwerte erhalten. Insbesonders der Einfluss von Ausreißern beim arithmetischen Mittel kann ansatzweise erkannt und herausgearbeitet werden. Des Weiteren ist die Sensibilisierung für die Auswahl eines Lageparameters Sinn dieser Aufgabe.

8 Hier handelt es sich um eine weiterführende Aufgabe, bei der die Schüler und Schülerinnen mit einem selbst zu entdeckenden Verfahren Mittelwerte einer Häufigkeitsverteilung bestimmen sollen.

Wie könnte es weitergehen?

- Berichte über Durchschnittswerte sammeln und besprechen,
- weitere Daten in der Klasse sammeln, Mittelwerte berechnen und interpretieren,
- Daten grafisch darstellen

Literatur

Statistisches Bundesamt: www.destatis.de

Lösungen

5

a. 63
b. jede Zahl ≧ 41
c. Die Säule muss etwas niedriger als die zweite Säule werden.

6

Beide Mittelwerte liegen etwa bei 200 cm, sodass sich aufgrund der Größe ein geringer Vorteil ergeben kann. Da nur drei Spieler der Bamberger Mannschaft kleiner als der durchschnittlich große Gegenspieler sind, ist eine Rechnung nicht unbedingt notwendig.

7

a. Arithmetisches Mittel 28 €, Zentralwert 25 €
Wenn Claudia ein höheres Taschengeld möchte, ist das arithmetische Mittel als Argument besser geeignet.

8 Zentralwert 3: Es sind 33 Kinder in der Klasse, der Zentralwert liegt in einer Rangliste also auf Platz 17. Es ist aber üblich, als Durchschnittsnote das arithmetische Mittel anzugeben (auch wenn es diesen Wert nicht als Note gibt).
$1 + 1 + 1 + 1 + 1 + 2 + 2 + 2 + \ldots$
$(5 \cdot 1 + 8 \cdot 2 + 9 \cdot 3 + 7 \cdot 4 + 3 \cdot 5 + 1 \cdot 6) : 33 \approx 2{,}9$
Das arithmetische Mittel ist ungefähr 2,9.

Leistungsaufgabe

Aufgabe	Kompetenz	Anforderungsbereich
1a.	K2	II
b.	K2	I
2	K4	II

1

a. Sabine ist 1 m 53 cm groß. Sie möchte genau wissen, ob sie größer oder kleiner ist als ihre fünf Freundinnen im Durchschnitt. Karin ist 150 cm groß, Bärbel allerdings schon 1 m 61 cm. Isabell ist noch 3 cm kleiner als Karin. Petra misst 144 cm und Alexandra ist schon 158 cm groß.
b. Die sechs Mädchen gehen zusammen mit Lena zum Eisessen. Ihr Geld reicht so, dass für jede im Durchschnitt 4 € zur Verfügung stehen. Sechs Mädchen haben schon gewählt. Die Preise sind 3,80 €, 4,40 €, 4 €, 3,50 € und zweimal 4,20 €. Wie teuer darf das siebte Eis noch sein?

2 Wie hoch ist das arithmetische Mittel?

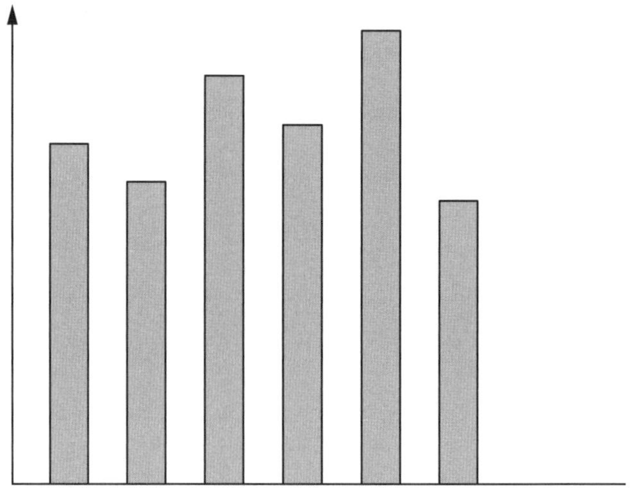

Lösung zur Leistungsaufgabe

1

a. Arithmetisches Mittel: 152 cm; Zentralwert 150 cm
Sabine ist größer als der Durchschnitt.
b. Das siebte Eis darf höchstens 3,90 € kosten.

2 Das arithmetische Mittel ist etwa so hoch wie die vierte Säule.

„Das Glück dieser Erde ...“ 10

Kompetenzerwartungen
- Aus Texten Informationen entnehmen (K 6)
- Vorstellungen von Größen aufbauen und mit Größen rechnen (K 3, K 5)
- Tabellen erstellen (K 4)
- proportionale Beziehungen intuitiv anwenden (K 3)
- sich mit einem Sachthema auseinandersetzen (K 6)
- Sachaufgaben zu Informationen und Rechnungen erfinden (K 3)

Einordnen

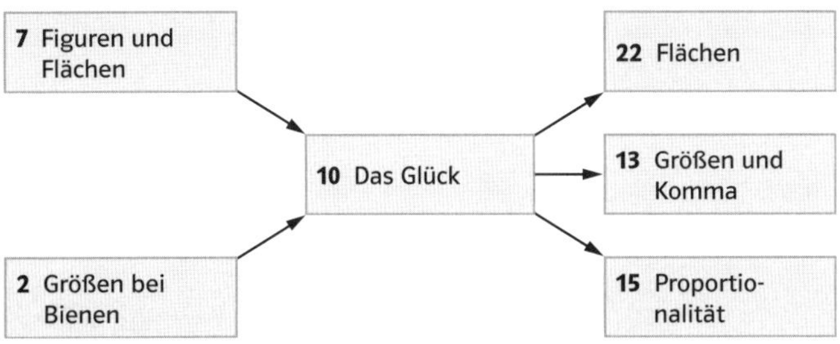

Zur Sache

Begriffe

Messen, Strecke, Länge, Umfang, Fläche(ninhalt), Raum(inhalt)

Worum geht es?

Streckenzüge, die gleich lang sind, können sich unterschiedlich zusammensetzen. Zwei Runden in der Reithalle sind etwa genauso lang wie eine Runde auf der Sandbahn.
Rechteckige Flächen, auf denen gleich viel Platz ist, können sich unterschiedlich zusammensetzen. Sie können auch unterschiedlich lang und breit sein.
Räume, in denen gleich viel Platz ist, können unterschiedlich lang, breit und hoch sein.

In den ersten vier Aufgaben geht es um Streckenlängen und auch um den Umfang eines Rechtecks, ohne den Begriff Umfang unbedingt zu definieren. In Aufgabe 5 geht es dann um den Flächeninhalt von Rechtecken, in den Aufgaben 8 und 9 um Vorstellungen zum Rauminhalt.

Futterberechnungen fördern das Verständnis für Proportionalität. Für alle Berechnungen gilt: Genauso wichtig wie die errechneten Zahlen sind die Vorstellungen von den Zahlen und Größen. Beispiele: Wie weit sind 80 km? Wie groß ist ein Platz von 10 m²? Wie viele Wassereimer muss ich schleppen, bis alle Islandpferde eines Pferdehofes getränkt sind?
In Aufgabe 8 wird der „Automatismus“ des proportionalen Denkens bewusst unterbrochen durch eine umgekehrt proportionale Beziehung, die auch hier nur intuitiv entdeckt werden soll. Wichtig ist, dass sich die Schüler zum Lösen einer Aufgabe von Vorstellungen leiten lassen.

Zum Unterricht

Was wird benötigt?

Arbeitsmaterial: Maßband, Meterquadrate aus Zeitungspapier, leere Umzugskartons

Vorschlag zur Stundenverteilung

Stunde	1	2	3	4	5	6	7	8
LU	1	2–4	5		6–7	8	9	
AH	1			2–3		4	5	6

Wie kann man vorgehen?

Das Buch bleibt vorerst geschlossen. Die Schülerinnen und Schüler versuchen zum unvollständigen Zitat „Das Glück dieser Erde“ Reime zu finden und schreiben evtl. ein kleines Gedicht. Themen für ein Gespräch könnten sein: „Ein Leben im Rollstuhl“ oder „Pferde als Nutztiere“. Schülerinnen und Schüler berichten zunächst, was sie schon wissen. Informationen werden zusammengetragen und vertieft.

1 Eine ganze Runde auf der Sandbahn misst nach den Angaben im Buch 237 m. Es ist sinnvoll, das Ergebnis gerundet anzugeben, z. B. 240 m. Eine Runde auf der Sandbahn ist etwa doppelt so lang wie eine Runde in der Halle. Durch Anlegen einer Runde im Schulhof können die Lernenden eine Vorstellung zu den Streckenlängen und auch zum Gehtempo entwickeln. Bei sehr langsamem Gehtempo braucht man für 240 m etwa 5 Minuten, bei zügigem Tempo etwa 3 Minuten. In der Reithalle dauern die Runden entsprechend halb so lang.

2 Die Schüler können die Aufgabe in Partnerarbeit lösen, eine Schülerin berechnet die Aufgabe für die Sandbahn, ihre Nachbarin für die Reithalle. Die Ergebnisse können verglichen werden. Es kann ein reizvoller Teil der Aufgabe sein, ein geeigetes Format der Tabelle selbst zu finden.

3 Eine Runde auf der Sandbahn dauert etwa 5 Minuten, das ergibt pro Therapie-Einheit etwa 6 Runden. Manuela legt also während einer Therapie-Einheit ungefähr 1440 m zurück. Es ist sinnvoll, diesen Wert auf 1,5 km zu runden.

4 Hier könnten die Schülerinnen und Schüler durch ein Gespräch über Arbeits- und Urlaubszeiten zu sinnvollen Annahmen gelangen, wie beispielsweise 5 Arbeitstagen pro Woche, 4 Wochen pro Monat und 11 Arbeitsmonaten pro Jahr.

5 Die Schülerinnen und Schüler könnten hier, z. B. unter Zuhilfenahme eines Meterquadrates aus Papier, das sie selbst herstellen, die gegebenen Flächen auf unterschiedliche Arten als Rechtecke darstellen und diese mit anderen Flächen vergleichen.

6 Ein Islandpferd braucht pro Tag 6 kg Heu, 3 kg Stroh, 500 g Hafer und 500 g Maiskörner. In den Lösungen wird mit 30 Tagen pro Monat und mit sieben Monaten pro Jahr gerechnet, da die Zufütterung nur in den Wintermonaten erforderlich ist.
Schülerinnen und Schüler könnten sich weitere Fragen überlegen, nachdem sie die Tabellen erstellt haben, etwa: Wie viele Säcke oder Ballen muss ich bestellen? Wie hoch wird die Rechnung? Wie viel Platz wird benötigt, um die Futtervorräte aufzubewahren?

7 Es empfiehlt sich, dass die Kinder zuerst Preislisten für Hafer, Maiswürfel, Heu und Stroh zusammenstellen. Dies könnte z. B. mithilfe von Durchschnittswerten, wie in den Lösungen angegeben, geschehen.

8 Die Maße der Heu- und Strohballen können z. B. mithilfe leerer Umzugskartons o. ä. veranschaulicht werden. Teile des Bodens können damit ausgelegt werden oder sie können gestapelt werden. Anschließend können die Schülerinnen und Schüler in Gedanken den Boden des Schulzimmers mit Heuballen auslegen und nachher überlegen, wie viele Schichten man braucht, um das Zimmer bis unter die Decke mit Heuballen voll zu stopfen. Es ist aber auch möglich, dass die Schülerinnen und Schüler feststellen, dass das Zimmer nicht bis ganz zur Decke hinauf gefüllt werden könne oder dass nur an der hinteren Wand Platz für Heuballen sei. Solchen Überlegungen ist Raum zu lassen, denn es geht darum, eine Vorstellung von den berechneten Größen zu erhalten.
Hier ist bewusst eine Fragestellung eingebaut, die zu einer umgekehrt proportionalen Zuordnung gehört. Die Begriffe proportional bzw. antiproportional sollen hier noch nicht thematisiert werden, jedoch soll bei den Lernenden ein Gefühl dafür entstehen, dass es unterschiedliche Arten von Tabellen gibt und die Unterschiede sollten hier durchaus thematisiert werden.

9 Es gibt eine Fülle von weiterführenden Fragen, die auch einen unmittelbar praktischen Bezug haben. Einige Beispiele sind unter der Aufgabe 7 genannt.

Wie könnte es weitergehen?

- Futterbedarf für andere Haustiere berechnen,
- einen Ponyhof in der Region besuchen.

Lösungen

1 Eine Runde auf der Sandbahn ist 237 m lang, gerundet 240 m, die Runde in der Reithalle 120 m. Es wird in der Folge mit dem gerundeten Wert gerechnet. Braucht man für eine Runde 3 Minuten entspricht dies zügigem Gehtempo (eine Runde in $1\frac{1}{2}$ min), braucht man 5 min, so geht man sehr langsam (eine Runde in $2\frac{1}{2}$ Minuten).

2 **Sandbahn**

Anzahl Runden	1	2	3	4	5	...	10
Zurückgelegte Strecke	240 m	480 m	720 m	960 m	1200 m	...	2400 m

Reithalle

Anzahl Runden	1	2	3	4	5	...	10
Zurückgelegte Strecke	120 m	240 m	360 m	480 m	600 m	...	1200 m

3 Pro Therapie-Einheit werden auf der Sandbahn ungefähr 6 Runden zurückgelegt.
Das entspricht einer Entfernung von 1440 m ≈ 1,5 km.
5 km: nach ungefähr 4 Therapieeinheiten
10 km: nach ungefähr 7 Therapieeinheiten
15 km: nach ungefähr 11 Therapieeinheiten

4 Arbeitswoche mit je 5 Tagen, der Monat mit je 4 Wochen, 11 Monate pro Jahr, Strecke pro Therapie auf 1,5 km gerundet.

Anzahl der Personen	1	2	3	4	5
Strecke pro Tag	1,5 km	3,0 km	4,5 km	6,0 km	7,5 km
Strecke pro Arbeitswoche	7,5 km	15,0 km	22,5 km	30,0 km	37,5 km
Strecke pro Monat	30,0 km	60,0 km	90,0 km	120,0 km	150,0 km
Strecke pro Jahr	330,0 km	660,0 km	990,0 km	1320,0 km	1650,0 km

6 Wenn das Pferd 5 Monate auf der Weide steht, braucht man nur für 7 Monate Futter. Der Monat wird mit 30 Tagen gerechnet.

1 Pferd

	pro Tag	pro Woche	pro Monat	Jahr mit 7 Monaten
Hafer	0,5 kg	3,5 kg	15,0 kg	105,0 kg
Maiswürfel	0,5 kg	3,5 kg	15,0 kg	105,0 kg
Heu	6,0 kg	42,0 kg	180,0 kg	1260,0 kg
Stroh	3,0 kg	21,0 kg	90,0 kg	630,0 kg

5 Pferde

	pro Tag	pro Woche	pro Monat	Jahr mit 7 Monaten
Hafer	2,5 kg	17,5 kg	75,0 kg	525,0 kg
Maiswürfel	2,5 kg	17,5 kg	75,0 kg	525,0 kg
Heu	30,0 kg	210,0 kg	900,0 kg	6300,0 kg
Stroh	15,0 kg	105,0 kg	450,0 kg	3150,0 kg

7 Heu zum Durchschnittspreis von 8 € pro Heuballen
Stroh zum Durchschnittspreis von 5 € pro Strohballen

Futtermittel	Kosten für fünf Pferde
Hafer	315 € (21 Säcke)
Maiswürfel	420 € (35 Säcke)
Heu	4200 € (525 Heuballen)
Stroh	1575 € (315 Strohballen)

Leistungsaufgaben

Aufgabe	Kompetenz	Anforderungsbereich
1a.	K1, K3	I
1b.	K1, K3	II
2	K1, K3	III

1

a. Ömer züchtet Katzen. Zurzeit hat er 4 ausgewachsene Katzen, aber keine Jungtiere. Pro Tag bekommt jede seiner Katzen ca. 200 g Trockenfutter. Er hat ausgerechnet, dass eine Packung Trockenfutter für eine einzige Katze ca. 15 Tage ausreicht. Stimmt das? Begründe deine Antwort z. B. auch mithilfe geeigneter Rechnungen.

b. Mithilfe der Tabelle (unter der Abbildung) wollte Ömer ausrechnen, wie lange eine Packung Trockenfutter für 4 seiner Katzen ausreicht. Dabei ist ihm ein Fehler passiert. Welchen Fehler hat er gemacht? Wie könnte eine richtige Antwort aussehen?

Anzahl Katzen	1	2	3	4
so lange reicht das Futter	15 Tage	30 Tage	45 Tage	60 Tage

2 Ranas Schulweg ist 2,5 km lang. Mit dem Bus müsste sie schon um 7 Uhr zu Hause los, wenn sie pünktlich um 8 Uhr in der Schule sein will. Sie überlegt, wann sie wohl losgehen müsste, wenn sie den Weg zu Fuß geht. Begründe!

☐ um 6 Uhr ☐ um 7:15 Uhr
☐ um 6:30 Uhr ☐ um 7:30 Uhr
☐ um 7 Uhr ☐ um 7:45 Uhr

Lösungen zu den Leistungsaufgaben

1

a. Ömers Rechnung stimmt. Für eine Katze würde 1 kg 5 Tage ausreichen, 3 kg reichen dann für 15 Tage. (Anmerkung: Die Lernenden können hier z. B. auch mithilfe von Tabellen argumentieren.)

b. Ömer hat multipliziert, anstatt zu dividieren. Aber für 2 Katzen reicht das Futter nur halb so lange, also etwa 7 bis 8 Tage, für 3 Katzen reicht das Futter dann nur etwa 5 Tage und für 4 Katzen reicht es 3 bis 4 Tage.

2 Mögliche Antworten sind hier:

☒ um 7:15 Uhr, wenn sie langsam geht und unterwegs noch Freunde trifft

☒ um 7:30 Uhr, wenn sie ohne zu trödeln ein flottes Gehtempo durchhält

Begründungen können z. B. von einer Strecke ausgehen, die man in einer Stunde schafft oder auch von einer Zeit, die man für einen Kilometer benötigt.

Kompetenzerwartungen
- Fahrpläne lesen und daraus Informationen entnehmen (K 5, K 6)
- Zeitpunkte und Zeitspannen berechnen (K 4, K 5)

Einordnen

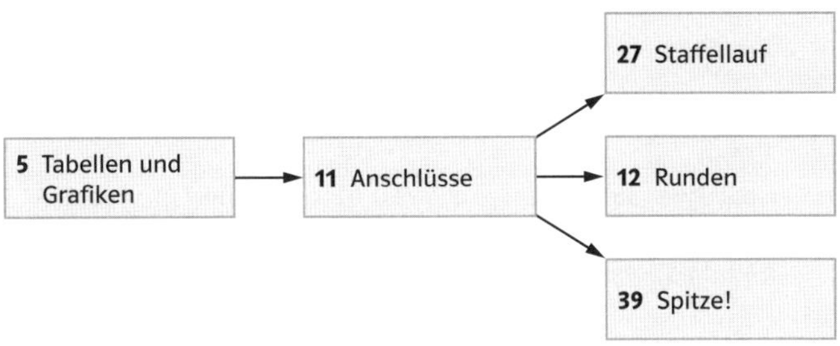

Zur Sache

Begriffe

Zeiteinheiten, Zeitpunkt, Zeitspanne, (Zeitdauer)

Merktexte

1. Beim Rechnen mit der Zeit unterscheidet man zwischen Zeitspannen (Wie lange?) und Zeitpunkten (Wann?). Zwischen zwei Zeitpunkten liegt jeweils eine Zeitspanne.
2. Zeitspannen werden in Tagen (d), Stunden (h), Minuten (min) und Sekunden (s) angegeben.
1 d = 24 h
1 h = 60 min
1 min = 60 s

Im Arbeitsheft kann auch ein Beispiel für die Berechnung einer Zeitspanne notiert werden.

Worum geht es?

Am Thema „Anschlüsse (im öffentlichen Verkehr)" üben Schülerinnen und Schüler das Lesen von Fahrplänen und das Rechnen mit Zeitangaben. Von einem Zeitpunkt aus addieren oder subtrahieren sie eine Zeitdauer. Sie berechnen Zeitspannen (Zeitdauer).

In der Darstellung von Fahrplänen gibt es große Unterschiede. Fahrpläne von regionalen Verkehrsbetrieben sind häufig sehr lesefreundlich dargestellt. Das Lesen des offiziellen Kursbuches der deutschen Bahn bereitet hingegen auch vielen Erwachsenen Mühe. Es ist wichtig, dass Schülerinnen und Schüler verstehen, wie ein Fahrplan aufgebaut ist und was die verschiedenen Zeichen bedeuten. Das offizielle Kursbuch enthält eine ausführliche Zeichenerklärung und eine Anleitung für das Lesen von Fahrplänen.

Zum Unterricht

Was wird benötigt?

Arbeitsmaterial: Fahrpläne von Verkehrsmitteln der Wohnregion, eventuell Computer mit Internetzugang (www.bahn.de)

Vorschlag zur Stundenverteilung

Stunde	1	2	3	4
LU	eigene Fahrpläne, 1	2, 3, 4	5, 6	7
AH	1	2, 3, 4, 5		6, 7, 8

Wie kann man vorgehen?

In der ersten Stunde sollten die Schülerinnen und Schüler sich zunächst ausführlich mit dem Medium Fahrplan und den unterschiedlichen Darstellungsweisen vertraut machen. Es ist wichtig, dass dabei kein Zeitdruck entsteht. Für die schnelleren Kinder sollten differenzierende Zusatzaufgaben zur Verfügung gestellt werden.
Abbildungen von Fahrplänen und die Randspaltentexte weiten das Gespräch aus auf den Bereich „Öffentlicher Verkehr".
Fahrpläne der regionalen Verkehrsbetriebe werden gesammelt und miteinander verglichen.
- Wie ist der Fahrplan aufgebaut?
- Welche Abkürzungen und Zeichen werden verwendet? Was haben sie für eine Bedeutung?
- Welche Angaben kann ich aus dem Fahrplan herauslesen?

Schülerinnen und Schüler können sich gegenseitig Aufgaben mit einem Fahrplan stellen.
- Wohin gelange ich von Dortmund aus, wenn ich mit öffentlichen Verkehrsmitteln unterwegs bin, in genau vier Stunden?
- Von Münster/Westfalen kann man auf verschiedene Weise nach Aachen reisen:
  Welche Wege gibt es?
  Wie lange ist man jeweils unterwegs?
  Wie groß sind die Zeitunterschiede?

2 Schülerinnen und Schüler übertragen ihre Erfahrungen aus der Arbeit mit den regionalen Fahrplänen auf die Situation „Köln".

7 Das folgende Schülerbeispiel zeigt, wie diese Aufgabe gelöst werden könnte.

Hans kommt um 8.11 in der Schule an. Aber niemand ist in der Schule. Hans merkt auf einmal das sie ja heute baden hätten, und springt zu der Bushaltestelle Er schaut auf den Fahrplan. Und sieht das der Bus um 7.37 abgefahren war. Er schaute wan der nächste wohl fahren würde. An der Tafel kan er 8.29 ablesen. Hans über legte sich wie lange er warten muss. Jetzt ist 8.14 er muss genau 15 minuten warten auf den nächsten Bus. Hans kommt um 8.51 in Oberhofen an. Die Fahrt dauert 39 min. Er springt in die Gaderobe, nach 13 min, ist er im bassin. Um 10.01 ist die Badestunde zu ende. Wie lange hat Hans gebadet? Der Bus fährt um 10.16 in Oberhofen ab. Sie haben in Gunten noch eine Panne und kommen deswegen erst um 11.43 in Sigriswil an. Wie lange dauerte die Rückreise?

Wie könnte es weitergehen?

- Mit Fahrplänen und Karten können Schülerinnen und Schüler selbst Aufgaben mit Zeiten (Abfahrtszeit, Ankunftszeit, Reisezeit, Dauer des Aufenthalts, Verspätungen, ...) erfinden oder Reisen planen.
- Sie können selbst eine Aufgabe im Stil von Aufgabe 1 im Arbeitsheft notieren.
  Beispiel für Frankfurt am Main:
  Berechne die Reisezeiten.

Frankfurt a. M.	ab 9:14	Amsterdam	an 15:04	Reisezeit:
Frankfurt a. M.	ab 9:58	Mannheim	an 10:36	Reisezeit:
Frankfurt a. M.	ab 10:09	Kleve	an 13:33	Reisezeit:
Frankfurt a. M.	ab 11:02	Köln/Bonn/Flughafen	an 12:19	Reisezeit:
Frankfurt a. M.	ab 11:48	Berlin	an 15:54	Reisezeit:
Frankfurt a. M.	ab 12:17	Braunschweig	an 15:02	Reisezeit:

(Lösungen:
5 h 50 min
38 min
3 h 24 min
1 h 17 min
4 h 6 min
2 h 45 min)

Lösungen

2

a.

	Ankunft von ...		Abfahrt nach ...	
Anna	Aachen	10:12	Essen (ICE)	10:27
Bernd	Koblenz	10:02	Lenauplatz (Bus)	10:08 oder 10:18
Christine	Nürnberg	10:05	Neuss (S-Bahn)	10:13 oder 10:33

b.

Umsteigezeit
15 min
6 min oder 16 min (Wenn die Zeit für den ersten Bus nicht reicht, muss er den zweiten nehmen!)
8 min oder 28 min

3 Ankunft IC 2005 um 10:12 Uhr

a. Thomas muss um 9:47 Uhr von zu Hause weggehen.

b. Es könnte sein, dass seine Großeltern den Zug verpasst haben und dass sie im nächsten Zug aus Duisburg sitzen. Man sollte also auf dem Fahrplan schauen, wann der nächste Zug aus Duisburg ankommen wird. (Ist dem vorliegenden Plan nicht zu entnehmen.)

4

a.	Fahrplanmäßige Reisezeit	1 h 12 min	1 h 11 min	1 h 39 min
b.	Neue Abfahrtszeiten	12:51	13:03	13:42
	Neue Ankunftszeiten	13:54	14:19	15:17
c.	wirkliche Fahrzeit	1 h 03 min	1 h 16 min	1 h 35 min

5

a.

Stuttgart – Mannheim	58 min
Stuttgart – Dortmund	3 h 47 min
Stuttgart – Karlsruhe	1 h 26 min
Stuttgart – Saarbrücken	2 h 36 min
Stuttgart – Mainz	2 h 35 min

b. **2 Minuten**

	Abfahrt	Ankunft
Mannheim - Dortmund	15:37	18:22
Mannheim - Karlsruhe	15:36	15:59
Mannheim - Saarbrücken	15:39	17:09
Mannheim - Mainz	15:44	17:08

4 Minuten

	Abfahrt	Ankunft
Mannheim - Dortmund	15:39	18:24
Mannheim - Karlsruhe	15:39	16:03
Mannheim - Saarbrücken	15:39	17:09
Mannheim - Mainz	15:44	17:08

9 Minuten

	Abfahrt	Ankunft
Mannheim - Dortmund	15:44	18:29
Mannheim - Karlsruhe	15:44	16:07
Mannheim - Saarbrücken	15:44	17:14
Mannheim - Mainz	15:44	17:08

16 Minuten

	Abfahrt	Ankunft
Mannheim - Dortmund	15:51	18:36
Mannheim - Karlsruhe	15:51	16:14
Mannheim - Saarbrücken	15:51	17:21
Mannheim - Mainz	15:51	17:15

25 Minuten

	Abfahrt	Ankunft
Mannheim - Dortmund	16:00	18:45
Mannheim - Karlsruhe	16:00	16:25
Mannheim - Saarbrücken	16:00	17:30
Mannheim - Mainz	16:00	17:24

6

Reisezeit im Zug

a.

Saarbrücken - Mannheim	1h 30min
Mannheim - Hamburg-Altona	4h 51min
Hamburg-Altona - Niebüll	2h 25min
Niebüll - Dagebüll	24min

Reisezeit auf dem Schiff

b.

Dagebüll - Wyk	45min

Umsteigezeiten

c.

in Mannheim	6min
in Hamburg-Altona	26min
in Niebüll	14min
in Dagebüll	9min

d. Gesamtreisezeit 10h 50min

Leistungsaufgaben

Aufgabe	Kompetenz	Anforderungsbereich
1	K4, K1	II
2	K4, K5	I
3	K4, K5	I

	10403 Mo-Fr	*39664* Mo-Fr	*7891* So	*6817* Mo-Sa	*29664*	*2043* Mo-Fr	*39624* Mo-Sa	*33804*
von	Aachen		M.Gladb	M.Gladb	Siegen	Köln		
Iserlohn		6:10					6:30	
Letmathe Dechenhöhle		6:14					6:33	
Letmathe		6:17					6:37	
Letmathe					6:26		6:38	
Hohenlimburg					6:30		6:42	
Hagen Hbf					6:42		6:53	
Hagen Hbf	6:30		6:43	6:43	6:50	7:01		7:17
Hagen-Vorhalle	│		6:48	6:48	│	│		7:22
Wetter (Ruhr)	│		6:51	6:51	6:56	│		7:25
Witten Hbf	6:40		6:56	6:56	7:01	│		7:30
Witten Hbf	6:41		7:00	7:00	7:02	│		7:31
Dortmund Hbf	6:51		7:15	7:15	│	7:20		│
Bochum Hbf					7:12			7:40
Bochum Hbf					7:14			7:41
Wattenscheid					7:19			7:47
Essen-Kray Süd					│			7:51
Essen Hbf					7:28			7:55
nach								

1

a. Gib die Fahrzeiten von
Iserlohn nach Letmathe
Hagen nach Dortmund
Wetter nach Essen-Kray an.

b. Warum gibt es manchmal für die gleiche Strecke unterschiedliche Fahrzeiten? Begründe.

2 Berechne.

a. 4min 32s + 12min 40s
1h 55min + 54min 12s

b. 6h 22min + 1h 12min 43s
18min 3s + 1h 44min 6s

c. 2h 43min − 1h 26min
4h 12min − 57min 4s

3 Die Züge sind heute wegen einer Baustelle alle ungefähr 25 Minuten verspätet. Wann war wohl ihre reguläre Ankunft?

a. Die S3 kommt um 12:33 an.

b. Der ICE aus Augsburg kommt um 13:05 an.

c. Die Regionalbahn aus Duisburg kommt um 14:12 an.

Lösungen zu den Leistungsaufgaben

1

a. 7 Minuten
hängt vom gewählten Zug ab: 21 Minuten, 32 Minuten oder 19 Minuten 26 Minuten

b. Das hängt von der Zugart ab und von der Anzahl der Haltepunkte.

2

a. 17 min 12 s
2 h 49 min 12 s

b. 7 h 34 min 43 s
2 h 2 min 9 s

c. 1 h 17 min
3 h 14 min 56 s

3

a. 12:08 Uhr
b. 12:40 Uhr
c. 13:47 Uhr

Kompetenzerwartungen
- Die Bedeutung des Rundens im Alltag entdecken (K1)
- Rechnungen zur Proportionalität ausführen (K5)
- Die Rundungsregel kennenlernen (K4, K5)
- Überschlagsrechnungen durchführen (K2)

Einordnen

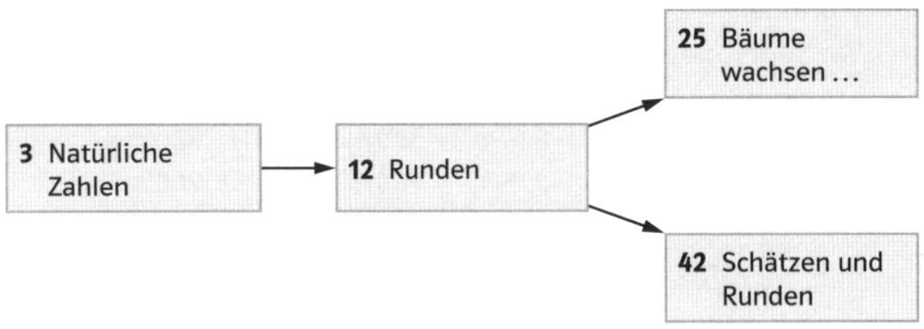

Zur Sache

Begriffe

Rundungsstelle, aufrunden, abrunden, ungefähr, Überschlag

Merktexte

Für gerundete Zahlen wird das Zeichen ≈ verwendet.
Man liest: „… ist ungefähr …"

Worum geht es?

Das schnelle Zusammenzählen von Preisen oder die Angabe von Größenordnungen (Höhe eines Berges, Einwohnerzahl eines Ortes, Uhrzeit usw.) setzt das Runden von genauen Zahlen voraus. Beim Rechnen helfen Überschlagsrechnungen mit gerundeten Zahlen zum Abschätzen von Ergebnissen.

Dabei wird nicht nur auf Einer, Zehner, Hunderter oder Tausender gerundet, sondern oft auch auf 5 (bei Cent), 15 (bei Minuten) oder andere Zahlenwerte, die im Alltag gut und schnell zu erfassen sind.

Zum Unterricht

Vorschlag zur Stundenverteilung

Stunde	1	2	3
LU	1, 2, 3	4	5
AH		1, 2, 3, 4, 5, 6, 7, 8, 9	

Neben der Kalkülorientierung sollten Vor- und Nachteile des Rundens in dieser Einheit im Vordergrund stehen. Die Schülerinnen und Schüler sollen erkennen, dass Runden kein Selbstzweck ist, sondern nur manchmal Sinn macht. Aus diesem Grund sollte die Sinnhaftigkeit auch immer wieder hinterfragt werden.
Auch das Runden auf null, welches formal manchmal vorkommen kann, sollte besprochen werden. Bei Angaben von Einwohnerzahlen wird oft durch die Angabe ungerundeter Zahlen eine Genauigkeit suggeriert, die nicht vorhanden ist. Auch das könnte Thema sein.

Wie kann man vorgehen?

1 Man kann darauf hinweisen, dass solche Überschlagsrechnungen auch sonst nützlich sein können. Ein Vertippen an der Kasse oder eine Fehlübertragung des Strichcodes können so frühzeitig bemerkt werden.
Das Geld reicht nicht: Was wird der Schüler oder die Schülerin an der Kasse in dieser Situation tun?

3
d. Antworten von Gruppen zusammentragen und in der Klasse diskutieren.
e. Zum Beispiel Abfahrten von öffentlichen Verkehrsmitteln (Fahrplan) (Klassengespräch)

4
a. Zuerst die Gipfel nach der Höhe ordnen, die Höhe aufschreiben, dann auf 100 m genau runden. Wird zuerst gerundet, ist das Ordnen anschließend nicht mehr möglich! Das Runden auf null sollte thematisiert und auf seine Sinnhaftigkeit hin untersucht werden.
b. Der Wohnort der Kinder hat eine minimale und eine maximale Höhe. Eventuell ist es sinnvoll, die Höhe des Schulhauses (über dem Meeresspiegel) zu bestimmen. Wiederum stellt sich die Frage nach dem sinnvollen Runden.

5 Wer will, dass seine Postsendung auf dem schnellsten Weg ans Ziel kommt, schreibt die genaue, nicht gerundete Postleitzahl auf. Es gibt aber Situationen, wo eine ungefähre Postleitzahl besser ist als gar keine (bei Auslandsaufenthalt ohne Adressverzeichnis). So bringen ganze Tausender auch bei den Postleitzahlen hilfreiche Hinweise. Ein formales Runden, zum Beispiel von 78 120 auf 80 000, ist hier jedoch keine Hilfe.
Bei b. und d., e. und f. sind gerundete Werte sinnvoll.
Bei c. darf nicht gerundet werden.
Bei g. sollte man nicht runden. Hingegen können ungefähre und gerundete Zahlenangaben bei der Aufklärung eines Verbrechens nützliche Hinweise für die Polizei geben.

Wie könnte es weitergehen?

Zahlen aus Zeitungen und Zeitschriften untersuchen: Welche sind gerundet, welche nicht?

Literatur

- Zeitschrift mathematik lehren, Heft 39 und
- Zeitschrift mathematik lehren, Heft 93: Ganz genau und ungefähr, Erhard Friedrich Verlag, Velber 1999

Lösungen

1 Die Überschlagsrechnung ergibt:

Äpfel	2 €
Kaffee	3 €
Ravioli	1 €
Waschmittel	6 €
Duschgel	2 €
Zucker	1 €
Käse	2 €
Saft	4 €
Total	21 Euro

Die 20 Euro reichen nicht.
Wir rechnen genau nach: 21,11 €, der gerundete Betrag ist recht genau.

2 75 Cent

Äpfel: 1,95 €; Kaffee: 3,20 €; Ravioli: 1,– €; Waschmittel: 5,95 €; Duschgel: 1,95 €; Zucker: 0,90 €; Käse: 2,10 €; Saft: 4,10 €

Die beiden Artikel kosten zusammen 6,94 €, also würde man 6,95 € bezahlen.

Das hängt bei Einzelkäufen von der Preisgestaltung und den Artikeln ab, die man kauft. Statistisch gesehen dürfte in der Summe aller Einkäufe über einen längeren Zeitraum hinweg weder eine Benachteiligung noch ein Vorteil bestehen.

3

a. Auf eine halbe Stunde gerundet.

9:00	9:30	9:30	9:30	10:00	10:00
10:00	10:00	10:30	10:30	10:30	11:00
11:00	11:30	11:30	11:30	12:00	12:00
20:00	21:00	22:30	23:30	00:30	02:00

b. Auf eine Viertelstunde genau.

9:15	9:15	9:30	9:45	9:45	10:00
10:00	10:15	10:15	10:30	10:45	10:45
11:00	11:15	11:30	11:30	11:45	12:00
20:00	21:15	22:15	23:30	00:45	01:45

c. Auf 10 Minuten genau.

9:10	9:20	9:30	9:40	9:50	10:00
10:00	10:10	10:20	10:30	10:40	10:50
11:10	11:20	11:30	11:40	11:50	12:00
20:00	21:10	22:20	23:30	00:40	01:50

d. und e. siehe didaktische Hinweise

4

a.

Berg	Höhe	Höhe auf 100 m gerundet	Höhe auf 10 m gerundet
Zugspitze	2962 m	3000 m	2960 m
Feldberg	1493 m	1500 m	1490 m
Fichtelberg	1214 m	1200 m	1210 m
Brocken	1141 m	1100 m	1140 m
Großer Beerberg	982 m	1000 m	980 m
Wurmberg	971 m	1000 m	970 m
Wasserkuppe	950 m	1000 m	950 m
Langenberg	843 m	800 m	840 m
Erbeskopf	816 m	800 m	820 m
Dollberg	695 m	700 m	700 m
Heidehöhe	201 m	200 m	200 m
Helpter Berge	179 m	200 m	180 m
Bungsberg	168 m	200 m	170 m
Hasselbrack	116 m	100 m	120 m
Großer Müggelberg	115 m	100 m	120 m
Erhebung am Friedehorstpark	32,5 m	0 m	30 m

Leistungsaufgabe

Aufgabe	Kompetenz	Anforderungsbereich
1	K 4	I

1 Hier findest du Angaben über das Fassungsvermögen verschiedener Bundesligastadien. Runde das jeweilige Fassungsvermögen auf Tausender und fertige ein Schaubild an. Verwende gerundete Zahlen.

Ort	Fassungsvermögen
Bochum	31 328
Leverkusen	22 500
Hamburg	56 987
Bielefeld	26 601
Frankfurt	53 307
Nürnberg	46 780
Aachen	21 632
Gelsenkirchen	61 482
Kaiserslautern	48 512
Köln	50 997

Lösung zur Leistungsaufgabe

1 Die Art des Schaubildes sollte selbst ausgewählt werden. Anbieten würden sich hier ein Stab- oder Säulendiagramm.

Ort	Fassungsvermögen	gerundet
Bochum	31 328	31 000
Leverkusen	22 500	23 000
Hamburg	56 987	57 000
Bielefeld	26 601	27 000
Frankfurt	53 307	53 000
Nürnberg	46 780	47 000
Aachen	21 632	22 000
Gelsenkirchen	61 482	61 000
Kaiserslautern	48 512	49 000
Köln	50 997	51 000

Kompetenzerwartungen
- Maßeinheiten und ihre Beziehungen wiederholen (K 5)
- Dezimalbrüche im Zusammenhang mit Größen kennen (K 4)
- Bedeutung der Stellen nach dem Komma auf der Grundvorstellung der Größen kennen (K 4)

Einordnen

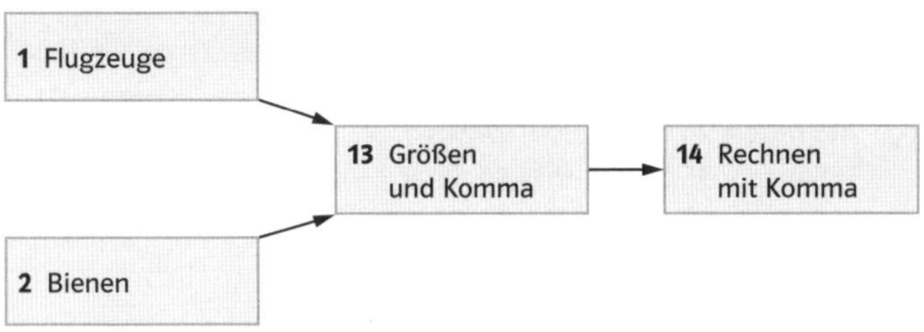

Zur Sache

Begriffe

Größe, Einheit (Maßeinheit), Maßzahl, Dezimalbruch, Dezimalstelle, umwandeln, (Vorsilben: Milli-, Zenti-, Dezi-, Kilo-)

Merktexte

Im Arbeitsheft können die Umrechnungen aus dem Schülerbuch („Zur Erinnerung") übernommen werden und/oder es werden Umrechnungsbeispiele (1,35 m = 13,5 dm = 135 cm) notiert.

Worum geht es?

Die Lernenden sind der Kommaschreibweise bei Größen schon mehrmals begegnet, ohne dass Dezimalbrüche explizit thematisiert wurden. Hier geht es erstmals darum, dass sie sich der Bedeutung dieser speziellen Schreibweise bewusst werden. Als Grundlage dazu dient eine Zusammenstellung der drei wichtigsten bisher behandelten Größen (außer der Zeit) sowie die Stellenwerttafel.

Zum Unterricht

Was wird benötigt?

Kopiervorlage: Stellentafeln, Umrechnungstabellen (Arbeitsheft, S. 96)
Demonstrationsmaterial: große Stellenwerttafeln

Vorschlag zur Stundenverteilung

Stunde	1	2	3
LU	Wiederholung, 1, 2	3–8	
AH		1, 2, 3, 4, 5, 6, 7, 8, 9	

Wie kann man vorgehen?

Sollten die Grundlagen nicht mehr im gewünschten Maß vorhanden sein, so ist es wichtig, dass die Lernenden nochmals eine Vorstellung von den verschiedenen Größen bekommen. Dazu können Plakate zu folgenden Themen erstellt werden:

Längen:
1 km geht von der Kirche bis zur großen Pappel in der Ebene.
1 m ist etwa die Pultlänge.
1 dm ist eine Postkarte breit.
1 cm ist eine Fingerdicke.
1 mm ist eine Schnurdicke.

1 km = 1000 m
1 m = 10 dm = 100 cm = 1000 mm
1 dm = 10 cm
1 cm = 10 mm

Ein erwachsener Mensch ist etwa $1\frac{1}{2}$ m bis 2 m groß.
Das Klassenzimmer ist etwa 8 m lang.
Der Kirchturm ist etwa 40 m hoch.
Von Köln nach Düsseldorf sind es etwa 10 km. usw.

Entsprechend werden auch Plakate für Gewichte und Raummaße hergestellt. Man kann auch geeignete Gegenstände ausstellen und mit den entsprechenden Größen beschriften, wie zum Beispiel einen Wasserkessel: „Die Gießkanne ist 40 cm hoch, sie fasst 10 Liter Wasser. Gefüllt ist sie etwas mehr als 10 kg schwer." Im Sinne des gestützten Übens sollen die Plakate einige Zeit im Klassenzimmer hängen bleiben.

Nach einer Standortbestimmung und möglicherweise notwendigen Wiederholungen von Größen soll bewusst mit der Stellenwerttafel gearbeitet werden.

Das Grundprinzip liegt in unserer Dezimalschreibweise, d. h. dass die Ziffern nach rechts immer einen 10-fach kleineren Wert erhalten, nach links einen 10-mal größeren.

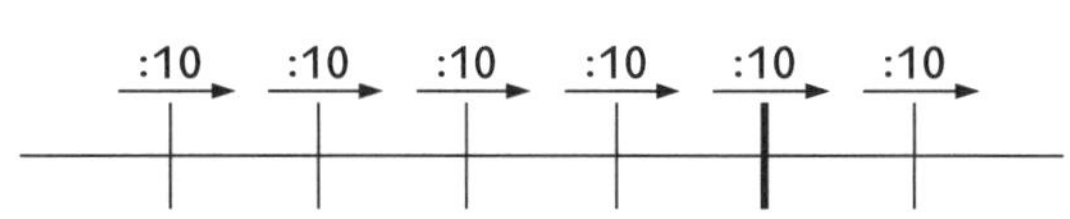

Dieses Prinzip gilt auch im Zusammenhang mit Größen, zum Beispiel beim Geld:

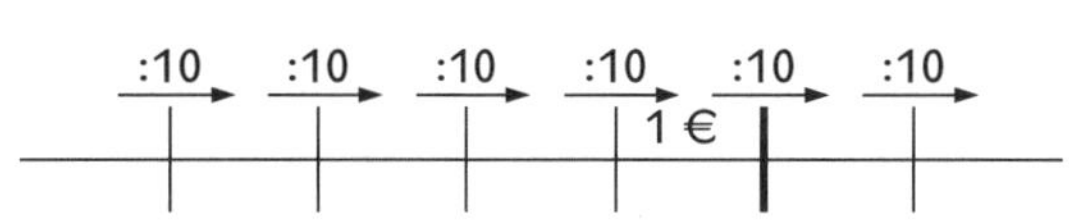

Eine Ziffer in der Spalte 1 € bedeutet Euro. Eine Ziffer rechts davon bedeutet „10-mal kleiner", d. h. 10 ct. usw. Wenn die Größenbezeichnungen sich ändern, wird ein Komma dazwischen geschrieben. Die Nullen geben wie von den natürlichen Zahlen her bekannt an, dass bei der entsprechenden Größe nichts vorhanden ist, beispielsweise

13 Größen und Komma

:10 →	:10 →	:10 →	:10 →	:10 →	:10 →	
				1 €		
				1	5	0

:10 →	:10 →	:10 →	:10 →	:10 →	:10 →	
				1 €		
				1	0	5

Die eine Zahl wird mit 1,50 € (1 Euro, 5-mal 10 Cent, 0-mal 1 Cent, das bedeutet 1 Euro 50 Cent), die andere mit 1,05 € (1 Euro, 0-mal 10 Cent, 5-mal 1 Cent, das bedeutet 1 Euro und 5 Cent) geschrieben. Die fette Linie zeigt, wo die Größeneinheit von Euro zu Cent wechselt. In der Regel ist den Lernenden diese Darstellung aus dem Alltag bekannt und sie verstehen sie im Zusammenhang mit Geld intuitiv richtig.

Entsprechende Übungen können nun mit anderen Größen durchgeführt werden.
Was bedeuten die einzelnen Felder?
Was bedeuten die einzelnen Ziffern?

				1 m		
			2	5	3	7

			1 m			
3	6	9	4	3	5	5

			1 kg			
4	2	0	1	6	7	0

			1 t			
		2	3	0	5	0

				1 l		
		1	2	0	4	5

		1 hl				
		1	2	0	4	5

Nach solchen Vorübungen kann das Buch aufgeschlagen werden. Die Lernenden erleben, dass man die gleiche Größe auf verschiedene Arten darstellen kann, wie z. B.: 120,45 l oder 1,2045 hl. Man könnte noch weitere Darstellungen finden: 1204,5 dl oder 12 045 cl oder 120 450 ml.

Es sollte nicht automatisiert werden. Im Alltag kommen in der Regel nur so viele Stellen nach dem Komma vor, wie die nächsttiefere Einheit in der höheren enthalten ist. Das bedeutet, dass bei km in der Regel 3 Stellen, bei hl 2 Stellen, bei cm 1 Stelle nach dem Komma geschrieben wird. Diese Beispiele sollen nur dazu dienen, das Stellenwertverständnis zu fördern.

Hinweise zu den Aufgaben
Hier handelt es sich um formale Übungen. Eine besondere Struktur ist höchstens durch die Wahl der Zahlen gegeben.

Wie könnte es weitergehen?

Größen mit Komma in Zeitungen, Zeitschriften, Reklamen usw. suchen und deren Bedeutung beschreiben.

Lösungen

1 245 cm = 2 m 45 cm = 2,45 m
355 cm = 3 m 55 cm = 3,55 m
465 cm = 4 m 65 cm = 4,65 m
575 cm = 5 m 75 cm = 5,75 m
685 cm = 6 m 85 cm = 6,85 m

2 245 mm = 24 cm 5 mm = 24,5 cm
355 mm = 35 cm 5 mm = 35,5 cm
465 mm = 46 cm 5 mm = 46,5 cm
575 mm = 57 cm 5 mm = 57,5 cm
685 mm = 68 cm 5 mm = 68,5 cm

3 2 450 m = 2 km 450 m = 2,450 km
3 550 m = 3 km 550 m = 3,550 km
4 650 m = 4 km 650 m = 4,650 km
5 750 m = 5 km 750 m = 5,750 km
6 850 m = 6 km 850 m = 6,850 km

4 123 500 m = 123,500 km
12 350 m = 12,350 km
1 235 m = 1,235 km
123 m = 0,123 km
12 m = 0,012 km
1 m = 0,001 km

6

a.	b.	c.	d.
45,6 l	13,500 kg	333,3 m	9,450 km
45,006 l	13,050 kg	333,03 m	9,045 km
45,06 hl	13,005 kg	333,003 m	94,005 km
45,60 hl	1,350 t	333,33 m	94,050 km

7
a. Zusammen gehören: 5,004 kg und 5004 g;
5 kg 40 g und 5,040 kg.
Aus dem Rahmen fällt 5,400 kg.
b. Zusammen gehören: 163 l und 1,63 hl;
1630 ml und 1,63 l;
Aus dem Rahmen fällt 16,3 cl.
c. Zusammen gehören: 134,5 cm und 1345 mm;
1,345 km und 1345 m.
Aus dem Rahmen fällt 134,5 m.

8
a. 987 m
9 km 87 m (= 9,087 km)
9 km 870 m (= 9,870 km)
b. 7 543 kg (= 7,543 t)
75 t 43 kg (= 75,043 t)
75,430 t / 75,43 t / 75 t 430 kg
c. 842 cm (= 8,42 m)
84 m 2 cm (= 84,02 m)
84,2 m / 842 dm / 84 m 20 cm

Kompetenzerwartungen
- Die vier Grundoperationen auf Größen mit Kommaschreibweise übertragen (K 4, K 5)
- verschiedene Verfahren für das Rechnen mit Größen und Komma kennenlernen (K 6, K 5)

Einordnen

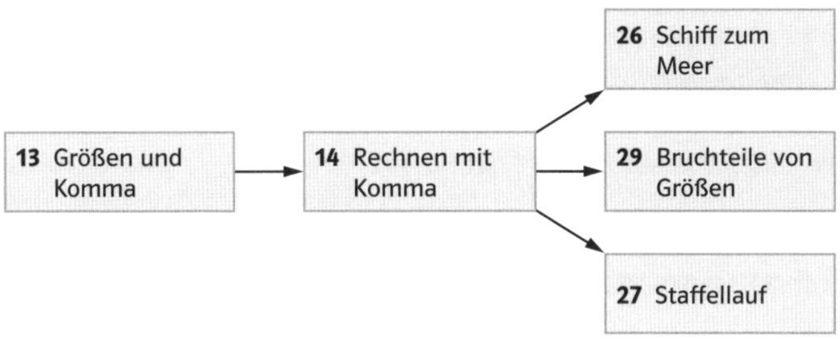

Zur Sache

Begriffe

Grundoperation, umwandeln, Summe, Differenz, addieren, subtrahieren, Produkt, Quotient, multiplizieren, dividieren

Merktexte

Wollen wir zwei Dezimalzahlen schriftlich addieren/subtrahieren, so schreiben wir Komma unter Komma und rechnen ansonsten wie gewohnt.

Worum geht es?

Die Lernenden kennen halbschriftliche Rechenverfahren für die vier Grundoperationen mit natürlichen Zahlen. Ebenso haben sie die Kommaschreibweise für Größen kennen gelernt. Es geht hier darum, die bekannten Rechenverfahren auf Dezimalbrüche – hier noch in Verbindung mit Größen – zu übertragen. Dabei soll den Lernenden Gelegenheit gegeben werden, vorerst ihre eigenen Verfahren zu entwickeln. Dann können sie andere Verfahren kennen lernen und einmal nach anderen Verfahren rechnen. Diese Einheit dient der Übung des Kalküls. Das schriftliche Addieren und Subtrahieren von Dezimalzahlen macht in der Regel wenig Probleme, da die schriftliche Rechentechnik sich nur durch die Regel „Komma unter Komma schreiben" von der Addition/Subtraktion natürlicher Zahlen unterscheidet. Teilweise ist sie den Schülerinnen und Schülern schon aus der Grundschule bekannt. Es bleibt der Lehrkraft überlassen, ob ein Merksatz notiert wird.
An dieser Stelle ist noch nicht daran gedacht, ausgehend von der angebotenen vierten bzw. dritten Rechenmöglichkeit auf der zweiten Seite der Lernumgebung das schriftliche Multiplizieren/Dividieren von Dezimalzahlen einzuführen.

Zum Unterricht

Was wird benötigt?

Demonstrationsmaterial: evtl. Messrad oder Tachometer eines Fahrrades

Vorschlag zur Stundenverteilung

Stunde	1	2	3	4
LU	Die Struktur der Lernumgebung (siehe weitere Hinweise) fordert ein verteiltes Vorgehen. Aus diesem Grunde geben wir hier keine Empfehlung. Die Zeit zur Beabeitung liegt insgesamt bei ca. 4 Schulstunden.			
AH				

Die Menge des Übungsmaterials in dieser Lernumgebung soll dazu dienen, Teile davon einbauen zu können, wenn entsprechende Rechnungen bei Sachrechenthemen aktuell sind.

Wie kann man vorgehen?

Man kann den Lernenden den Auftrag geben, die Länge ihres Schulwegs möglichst genau zu bestimmen. Verschiedene mögliche Verfahren werden diskutiert. Einzelne erinnern sich vielleicht an eine frühere Messung (3. oder 4. Schuljahr). Sie wissen eventuell noch, wie sie die Länge des Schulwegs bestimmt haben, beispielsweise mit dem Messband oder mit einem Messrad. Andere haben ein Fahrrad mit Tachometer und Distanzmesser. Sie bringen die Ergebnisse ihrer Messungen in die Schule. Die Daten werden gesammelt, evtl. in einer Tabelle geordnet und vielleicht grafisch dargestellt. Die unterschiedlichen Schreibweisen werden verglichen (km und m, nur m, Kommaschreibweise). Zur Wiederholung der Kommaschreibweise werden alle Größen auf diese Art geschrieben. Die Lernenden werden im Sinne einer offenen Aufgabenstellung aufgefordert, Verschiedenes mit diesen Daten zu berechnen. Die einen rechnen Unterschiede verschiedener Schulwege aus, andere berechnen beispielsweise die durchschnittliche Länge aller Schulwege in der Klasse usw. Sie stellen einander ihre Berechnungen vor. Insbesondere wird besprochen, wie sie gerechnet haben. Nun können weitere Aufgaben aus dem Buch gelöst werden.

1 Die Lernenden können in eigenen Worten die verschiedenen Vorgehensweisen formulieren. Wie sind Nadine und Achmed bei der 1., 2. und 3. Möglichkeit vorgegangen? Sie äußern sich, welche Art der Berechnung ihnen am besten gefällt. Eventuell schlagen sie noch andere Vorgehensweisen vor. Dann lösen sie die Aufgaben. Die Lernenden besprechen die Lösungen, indem sie sagen, welche Zusammenhänge sie bei den Ergebnissen entdeckt haben.
Sie können aufgefordert werden zu begründen, warum das so ist.

2 **3** **4** Sinngemäß wie Aufgabe 1.

Wie könnte es weitergehen?

Weitere Daten aus Zeitungen und Zeitschriften sammeln und Berechnungen durchführen.

Literatur

Winter, Heinrich: Begriff und Bedeutung des Übens im Mathematikunterricht; IN: mathematik lehren, Heft 2, Erhard Friedrich Verlag, Velber 1984, dort: S. 4–16

Lösungen

1

a.	b.	c.
18,35 m	21,34 l	30,495 km
18,45 m	23,34 l	29,495 km
18,55 m	25,34 l	28,495 km
18,65 m	27,34 l	27,495 km
18,75 m	29,34 l	26,495 km
18,85 m	31,34 l	25,495 km
18,95 m	33,34 l	24,495 km

2

a.	b.	c.
79,81 hl	198,198 kg	33,333 t
79,80 hl	198,198 kg	33,334 t
79,79 hl	198,198 kg	33,335 t
79,78 hl	198,198 kg	33,336 t
79,77 hl	396,396 kg	33,337 t
79,76 hl	396,396 kg	33,338 t

3

a.	b.	c.
11,520 km	69,150 kg	129,420 t
11,520 km	71,150 kg	120,420 t
11,520 km	73,150 kg	111,420 t
11,520 km	75,150 kg	102,420 t
11,520 km	0 kg	93,420 t

4

a.	b.	c.
0,740 km	17,010 t	1,501 kg
0,740 km	5,670 t	1,501 kg
0,740 km	1,890 t	15,010 kg
0,740 km	0,630 t	15,010 kg
1,480 km	0,210 t	15,001 kg

Leistungsaufgaben

Aufgabe	Kompetenz	Anforderungsbereich
1	K 5	I, II
2	K 1, K 5	I
3	K 2, K 4	III

1 Als Marie zu Hause ankommt, steht ihr Fahrradtacho auf 166,744 km. Davor war sie bei ihrer Oma, die 2,6 km entfernt wohnt. Vom Blumenladen bis zu ihrer Oma waren es nur 300 m. Von der Schule zum Blumenladen hat sie ganz genau die Entfernung gemessen. Sie beträgt 4222 m.

a. Mit welchem Tachostand startete Marie in die Schule?

b. Marie hat bei ihrer Oma etwas vergessen und fährt schnell noch einmal zu ihr. Welchen Tachostand liest sie ab, als sie wieder zu Hause ankommt?

2 Frau Naumann fährt von Montag bis Freitag mit dem Auto zur Arbeit. Hin- und Rückweg betragen jeweils 12,3 km.

a. Wie lang ist ihre monatliche (jährliche) Fahrstrecke?

b. Die Unterhaltskosten ihres Autos pro gefahrenen Kilometer betragen ca. 0,28 Euro. Eine Monatskarte kostet 134 Euro. Was meinst du?

3 Gib je eine Rechenaufgabe mit zwei unterschiedlichen Einheiten an, die

a. als Summe 65,750 km hat.

b. als Differenz 12,553 t hat.

Lösungen zu den Leistungsaufgaben

1

a. 159,622 km

b. 171,944 km

2

a. Die monatliche Fahrstrecke könnte bei durchschnittlich 20 Arbeitstagen 492 km betragen. Jährlich wären es rein rechnerisch 5904 km. Wenn man jedoch den Urlaub oder eventuelle Krankheitstage berücksichtigt (ca. 35 Arbeitstage) kommt man auf eine ungefähre Fahrleistung von 5043 km.

b. Die Monatskarte ist ein wenig billiger als der Fahrzeugunterhalt.

3 Individuelle Lösungen, z. B.

a. 32,35 km + 33 400 m

b. 15,753 t – 3 200 kg

Kompetenzerwartungen
- Durch Handeln Gesetzmäßigkeiten der Proportionalität kennen lernen (K1, K2)
- Proportionalitätstabellen erstellen (K1, K2)
- Aufgaben zur direkten Proportionalität lösen (K1, K2)

Einordnen

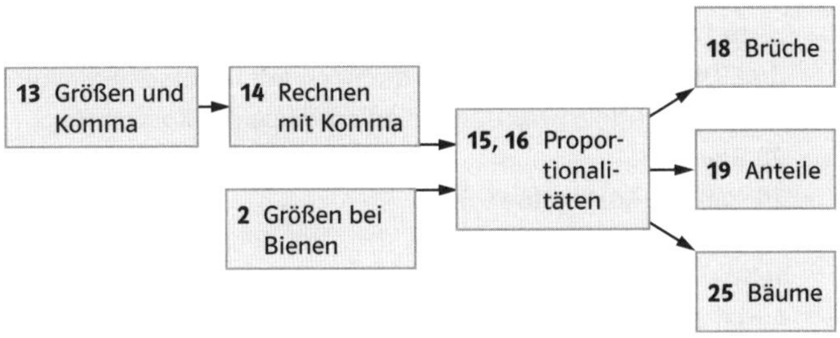

Zur Sache

Begriffe

Preislisten, Proportionalitätstabellen, Eigenschaften von Proportionalitätstabellen, Dreisatz bzw. „Schlussrechnung"

Merktexte

1. Mit Proportionalitätstabellen lassen sich viele Situationen im Alltag mathematisch beschreiben. Preistabellen stellen ein Beispiel dar: Zu jeder Warenmenge gehört ein bestimmter Preis.

2. Proportionalitätstabellen haben die folgenden Eigenschaften:
   (1) Verdoppelt (verdreifacht, vervierfacht, ...) man eine Größe in der ersten Spalte, so verdoppelt (verdreifacht, vervierfacht, ...) sich auch die entsprechende Größe in der anderen Spalte.
   (2) Halbiert (drittelt, viertelt, ...) man eine Größe in der einen Spalte, so halbiert (drittelt, viertelt, ...) sich auch die entsprechende Größe in der anderen Spalte.
   (3) Addiert (subtrahiert) man zwei Größen in der einen Spalte, so addiert (subtrahiert) man auch die entsprechende Größen in der anderen Spalte.

(Bei Proportionalitätstabellen in zwei Zeilen gelten die Eigenschaften entsprechend)

Worum geht es?

Die Proportionalität ist wohl die erste und wichtigste funktionale Abhängigkeit, welche die Schülerinnen und Schüler in der Schule kennen lernen. In der Mathematik spricht man bei der direkten Proportionalität von speziellen linearen Funktionen, d.h. von Funktionen des Typs $f(x) = k \cdot x$. Die Konstante k heißt Proportionalitätskonstante.

Die Beherrschung der zugrundeliegenden Dreisatzschlüsse (genauer: Proportionalitätsschlüsse) ist – wie das einfache Kopfrechnen – Bestandteil einer mathematischen Grundbildung. Schlussrechnungen geben in vielen Situationen des Alltags einen schnellen Überblick und unterstützen das Urteilsvermögen oft besser als (mechanische) angewandte Formeln.

Es ist außerordentlich wichtig, dass die Schülerinnen und Schüler eigene Lösungsstrategien entwickeln, bevor irgendein Formalismus eingeführt wird. Als besonders geeignet erwiesen hat sich das Erstellen von entsprechenden Tabellen, zum Beispiel Preistabellen:

Anzahl Schachteln x	Preis in Euro f(x)
1	3
2	6
3	9
4	12
5	15
usw.	

oder

Anzahl Schachteln x	1	2	3	4	5	6	7	8	9	10	11	12	13	14	15	...	20	...	30
Preis in Euro f(x)	3	6	9	12	15	18	21	24	27	30	33	36	39	42	45	...	60	...	90

Solchen Tabellen sind den Schülerinnen und Schülern bereits in unteren Klassen begegnet, ohne dass die Proportionalität zum eigentlichen Thema gemacht wurde. Aus solchen Tabellen können die wesentlichen Eigenschaften der Proportionalität herausgelesen werden.

Dies führt schließlich zu den Beziehungen, die wie folgt dargestellt werden können:

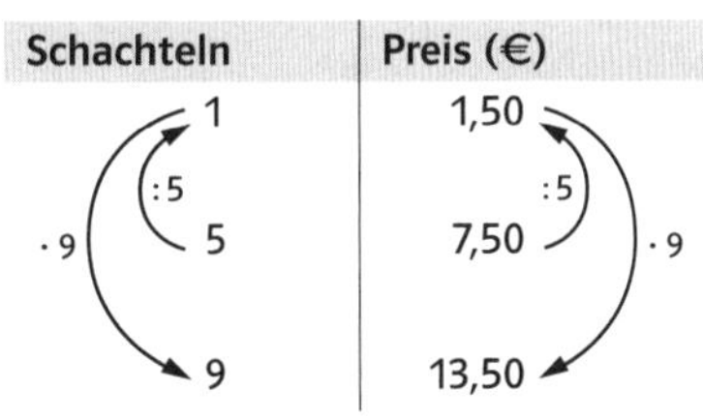

5 Schachteln kosten 7,50 €
1 Schachtel kostet 7,50 € : 5 = 1,50 €
9 Schachteln kosten 1,50 € · 9 = 13,50 €

oder

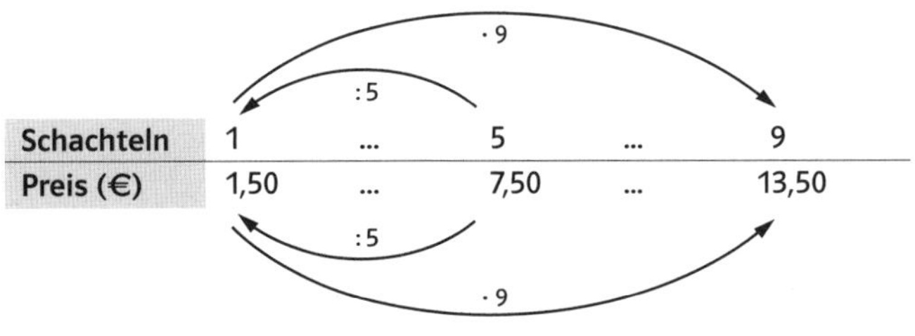

Mit der Proportionalität (repräsentiert durch die Proportionalitätstabellen) lernen die Schülerinnen und Schüler ein erstes und einfaches mathematisches Modell kennen, mit dem viele Situationen des täglichen Lebens einer mathematischen Bearbeitung zugeführt werden können. Die Schülerinnen und Schüler erfahren, dass sie aufgrund ihrer Arbeitsergebnisse Prognosen erstellen und Entscheidungen treffen können.

15 Proportionalität

Die Beurteilung, ob das Proportionalitätsmodell eine Alltagssituation richtig beschreibt, erfordert Urteilsvermögen. Eine entsprechende „Modellkritik" soll jedoch erst im Arbeitsheft zur nachfolgenden Lernumgebung „Proportionalität 2" angebahnt werden.

Zum Unterricht

Was wird benötigt?

Arbeitsmaterial: Zeichenpapier, Schere
Demonstrationsmaterial: evtl. Vergrößerungen/Verkleinerungen von Bildern oder des Rechteckpuzzles

Vorschlag zur Stundenverteilung

Stunde	1	2	3
LU	1, 2, 3	4, 5, 6	7, 8
AH		1, 2, 3	

Wie kann man vorgehen?

1 2 Aufgabe 1 eignet sich besonders gut als Partner- oder Gruppenauftrag. Jedes Gruppenmitglied erstellt einen oder zwei Teile des Rechtecks. Wenn die Lernenden die Teile richtig vergrößern, wird wieder ein Rechteck entstehen. Sind jedoch falsche Vorstellungen vorhanden, wie zum Beispiel „jede Seite ist um 2 cm zu verlängern", wird kein Rechteck entstehen. Schülerinnen und Schüler können sich also selbst kontrollieren und falsche Ergebnisse korrigieren. Es lohnt sich, die Lernenden formulieren zu lassen, wie sie das Problem gelöst haben, zum Beispiel: „Wir haben jede Länge einmal und dazu noch die Hälfte davon genommen." oder „Wir haben von jeder Länge das Dreifache der Hälfte genommen."

Die Lernenden können einander vorstellen, wie sie vorgegangen sind. Anschließend füllen sie die Tabelle aus Aufgabe 2 aus und beschreiben, was ihnen daran auffällt, zum Beispiel Aussagen wie oben oder: „Wenn im alten Rechteck eine Länge doppelt so groß wie eine andere ist, so muss auch im neuen Rechteck die Länge verdoppelt werden."

3
a. Faktor 2,5
b. Faktor 3
c. Verkleinerung mit Faktor 0,5 bzw. halbieren

4 5
a. Faktor 2,5
b. Faktor 3
c. Verkleinerung mit Faktor 0,5
Es sind die gleichen Faktoren wie in Aufgabe 3. Nur der Sachzusammenhang und die Darstellung der Tabellen hat sich geändert.

6 Wenn man die Kosten für eine Einheit kennt, kann man die Kosten für die übrigen Anzahlen berechnen. Dies ist durch eine Division und anschließende Multiplikationen möglich.
a. 0,25 € pro Ei
b. 0,70 € pro Croissant
c. 1,60 € pro Paar Socken
d. 0,40 € pro Flasche

7 Die Tabellen können wegen des großen Zeitaufwandes nicht bis zu den angegebenen Zahlen weitergeführt werden. Die Ergebnisse können dennoch auf unterschiedlichen Wegen gefunden werden, beispielsweise die Kosten für 20 Eier:
20-mal die Kosten für 1 Ei,
2-mal die Kosten für 10 Eier,
10-mal die Kosten für 2 Eier,
4-mal die Kosten für 5 Eier
Es ist wichtig, dass bei der Besprechung der Aufgaben solche Zusammenhänge und Lösungswege zur Sprache kommen.

8 Die Aufgabe ist nicht einfach zu lösen. Eventuell könnten die Schülerinnen und Schüler einen Auszug aus einer Tabelle erstellen, aus dem hervorgeht, wie viel Zutaten für 1, 2, 3, 5 Personen benötigt werden. Dann können sie die Aufgabe wie Aufgabe 7 lösen.

Rechentraining
48 Kopfrechnungen zur Multiplikation und Division

Wie könnte es weitergehen?

- Preise in einem Geschäft erfragen, Preistabellen erstellen,
- ausgehend von Preistabellen selbst Aufgaben erfinden, zum Beispiel: „Ich weiß, dass 6 Taschentücher 9 € kosten; wie viel kosten 11 Taschentücher?",
- nicht-proportionale Zahlentabellen betrachten, zum Beispiel Wachstumstabelle eines Kindes in Abhängigkeit von seinem Alter.

Lösungen

2 neues Rechteck 1,5 cm 4,5 cm 6 cm 7,5 cm 9 cm 12 cm

3

a. neues Rechteck	2,5 cm	7,5 cm	10 cm	12,5 cm	15 cm	20 cm
b. neues Rechteck	3 cm	9 cm	12 cm	15 cm	18 cm	24 cm
c. neues Rechteck	0,5 cm	1,5 cm	2 cm	2,5 cm	3 cm	4 cm

Rechentraining

20	40	60	80	100	120	140	160
9	18	27	36	45	54	63	72
45	90	135	180	225	270	315	360
22,5	45	67,5	90	112,5	135	157,5	180
36	72	108	144	180	216	252	288
8	24	40	56	72	88	104	120

4

a.

Gewicht	Preis
1 kg	2,50 €
2 kg	5,00 €
3 kg	7,50 €
4 kg	10,00 €
5 kg	12,50 €
6 kg	15,00 €
7 kg	17,50 €
8 kg	20,00 €

b.

Anzahl	Preis
1 Stück	3,00 €
2 Stück	6,00 €
3 Stück	9,00 €
4 Stück	12,00 €
5 Stück	15,00 €
6 Stück	18,00 €
7 Stück	21,00 €
8 Stück	24,00 €

c.

Länge	Preis
1 m	0,50 €
2 m	1,00€
3 m	1,50€
4 m	2,00 €
5 m	2,50 €
6 m	3,00 €
7 m	3,50€
8 m	4,00 €

6

a.

Eier (Stück)	1	2	3	4	5	6	7	8	9	10	11	12
Preis (€)	0,25	0,50	0,75	1,00	1,25	1,50	1,75	2,00	2,25	2,50	2,75	3,00

b.

Croissant (Stück)	1	2	3	4	5	6	7	8	9	10	11	12
Preis (€)	0,70	1,40	2,10	2,80	3,50	4,20	4,90	5,60	6,30	7,00	7,70	8,40

c.

Socken (Paar)	1	2	3	4	5	6	7	8	9	10	11	12
Preis (€)	1,60	3,20	4,80	6,40	8,00	9,60	11,20	12,80	14,40	16,00	17,60	19,20

d.

Flaschen (Stück)	1	2	3	4	5	6	7	8	9	10	11	12
Preis (€)	0,40	0,80	1,20	1,60	2,00	2,40	2,80	3,20	3,60	4,00	4,40	4,80

7

a. 20 Eier: 5,00 €; 30 Eier: 7,50 €; 50 Eier: 12,50 €; 100 Eier: 25,00 €
b. 20 Croissants: 14,00 €; 30 Croissants: 21,00 €; 50 Croissants: 35,00 €; 100 Croissants: 70,00 €
c. 15 Paar Socken: 24,00 €; 18 Paar Socken: 28,80 €; 19 Paar Socken: 30,40 €; 20 Paar Socken: 32,00 €; 21 Paar Socken: 33,60 €
d. 2 Kisten: 9,60 €; 3 Kisten: 14,40 €; 5 Kisten: 24,00 €; 8 Kisten: 38,40 €

8

Anzahl Kinder	15	18	25	27	30	40
Milch	3,75 l	4,5 l	6,25 l	6,75 l	7,5 l	10 l
Zucker	600 g	720 g	1 kg	1,080 kg	1,200 kg	1,600 kg
Vanillepuddingpulver	225 g	270 g	375 g	405 g	450 g	600 g

Es war einmal ein Wasserhahn

② Die Tassen applaudierten, und das Handtuch rief entzückt:
„Dein Rhythmus, lieber Wasserhahn, klingt ja total verrückt!"
Die Messer und die Gabeln tanzten quietschvergnügt umher,
und auch dem alten Suppentopf gefiel der Rhythmus sehr.
Tipi-tipi-tup-tup, tropft der Rhythmus ...

③ Der Flötenkessel tanzte mit und pfiff die Melodie.
Die Teller klapperten im Takt mit sehr viel Phantasie.
Die Töpfe schepperten im Schrank, die Gläser klirrten leis',
der Abfalleimer rülpste laut und drehte sich im Kreis.
Tipi-tipi-tup-tup, tropft der Rhythmus ...

④ Da sprach die alten Küchenuhr, daß ihr der Takt gefällt,
und hat ihr Ticken auf den Wasserrhythmus umgestellt.
Auf einmal war es mäuschenstill, der Klempner kam herein.
Der Wasserhahn wurd' repariert und ließ das Tropfen sein.
Tipi-tipi-tup-tup, träumt der Wasserhahn, so träumt er immerzu.
Tipi-tipi-tup-tup, träumt der Wasserhahn und findet keine Ruh'.

von Klaus W. Hoffmann

Kompetenzerwartungen
- Messungen durchführen und Ergebnisse in Tabellen festhalten (K 5, K 6)
- Gesetzmäßigkeiten der Proportionalität erkennen (K 1, K 2)
- Aufgaben zur direkten Proportionalität lösen (K 2, K 6)
- Erfahrungen mit der indirekten Proportionalität machen (K 1, K 3)
- Eignung einer Proportionalitätstabelle zur Beschreibung einer Sachsituation kritisch beurteilen (K 1, K 3, K 6)

Einordnen

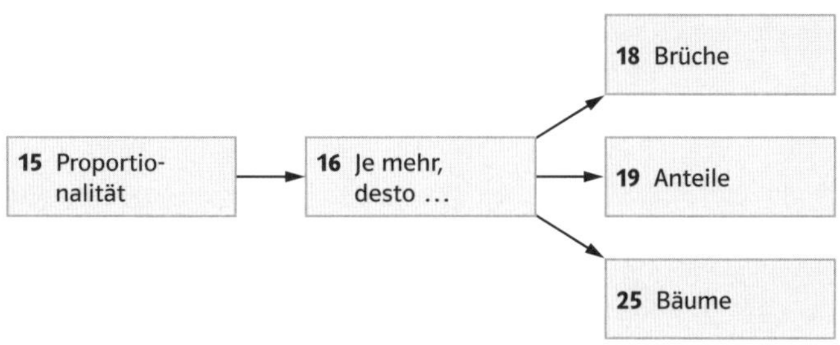

Zur Sache

Begriffe

Messdaten und Messtabellen, Proportionalitätstabellen, „Schlussrechnung", umgekehrte Proportionalität, nichtproportionale Zusammenhänge

Merktexte

(Ergänzend zum Merktext der letzten Lernumgebung:)
3. Nicht jede Situation im Alltag lässt sich durch Proportionalitätstabellen beschreiben. Es kommt eben auf die Situation an. Preistabellen, die für große Warenmengen einen Rabatt berücksichtigen, stellen ein Gegenbeispiel dar.

Worum geht es?

Wie in Lernumgebung 15 geht es auch hier darum, dass Schülerinnen und Schüler eigene Lösungsstrategien entwickeln, bevor sie die Aufgaben zur Proportionalität formal lösen. Das Themenfeld „Flüssigkeiten" bietet Zugangs- und Handlungsmöglichkeiten im Sinne des aktiv-entdeckenden Lernens. Die Lernenden führen Zählungen und Messungen durch, halten die Ergebnisse übersichtlich in Tabellen fest, suchen schließlich nach Zusammenhängen und Gesetzmäßigkeiten und formulieren diese in ihrer Sprache.
Mit diesen Erkenntnissen kann von beschriebenen Situationen auf solche geschlossen werden, für die keine Messdaten zur Verfügung stehen:

Messergebnisse

Zeit	1 min	2 min	3 min	…
Wassermenge	10 ml	19 ml	31 ml	…

Hochrechnung

Zeit	1 h	1 Tag	1 Jahr
Wassermenge	600 ml	14,4 l	5256 l

(· 60; · 24; · 365)

Zum Unterricht

Was wird benötigt?

Arbeitsmaterial: Messgefäße, Messzylinder für geringe Wassermengen, Flaschen zu 1 l und 1,5 l;
Gläser zu 0,1 l, 0,2 l, 0,25 l, 0,3 l, 0,5 l;
Uhren mit Sekundenzeiger oder Stoppuhren

Vorschlag zur Stundenverteilung

Stunde	1	2	3
LU	1, 2	3, 4	5, 6
AH		4, 5, 6, 7, 8	

Wie kann man vorgehen?

Es war einmal ein Wasserhahn
Das Lied vom tropfenden Wasserhahn kann gemeinsam gesungen werden.

Tropfender Wasserhahn
In Gruppen führen Schülerinnen und Schüler Messungen durch und halten ihre Ergebnisse in Tabellen fest. Anschließend erfolgt eine Präsentation vor der ganzen Klasse. Die Ergebnisse der verschiedenen Gruppen können nun verglichen werden. Folgende Fragen sollen besprochen werden:
- Sind Gesetzmäßigkeiten erkennbar?
- Wie gelangt man zu Angaben für längere Zeiträume (Stunden, Wochen, Monate, Jahre), wenn nur während kurzer Zeit gemessen wird?

Brunnen
Nach der Bearbeitung der Aufgabe „Wasserhahn" können Schülerinnen und Schüler ihre Erfahrungen auf eine ähnliche Situation übertragen. Es ist wiederum sinnvoll, wenn die Lernenden in Gruppen arbeiten.

Getränke einschenken
Es steht den Schülerinnen und Schülern frei, die Tabellen rechnerisch zu erstellen oder die Aufgabenstellung zuerst handelnd anzugehen:
- Mithilfe eines Messbechers genau 1 bzw. 1,5 Liter Wasser in eine entsprechende Flasche einfüllen,
- auf den Flaschen Markierungen anbringen,
- die unterschiedlichen Gläser ausmessen und ebenfalls entsprechende Markierungen anbringen,
- Gläser abfüllen und Ergebnisse in Tabellen festhalten,
- nachdem die Gesetzmäßigkeit erkannt ist, kann die Tabelle rechnerisch ergänzt werden.

Zu den Aufgaben „Literflaschen in 0,3-l-Gläser und Flaschen zu 1,5 l in 0,2-l-Gläser abfüllen": Es darf hier noch nicht erwartet werden, dass alle Schülerinnen und Schüler bereits Angaben in Bruchschreibweise machen können. Es kann aber im Hinblick auf die folgende Lernumgebung „Brüche im Alltag" sehr aufschlussreich sein, zu beobachten, wie einzelne Schülerinnen und Schüler mit dieser Schwierigkeit umgehen.

Ein Klassenfest vorbereiten
Soll zusätzlich eine Kostenberechnung durchgeführt werden, müssen die aktuellen Preise ermittelt werden.

Gläser abwaschen
Das Abwaschen unter dem fließenden Wasserhahn ist nur angebracht für eine kleine Anzahl Gläser. Dabei ist es sehr wichtig, schnell zu arbeiten. Sind die Gläser stark verschmutzt, erhöht sich der Wasserverbrauch beträchtlich.

Viele Möglichkeiten
Nachdem die Schülerinnen und Schüler verschiedene Möglichkeiten rechnerisch gefunden und an der Tafel in einer Tabelle notiert haben, kann gemeinsam nach einer Struktur gesucht werden: „Wenn ich mehr große Gläser abfülle, benötige ich weniger Gläser, um 4 Liter Getränk zu verteilen." „Wenn ich statt 0,2-l-Gläser 0,4-l-Gläser fülle, benötige ich nur halb so viele Gläser."
Diese Aufgabenstellung ermöglicht eine erste bewusste Begegnung mit der umgekehrten Proportionalität. Zur Verdeutlichung dieses Zusammenhangs wird die Abfüllung durchgeführt:

2 Liter füllen
4 Gläser zu 0,5 l
5 Gläser zu 0,4 l
8 Gläser zu 0,25 l
10 Gläser zu 0,2 l
20 Gläser zu 0,1 l

In Tabellenform:
Aufteilung von 2 Liter

Glasgröße (l)	0,1	0,2	0,25	0,4	0,5
Gläserzahl	20	10	8	5	4

Wie könnte es weitergehen?

- Anknüpfend an die letzte Aufgabe dieser Lernumgebung können die Schülerinnen und Schüler in den Aufgaben 7 und 9 des Arbeitsheftes erkennen, dass sich nicht jede Situation im Alltag mit dem Proportionalitätsmodell beschreiben lässt. Die hier angestrebte „Modellkritik" soll bei den Lernenden ein kritisches Bewusstsein gegenüber Aussagen und Behauptungen wecken, die auf Modellannahmen basieren.
  Selbstverständlich sollten im Unterricht auch solche Situationen angesprochen werden, bei denen die Annahme der Proportionalität völlig unsinnig ist, etwa: „Ein Frosch springt zwei Meter weit; wie weit springen drei Frösche?" oder: „Zwei Schüler fahren mit dem Fahrrad von Münster nach Gütersloh in drei Stunden; wie lange fahren drei Schüler?"
- Eine weitere Problemstellung zum Themenbereich „Getränke" bearbeiten: Sirupgetränk anrühren. „Folgende Angaben findest du auf der Getränkeflasche: Inhalt 0,75 l, Preis 2,25 €, Verdünnung 1 : 4."
- Was bedeutet die Aufschrift Verdünnung 1 : 4?
- Wie viel Sirupgetränk kannst du mit einer Flasche Himbeersirup herstellen?
- Wie teuer ist ein 0,25-l-Glas Sirupgetränk?
- Wie viel Himbeersirup brauchst du für 1 Liter (0,5 l, 2 l, 2,5 l, 3 l, 5 l) Sirupgetränk?

Literatur

Arnold Kirsch: „Proportionalität und Schlussrechnung verstehen", in: mathematik lehren, Heft 114: Prozente und Proportionalität, Erhard Friedrich Verlag, Velber 2002

Lösungen

Getränke einschenken

Literflaschen	1	2	5	6	10	12	15
0,1-l-Gläser	10	20	50	60	100	120	150
0,2-l-Gläser	5	10	25	30	50	60	75
0,25-l-Gläser	4	8	20	24	40	48	60
0,3-l-Gläser	$3\frac{1}{3}$	$6\frac{2}{3}$	$16\frac{2}{3}$	20	$33\frac{1}{3}$	40	50
0,5-l-Gläser	2	4	10	12	20	24	30

Flaschen zu 1,5 l	1	2	5	6	10	12	15
0,1-l-Gläser	15	30	75	90	150	180	225
0,2-l-Gläser	$7\frac{1}{2}$	15	$37\frac{1}{2}$	45	75	90	$112\frac{1}{2}$
0,25-l-Gläser	6	12	30	36	60	72	90
0,3-l-Gläser	5	10	25	30	50	60	75
0,5-l-Gläser	3	6	15	18	30	36	45

Ein Klassenfest vorbereiten

25 Teilnehmende:

Trinkmenge pro Person (l)	Benötigte Menge (l)	Einkauf Literflaschen	Flaschen zu 1,5 l
0,3	7,5	8	5
0,4	10	10	7
0,5	12,5	13	9
0,6	15	15	10

15 Teilnehmende:

Trinkmenge pro Person (l)	Benötigte Menge (l)	Einkauf Literflaschen	Flaschen zu 1,5 l
0,3	4,5	5	3
0,4	6	6	4
0,5	7,5	8	5
0,6	9	9	6

20 Teilnehmende:

Trinkmenge pro Person (l)	Benötigte Menge (l)	Einkauf Literflaschen	Flaschen zu 1,5 l
0,3	6	6	4
0,4	8	8	6
0,5	10	10	7
0,6	12	12	8

21 Teilnehmende:

Trinkmenge pro Person (l)	Benötigte Menge (l)	Einkauf Literflaschen	Flaschen zu 1,5 l
0,3	6,3	7	5
0,4	8,4	9	6
0,5	10,5	11	7
0,6	12,6	13	9

22 Teilnehmende:

Trinkmenge pro Person (l)	Benötigte Menge (l)	Einkauf Literflaschen	Flaschen zu 1,5 l
0,3	6,6	7	5
0,4	8,8	9	6
0,5	11	11	8
0,6	13,2	14	9

29 Teilnehmende:

Trinkmenge pro Person (l)	Benötigte Menge (l)	Einkauf Literflaschen	Flaschen zu 1,5 l
0,3	8,7	9	6
0,4	11,6	12	8
0,5	14,5	15	10
0,6	17,4	18	12

34 Teilnehmende:

Trinkmenge pro Person (l)	Benötigte Menge (l)	Einkauf Literflaschen	Flaschen zu 1,5 l
0,3	10,2	11	7
0,4	13,6	14	10
0,5	17	17	12
0,6	20,4	21	14

Gläser abwaschen

Gläser im Becken abwaschen

15–34 Gläser 10 l + 4 l = 14 l heißes Wasser

Gläser unter fließendem Wasser reinigen

15 Gläser 15 · 0,6 l = 9 l
20 Gläser 20 · 0,6 l = 12 l
21 Gläser 21 · 0,6 l = 12,6 l
22 Gläser 22 · 0,6 l = 13,2 l
25 Gläser 25 · 0,6 l = 15 l
29 Gläser 29 · 0,6 l = 17,4 l
34 Gläser 34 · 0,6 l = 20,4 l

Viele Möglichkeiten

Mögliche Lösungen, wenn Gläser aller Sorten verwendet werden:

0,1-l-Gläser	0,2-l-Gläser	0,25-l-Gläser	0,4-l-Gläser	0,5-l-Gläser	Anzahl Gläser
24	1	2	1	1	29
22	2	2	1	1	28
…	…	…	…	…	…
2	2	2	1	5	12

Lösungen, wenn nur eine Sorte Gläser verwendet wird:
40 0,1-l-Gläser
20 0,2-l-Gläser
16 0,25-l-Gläser
10 0,4-l-Gläser
8 0,5-l-Gläser

Rechentraining

Start	· 2 →	· 5 →	· 10 →	: 5 →	: 2 → Ziel
5	10	50	500	100	50
10	20	100	1000	200	100
15	30	150	1500	300	150
20	40	200	2000	400	200
25	50	250	2500	500	250
0,5	1,0	5,0	50,0	10,0	5,0
0,1	0,2	1,0	10,0	2,0	1,0
0,25	0,5	2,5	25,0	5,0	2,5

Leistungsaufgabe

Aufgabe	Kompetenz	Anforderungsbereich
a.	K1, K2, K5	I, II
b.	K1, K2, K5	I, II, III

Ein Aquarium wird mit Wasser gefüllt. Thomas misst die Höhe des Wasserspiegels während des Füllvorgangs:

Wassermenge	6 l	15 l	22,5 l	45 l
Höhe des Wasserspiegels	4 cm	10 cm	15 cm	30 cm

a. Wie hoch steht das Wasser, wenn man 18 l, 30 l, 33 l, 39 l einfüllt?

b. Wie viel Liter Wasser enthält das Aquarium bei einem Wasserstand von 8 cm, 14 cm, 25 cm, 28 cm?

Lösung der Leistungsaufgabe

a.

Wassermenge	18 l	30 l	33 l	39 l
Höhe des Wasserspiegels	12 cm	20 cm	22 cm	26 cm

b.

Wassermenge	12 l	21 l	37,5 l	42 l
Höhe des Wasserspiegels	8 cm	14 cm	25 cm	28 cm

Kompetenzerwartungen
- Knoten knüpfen, zeichnen und untersuchen (K 4)
- Mathematisch modellieren (K 3)
- Räumliches Vorstellungsvermögen trainieren (K 4)

Einordnen

7 Ornamente → 17 Knoten → 41 Päckchen schnüren

Zur Sache

Begriffe

Knoten, Kreuzung
Kleeblatt-, Bretzel-, Kreuzknoten

Merktexte

Nicht alles, was wie ein Knoten aussieht, ist auch einer. Durch Umlegen einzelner Schnurteile kann man dies entscheiden.

Worum geht es?

Die Knotentheorie gehört zur modernen Mathematik, ist aber auch historisch von großem Interesse. Sie ist eines der wenigen modernen mathematischen Gebiete, das ohne großes Vorwissen mit Schülerinnen und Schülern erarbeitet werden kann. In dieser Lernumgebung geht es allerdings zunächst einmal um einen propädeutischen Zugang zu den Knoten, der vor allem das räumliche Vorstellungsvermögen schulen soll.

Die Schülerinnen und Schüler werden mit den Begriffen Knoten und Kreuzung vertraut. Beide Begriffe sind anspruchsvoll, denn ein Knoten im umgangssprachlichen Sinn ist nicht unbedingt ein Knoten im mathematischen Sinn. Dies verdeutlicht den Prozess des mathematischen Modellierens. Wir sprechen in der Mathematik nur dann von einem Knoten, wenn beide Schnurenden verbunden sind. Bei den Kreuzungen gilt: Manchmal kann man Kreuzungen durch Umlegen einzelner Schnurteile zum Verschwinden bringen. Darum gibt es Knoten, die keine „richtigen" Knoten sind, z. B.

Im Allgemeinen unterscheiden sich also die alltäglichen Knoten von denjenigen, die wir hier untersuchen. Aber jeder „Alltagsknoten" kann Ausgangspunkt für die in den Aufgaben angeregten Untersuchungen sein, wenn wir jeweils die Schnurenden nach dem Verknoten mit Faden oder Klebeband (evtl. auch mit Leim) verbinden. Vgl. hierzu z. B. Aufgabe 1.

Wir festigen die Raumorientierung durch das Nachbilden der Knoten auf Grund von Fotos und Zeichnungen. Dasselbe erreichen wir mit der umgekehrten Übung, dem Abzeichnen von Knoten. Die Schülerinnen und Schüler machen eine Zeichnung nach der Vorlage eines realen Knotens aus Schnur oder nach den Fotos im Mathematikbuch. Sie sollen auch einige einfache Knoten auswendig nachbilden oder zeichnen lernen. Damit schulen sie das Gedächtnis für Formen und Raumbeziehungen.

Beim Zeichnen der Knoten ist darauf zu achten, dass bei einer Kreuzung aus der Zeichnung ersichtlich ist, welcher Schnurteil oben und welcher unten durch geht. Mit Farbstiften ist es einfach: Beim Zeichnen von Schnurteilen, die oben liegen, kann man etwas stärker drücken, damit die Farbe intensiver wird. Zeichnet man mit Filzstiften, ist bei Schnurteilen, die unten liegen, die Linie zu unterbrechen.

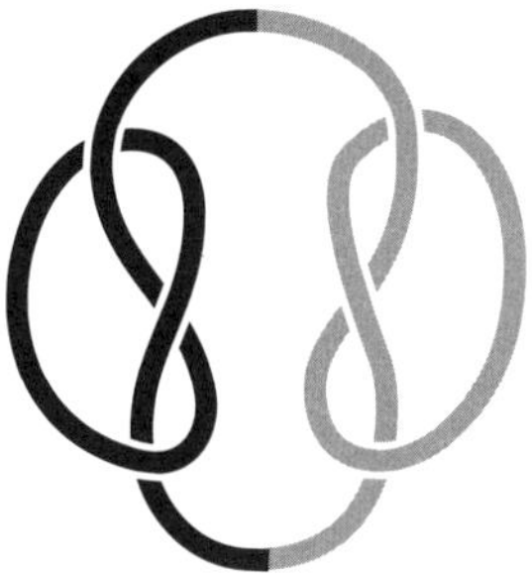

Zum Unterricht

Was wird benötigt?

Nicht zu dünne, weiche Schnur (am besten Baumwoll- oder Kunststoffschnur); zur Demonstration vor der Klasse evtl. ein dickeres Seilstück; Klebeband oder Faden (evtl. schnelltrocknender Leim); Farbstifte, Filzstifte, unliniertes Zeichenpapier

Vorschlag zur Stundenverteilung

Stunde	1	2	3
LU	1, 2	3, 4	5, 6
AH	1a, 1b	1c, 1d	1e, 1f

Wie kann man vorgehen?

Knoten sind überall. Man kann also mit Anwendungsbeispielen und Alltagsknoten einsteigen und an das Vorwissen scher Schülerinnen und Schüler – im wahrsten Sinne des Wortes – anknüpfen.

Ein interessanter Einstieg ins Thema ergibt sich auch, wenn den Schülerinnen und Schülern einen Knoten aus Schnur zum Abzeichnen vorgelegt wird. Dann stellt sich die Frage, wie man Knoten so zeichnet, dass ersichtlich ist, wo die Schnur oben, wo sie unten durch läuft. Wichtig ist, dass alle Aufgaben durch Nachbilden der Knoten mit Schnur oder Seil handelnd gelöst werden. Wer ein gutes Vorstellungsvermögen hat, kann die Aufgaben im Kopf lösen. Es ist aber Wert darauf zu legen, dass die Schülerinnen und Schüler ihre Lösungen im Nachhinein anhand der nachgebildeten Knoten überprüfen.

Wie könnte es weitergehen?

- Spiel mit der ganzen Klasse: Schülerinnen und Schüler bilden einen Kreis und halten sich an den Händen fest. Niemand darf loslassen. Durch Darübersteigen und Untendurchschlüpfen entsteht ein immer schlimmerer Knoten. Nun wird der Knoten durch die umgekehrten Bewegungen wieder gelöst.
- Partnerarbeit: Eine Schülerin, ein Schüler bildet einen beliebigen Knoten, der niemandem gezeigt wird. Er bzw. sie beschreibt den Knoten Schritt für Schritt und der Partner bzw. die Partnerin zeichnet nun den Knoten, ohne ihn gesehen zu haben. Zum Schluss werden Zeichnung und Knoten verglichen. Diese anspruchsvolle Partnerarbeit schult den Umgang mit räumlichen Lagebezeichnungen.
- Alltags- oder Seemannsknoten können durch Nachbilden und Zeichnen analysiert werden.
- Auch Fadenspiele und so genannte „Tangles“ können als Weiterführung und Vertiefung der Knoten verwendet werden.

Literatur

- Akveld, Meike: Knoten in der Mathematik. Orell Füssli, Zürich, 2007.
- Epple, Moritz: Die Entstehung der Knotentheorie. Vieweg Verlag, Wiesbaden, 1999.
- Livingston, Charles: Knotentheorie für Einsteiger. Vieweg Verlag, Wiesbaden, 1995.
- Sossinsky, Alexei: Mathematik der Knoten. Rowohlt Verlag, Reinbek, 2000.

Lösungen

2

d. Der linke Knoten lässt sich durch Umlegen einzelner Schnurteile wieder lösen.

3

b. Die Knoten B, C, D, E, F, G und H sind keine richtigen Knoten.

5 Durch Nachbilden der Knoten und schrittweises Umlegen von Schnurteilen finden wir:
C, E und G sind keine richtigen Knoten.
B und F sind Brezeln.
A, D und I sind Kleeblätter.
H ist ein Kreuzknoten.

Kompetenzerwartungen
- Standortbestimmung zum Thema Brüche durchführen (K 1, K 6)
- Kinder äußern ihre Vorstellungen über Brüche (K 1, K 4, K 6)
- Bedeutung der Brüche im Alltag wahrnehmen (K 1, K 6)

Einordnen

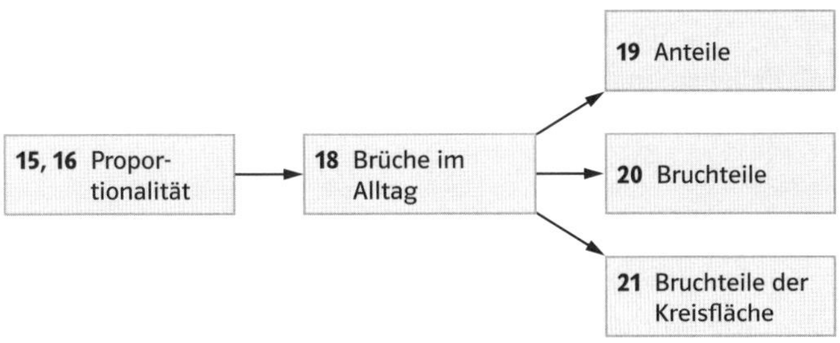

Zur Sache

Begriffe

Teilen, vergleichen, Brüche als Anteile an einem Ganzen

Merktexte

Brüche können als Teile von einem Ganzen aufgefasst werden. Man benutzt sie bei Längen, Gewichten, Zeitdauern, Mengenangaben usw.
Beispiele: $\frac{1}{4}$m, $\frac{1}{2}$kg, $\frac{5}{6}$h, $\frac{8}{6}$Käse-Ecken

Worum geht es?

Im Alltag sind Angaben in Bruchschreibweise häufiger als man annimmt. Allerdings handelt es sich immer wieder um die gleichen Werte wie Halbe, Viertel, Drittel, Zehntel oder Hundertstel. Für die Lehrperson ist es wichtig, sich mit einer Standortbestimmung ein Bild über die Bruchvorstellungen und das Vorwissen der Kinder zu verschaffen. Im Gespräch wird die Bedeutung von Handlungen (ein Brot halbieren), von Darstellungen (halb elf Uhr) oder Angaben in Bruchschreibweise ($3\frac{1}{2}$-Zimmer-Wohnung) geklärt. Die Schülerinnen und Schüler haben dabei Gelegenheit, ihre bereits erworbenen Vorstellungen von Brüchen sprachlich und auch bildlich darzustellen.
Die Doppelseite im Schülerband soll dazu dienen, den Kindern ein Tor zu einer neuen Zahlenwelt zu öffnen. Die Abbildung will die Kinder anregen, ihren Alltag einmal aus einem neuen Blickwinkel zu betrachten: durch die „Bruchbrille". Sie werden aufgefordert, sich selbst auf die Suche nach weiteren Beispielen zu begeben, diese zu dokumentieren und zu interpretieren. Neben Angaben in Bruchschreibweise finden Kinder sicher auch Zahlen in Dezimalschreibweise, z. B. 0,5 l (Preisangaben, Gewichtsangaben, Mengenangaben). Von Anfang an sollen beide Schreibweisen immer wieder zueinander in Beziehung gesetzt werden.

Zum Unterricht

Was wird benötigt?

Beispiele von Brüchen im Alltag; Gefäße zum Umgießen von Flüssigkeiten, Messgefäße

Vorschlag zur Stundenverteilung

Stunde	1	2
LU	1, 2	3
AH	1, 2, 3	

Die inhaltliche Reihenfolge hängt weitgehend von den Beiträgen der Lerngruppe ab.

Wie kann man vorgehen?

Bruchvorstellungen der Kinder sichtbar machen (bei geschlossenem Buch): An der Tafel steht der Ausdruck „Brüche". Die Kinder werden gebeten anzugeben, was ihnen zu diesem Begriff alles in den Sinn kommt und wie sie sich Bruchsituationen vorstellen.
„Was kommt euch zu den folgenden Brüchen in den Sinn: $\frac{3}{4}, \frac{1}{10}, \frac{1}{5}, \frac{5}{6}$? Wie stellt ihr euch diese Brüche vor?"
Bruchdarstellungen (bildlich, sprachlich, symbolisch) lesen und deuten.
Die Kinder erhalten Gelegenheit, ihre Vorstellungen zu Brüchen sprachlich und auch bildlich darzustellen:

Beispiele (wie Kinder Brüche darstellen):
$\frac{3}{4}$ kg Mehl

bildliche Darstellung

Zahlenstrahl

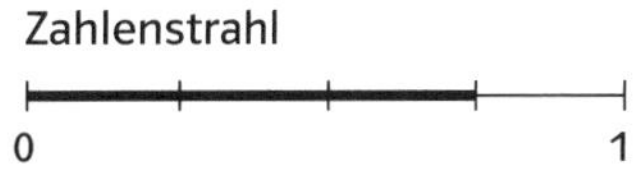

verschiedene Schreibweisen:
$\frac{3}{4}$ kg = 750 g = 0,750 kg

Messbecher
$\frac{1}{2}$ l = 0,5 l, $\frac{1}{4}$ l = 0,25 l, $\frac{3}{4}$ l = 0,75 l

$\frac{3}{4}$ l = 750 ml = 0,75 l

Die Kinder werden aufgefordert, weitere Situationen zu dokumentieren und zu deuten, in denen Brüche vorkommen.

18 Brüche im Alltag

Eine Tafel Schokolade halbieren
Es schlägt halb zwei.
Die Fahne steht auf Halbmast.
eine halbherzige Arbeit
ein halber Meter
das erste Halbjahr
Halbschuhe
Halbrund
Halbfinale
Semester

Spieldrittel
Trimester
Triole

Viertelfinale
vierteljährlich
eine Viertelgeige
Quartal

den Zehnten abgeben
Achtelfinale,
Sechzehntelfinale

Ausgehend von der Abbildung im Schulbuch oder von den dokumentierten Situationen können einzelne Bereiche weiter erforscht werden. Dabei drücken Kinder Erkenntnisse und Zusammenhänge mit eigenen Formulierungen und Darstellungen aus.

Beispiele:

- Schachteln mit Schmelzkäse
  In der einen Schachtel sind 6 Portionen Schmelzkäse. Ein Stück ist der sechste Teil oder ein Sechstel.
  In der anderen Schachtel fehlen 3 von 12 Portionen:
  $\frac{3}{12}$ oder $\frac{1}{4}$
- Eine Käseschachtel zeichnen mit 4 (8, 9, 5, 10, 15) Portionen. Die Schülerinnen und Schüler stellen eine Kartonscheibe mit dem Radius 5,7 cm her. Der Umfang beträgt rund 36 cm. Mithilfe eines Maßbandes kann er in gleich große Abschnitte unterteilt werden.
- Das Gewicht einer Schachtel beträgt 200 g. Gewicht einer Portion bestimmen.
  $\frac{1}{6}$ von 200 g ≈ 33 g;
  $\frac{1}{12}$ von 200 g ≈ 16 g;
  $\frac{1}{4}$ von 200 g = 50 g
- Käseportionen vergleichen
  Man braucht 3 große Portionen (Sechstel), um die Schachtel halb zu füllen. Um die Schachtel mit kleinen Portionen halb zu füllen (Zwölftel), braucht man 6.
  2 Portionen aus der Zwölferschachtel sind gleich viel wie eine Portion aus der Sechserschachtel.

Es ist wichtig, den Lernenden bewusst zu machen, dass ein Bruch immer auch eine Aussage über ein bestimmtes Ganzes ist.

1 Karamellpunsch
Es geht hier keineswegs darum, einzelne Mengen ganz genau zu bestimmen. Vielmehr sollen die Lernenden in Situationen versetzt werden, in denen sie mit Brüchen konkrete Erfahrungen sammeln können:

- Wie kann ich den vierten Teil eines halben Liters Flüssigkeit bestimmen?
- Wie viel ungefähr ist der vierte Teil von $\frac{3}{4}$ Litern?
- ...

Die Lernenden erhalten die Möglichkeit, Flüssigkeiten zu verteilen und Mengen mit Messgefäßen zu bestimmen.

Karamellpunsch

Anzahl Personen	1	2	3	6	8
Zucker	75 g	150 g	225 g	450 g	600 g
Tee	$\frac{1}{8}$ l	$\frac{1}{4}$ l	$\frac{3}{8}$ l	$\frac{3}{4}$ l	1 l
Traubensaft	$\frac{3}{16}$ l	$\frac{3}{8}$ l	$\frac{9}{16}$ l	$1\frac{1}{8}$ l	$1\frac{1}{2}$ l
Zitronensaft von	$\frac{1}{4}$ Zitrone	$\frac{1}{2}$ Zitrone	$\frac{3}{4}$ Zitrone	$1\frac{1}{2}$ Zitronen	2 Zitronen

2 Messbecher
Flüssigkeitsmengen umgießen, vergleichen und messen.
$1\,l - \frac{1}{2}\,l = \frac{1}{2}\,l$
$\frac{1}{2}\,l - \frac{1}{4}\,l = \frac{1}{4}\,l$
$\frac{3}{4}\,l - \frac{1}{2}\,l = \frac{1}{4}\,l$

Schülerinnen und Schüler können an diesem Beispiel auf verschiedene Bruchdarstellungen aufmerksam werden: Im Mathematikbuch wird immer die Darstellung mit dem waagrechten Bruchstrich $\left(\frac{1}{2}\right)$ verwendet. Im Alltag ist die Darstellung mit schrägem Bruchstrich (½) noch gebräuchlich.

3 Uhr
An der Uhr lassen sich Bruchteile einer Stunde mithilfe der Minutenskala leicht darstellen. Bewegungen des Minutenzeigers können auf einer Zifferblattskizze mit Farbe markiert werden. Schülerinnen und Schüler notieren Bruchteile einer Stunde:

$\frac{1}{2}$h = 30 min	$\frac{1}{3}$h = 20 min	$\frac{1}{4}$h = 15 min	$\frac{1}{5}$h = 12 min	$\frac{1}{6}$h = 10 min	...
$\frac{2}{2}$h = 60 min	$\frac{2}{3}$h = 40 min	$\frac{2}{4}$h = 30 min	$\frac{2}{5}$h = 24 min	$\frac{2}{6}$h = 20 min	
	$\frac{3}{3}$h = 60 min	$\frac{3}{4}$h = 45 min	$\frac{3}{5}$h = 36 min	$\frac{3}{6}$h = 30 min	
		$\frac{4}{4}$h = 60 min	$\frac{4}{5}$h = 48 min	$\frac{4}{6}$h = 40 min	
			$\frac{5}{5}$h = 60 min	$\frac{5}{6}$h = 50 min	
				$\frac{6}{6}$h = 60 min	

Wie könnte es weitergehen?

- 3 Pizzen auf 5 Kinder verteilen, 5 Pizzen auf 3 Kinder verteilen: vergleichen.
- „Viereinhalb kleine Pizzen werden auf sechs Kinder verteilt.“: Die Kinder werden aufgefordert, ihr Vorgehen beim Lösen des Problems zu dokumentieren. Die verschiedenen Lösungsvorschläge werden anschließend der ganzen Klasse vorgestellt und kommentiert.
- Mit Zahlen kann man rechnen. Die Schüler untersuchen an Objekten (z. B. einer Tafel Schokolade oder einer entsprechenden Zeichnung) die Frage, ob man das auch mit Brüchen kann. Das Zifferblatt einer Uhr kann dabei als Modell dienen, an dem Überlegungen gemacht und überprüft werden können.
- Verschiedene Darstellungen für den gleichen Sachverhalt suchen:
  $\frac{1}{4}$ m = $\frac{25}{100}$ m = 25 cm = 0,25 m = 2,5 dm
  15 mm = $\frac{15}{1000}$ m = 0,015 m = 1,5 cm

Kompetenzerwartungen
- Teile eines Ganzen erkennen, darstellen und beschreiben (K1, K4, K6)
- Bruchzahlen bildlich darstellen (K4)
- Verschiedene Sprech- und Schreibweisen verwenden (K1, K6)

Einordnen

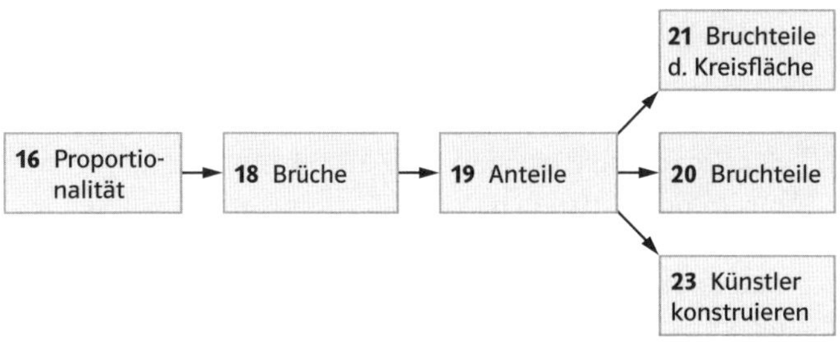

Zur Sache

Begriffe

Anteile

Worum es geht?

Die aus der Grundschule bekannten Arbeits- und Anschauungsmittel Wendeplättchen, Zwanzigerfeld und Hunderterfeld werden in einem neuen Zusammenhang eingesetzt, bei der Arbeit mit Brüchen. Mit den zwei Farben der Wendeplättchen oder durch Abdecken auf dem Hunderterfeld können Anteile dargestellt werden. Für die Beschreibung stehen uns sprachlich verschiedene Möglichkeiten zur Verfügung:
- Jedes vierte Plättchen ist rot.
- Eines von vier Plättchen ist rot.
- Der vierte Teil der Plättchen ist rot.
- Ein Viertel der Plättchen ist rot.
- $\frac{1}{4}$ von allen Plättchen ist rot.
- $\frac{1}{4}$ von 24 Plättchen sind rot.
- 6 von 24 Plättchen sind rot.

Um die Begriffsbildung zu fördern, ist es wichtig, dass verschiedene Varianten zum Beschreiben verwendet werden. Beim individuellen Aufbau von Grundvorstellungen wären an dieser Stelle Merksätze verfrüht.

Zum Unterricht

Was wird benötigt?

Arbeitsmaterial: Wendeplättchen, Zwanzigerfeld, Hunderterfeld, evtl. farbige Folienstreifen
Kopiervorlage: Hunderterfeld

Vorschlag zur Stundenverteilung

Stunde	1	2	3
LU	1, 2	3, 4, 5	6, 7, 8
AH		2c. und 4 aus LU 21	

Die Aufgaben 2c. und 4a., b. im Arbeitsheft können bereits hier bearbeitet werden, sie können aber auch später das hier Gelernte wieder aufgreifen.

Wie kann man vorgehen?

Die Schülerinnen und Schüler werden aufgefordert, 24 Plättchen zu legen, 8 rote und 16 blaue. Dabei sollen sie verschiedene farbliche Anordnungen ausprobieren und beschreiben. Die Plättchen können sowohl als Reihe wie auch als Feld angeordnet werden.
- 8 Plättchen sind rot, 16 Plättchen (oder zweimal acht Plättchen) sind blau.
- Jedes dritte Plättchen ist rot.
- Ein Drittel der Plättchen sind rot, zwei Drittel blau.

Im Mathematikbuch sehen die Kinder verschiedene Anordnungen. Wenn Kinder bei ihrer Arbeit mit Brüchen Gesetzmäßigkeiten entdecken, können sie aufgefordert werden, diese zu formulieren und sie anschließend an einem neuen Beispiel $\left(\frac{3}{4}\right.$ von $\left.48\right)$ auf ihre Richtigkeit zu überprüfen.
Ein Kind könnte zum Beispiel so formulieren:
$\frac{2}{5}$ von 20: „20 : 5 = 4 und 4 · 2 = 8. Ich teile 20 durch die Zahl unter dem Strich und multipliziere anschließend mit der Zahl über dem Strich."

1 Die Kinder lesen ihre Vorschläge vor und vergleichen sie miteinander.

a. Vier von zwölf Plättchen sind rot.
Jedes dritte Plättchen ist rot.
Eines von drei Plättchen ist rot.
Der dritte Teil der Plättchen ist rot.
Ein Drittel der Plättchen ist rot.
$\frac{1}{3}$ von 12 = 4

b. analog a. für $\frac{12}{18}$

c. analog a. für $\frac{15}{25}$

2 Die Kinder erhalten den Auftrag, $\frac{2}{5}$ von 20 mit Plättchen darzustellen.
Sie beschreiben ihr Vorgehen und vergleichen die verschiedenen Lösungsvorschläge. Im Mathematikbuch sehen sie, wie Paul, Carla, Theresa und Niklas das Problem gelöst haben. Sie versuchen die verschiedenen Vorgehensweisen zu verstehen.
Jetzt wird Aufgabe 2 bearbeitet.

a. $\frac{2}{3}$ von 36 = 24
$\frac{3}{4}$ von 36 = 27
$\frac{4}{6}$ von 36 = 24
$\frac{5}{9}$ von 36 = 20

Man kann zusätzlich folgende Frage stellen: „Welches Vorgehen (Paul, Carla, Theresa, Niklas) eignet sich für eine bestimmte Aufgabe am besten?" Die Kinder lösen weitere

Aufgaben (z. B. $\frac{5}{8}$ von 32, $\frac{4}{6}$ von 30, $\frac{3}{5}$ von 25, $\frac{2}{7}$ von 35) mit verschiedenen Methoden und beurteilen deren Eignung.

3 Anteile von 100 auf der Kopiervorlage „Hunderterfeld" färben und anschreiben. Das Abdecken mit Folienstreifen hat den Vorteil, dass immer das Ganze (Hunderterfeld) sichtbar bleibt. So kann der Anteil im Verhältnis zum Ganzen wahrgenommen werden. Auf dem Hunderterfeld können die Teile (z. B. Zehntel) markiert werden.
25 von 100 = $\frac{1}{4} = \frac{25}{100}$ bzw. 25 %. Über den Ausdruck „25 %" könnte hier ein erstes Mal mit den Kindern gesprochen werden. Dies sollte jedenfalls dann geschehen, wenn Kinder selber diesen Ausdruck einbringen.

4 Mögliches Vorgehen: Plättchen können „umgelegt" werden, das heißt, auf einem Punktefeld können die farbigen Plättchen in einer anderen Anordnung dargestellt werden.
Mögliche „Schreibweisen":

A 25 von 100
5 von 20
ein Viertel
$\frac{25}{100}$
$\frac{1}{4}$
25 %

B 50 von 100
25 von 50
die Hälfte
$\frac{50}{100}$
$\frac{1}{2}$
50 %

C 20 von 36
5 von 9
fünf Neuntel
$\frac{20}{36}$
$\frac{5}{9}$

D 21 von 49
3 von 7
drei Siebtel
$\frac{21}{49}$
$\frac{3}{7}$

Die „Schreibweisen" der Kinder sollen besprochen werden. Einzelne Schülerinnen und Schüler erklären ihre Lösungswege. Ziel ist es, möglichst verschiedene „Schreibweisen" kennen zu lernen.
$\frac{25}{100} = \frac{5}{20} = \frac{1}{4}$: Wenn Kinder feststellen, dass verschiedene Schreibweisen dasselbe bedeuten, können sie aufgefordert werden, dies zu begründen. Die Lehrperson äußert sich hier jedoch nicht zum Verfahren des Kürzens.

5 Kopiervorlage „Hunderterfeld". Es können auch andere als nur quadratische und rechteckige Felder ausgewählt werden.

6 Kopiervorlage „Hunderterfeld". Es können auch andere als nur quadratische und rechteckige Felder verwendet werden.

7 Die Aufgabenstellung kann folgendermaßen konkretisiert werden:
- Einen Kilometer (1000 m) in gleiche Teilstrecken unterteilen.
- Ein Kilogramm Sand (1000 g) mithilfe einer Waage in eine bestimmte Anzahl gleich schwerer Säcklein abfüllen.

$\frac{1}{4}$ von 1000 = 250 $\frac{1}{5}$ von 1000 = 200
$\frac{1}{25}$ von 1000 = 40
$\frac{2}{4}$ von 1000 = 500 $\frac{2}{5}$ von 1000 = 400
$\frac{3}{4}$ von 1000 = 750   …

8 Die Übungsform „Plättchenwerfen" ist möglicherweise aus der Grundschule bekannt (es wird ein Zufallsexperiment mit Wendeplättchen durchgeführt). Hier wird sie unter einem neuen Gesichtspunkt wieder aufgenommen. Die Anteile von roten und blauen Plättchen werden jetzt mit einem Bruch bezeichnet. Die Ergebnisse können wie im Buch in einer Tabelle dargestellt werden. Das Kürzen von Brüchen wird nicht verlangt.

Wie könnte es weitergehen?

- In der Grundschule haben einige Kinder mit dem Vierhunderterfeld gearbeitet. Daran können ebenfalls Bruchteile dargestellt werden. Beispiel: $\frac{3}{8}$ von 400 = 150
- Weitere Listen wie in Aufgabe 7 erstellen: Bruchteile von 100, 10 000, 100 000, 1 000 000.
- Der Begriff „Prozent" kann weiter thematisiert werden: Beispiele mit dieser Schreibweise suchen (Zeitungen, Prospekte und Plakate von Banken, Rechnungsbelege) und die Bedeutung erforschen.

Kompetenzerwartungen
- Ein Ganzes in gleiche Teile zerlegen (K1)
- Bruchteile eines Ganzen erkennen und beschreiben (K1, K2)
- verschiedene Sprech- und Schreibweisen verwenden (K4, K5)
- sich mit einem Gestaltungsprinzip des Künstlers Max Bill auseinandersetzen (K1, K2)

Einordnen

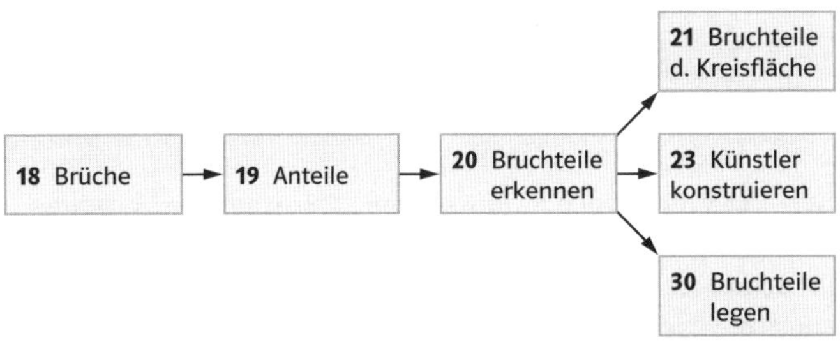

Zur Sache

Begriffe

Bruchteil, Bruch, zerlegen, falten

Worum geht es?

Schülerinnen und Schüler zerlegen ein Ganzes durch Falten (z. B. fortgesetztes Halbieren) in gleiche Teile. Ein einzelner solcher Teil wird anschließend mit dem Ganzen verglichen. Diese Beziehung kann man mit Worten (z. B. ein Achtel, der achte Teil) oder mit einem Bruch $\left(\frac{1}{8}\right)$ beschreiben.
Bei der Arbeit sollen die Kinder erfahren, dass zum Beispiel ein Viertel keine feste Größe ist, sondern sich immer auf die Ausgangsfigur, also auf das Ganze bezieht. Es ist daher wichtig, dass zum Falten Blätter in unterschiedlicher Größe und Form (Rechteck, Quadrat, evtl. gleichseitiges Dreieck) verwendet werden.
Man achte darauf, dass Schülerinnen und Schüler den Ausdruck „Bruchteil" richtig verstehen. „-tel" kommt von „Teil". Viertel machen heißt, das Ganze in vier gleiche Teile zerlegen. Ein Viertel ist ein Bruchteil des Ganzen, einer von vier gleichen Teilen. Drei Viertel sind entsprechend drei solche Teile.
Zusätzliche mathematische Erkundungen bieten sich mit dem Geobrett an. Die Schülerinnen und Schüler können erkennen, dass die Flächeninhalte der in Lernumgebung 7 aufgespannten Figuren auch als Bruchteile eines Ganzen aufgefasst werden können.

Zum Unterricht

Was wird benötigt?

Arbeitsmaterial: Quadratische und rechteckige Blätter verschiedener Größe zum Falten und Schneiden, kariertes Papier

Vorschlag zur Stundenverteilung

Stunde	1	2	3
LU	1, 2, 3, 4, 5	6, 7	8, 9, 10
AH		1, 2, 3, 4, 5, 6, 7	

Wie kann man vorgehen?

Blätter falten

1 Blätter durch fortlaufendes Halbieren in gleiche Teile zerlegen.
Die Schülerinnen und Schüler falten Blätter mehrmals auf unterschiedliche Art und beschreiben die entstandenen Teile:
- Wenn ich ein Blatt einmal falte, erhalte ich zwei gleich große Teile. Ich habe das Blatt halbiert.
- Wenn ich ein Blatt zweimal falte, erhalte ich vier Viertel.
- Wenn ich ein Blatt dreimal falte, heißen die entstandenen Teile Achtel.

Die Kinder stellen beim Vergleichen ihrer Ergebnisse fest, dass es verschiedene Möglichkeiten gibt, ein Blatt in 4 gleiche Teile zu unterteilen.
Folgende Bruchteile können durch fortlaufendes Halbieren hergestellt werden: $\frac{1}{2}, \frac{1}{4}, \frac{1}{8}, \frac{1}{16}, \ldots$

2 Falten oder Faltlinien zeichnen. Achtel lassen sich auf verschiedene Arten herstellen.

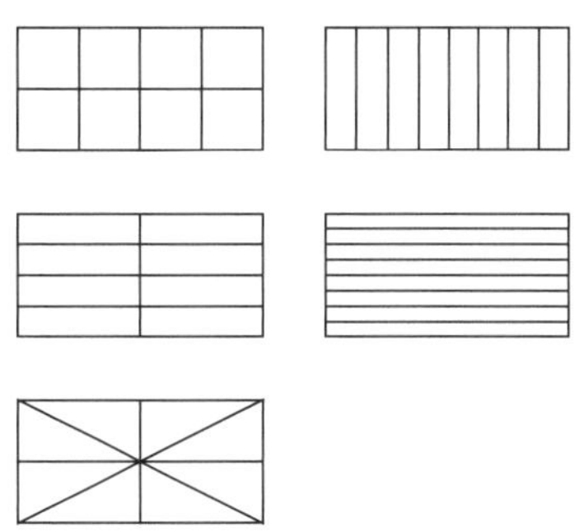

Man kann hier die Kinder auffordern, mit dem Halbieren fortzufahren. Wenn Falten mühsam wird, zeichnet man die Faltlinien nur noch auf das Blatt. Schließlich kann die Reihe auch rechnerisch fortgesetzt werden: Ganze, Halbe, Viertel, Achtel, Sechzehntel, Zweiunddreißigstel, Vierundsechzigstel, …

3 Eine Bruchreihe herstellen. Ausgehend vom Ganzen stellen die Schülerinnen und Schüler Bruchteile durch Schneiden entlang der Faltlinien her.

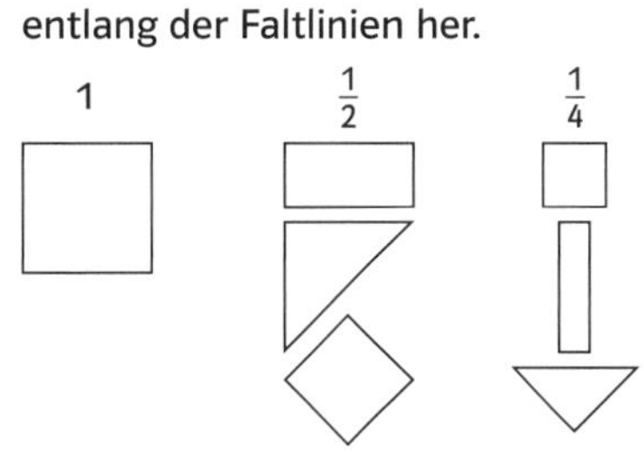

4 Schülerinnen und Schüler stellen fest, dass eine Dreiteilung durch Falten nicht sehr genau erreicht werden kann. Legt man ein Blatt in der folgenden Weise zusammen, ist eine Annäherung durchaus möglich. (Im Haushalt werden Handtücher auf ähnliche Art zusammengelegt.)

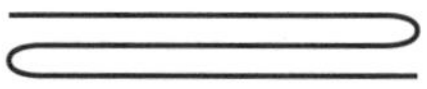

Es bietet sich auch die Möglichkeit an, ein Blatt durch Abmessen in drei gleiche Streifen zu zerlegen. Aus dem Drittel können dann weitere Bruchteile durch Halbieren erzeugt werden: Sechstel, Zwölftel, ... Nach dem gleichen Verfahren können auch Fünftel oder Siebtel hergestellt werden.
Neuntel erreicht man, wenn der Drittelstreifen eines Rechtecks (15 cm × 6 cm) durch Messen nochmals in drei gleiche Teile zerlegt wird.

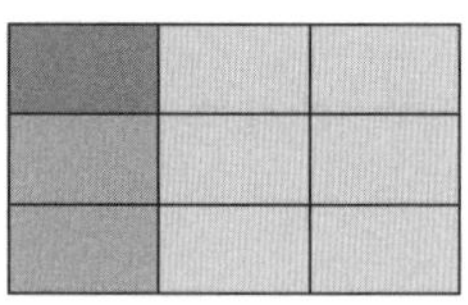

5 Die Größe von zwei Teilen mit unterschiedlicher Form vergleichen. Aus jeder Figur wird ein Viertel ausgeschnitten. Durch Zerschneiden und Aufeinanderlegen kann man veranschaulichen, dass die beiden Teile trotz unterschiedlicher Form die gleiche Fläche aufweisen.

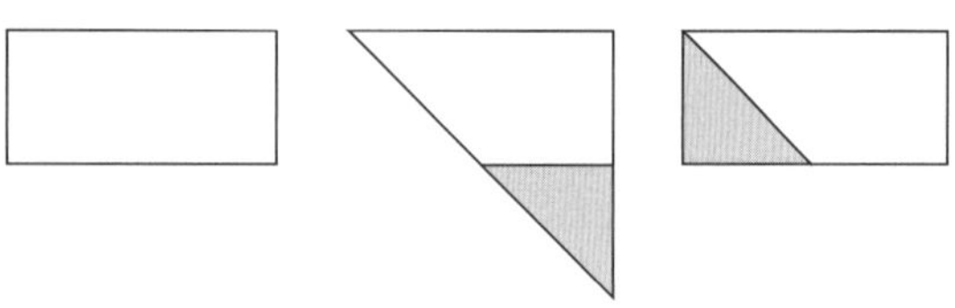

Durch eine feinere Unterteilung des Ganzen kann die Gleichheit ebenfalls festgestellt werden.

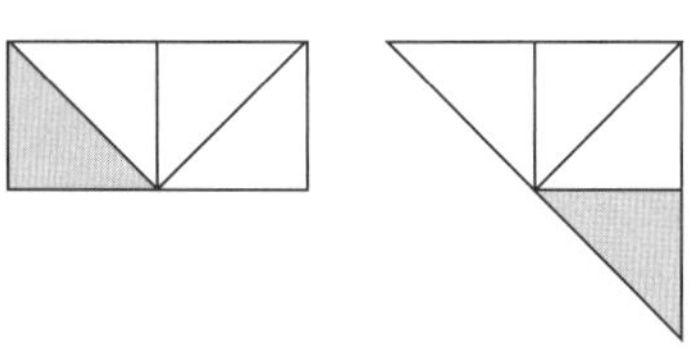

Dieses Vorgehen bereitet auf das Verfahren des Erweiterns vor: Nicht vergleichbare Brüche werden vergleichbar durch feineres Einteilen.

Max Bill

Der Künstler Max Bill erhielt viele internationale Auszeichnungen und Preise. Die Bilder „Geometrische Komposition“ und „Komposition mit weißem Zentrum“ des Künstlers zeigen weitere geometrische Variationen. Sie können ebenfalls zu mathematischen Erkundungen einladen.

Max Bill äußerte sich im November 1938 zu seinem Vorgehen und zu seinen Absichten als Künstler:
„Obschon die Geometrie das Werkmaterial geliefert hat, welches selbstverständlich für die Fixierung jedes exakten räumlichen oder flächigen Gebildes unumgänglich ist, sind es weder mathematische noch geometrische Absichten, welche zu solchen Gebilden führen. Was in den ‚Fünfzehn Variationen über ein Thema‘ sichtbar wird, ist ein reines Spiel von Form und Farbe, ohne den äußeren Zwang etwas anderes zu sein wie dieses, und einzig und allein zum Zweck, durch seine Existenz zu erfreuen.“
Aus: Kulturamt Landkreis Esslingen (Hrsg.), Max Bill, Die grafischen Reihen, Verlag Gerd Hatje, Stuttgart 1995

6 Die Kinder notieren oder skizzieren ihre Entdeckungen.
- Max Bill hat das Rechteck zuerst in 8 gleiche Teile unterteilt.
- In der Mitte hat er immer 2 solche Teile zusammengefasst.
- Die einzelnen Bildteile (Achtel oder Viertel) hat er wieder unterschiedlich unterteilt.
- ...

Es können auch nur Teile des Bildes betrachtet und dann als Einheit verstanden werden.
- Max Bill hat die 4 Quadrate jeweils halbiert.
- Das obere Rechteck ist geviertelt.
- ...

Das Bild wird vergrößert auf ein kariertes Blatt übertragen. Damit können Schülerinnen und Schüler ihre Untersuchungen handelnd durchführen:
- Das Blatt durch Falten unterteilen.
- Einzelne Farbflächen ausschneiden und zum Vergleich auf andere legen.

Auch hier kann zum Beispiel nur die obere Bildhälfte betrachtet werden.

7 Wenn nötig Bild vergrößert kopieren und entsprechend färben. Jetzt können farbige Teile oder Formen ausgeschnitten und neu zusammengesetzt werden.

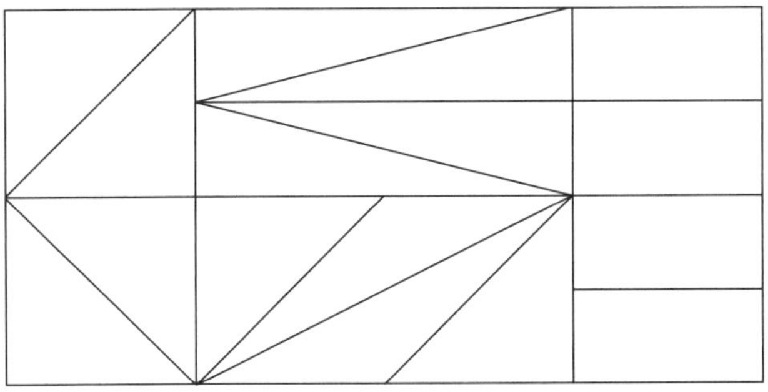

a. Farbanteile:

Orange $\frac{4}{16} = \frac{1}{4}$ Türkis $\frac{4}{16} = \frac{1}{4}$

Pink $4 : \frac{4}{16} = \frac{1}{4}$ Weiß $\frac{4}{16} = \frac{1}{4}$

b. Anteile der einzelnen Formelemente im ganzen Bild:

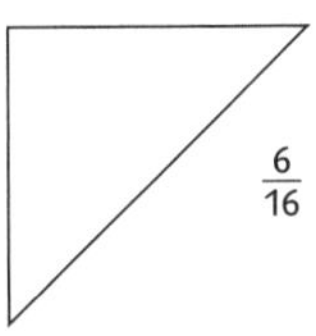

$\frac{6}{16}$

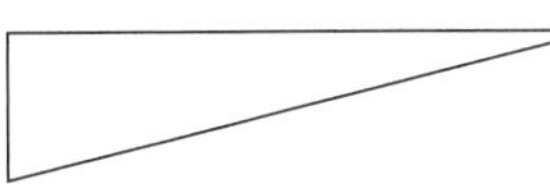

$\frac{4}{16}$

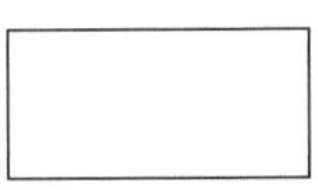

$\frac{4}{16}$

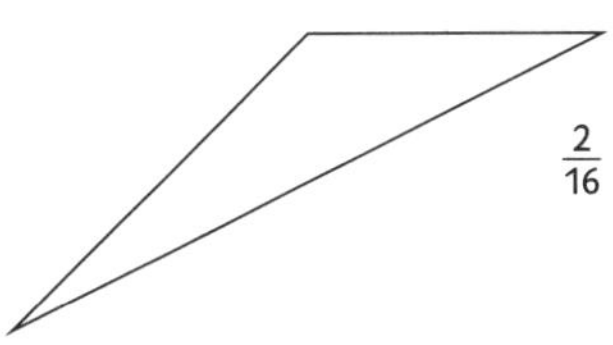

$\frac{2}{16}$

10 Es empfiehlt sich, die Kreuze vergrößert auf kariertes Papier zu zeichnen. Mit Bleistift können Schülerinnen und Schüler jetzt Unterteilungen einzeichnen und Bruchteile bestimmen. Werden die Figuren ausgeschnitten, kann anstatt mit Bleistift mit der Schere weitergearbeitet werden. Die Größe der türkis- bzw. pinkfarbenen Fläche muss nicht mit einem gekürzten Bruch angegeben werden. Schülerinnen und Schüler sollen jedoch ihre Ergebnisse erläutern.

a.

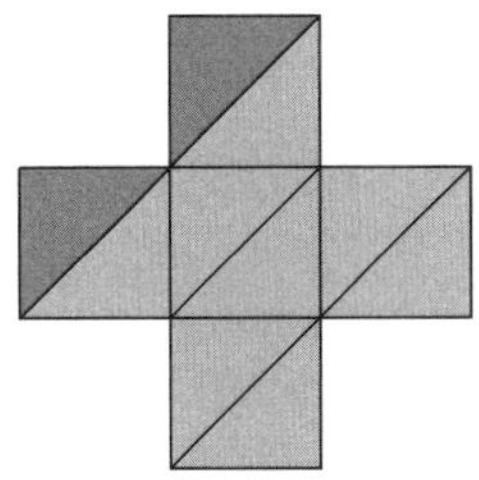

b.

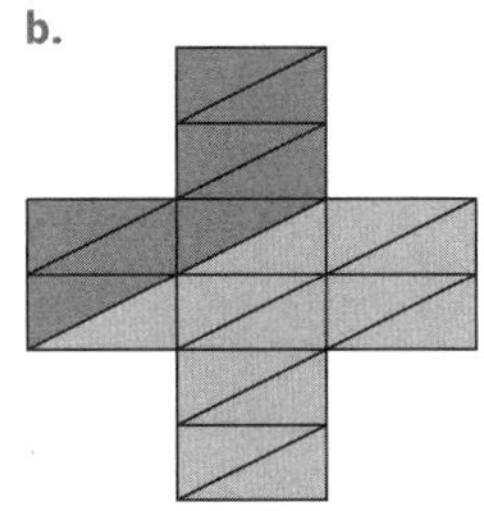

c.

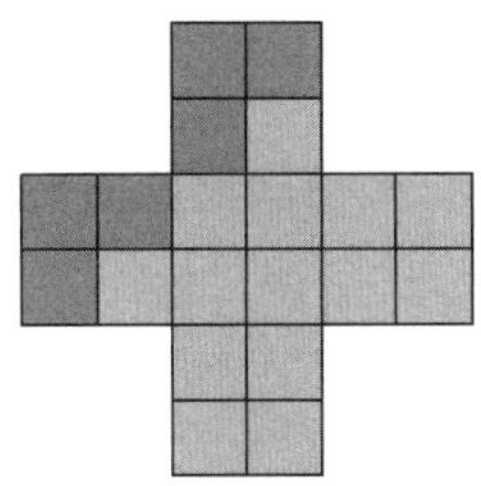

d.

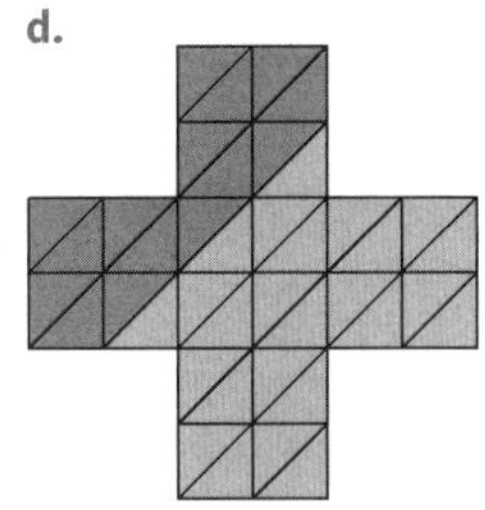

a. Türkis $\frac{2}{10}$
   Pink $\frac{8}{10}$

b. Türkis $\frac{8}{20}$ oder $\frac{4}{10}$
   Pink $\frac{12}{20}$ oder $\frac{6}{10}$

c. Türkis $\frac{6}{20}$
   Pink $\frac{14}{20}$

d. Türkis $\frac{15}{40}$
   Pink $\frac{25}{40}$

Literatur

- Heinrich Winter: „Quadrat und Zahl", in: mathematik lehren, Heft 106: Kreativität, Erhard Friedrich Verlag, Velber 2001
- Andreas Koepsel: Mathe-Welt „Brüchen begegnen", in: mathematik lehren, Heft 123: Brüche und Verhältnisse, Erhard Friedrich Verlag, Velber 2004
- Franz Anneser: „Einfache Ideen mit Tiefgang: Max Bill im Mathematikunterricht", in: Praxis der Mathematik in der Schule, Heft 16: Kunstvoller Mathematikunterricht, Aulis Verlag Deubner, Köln 2007

Leistungsaufgaben

Aufgabe	Kompetenz	Anforderungsbereich
1	K1, K2, K4	I, II
2a.	K1, K2	I, II
b.	K1, K4	I, II, III

1 Ergänze zu einem Ganzen.

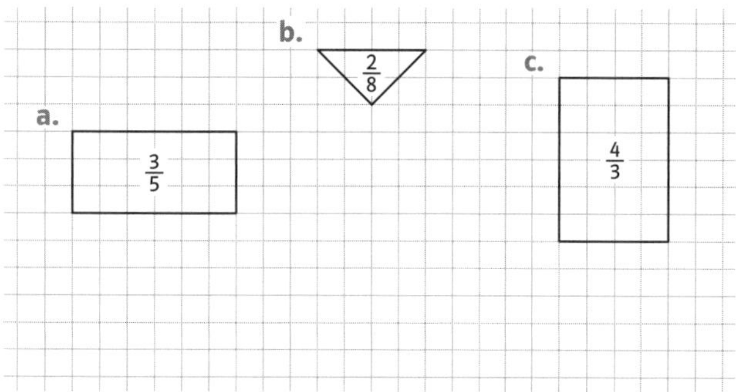

2

a. Welche Bruchteile sind in den ersten beiden Figuren gefärbt? Begründe deine Lösung.

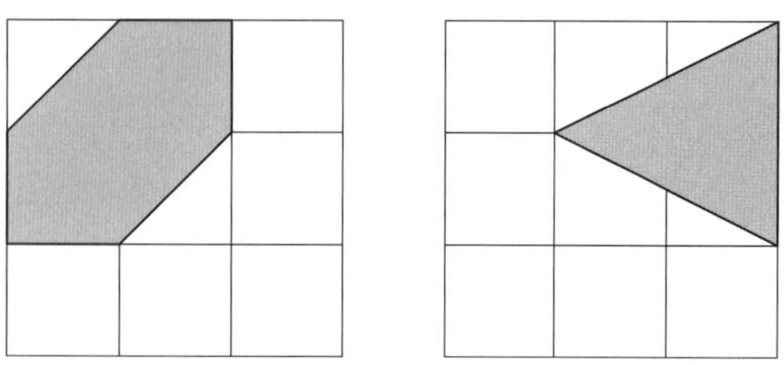

b. Stelle den Bruch $\frac{5}{6}$ bildlich dar.

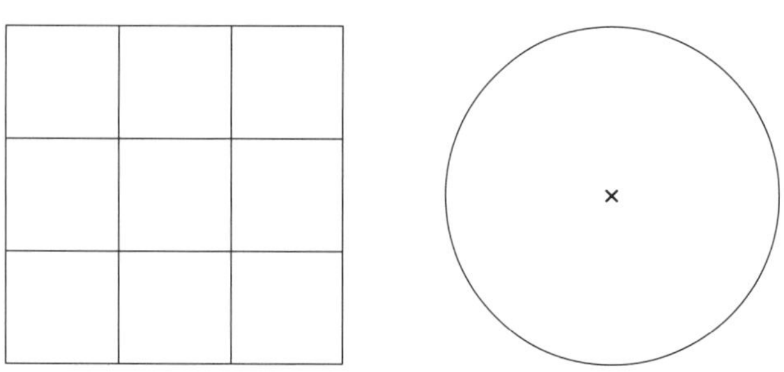

Lösungen zu den Leistungsaufgaben

1 Das Ganze ist jeweils dick umrandet.

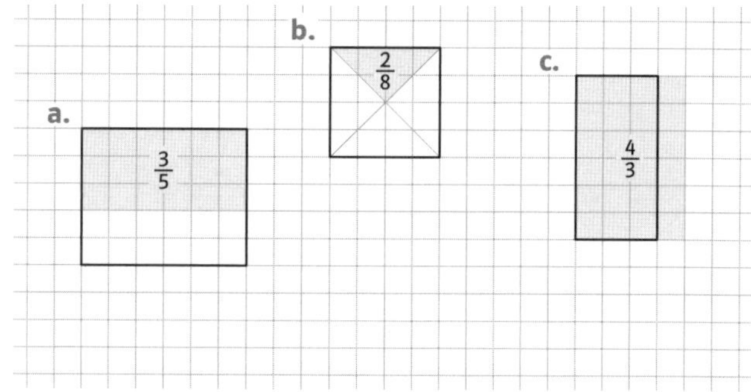

2

a. $\frac{1}{3}$, $\frac{2}{9}$

b. Lösungsbeispiele:

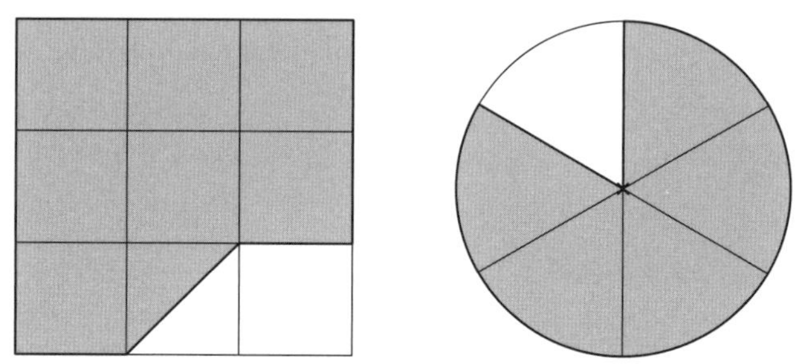

Kompetenzerwartungen
- Kreisscheiben mithilfe der Zeichenuhr in gleiche Bruchteile teilen (K 1, K 4)
- Bruchteile benennen (K 1, K 6)
- Bruchteile zusammensetzen (K 1, K 2)

Einordnen

19 Anteile → **20** Bruchteile erkennen → **21** Bruchteile d. Kreisfläche → **23** Künstler konstruieren / **30** Bruchteile legen

Zur Sache

Begriffe

Kreis, Bruchteil

Worum geht es?

„Brüche haben viele Gesichter. Wer Bruchrechnung verstehen und Brüche nicht nur nach (fehleranfälligen!) Regeln handhaben will, muss diese Gesichter angeschaut und ihre Verwandtschaften erkannt haben. Welches Gesicht ein Bruch zeigt, hängt auch vom Standpunkt des Betrachters ab."
Lisa Hefendehl-Hebeker (siehe Literatur)

Eine Standardveranschaulichung von Brüchen ist das Kreis- oder Kuchenmodell. Brüche werden mit Kreisausschnitten (Kreissektoren) dargestellt. Diese können entweder mithilfe der Zeichenuhr (Minuteneinteilung) aus Karton ausgeschnitten oder direkt auf Papier gezeichnet werden. Das Handlungsmodell bietet eine sehr gute Veranschaulichung der Beziehung „Teil eines Ganzen – das Ganze". Handelnd machen Kinder verschiedene Entdeckungen, z. B.:
- Beim Zerschneiden einer „Ganzheit" (hier einer Kreisscheibe) in zwei, drei, vier, fünf, sechs, zehn und zwölf gleiche Teile erfahren Schülerinnen und Schüler, wie viele Drittel, Fünftel usw. jeweils ein Ganzes bilden: $\left(\frac{1}{5}+\frac{1}{5}+\frac{1}{5}+\frac{1}{5}+\frac{1}{5}=5\cdot\frac{1}{5}=\frac{5}{5}\right)$.
- Beim Aufeinanderlegen von Bruchteilen können folgende Beziehungen erkannt und formuliert werden: $\frac{1}{6}$ ist halb so viel wie $\frac{1}{3}$ bzw. „$\frac{2}{6}$ sind genauso groß wie $\frac{1}{3}$" oder „$\frac{4}{8}$ sind so viel wie $\frac{1}{2}$" (oder gleich viel wie $\frac{2}{4}$, $\frac{5}{10}$).
- „Ein Ganzes kann aus verschieden großen Bruchteilen zusammengesetzt werden, z. B. aus $\frac{1}{4}+\frac{1}{2}+\frac{1}{8}+\frac{1}{8}$."

Die Schülerinnen und Schüler stellen für ihre Untersuchungen mit Brüchen selbst Material (Bruchteile aus Karton) her. Die Veranschaulichung von Brüchen und der handelnde Umgang mit dem Bruchmodell soll mithelfen, „innere Bilder" von Brüchen zu entwickeln und auszubauen. Es geht zum gegenwärtigen Zeitpunkt noch nicht darum, Rechenregeln für das Rechnen mit Brüchen kennen zu lernen oder Bruchrechnungen nach solchen Regeln durchzuführen.

Für die Bearbeitung der Aufgaben steht immer das hergestellte Material zur Verfügung. Es soll grundsätzlich von allen Kindern verwendet werden. Es kann vorkommen, dass einzelne Kinder erklären, sie benötigten bei gewissen Aufgaben das Material nicht mehr. Sie könnten sich die Aufgabe im Kopf vorstellen. Diese Kinder handeln offenbar bereits mit ihren inneren Bildern oder Bruchvorstellungen. Wichtig ist, dass sie bei Schwierigkeiten jederzeit wieder auf die Materialien zurückgreifen können.
In dieser frühen Lernphase, bei der es um die Entwicklung von Grundvorstellungen geht, soll auf die Formulierung von Merksätzen verzichtet werden.

Zum Unterricht

Was wird benötigt?

Arbeitsmaterial: Zeichenuhr (liegt dem Arbeitsheft bei und gibt es als Kopiervorlage; in Kunststoffausführung: ISBN 978-3-264-83098-9), Bruchteile aus Karton (werden von den Kindern hergestellt und sollten für die weitere Verwendung, auch in Klasse 6, aufbewahrt werden)
Demonstrationsmaterial: 25 Wendeplättchen, Bruchteile aus Karton, evtl. Bruchteile für die Magnetwand

Vorschlag zur Stundenverteilung

Stunde	1	2	3
LU	1, 2	3, 4, 5	6, 7
AH		1, 2 a., 3, 5, 6	2 b., c., 4

Wie kann man vorgehen?

Den Kindern wird die Aufgabe gestellt, ein Drittel von 25 Plättchen zu bestimmen. Sie werden dabei mit dem Problem konfrontiert, den dritten Teil eines Plättchens zu bestimmen. Sie könnten vorschlagen, das 25. Plättchen zu zerschneiden. Mit der Bearbeitung dieses Auftrags stoßen sie nun an die Grenzen des Plättchenmodells. Eine Erweiterung dieses Modells drängt sich auf. Dazu vergrößert man die Plättchen zu Kreisscheiben. Diese können nun viel leichter in mehrere gleich große Teile zerschnitten werden. Eine Schablone mit Sechzigerteilung (Zeichenuhr) ermöglicht die einfache und exakte Herstellung von neuem Arbeitsmaterial. Zum Herstellen der Bruchteile eignet sich eher die große Zeichenuhr, zum Messen ist die kleinere geeigneter.

„Beim Thema ‚Bruchteile darstellen' habt ihr die Rechnung $\frac{2}{5}$ von 20 mit Plättchen gelegt. Versucht nun auf die gleiche Art die Rechnung $\frac{1}{3}$ von 25 darzustellen.
Gelingt es euch auch, Rechnungen wie $\frac{1}{4}$ von 25, $\frac{1}{6}$ von 25 oder $\frac{1}{8}$ von 25 mit Plättchen darzustellen?
Wie geht ihr vor bei der Aufgabe $\frac{3}{4}$ von 25?"
Die Kinder erläutern und vergleichen ihr Vorgehen.

Im Anschluss daran kann der Text in der Randspalte gemeinsam gelesen und besprochen werden.

Für die folgenden Arbeiten werden Bruchteile aus Karton benötigt. Die Kinder fertigen mit der Zeichenuhr von jeder Sorte mehrere gleiche Bruchteile an und beschriften sie. Zur Aufbewahrung eignet sich ein Briefumschlag. Das Material steht von jetzt an für die Arbeit mit Bruchteilen immer zur Verfügung.

Grundsätzliche Hinweise zu den Aufgaben 1–7 in der Lernumgebung

Es gibt häufig ganz unterschiedliche Lösungen. Für die Lehrperson ist es nicht möglich und auch wenig sinnvoll, jede Schülerarbeit zu kontrollieren. Es ist daher wichtig, Schülerinnen und Schüler anzuleiten, wie sie sich gegenseitig kontrollieren und so beim Lernen unterstützen können.

1 Schülerinnen und Schüler beschreiben ihre Tätigkeiten mit ihren eigenen Worten. Es geht noch nicht darum, Ergebnisse formal zu notieren.
Beispiel:
ein Halbes = ein Viertel und ein Viertel
= zweimal ein Viertel
= ein Viertel und zweimal ein Achtel
Die Vielfalt der Lösungsmöglichkeiten dokumentieren, indem alle in der Klasse gefundenen Varianten an der Tafel notiert werden.

2 Kinder dokumentieren ihr Vorgehen.

-  und  ergibt 
- Ein Halbes und ein Viertel sind gleich viel wie drei Viertel.
- $\frac{1}{2} + \frac{1}{4} = \frac{3}{4}$ (Es muss noch nicht erwartet werden, dass alle Kinder diese Kurzschreibweise schon verwenden.)

3 Ein Ganzes setzt sich z. B. zusammen aus:

Halbe	Drittel	Viertel	Fünftel	Sechstel	Achtel
			5		
				6	
	2			2	
		3			2
usw.					

4 2 Ganze $\frac{1}{2} + \frac{1}{2} + \frac{1}{2} + \frac{1}{2}$ oder $4 \cdot \frac{1}{2}$
$\frac{1}{3} + \frac{1}{3} + \frac{1}{3} + \frac{1}{3} + \frac{1}{3} + \frac{1}{3}$ oder $6 \cdot \frac{1}{3}$
…

5 Es geht um Vergleiche folgender Art: „$\frac{3}{5}$ sind größer als $\frac{3}{6}$. Der Unterschied ist etwa so groß wie $\frac{1}{10}$." Einzelne Kinder können ihre Ergebnisse der ganzen Klasse vorstellen.

6 Differenz $\frac{1}{2}$: Differenz $\frac{3}{4}$:

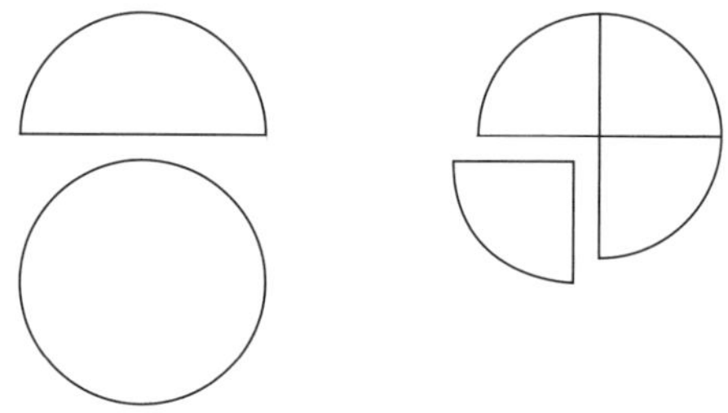

a.	Differenz $\frac{1}{2}$:	$\frac{1}{2}, 1$	$\frac{1}{4}, \frac{3}{4}$	$\frac{1}{3}, \frac{5}{6}$	$\frac{2}{5}, \frac{9}{10}$
b.	Differenz $\frac{3}{4}$:	$\frac{1}{2}, \frac{5}{4}$	$\frac{1}{4}, 1$	$\frac{1}{3}, \frac{13}{12}$	$\frac{2}{3}, \frac{17}{12}$
c.	Differenz $\frac{2}{3}$:	$\frac{1}{2}, \frac{7}{6}$	$\frac{1}{4}, \frac{11}{12}$	$\frac{1}{3}, 1$	$\frac{5}{6}, \frac{9}{6}$

7 Beispiele:

$\frac{1}{8} + \frac{1}{8} + \frac{1}{8} + \frac{1}{8} + \frac{1}{3} + \frac{1}{6}$

$\frac{1}{4} + \frac{1}{8} + \frac{1}{8} + \frac{1}{6} + \frac{1}{6} + \frac{1}{6}$

$\frac{1}{2} + \frac{1}{6} + \frac{1}{12} + \frac{1}{12} + \frac{1}{12} + \frac{1}{12}$

$\frac{1}{2} + \frac{1}{10} + \frac{1}{10} + \frac{1}{10} + \frac{1}{10} + \frac{1}{10}$

Literatur

- Lisa Hefendehl-Hebeker: „Brüche haben viele Gesichter", in: mathematik lehren, Heft 78, Oktober 1996
- Bruchrechnung, mathematik lehren, Heft 73, Dezember 1995
- Brüche, mathematik lehren, Heft 16, Juni 1986
- Günther Malle: „Grundvorstellungen zu Bruchzahlen", in: mathematik lehren, Heft 123, April 2004

Leistungsaufgaben

Aufgabe	Kompetenz	Anforderungsbereich
1	K1, K2	I
2	K1, K2, K4	I, II, III
3	K1, K2	I, II

1 Gib jeweils für den gefärbten Teil der Fläche einen Bruch an.

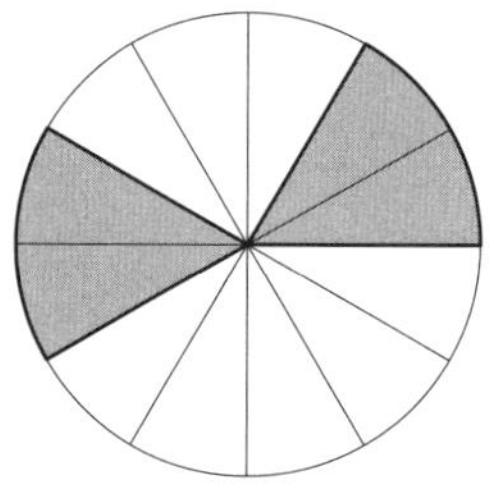

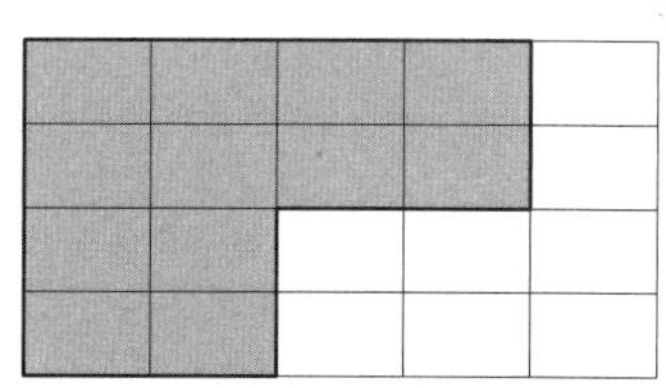

2 Die folgende Abbildung zeigt aneinandergereihte Zündhölzer. $\frac{3}{7}$ der Zündhölzer sind abgebrannt. Kennzeichne den Anteil der abgebrannten Zündhölzer und erläutere deine Lösung.

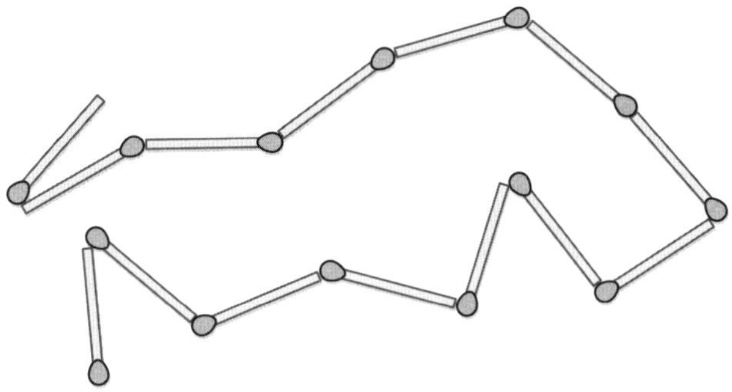

3 Bei einer Feier bleiben $\frac{2}{3}$ eines Kuchens übrig.
Das sind 10 Stücke.
Aus wie vielen Stücken bestand der Kuchen insgesamt? Begründe.

Lösungen zu den Leistungsaufgaben

1 $\frac{4}{12}$ bzw. $\frac{1}{3}$ $\frac{12}{20}$ bzw. $\frac{3}{5}$

2 Es sind insgesamt 14 Streichhölzer. $\frac{3}{7}$ von 14 = 6.
6 von den 14 Streichhölzern sind also abgebrannt.

3 $\frac{2}{3}$ des Kuchens sind 10 Stücke, $\frac{1}{3}$ des Kuchens sind 5 Stücke.
Der ganze Kuchen hatte also 15 Stücke.

Kompetenzerwartungen
- Flächenmaße mm^2, cm^2, dm^2 und m^2 kennen lernen (K 1)
- Einfache rechtwinklig-viereckige und rechtwinklig-dreieckige Flächen berechnen (K 1)
- Größenordnung krummlinig begrenzter Flächen schätzen (K 1, K 2)

Einordnen

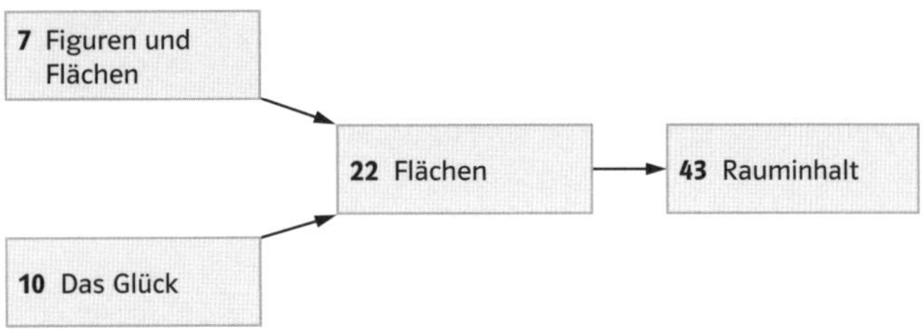

Zur Sache

Begriffe

Flächenmaße, Flächeninhalt

Merktexte

1. Wir berechnen den Flächeninhalt eines Rechtecks, indem wir die Seitenlängen miteinander multiplizieren.
Flächeninhalt = Länge mal Breite, Formel: $A = a \cdot b$

Beispiel:

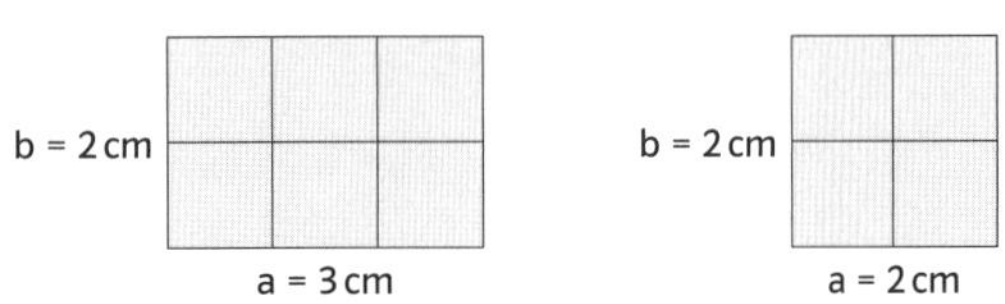

$A = 3\,cm \cdot 2\,cm = 6\,cm^2$ $\quad$ $A = 2\,cm \cdot 2\,cm = 4\,cm^2$

2. Für krummlinig begrenzte Flächen können wir den Flächeninhalt mithilfe eines Quadratgitters ungefähr bestimmen.

Worum geht es?

Bereits in der Grundschule haben die Schülerinnen und Schüler das Meterquadrat als Flächeneinheit kennen gelernt. Sie erweitern nun ihr bisheriges Wissen auf andere Formen als Quadrate. Dabei sind folgende Inhalte zu beachten:
- Eine Fläche kann aufgeteilt und neu zusammengesetzt werden, ohne dass dabei die Gesamtfläche verändert wird (Flächeninvarianz).
- Die Sprechweise ändert sich. Unter einem Meterquadrat versteht man eine quadratische Fläche mit der Seitenlänge von einem Meter. Bei jeder gleich großen Fläche, egal welche Form sie aufweist, spricht man von einer Fläche mit $1\,m^2$ Flächeninhalt. Man sagt: Die Figur hat einen Flächeninhalt von einem Quadratmeter.
- Die Standardmaßeinheiten für Flächen sind mm^2, cm^2, dm^2 und m^2.
- Weitere Flächen wie Ar, Hektar, km^2 sind hier nicht aufgeführt, können jedoch, sofern es die Situation erfordert, zusätzlich besprochen werden.
- Die Lernenden sollen selbst entdecken, dass die Umrechnung von Flächeneinheiten nicht proportional, sondern quadratisch erfolgt.
- Häufig spricht man statt vom „Flächeninhalt" nur von der „Fläche".

Zum Unterricht

Was wird benötigt?

Arbeitsmaterial: Papier, Schere, Lineal
Kopiervorlagen: Flächen 1, Flächen 2; Millimeterpapier
Demonstrationsmaterial: evtl. Quadratraster, Millimeterpapier für Tageslichtprojektor

Vorschlag zur Stundenverteilung

Stunde	1	2	3	4
LU	1, 2	3, 4	5, 6	7
AH	1	2	3	4, 5

Wie kann man vorgehen?

Zu Beginn soll im Unterricht das konkrete Handeln mit Flächen im Mittelpunkt stehen. Dabei sind beispielsweise folgende Tätigkeiten als Standortbestimmung möglich:
- Wie groß ist der Schulhof? Wie viele Meterquadrate können auf den Schulhof gelegt werden?
- Wie groß ist das Klassenzimmer? Wie viele Meterquadrate können nebeneinander auf den Boden des Klassenzimmers gelegt werden?
- Auf einem Blatt sind verschieden große Flächen mit rechten Winkeln und Seitenlängen in ganzen cm gegeben. Die Schülerinnen und Schüler werden aufgefordert, die Flächen der Größe nach zu ordnen.

Beispiel:

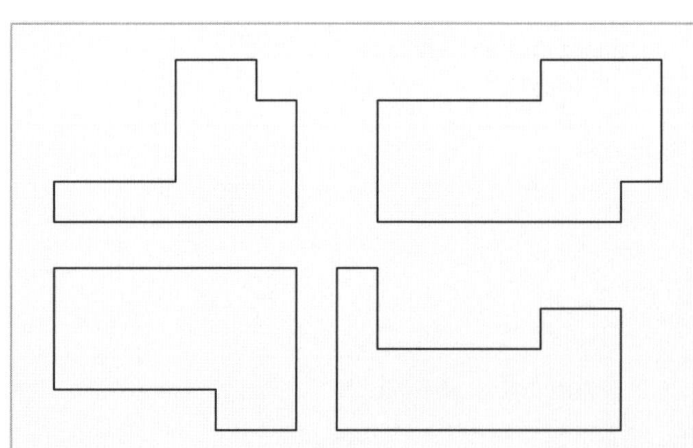

usw.

- Eine krummlinig begrenzte Fläche wird gegeben (auf dem Pausenhof, an der Tafel, auf einem Blatt Papier). Die Schülerinnen und Schüler werden aufgefordert, herauszufinden, wie viele Meter- bzw. Zentimeterquadrate damit etwa abgedeckt werden.

Die Lernenden sollen dabei bekanntes Wissen hervorholen und eigene Ideen entwickeln, wie die Flächen geordnet bzw. bestimmt werden könnten, zum Beispiel:
- mit einer Einheitsfläche ausmessen
- zerschneiden und neu zusammensetzen
- Längen messen und die Anzahl Einheits-Quadrate durch Multiplikation bestimmen
- Raster auf Folie oder Transparentpapier darüberlegen usw.

Dabei sollen folgende Eigenschaften zur Sprache kommen:
- Die Größe einer Fläche ändert sich nicht, wenn die Fläche aufgeteilt und neu zusammengesetzt wird.
- Die Größen von krummlinig begrenzten Flächen lassen sich durch Vergleich mit der Anzahl Einheitsquadrate, welche die Fläche abdecken, ungefähr bestimmen.
- Rechteckige Flächen lassen sich auch durch Messen der Seitenlängen und anschließende Multiplikation bestimmen.
- Beim Umrechnen von der größeren in die kleinere Flächeneinheit wird die Maßzahl mit 100 multipliziert. Zur Erarbeitung: siehe Bemerkungen zu Aufgabe 2.

1 Es handelt sich hier bewusst um einfache Figuren, da es nur um das Erkennen der Flächengleichheit geht.

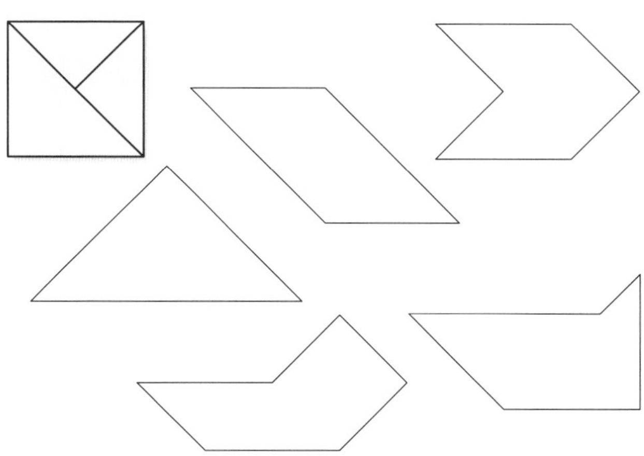

Die Lernenden können das Quadrat auch weiter unterteilen und schwierigere Flächen legen. Als Einführung in die Flächenmessung ist das Tangram nicht geeignet, weil die zwar interessanten, aber komplexen Zerlegungsprobleme vom eigentlichen Kernproblem im Zusammenhang mit der Flächenmessung ablenken.

2 Durch das Zeichnen der Standardflächeneinheiten sollen die Schüler den Informationstext über das Dezimeterquadrat (siehe Randspalte im Schülerbuch) auf cm^2 und mm^2 übertragen. Dies ermöglicht zudem die Entdeckung, dass zwar $1\,dm = 10\,cm$ sind, aber $1\,dm^2 = 10\,cm \cdot 10\,cm = 10 \cdot 10\,cm^2 = 10^2\,cm^2 = 100\,cm^2$ sind. Die Wiederholung der Zehnerpotenzschreibweise – bekannt aus dem Arbeitsheft Seite 8 – bietet sich hier an und sollte thematisiert werden.

3 Für diese Aufgabe benötigt man die Kopiervorlage Flächen 1.
A ist ein Rechteck, dessen Größe sich einfach durch Einzeichnen und Abzählen der Anzahl passender Quadrate oder mithilfe eines Rasters oder durch Messen der Längen, bestimmen lässt.
B und C gehen aus dem ersten hervor. Man nimmt ein oder zwei Zentimeterquadrate weg. Man kann die Flächen aber auch durch unabhängiges Auszählen oder Zusammensetzen bestimmen.
D hat eine Seitenlänge, die nicht mehr in ganzen cm gemessen werden kann. Die Fläche kann mit Millimeterquadraten, z. B. mit einer Folienkopie eines Millimeterpapiers, in mm^2 bestimmt werden. Die Fläche kann auch ausgeschnitten und auf andere Weise neu zusammengesetzt werden. Einige Schülerinnen oder Schüler werden ohne auszuschneiden merken, dass sich die Fläche von $1\,cm^2$ auch aus zwei halben Zentimeterquadraten zusammensetzen lässt, zum Beispiel:

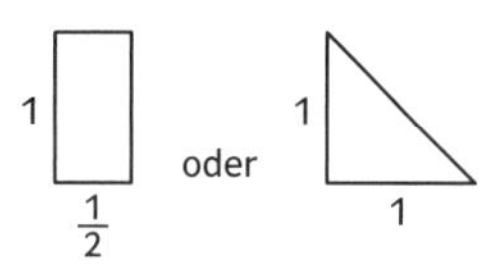

je $\frac{1}{2}\,cm^2$, zwei zusammen ergeben $1\,cm^2$.

Letzteres ist insbesondere für die Bestimmung der „schrägen" dreieckigen Teilflächen E, F, G von Bedeutung.

4 Die Lernenden zeichnen rechtwinklige und teilweise „schräge" Figuren auf ein Blatt. Dies kann auf kariertem Papier geschehen. Werden sie auf weißes Papier gezeichnet, so ist gleichzeitig eine gute Wiederholungsmöglichkeit für das Zeichnen von rechten Winkeln und Parallelen sowie das exakte Abmessen von Streckenlängen gegeben. Anschließend können die Flächen bestimmt und die Lösungen von Mitschülerinnen und Mitschülern durch Nachmessen überprüft werden.

5 Hier sind nicht die gezeichneten, sondern die angeschriebenen Längen maßgebend. Man kann auch an die Einführungsaufgaben (Klassenzimmer, Schulhof) anknüpfen. Man zeichnet eine Grundrissskizze des Schulhofs und schreibt die gemessenen Längen zu den entsprechenden Seiten. Umgekehrt wäre es auch möglich, die in dieser Aufgabe angegebenen Figuren mit Kreide in Originalgröße auf den Schulhof zu übertragen. Die Flächen D und E lassen sich durch additive Zusammensetzung oder durch die Differenz von rechteckigen Flächen bestimmen,
z. B. D: $20 \cdot 5 + 7 \cdot 8$ oder
$12 \cdot 8 + 12 \cdot 5$ oder
$20 \cdot 12 - 12 \cdot 7 \quad (m^2)$
F: $14 \cdot 13 + 2 \cdot 6 \cdot 2$ oder
$19 \cdot 14 - 6 \cdot (14 - 2 - 2)$ oder
… (m^2)

7 Für diese Aufgabe benötigt man die Kopiervorlage Flächen 2.
Die Flächenmessung ist nicht auf geradlinig begrenzte Figuren beschränkt. Man kann krummlinig begrenzte Flächen mit einem Raster bestimmen. Je genauer man die

wahre Fläche wissen will, desto feiner muss das Raster gewählt werden. Als Vorbereitung auf diese Aufgabe könnte man eine nicht geradlinig begrenzte Fläche auf eine Folie zeichnen und verschieden feine Quadratraster darüberlegen. Für die Aufgabe genügt es, die Teile von Zentimeterquadraten ungefähr abzuschätzen. Für das angegebene Beispiel könnte das heißen:

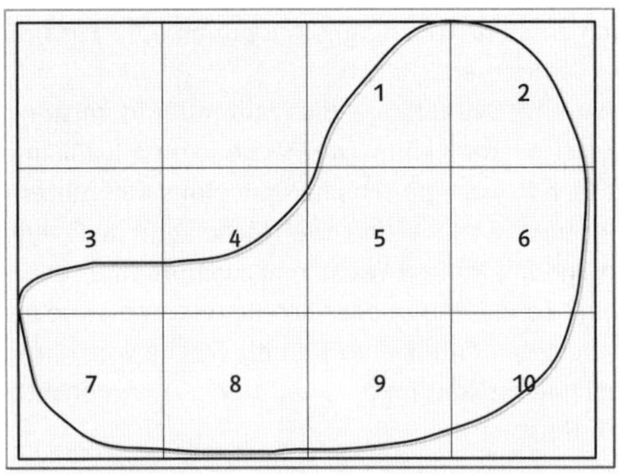

Die Linie geht durch zehn verschiedene Quadrate (1 bis 10), also muss die Fläche sicher kleiner als 10 cm^2 sein. Von den Quadraten 1, 2 und 4 wird je etwa ein halbes abgezogen, von 3 etwas mehr und von 7 etwas weniger als ein halbes, zusammen ein ganzes, von 5, 6 und 10 wird insgesamt auch noch etwas abgezogen, das ungefähr einem ganzen Quadrat entspricht. Die sehr kleinen Flächenstücke bei 8 und 9 nach unten hin sind vernachlässigbar. Also ist die Fläche etwa 7 cm^2 groß.
Man könnte die Fläche auch von innen her aufbauen: 5, 6, 8 und 9 sind je fast ganze Quadrate, also muss die Fläche mindestens 4 sein. Dazu kommen je 3 halbe Quadrate von 1, 2, 4 und 10, sowie von 3 und 7 zusammen noch etwa 1 Quadrat, was insgesamt auch etwa die Größe von 7 cm^2 ergibt.
Manche Schülerinnen und Schüler verwenden ihr Wissen über Mittelwerte und „sperren" die Fläche in eine leicht zu ermittelnde Fläche „ein", schreiben eine leicht zu ermittelnde kleine Fläche ein und bilden den Mittelwert aus beiden Flächen. Entsprechend sollte – wenn überhaupt – ein schülerformulierter Merksatz festgehalten werden.

Wie könnte es weitergehen?

- Gebäudegrundrisse ausmessen, Skizzen zeichnen, maßstäbliche Pläne exakt zeichnen, Grundrissflächen bestimmen,
- Pläne eines Architekten studieren,
- Flächen von Zimmern, Gebäuden, Gärten, Blättern usw. bestimmen,
- Untersuchungen über Beziehungen zwischen Flächen und Umfängen herstellen; dabei feststellen, dass Figuren mit gleichen Flächen nicht unbedingt gleichen Umfang haben müssen, und umgekehrt, dass Figuren mit gleichen Umfängen in der Regel nicht gleiche Fläche haben.

Lösungen

1 Mögliche Lösungen:

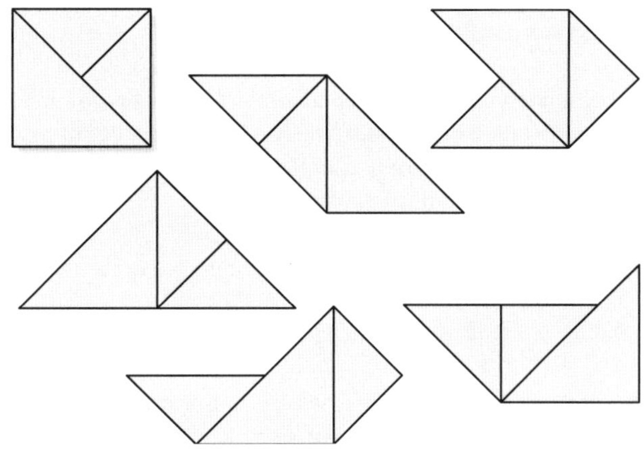

3 A: 6 cm^2 B: 5 cm^2 C: 4 cm^2 D: 5 cm^2 E: 4,5 cm^2
F: 13,5 cm^2 G: 7,5 cm^2 H: 28 cm^2 I: 26 cm^2 J: 63 cm^2

5 A: 96 m^2 B: 144 m^2 C: 72 m^2 D: 156 m^2 E: 206 m^2

6 A = C = D = F
B = E = G = H

7

a. Man zählt die ungefähr ganzen Quadrate und die ungefähr halben Quadrate zusammen und schätzt den Rest auf etwa ein halbes Quadrat genau.

b. A: ca. 9 cm^2 E: ca. 18,5 cm^2
B: ca. 9,5 cm^2 F: ca. 14,5 cm^2
C: ca. 6,5 cm^2 G: ca. 15,5 cm^2
D: ca. 7 cm^2 H: ca. 39 cm^2

Leistungsaufgaben

Aufgabe	Kompetenz	Anforderungsbereich
1a.	K5	1a. I
1b.	K5	I, II
2	K5	II

1

Das Dreieck wurde in drei Teile zerlegt.

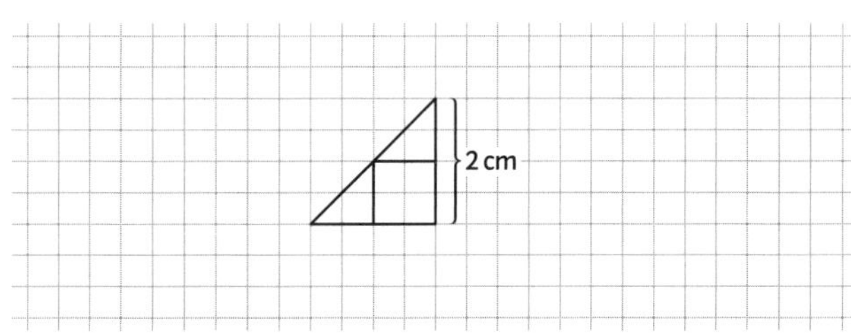

a. Welche der folgenden Figuren lassen sich aus diesen drei Teilen zusammensetzen?
Begründe deine Antwort durch das Einzeichnen der drei Teile in die jeweilige Figur.

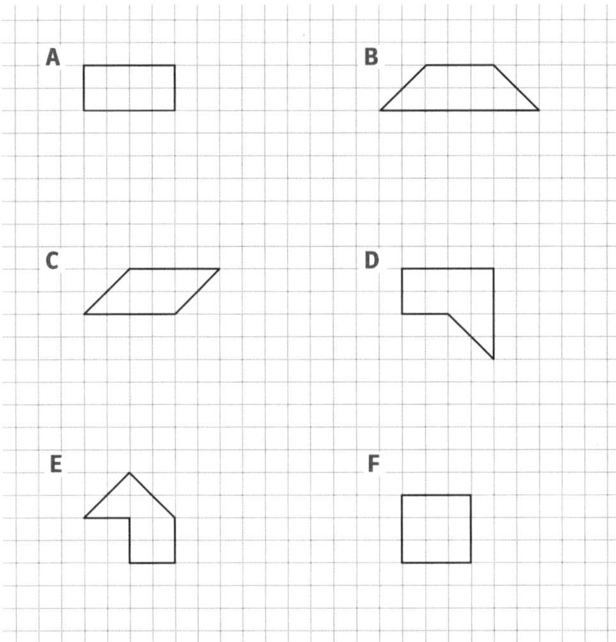

b. Wie groß ist der Flächeninhalt des obigen Dreiecks? Gib für alle Figuren A bis F ebenfalls den Flächeninhalt an.

2 Familie Mertens zieht in eine neue Wohnung. Die beiden Kinder Oliver und Dana bekommen die beiden Kinderzimmer zugeteilt. Da Oliver der Ältere ist, darf er sich sein Zimmer aussuchen. Oliver möchte auf jeden Fall das größere Zimmer bekommen.

a. Welches Kinderzimmer soll Oliver nehmen? Was würdest du ihm raten?

b. Herr Mertens kocht sehr gern. Deshalb interessiert ihn die Größe der Küche. Allerdings hat Herr Mertens Probleme mit der Berechnung, weil die Küche eine ungewöhnliche Form hat.
Wie kann Herr Mertens vorgehen, um die Größe der Küche zu bestimmen?

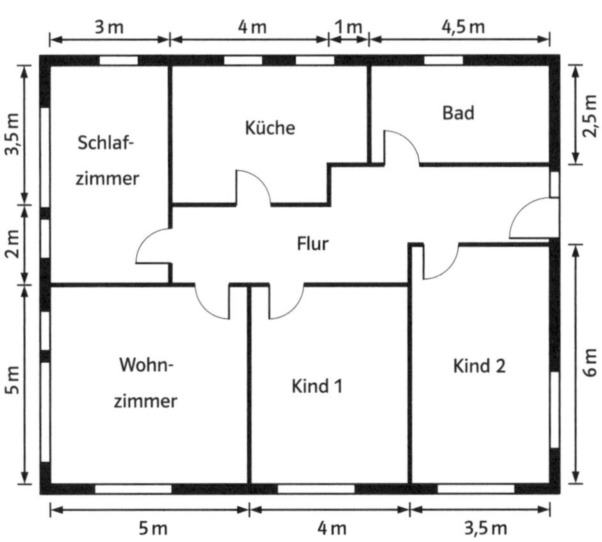

Lösungen zu den Leistungsaufgaben

1

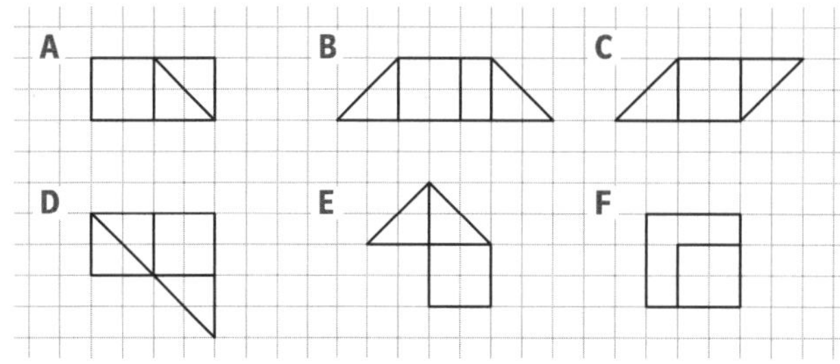

a. Figur A, C, E lassen sich aus den drei Teilen legen.

b. Das Dreieck hat einen Flächeninhalt von $2\,cm^2$. Also haben A, C und E ebenfalls diesen Inhalt. B und D sind um zwei Kästchen größer, also um $\frac{1}{2}\,cm^2$. F besteht aus neun Kästchen, deshalb ist der Flächeninhalt um $\frac{1}{4}\,cm^2$ größer.

2

a. $F_{K1} = 4\,m \cdot 5\,m = 20\,m^2$
$F_{K2} = 3{,}5\,m \cdot 6\,m = 21\,m^2$

b. $F_{Kü} = 3{,}5\,m \cdot 3\,m + 1\,m \cdot 2{,}5\,m = 10{,}5\,m^2 + 2{,}5\,m^2 = 13\,m^2$

23 Künstler konstruieren

Kompetenzerwartungen
- Beziehung zu konstruktiver Kunst aufbauen
- geometrische Konstruktionsregeln in Kunstwerken erkennen (K 5, K 1)
- nach erkannten Konstruktionsregeln konstruieren (K 5)

Einordnen

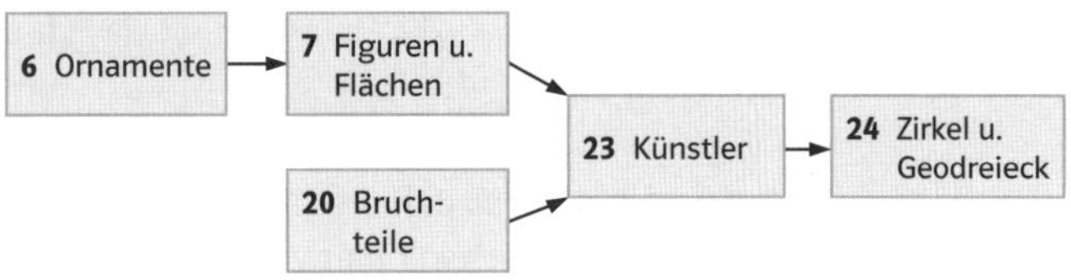

Zur Sache

Begriffe

Raute, Diagonale, Abstand

Dieses Bild von Camille Graeser trägt den Titel „Äquivalenz an der Horizontalen". Es handelt sich dabei um die Flächenäquivalenz der Quadrate und Rechtecke. Die Fläche des kleinsten Quadrats und des kleinsten Rechtecks beträgt im Original je 1 cm^2. Bei den weiteren Quadraten und Rechtecken verdoppeln sich jeweils die Seitenlängen. Die Flächen vervierfachen sich demzufolge. Dadurch entstehen geometrische Zahlenfolgen. Man kann auch eine Farbenäquivalenz erkennen. Die Grundfarben Rot und Gelb sind daher oberhalb und unterhalb der Horizontalen in gleicher Menge vorhanden. Die Extremfarben Weiß und Schwarz sind nur als Flächensumme in gleicher Menge vorhanden. Der Hintergrund ist mit der dritten Grundfarbe Blau gefärbt.

Auch die Skizzen sind nach bestimmten Gesetzmäßigkeiten aufgebaut. In den gegebenen Beispielen geht es um das Vergrößern/Verkleinern einer Grundfigur. Die entsprechenden Informationen müssen teilweise durch Nachmessen aus den Skizzen herausgelesen werden.

Zum Unterricht

Was wird benötigt?

Arbeitsmaterial: Bleistift, Farbstifte, Lineal oder Geodreieck
Demonstrationsmaterial: evtl. Kopie des Bildes von Camille Graeser für den Tageslichtprojektor

Vorschlag zur Stundenverteilung

Stunde	1	2	3, 4
LU	1, 2	3, 4	5 – 8
AH		1, 2	3, 4

Wie kann man vorgehen?

Die Lehrperson kann auf die spezielle Kunstrichtung des Konstruktivismus hinweisen. Für die Lernenden genügt der Begriff **geometrische Kunst.** Konstruktive oder konkrete Künstler denken sich einen genauen Konstruktionsplan aus, bevor sie zu zeichnen oder malen beginnen. Ein solcher Konstruktionsplan lässt sich oft im Nachhinein erkennen, wenn man Häufigkeit und Abfolge der Farben bestimmt oder Größe und Form der einzelnen Flächen nachmisst.

Die Schülerinnen und Schüler betrachten das Bild von Camille Graeser und notieren sich, was ihnen daran auffällt. Anschließend berichten sie frei über ihre Entdeckungen:
- „Es enthält Quadrate und Rechtecke."
- „Die Rechtecke sind oben, die Quadrate unten im Bild."
- „Die Farben wechseln immer ab."

usw.
Sie lösen eine oder mehrere der gestellten Aufgaben.

1 2 Es geht nur darum, das genaue Konstruktionsprinzip zu erkennen. Die kleinen Längen im Bild können natürlich nicht exakt gemessen werden. Man kann jedoch die Längen bestimmen, wenn man das Konstruktionsprinzip der Verdoppelung bzw. Halbierung erkannt hat: Die Seitenlängen der Quadrate (Rechtecke) werden von innen nach außen immer verdoppelt bzw. von außen nach innen halbiert.

Quadratseiten von außen nach innen:
4 cm; 2 cm; 1 cm; $\frac{1}{2}$ cm; $\frac{1}{4}$ cm; $\frac{1}{8}$ cm

Rechteckbreiten von außen nach innen:
2 cm; 1 cm; $\frac{1}{2}$ cm; $\frac{1}{4}$ cm; $\frac{1}{8}$ cm; $\frac{1}{16}$ cm

Rechtecklängen von außen nach innen:
8 cm; 4 cm; 2 cm; 1 cm; $\frac{1}{2}$ cm; $\frac{1}{4}$ cm

Mit der Information im Text „Es ist in Wirklichkeit achtmal größer als hier abgebildet" können die Maße des Originals bestimmt werden:

Quadratseiten von außen nach innen:
32 cm; 16 cm; 8 cm; 4 cm; 2 cm; 1 cm

Rechteckbreiten von außen nach innen:
16 cm; 8 cm; 4 cm; 2 cm; 1 cm; $\frac{1}{2}$ cm

Rechtecklängen von außen nach innen:
64 cm; 32 cm; 16 cm; 8 cm; 4 cm; 2 cm

Zu jedem Quadrat gibt es ein Rechteck, das halb so breit und doppelt so lang ist wie die Quadratseite. Zu jedem Quadrat gibt es also ein Rechteck mit gleicher Fläche. Wird ein Quadrat an einer Mittellinie halbiert und werden die beiden Teile übereinandergestellt, so entsteht das flächengleiche Rechteck.

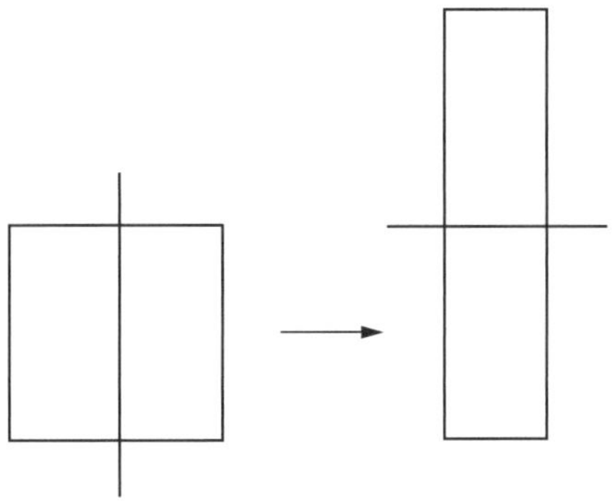

Die entsprechenden roten und gelben Flächen sind gleich groß. Die weißen Quadratflächen entsprechen jedoch den schwarzen Rechteckflächen und umgekehrt.
Die Farben wechseln in systematischer Weise:
Quadrate von außen nach innen:
rot - gelb - schwarz - rot - gelb - weiß
Rechtecke von außen nach innen:
rot - gelb - weiß - rot - gelb - schwarz

3 Diese Aufgabe kann unabhängig von Aufgabe 1 und 2 gelöst werden. Die Schülerinnen und Schüler müssen auch hier das Konstruktionsprinzip der Verdoppelung erkennen, dann kann das Bild aufgebaut werden. Die exakten Maße des Originals ergeben sich als Summe der Quadrat- und Rechteckseiten.
Bildhöhe: 64 cm + 32 cm = 96 cm
Bildbreite: 32 cm + 16 cm + 8 cm + 4 cm + 2 cm + 1 cm + 16 cm + 8 cm + 4 cm + 2 cm + 1 cm + $\frac{1}{2}$ cm = $94\frac{1}{2}$ cm

4 Ist das Konstruktionsprinzip erkannt, kann man das Bild nach außen (oder teilweise auch nach innen) fortsetzen: Im gedachten Bild käme links oben ein schwarzes Rechteck mit den Maßen 128 cm × 32 cm, gefolgt von einem gelben Rechteck mit den Maßen 256 cm × 64 cm, gefolgt von einem roten Rechteck usw. Rechts unten käme ein weißes Quadrat mit der Seitenlänge 64 cm, gefolgt von einem gelben Quadrat mit der Seitenlänge 128 cm, gefolgt von einem roten Quadrat usw.

5 6 7 Ist das Konstruktionsprinzip einmal erkannt, kann die Skizze nachgezeichnet und erweitert werden. Dabei bieten sich drei Möglichkeiten an:

1. Variante
Die Maße werden etwa so, wie sie im Buch vorgegeben sind, übernommen. Dann setzt man die Skizze nach außen fort.

2. Variante
Die Skizze wird in einem vergrößerten Maßstab gezeichnet. Dann setzt man die Skizze nach innen fort.
Die Färbung der einzelnen Felder kann auf kombinatorische Problemstellungen führen.

3. Variante
Die Schülerinnen und Schüler können die angefangenen Kunstwerke selbstverständlich auch eigenständig fortsetzen und vielleicht sogar Gesetzmäßigkeiten der auftretenden Flächeninhalte entdecken. So ist beispielsweise bei 5 A der Flächeninhalt jedes einbeschriebenen neuen Quadrates halb so groß wie der Flächeninhalt des vorangehenden Quadrates.

5 A

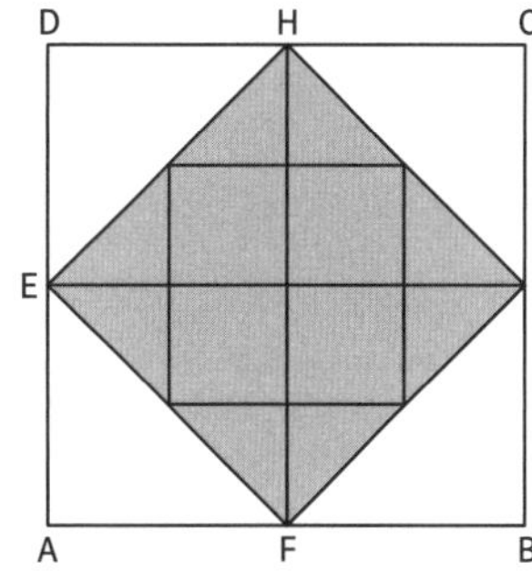

5 B

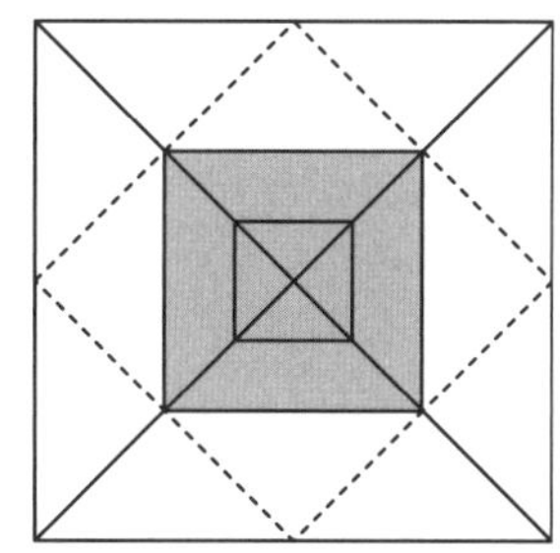

Das Ausgangsquadrat ABCD besteht offenbar aus acht Dreiecken, die flächenmäßig mit dem Dreieck AFE übereinstimmen. Das einbeschriebene Quadrat FGHE enthält dagegen nur vier dieser Dreiecke. Diese Halbierung setzt sich immer weiter fort.
Bei 5 B stellt der Flächeninhalt des einbeschriebenen neuen Quadrates jeweils ein Viertel der Fläche des Ausgangsquadrates dar.

Die Lernenden wählen je nach Selbsteinschätzung eine Skizze aus. Sie messen die Längen der einzelnen Skizzen im Buch und beschreiben mündlich oder schriftlich die Formen sowie die vorhandenen Vergrößerungs- oder Verkleinerungsgesetze.

Wie könnte es weitergehen?

- Vertiefte Betrachtung des Bildes von C. Graeser: Die Konstruktion kann auch von außen nach innen erfolgen. Dabei kann der Prozess unendlich fortgeführt werden.
  Für die Quadratseiten gilt:
  32 cm + 16 cm + 8 cm + 4 cm + 2 cm + 1 cm + $\frac{1}{2}$ cm + $\frac{1}{4}$ cm + $\frac{1}{8}$ cm + $\frac{1}{16}$ cm + … = 63 cm + $\frac{1}{2}$ cm + $\frac{1}{4}$ cm + $\frac{1}{8}$ cm + $\frac{1}{16}$ cm + …

  Das heißt: Die Seitenlänge des jeweils nächsten Quadrates ist immer die Hälfte des Restes, welchen es noch braucht, um auf eine Gesamtlänge von 64 cm zu kommen. Bildlich ausgedrückt:

  Die Summe aller unendlich vielen Quadratseiten wird immer näher an 64 cm herankommen.
  Für die Rechteckbreiten gilt: Sie sind immer halb so groß wie die Quadratseiten. Also wird die Summe aller Rechteckbreiten immer näher an 32 cm herankommen.
  Das heißt insgesamt, dass die Gesamtbreite des Bildes immer näher an 96 cm, also an die Bildhöhe herankommt.
  Solche Betrachtungen können mit Fünftklässlern kaum vollständig durchgeführt werden, aber die Überlegungen lassen sich gut mit dem Bruchdenken verbinden.

- Ein gesetzmäßiges Grundmuster kopieren und nach kombinatorischen Regeln unterschiedlich färben,
- ein Museum oder eine Ausstellung mit modernen Kunstwerken besuchen,
- eine Ausstellung organisieren,
- andere Kunstwerke konstruktiver Künstler betrachten.

Literatur

Dietmar Guderian: Mathematik in der Kunst der letzten dreißig Jahre, Bannstein-Verlag, Ebringen i. Br. 1990

Leistungsaufgaben

Aufgabe	Kompetenz	Anforderungsbereich
1	K5, K6	II
2	K6, K1	II

1 Die Anweisungen zur Konstruktion eines Bildes lauten folgendermaßen:

a. Zeichne ein Quadrat mit der Seitenlänge 4,5 cm.
b. Zeichne eine Diagonale von links unten nach rechts oben ein.
c. Teile diese Diagonale in vier gleich große Stücke, markiere die Punkte der Einteilung.
d. Zeichne die andere Diagonale ein, sie verläuft durch den mittleren der Markierungspunkte.
e. Zeichne durch die beiden anderen Markierungspunkte jeweils eine Parallele zu dieser Diagonalen innerhalb des Quadrats ein.

2 Übertrage das Bild in dein Heft und beschreibe dann deine Vorgehensweise mit eigenen Worten.

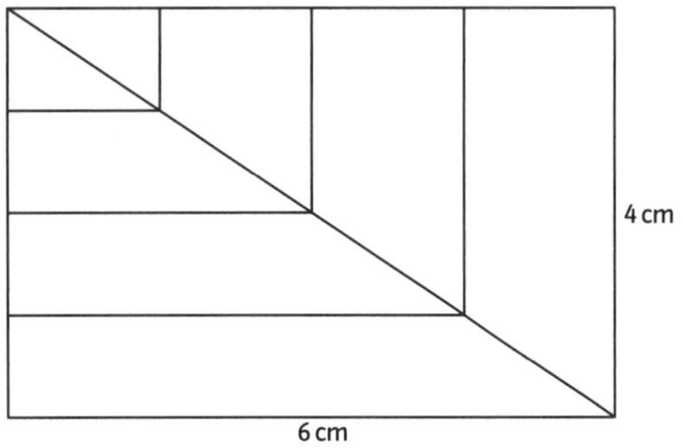

Lösungen zu den Leistungsaufgaben

1 (verkleinert dargestellt)

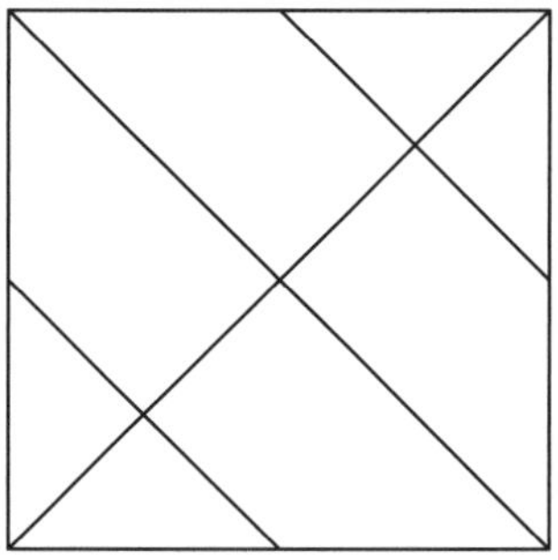

2 Man kann dabei die Diagonale oder zuerst die Seiten in vier gleich große Stücke einteilen. Es müssen dann die Begriffe parallel und/oder senkrecht Anwendung finden.

Kompetenzerwartungen
- Mithilfe von Zirkel und Geodreieck exakte Zeichnungen herstellen (K 5)
- an Mustern geometrische Eigenschaften wahrnehmen (K 1)
- Freude an schönen Konstruktionen erleben
- Kreativität beim sauberen und exakten Zeichnen fördern

Einordnen

6 Ornamente → **23** Künstler → **24** Zirkel und Geodreiecke

Zur Sache

Begriffe

Kreis, Radius, Mittelpunkt, Durchmesser, Kreislinie, parallel, senkrecht, Abstand

Worum geht es?

In dieser Einheit werden Zirkel und Geodreieck neu eingeführt. Der Schwerpunkt der Arbeit mit diesen Instrumenten liegt auf der sicheren Handhabung des Zirkels und des Geodreiecks zur Konstruktion von Kreisen, Parallelen und Senkrechten. Man hat große methodische Freiheit in der Gestaltung solcher Zeichenübungen. Es drängt sich jedoch von der Sache her fast auf, diese Übungen in einen künstlerischen (ästhetischen) Zusammenhang zu stellen. Vielleicht finden einige Schülerinnen oder Schüler, die sonst keine besonderen zeichnerischen Begabungen aufweisen, durch solche Aufgabenstellungen Impulse für eigenes zeichnerisches Gestalten. Im Unterricht wurden gute Erfahrungen gemacht mit folgenden Möglichkeiten:
- Die Beispiele im Buch auf Zeichenpapier vergrößern,
- zusätzlich mit Tusche statt mit Bleistift zeichnen,
- Muster zwei- oder mehrfarbig gestalten,
- Lage und Größe der Kreise und der darauf liegenden Punkte verändern; ergänzend kann hier auch dynamische Geometriesoftware (DGS) zum Einsatz kommen,
- weitere Bilder mit Zirkel und Geodreieck frei gestalten.

Zum Unterricht

Was wird benötigt?

Arbeitsmaterial: Zirkel, Geodreieck, Farbstifte, Zeichenblätter
Demonstrationsmaterial: Zeichnungen, die mit Zirkel und/oder Geodreieck hergestellt wurden, evtl. DGS

Vorschlag zur Stundenverteilung

Stunde	1	2, 3	4, 5
LU	1, 2	3, 4	5
AH		1	2

Wie kann man vorgehen?

Bevor man mit dieser Doppelseite beginnt, könnte man Bilder einiger konstruktiver Künstler betrachten. Wie sind sie vorgegangen? Was haben sie sich gedacht? Siehe dazu auch Lernumgebung 23 mit geraden Linien.
Wie haben sie die Zeichnungen so exakt gestalten können? Wir wollen auch versuchen, solche exakten Zeichnungen – möglichst nach einer eigenen Regel – zu konstruieren.
Man kann die Lernenden auffordern, Zeichnungen herzustellen, in denen möglichst viele Kreise, Parallelen und Senkrechte geordnet vorkommen. Dies gibt die Möglichkeit einer Standortbestimmung. Sind den Lernenden die Begriffe Parallele, Senkrechte, rechter Winkel noch geläufig? Wissen sie noch, wie man Parallelen und rechte Winkel konstruiert? Wie gut können sie mit dem Zirkel bereits umgehen? Sie können einander in dieser Phase gegenseitig helfen und sich ihre Kunstwerke vorstellen. Gibt es auch welche, die ihre Zeichnungen nach einem exakten Plan oder einer bestimmten Regel hergestellt haben? Die anderen können versuchen, die Regel zu finden. Sie können einander Regeln erklären. Sie versuchen, Zeichnungen nach vorgegebenen Regeln von Mitschülerinnen und Mitschülern nachzuvollziehen.

1 **2** **3** Bei allen Aufgaben sind die Konstruktionsregeln vorgegeben. Zudem wird das Verstehen der Regel mit vorgegebenen Zeichnungen unterstützt. Es geht also zusätzlich um Textverständnis. Es ist sehr wohl denkbar, dass die Lernenden selbst auswählen können, an welcher Aufgabe sie arbeiten möchten. Werden die Felder in Aufgabe 1 wie vorgegeben abwechselnd mit zwei Farben oder schwarzweiß gefärbt, so werden Parabeln sichtbar, bei Aufgabe 2 werden Ellipsen bzw. Hyperbeln sichtbar. Hier sind sie skizziert:

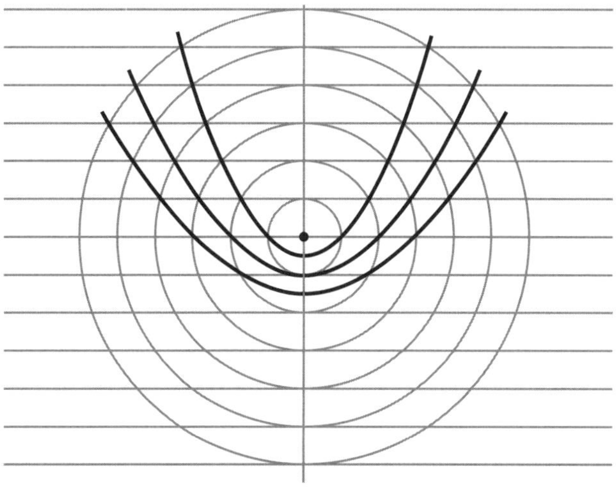

Parabeln

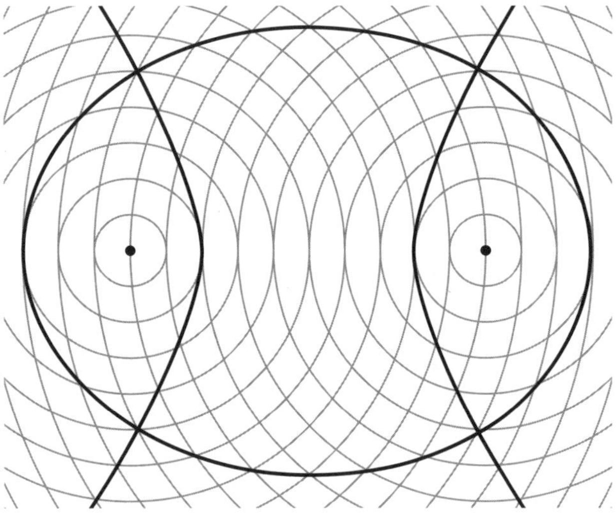

Hyperbel mit zwei Ästen und Ellipse

4 Die drei Konstruktionen führen auf drei Bilder, die ähnlich aussehen wie die oberen drei Figuren der Lernumgebung. Der Unterschied liegt nur darin, dass bei den Vorgaben mehr als zwölf Punkte gewählt wurden. Dies zeigt auch Varianten dieser Aufgabe auf. Die Radien sind unterschiedlich wählbar, ebenso die Anzahl der Punkte. Man muss lediglich darauf achten, dass die Punkte gleichmäßig auf der ursprünglichen Kreislinie verteilt sind. Auch wenn die Schülerinnen und Schüler hier die gleiche Konstruktion durchführen, können durch unterschiedliches Färben der einzelnen Felder völlig andere Wirkungen erzielt werden. Auch hier sollen sie auswählen können, welche der Aufgaben sie lösen wollen. Sie werden bald feststellen, dass man bei der Aufgabe a. eher einen größeren, bei c. eher einen kleineren Ausgangskreis braucht. Hierbei können die Schülerinnen und Schüler das Einschätzen der Größe solcher Figuren üben, sie erfahren, ob eine Zeichnung auf das Papier passt oder aber auch, ob sie viel zu klein ist.

5 Hier gelten die gleichen Bemerkungen wie für die vorangehenden Aufgaben. Unterschiedliches Färben der einzelnen Felder führt zu individuellen Gemälden. Bei geeigneter Färbung kommen sehr schöne Spiralen zum Vorschein.

Wie könnte es weitergehen?

- Weitere Zeichnungen mit Zirkel und Geodreieck herstellen.
- Konstruktionen von Künstlern nachzeichnen.
- DGS als Erweiterung möglich, aber sehr anspruchsvoll.

Literatur

Diverse Kunstbücher von Konstruktivisten wie Max Bill, Richard Paul Lohse, Camille Graeser, Victor Vasarely usw.

Bäume wachsen nicht in den Himmel 25

Kompetenzerwartungen
- In der Umwelt gezielt Messungen vornehmen, Maßangaben aus Quellenmaterial entnehmen, damit Berechnungen durchführen und die Ergebnisse sowie den gewählten Weg in Bezug auf die Sachsituation bewerten (K 6, K 3)
- Rechenergebnisse entsprechend dem Sachverhalt sinnvoll runden (K 1, K 3)
- Maßstäbe und Größenverhältnisse ausrechnen (K 4)

Einordnen

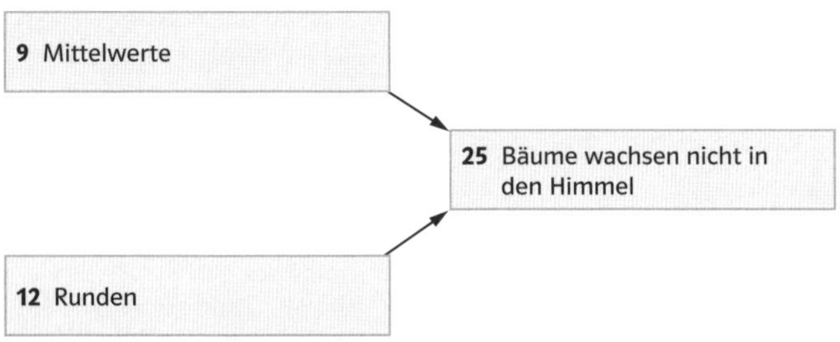

Zur Sache

Begriffe

Messen, Runden, Maßstab, Mittelwert, Häufigkeitstabelle, (Durchmesser, Umfang)

Worum geht es?

Ziel ist es, die Höhe eines Baumes, ohne hochzuklettern, zu bestimmen. Das Lösen der Aufgabe erfordert viele mathematische Tätigkeiten. Begriffe aus der Geometrie werden im natürlichen Umgang mit der Sache ebenso angewendet wie solche aus der Statistik. Dabei spielt das Rechnen in den vier Grundrechenarten eine zentrale Rolle. Auch die Umsetzung eines Textes in mathematische Operationen bildet einen Schwerpunkt. Neben dem Ausrechnen von Mittelwerten und dem Maßstabsrechnen wird dem Runden Beachtung geschenkt. Außerdem soll die Bedeutung der Mathematik bei Anwendungen in der Natur deutlich werden.

Zum Unterricht

Was wird benötigt?

Ein gleichschenklig-rechtwinkliges Dreieck, Maßband

Vorschlag zur Stundenverteilung

Stunde	1, 2	3	4
LU	1, 2, 3	4	5, 6
AH		1, 2, 3	4

Wie kann man vorgehen?

Zunächst kann man besprechen, welche Bäume bekannt sind und wie hoch diese Bäume sind.

1 Den Kindern soll klar werden, dass man nicht ein x-beliebiges Dreieck nehmen kann, sondern dass es auf die Rechtwinkligkeit und Gleichschenkligkeit ankommt. Beim Messen können sich die Kinder gegenseitig unterstützen.

2 Zunächst werden alle Werte in die Tabelle aufgenommen. Die Schüler können als Mittelwert das arithmetische Mittel oder den Zentralwert nehmen. (Die Genauigkeit des Ergebnisses kann durch das Weglassen von Ausreißern verbessert werden.)

3 Es erfolgt eine Anknüpfung an den Eingangstext. Erst durch das Spiel wird der Umfang des Mammutbaumes für die Kinder erfahrbar.

5 Die Münchner Frauenkirche ist in der Zeichnung 10 cm und in der Realität fast genau 100 m hoch. Somit ergibt sich ein Maßstab von 1 : 1000.

6 Zunächst sollen die Kinder ein Gefühl für die Baupläne der Natur und der Ingenieure bekommen. Dann soll propädeutisch auf die Kreiszahl angespielt werden.

Wie könnte es weitergehen?

Die Häufigkeitstabelle grafisch umsetzen, manuell oder auch mithilfe der Tabellenkalkulation.

Lösungen

5

a. | b.

Objekt	in der Zeichnung in cm	in der Natur in m	Anzahl Menschenhöhen
Mensch	0,2	2	1
Kiefer	2	20	10
Birke	2,6	26	13
Wasserturm	3,6	36	18
Eiche	4,3	43	20
Douglasie	6	60	30
Frauenkirche München	10	100	50
Küstenmammutbaum	11,4	114	57

c. Maßstab 1 : 10
(Bemerkung: Kiefern können deutlich größer werden.)

6

a. Der Durchmesser passt 55- bzw. circa 11-mal in die Höhe. Die Weißtanne steht im Verhältnis auf viel schmalerem Grund als der Fernsehturm.

b. Der Durchmesser hat circa 3,3-mal in dem Umfang Platz.

c. Der Durchmesser passt ungefähr 3,1-mal in seinen Umfang. (Die Werte sind annähernd gleich.)

Leistungsaufgabe

Teilaufgabe	Kompetenz	Anforderungsbereich
a.	K 6	II
b.	K 3	II
c.	K 5	II
d.	K 1, K 4	I, II

1

a. Beschreibe, wie man mit einem Försterdreieck die Höhe eines Kirchturms feststellen kann.

b. Die Höhen der fünf Kirchtürme einer Kleinstadt werden mit 25 m, 21 m, 32 m, 18 m und 26 m gemessen. In einer Zeichnung für einen Prospekt der Stadt sollen sie im Maßstab 1 : 500 gezeichnet werden. Wie hoch werden die Zeichnungen der Kirchtürme werden?

c. Wie hoch sind die Kirchtürme dieser Stadt im Durchschnitt?

d. Der Kölner Dom hat eine Höhe von 157 m und ist damit höher als der Petersdom in Rom mit einer Höhe von 133 m. Runde diese Werte sowohl auf Zehner als auch auf Hunderter. Sind beide Rundungen sinnvoll?

Lösungen zur Leistungsaufgabe

1

b. 5 cm, 4,2 cm, 6,4 cm, 3,6 cm und 5,2 cm

c. Arithmetisches Mittel: 24,4 m; Zentralwert: 25 m

d. Kölner Dom: 160 m, 200 m; Petersdom 130 m, 100 m. Runden auf Hunderter ist nicht sinnvoll, weil die Verhältnisse dann falsch wiedergegeben werden (Kölner Dom doppelt so hoch wie der Petersdom).

Kompetenzerwartungen
- Mit großen und gerundeten Zahlen in den vier Grundoperationen rechnen (K 4, K 5)
- Verschiedene Größen (Maßeinheiten) gebrauchen und in sinnvolle Einheiten umwandeln (K 4)
- Aus Texten mathematische Sachverhalte herauslesen und Sachwissen aus der Geografie mit Mathematik verknüpfen (K 6)

Einordnen

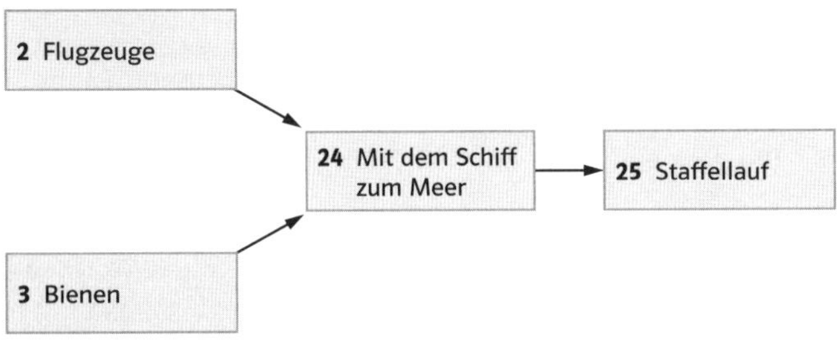

Zur Sache

Worum geht es?

Transporte von Menschen und Waren erfordern eine Logistik, die sich der Mathematik bedient. Die benötigten Informationen aus Texten und Tabellen zu entnehmen, sowie Rechnungen nachzuvollziehen, ist dabei von besonderer Bedeutung.

Zum Unterricht

Was wird benötigt?

Geografische Karte Schweiz/Deutschland
Kopiervorlage: Distanztabelle

Vorschlag zur Stundenverteilung

Stunde	1	2	3	4
LU	1, 2	3, 4	5, 6	7
AH			1	2

Wie kann man vorgehen?

Es empfiehlt sich, innerhalb dieser Lernumgebung Schwerpunkte zu setzen. Ein zentrales Anliegen ist die Verknüpfung von Sprache und Mathematik. Die Entwicklung einer mathematikspezifischen Lesekompetenz ist für die Arbeit mit Textaufgaben unerlässlich und soll thematisiert werden. Das Erkennen und Wiedergeben von Informationen, das Ziehen von Schlussfolgerungen und der kritische Umgang mit Annahmen und Gelesenem steht hierbei im Vordergrund.

1 Die Informationen sind in dieser Aufgabe übersichtlich gehalten. Offen bleibt, wie viele Tage eine Woche hat: „5-Tage-Arbeitswoche oder 7-Tage-Woche? Macht ein Hafen Wochenende?" sind Aspekte, die von den Schülern diskutiert werden können. Angeleitet durch die ersten Aufgaben sollen die Schüler Ideen für weitere Aufgaben entwickeln.

2 Klassengespräch: Was könnte man berechnen?
Beispiele:
- Die gesamte Fracht hat eine Masse von 2400 Tonnen:
  12 kg · 200 000 = 2 400 000 kg = 2400 t
- Insgesamt sind rund 15 000 000 Bananen an Bord:
  75 · 200 000 = 15 000 000
- Die gesamte Ladung von MS Karlsruhe hat in 96 Eisenbahnwaggons Platz: 2400 : 25 = 96
- Eine Banane wiegt im Durchschnitt 160 g:
  12 000 g : 75 = 160 g
- usw.

Anschließend könnte man ein Gespräch führen, wem welche der gewonnenen Informationen nützlich sind bzw. ob sinnlose Aufgaben entstanden sind.

3 Die Aufgabe kann mithilfe der Kopiervorlage Distanztabelle gelöst werden. Sie eignet sich für Gruppenarbeit.

4

a. Güterwagen:
3 000 000 t : 25 t = 120 000 Güterwagen
Jeder Güterwagen ist 11 m lang, dies ergibt eine Gesamtlänge von 1 320 000 m. Der Eisenbahnzug wäre 1320 km lang. Das entspricht der Distanz von Venedig über Hamburg hinaus.
Hinweis: Je nach Art der Güter (Futtermittel, Maschinen, Paletten ...) werden unterschiedliche Güterwagen eingesetzt. Diese können bis 22 m lang sein und bis zu 60 t Güter laden.
Lastwagen: 3 200 000 t : 16 t = 200 000 Lastwagen. Jeder Lastwagen mit Anhänger ist im Schnitt 18 m lang, dies ergibt eine Lastwagenkolonne von 3 600 000 m (und dies ohne Abstände). Die Kolonne wäre mehr als 3600 km lang. Das entspricht der Distanz von Hamburg bis Zypern!

b. 100 h = 4 d 4 h. Dies gilt, wenn auch nachts gefahren wird. Dann wird in Schicht gearbeitet, der Steuermann löst den Kapitän ab. Andernfalls fährt man je nach Mannschaftsgröße (abhängig vom Schiffstyp) 18 Stunden pro Tag (100 h : 18 = 5 d 10 h unterwegs) oder 14 Stunden pro Tag (100 h : 14 = 7 d 2 h unterwegs). Die Entfernung von Rotterdam bis Basel ist aus der Distanztabelle von Aufgabe 3 zu entnehmen. Pro Stunde kommt das Schiff 8,3 km weit.

5 Diese Aufgabe könnte noch erweitert werden, indem die Schülerinnen und Schüler die Grundidee der Aufgabe c. übernehmen und sich gegenseitig (sinnvolle/sinnlose) Rechnungen notieren, um die Fähigkeit eine Rechnung mit gegebenen Informationen in Zusammenhang zu bringen, weiter zu trainieren.

6 Folgende Aktivitäten sind möglich:
- Unterschiede ausrechnen: Länge, Breite, Tiefgang, Motorenstärke, Besatzung, Passagiere
- Ranglisten erstellen: Größe, Kapazität, ...

Warum nimmt die Passagiertragfähigkeit ab, je länger das Schiff wird, nachdem alle anderen Angaben zunehmen?

Nicht die Größe des Schiffes ist für die Passagierzahl in erster Linie maßgebend, sondern die Art des Schiffes. Ausflugsschiffe benötigen keine Kabinen, der Passagier ist in der Regel eine bis vier Stunden unterwegs. Auf dem Kabinenschiff übernachten die Passagiere, entsprechend nimmt der Platzbedarf zu und somit die Kapazität ab. Auf einem Kreuzfahrtschiff steigt der Platzbedarf pro Person nochmals an. Wegen der Brücken, die über den Rhein führen, hat ein Hotelschiff maximal drei Decks, während ein Hochseeschiff bis zu zwölf Decks aufweist. Das erklärt wiederum die Zunahme der Passagierkapazitäten auf einem Hochseeschiff bei fast gleich bleibender Länge.

7 Siehe Abbildung unten.
Mit der Klasse könnte man die Situation aufzeichnen und den Abstand zwischen dem Schiff der maximalen Größe und den Schleusenwänden berechnen. Dabei lässt sich das Entnehmen von Informationen und das Ordnen gut üben.
In der Breite hat es auf jeder Seite noch 30 cm Raum. In der Länge hat es bei der alten Schleuse am Bug und am Heck je 35 m, bei der neuen Schleuse je 40 m Reserveraum. Die Unterschiede in der Breite und in der Länge mögen erstaunen: Die große Reserve vorne und hinten am Schiff ist notwendig, damit die Schiffe die Schleusentore auch unter schwierigen Manövrierverhältnissen nicht berühren (Schäden!). Hingegen verursacht das Touchieren an der Seite weder am Schiff noch an der Schleusenwand einen Schaden. Zusätzlich haben die Schiffe an der Seite einen Fender (Schutzleiste).
Die zwei Schiffe passen nicht nebeneinander in die Schleuse. Lässt man sie hintereinander einfahren, so haben sie eine Länge von 180 m, jedoch ist kein Abstand zwischen den Schiffen. Somit passen die zwei Schiffe nur in die neue Schleuse hintereinander oder in zwei getrennte Schleusen.

Lösungen

1

a. Lisa geht von einer 7-Tage-Woche aus:
820 · 7 = 5740
In einer Woche kommen also etwa 5740 Hochseefrachter an.

b. Tim geht ebenfalls von einer 7-Tage-Woche aus:

	täglich	pro Woche	pro Jahr (52 Wochen)
Hochseefrachter	820	5740	298 480
Frachtschiffe	140	980	50 960
Eisenbahnwaggons	7000	49 000	2 548 000
Lastwagen	9000	63 000	3 276 000
Gesamt	16 960	118 720	6 173 440

c. Es könnten z. B. die jeweilige Anzahl pro Jahr (hier: 52 Wochen) berechnet werden (siehe Tabelle oben).

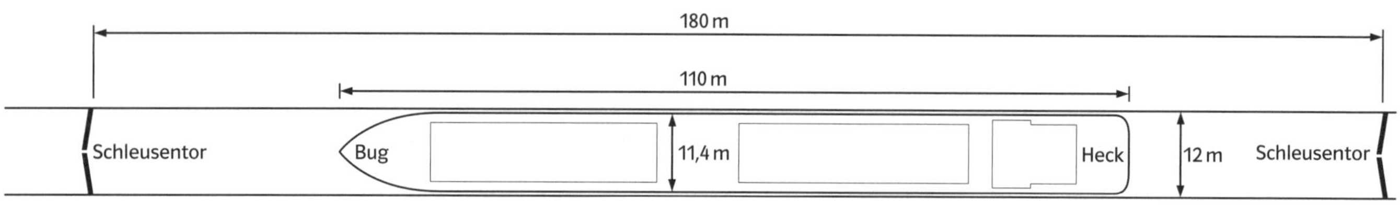

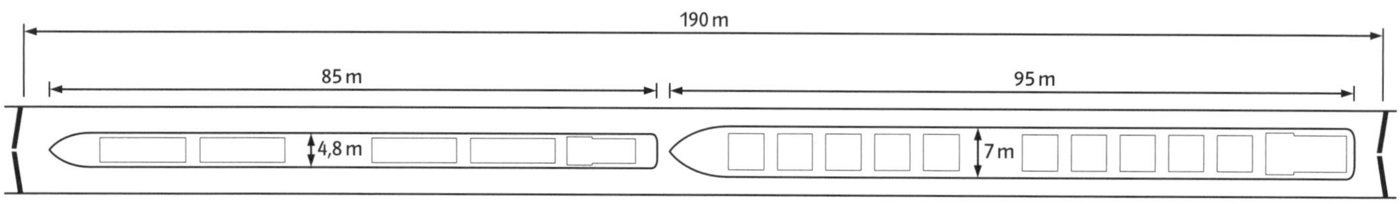

3 Einträge Kopiervorlage Distanztabelle

Orte am Rhein	Konstanz	Rheinfall	Birsfelden	Basel	Straßburg	Mannheim	Mainz	Köln	Düsseldorf	Duisburg	Rotterdam
Konstanz		48	160	167	294	420	498	688	743	770	1000
Rheinfall	48		112	119	246	372	450	640	695	722	952
Birsfelden	160	112		7	134	260	338	528	583	610	840
Basel	167	119	7		127	253	331	521	576	603	833
Straßburg	294	246	134	127		126	204	394	449	476	706
Mannheim	420	372	260	253	126		78	268	323	350	580
Mainz	498	450	338	331	204	78		190	245	272	502
Köln	688	640	528	521	394	268	190		55	82	312
Düsseldorf	743	695	583	576	449	323	245	55		27	257
Duisburg	770	722	610	603	476	350	272	82	27		230
Rotterdam	1000	952	840	833	706	580	502	312	257	230	

4

a. 3 000 000 t : 25 t = 120 000 Güterwagen
120 000 · 11 m = 1 320 000 m = 1320 km
Der Eisenbahnzug wäre 1320 km lang.
3 200 000 t : 16 t = 200 000 Lastwagen
200 000 · 18 m = 3 600 000 m = 3600 km
Die Lastwagenkolonne wäre 3600 km lang.

b. 100 Stunden sind 4 Tage und 4 Stunden.
Die Entfernung von Basel bis Rotterdam beträgt 833 km.
Pro Stunde kommt das Schiff 8,3 km weit.

5

a. Teilt man 1300 durch 12, so erhält man 108 und einen Rest von 4, d. h. man benötigt 108 Kisten, wobei dann aber 4 Teile nicht verpackt wären. Also werden 109 Kisten benötigt.
Teilt man 109 durch 20, so erhält man 5 und einen Rest von 9, d. h. man benötigt 5 Container, wobei 9 Kisten nicht verpackt wären. Somit benötigt man also 6 Container.
Für die 1300 Teile werden 6 Container benötigt, die jedoch nicht komplett gefüllt sind.

b. Herr Z. rechnet: 6 · 20 · 12 = 1440. Er verkauft also 1440 Teile. Für diese 1440 Teile benötigt er 6 · 20 = 120 Kisten.

c. Herr Z. berechnet, wie viele Teile auf das Containerschiff Alpina passen.

Leistungsaufgabe

Teilaufgabe	Kompetenz	Anforderungsbereich
a.	K 6	I, II
b.	K 4	II
c.	K 6	I

1 Eine Maschinenfabrik in der Nähe von Basel verkauft Maschinenteile in alle Welt. Je 12 Teile werden in eine Kiste verpackt und zum Containerhafen in Basel gefahren. In einem Container haben 20 Kisten Platz. Das Containerschiff Alpina kann 498 Container aufnehmen und bringt die Fracht nach Rotterdam, wo die Container auf ein Hochseeschiff umgeladen werden.

a. Finn hat dazu im Mathematikunterricht folgende Rechnungen durchgeführt.
$20 \cdot 498 = 9960$ $\qquad$ $12 \cdot 5 = 60$
Beschreibe, was er jeweils ausgerechnet hat.

b. Finn hat erfahren, dass für die nächste Bestellung aus Brasilien nur $\frac{1}{3}$ des Containerschiffes Alpina gefüllt sein wird. Welche Rechnungen muss er durchführen, wenn er wissen will, wie viele Container noch auf das Schiff passen.

c. Herr Z., der Logistiker, hat festgestellt, dass sogar 14 Teile in die Kisten passen, wenn sie anders verpackt werden. Notiere die Informationen, die du benötigst, wenn du die folgende Frage beantworten sollst: Wie viele Kisten passen in das Containerschiff Alpina?

Lösungen zur Leistungsaufgabe

1

a. Bei der ersten Rechnung berechnet Finn die Anzahl der Kisten, die auf das Containerschiff Alpina passen.
Bei der zweiten Rechnung berechnet Finn, wie viele Teile in 5 Kisten passen (60).

b. $\frac{1}{3}$ von 498 Containern sind 166 Container; $498 - 166 = 332$, d. h. 332 Container passen noch auf das Schiff.
Finn muss also berechnen, wie viel $\frac{2}{3}$ von 498 sind oder (wie oben) $\frac{1}{3}$ von 498 und dann diese Anzahl von der Gesamtzahl abziehen.

c. Die neue Information wird hier nicht benötigt, jedoch muss man wissen, dass 20 Kisten in einem Container Platz haben und 498 Container auf das Schiff passen.

Kompetenzerwartungen
- Mit Distanzen und Zeiten rechnen (K 5)
- Verschiedene Arten von Grafiken kennen und lesen lernen (K 4, K 6)
- Verbindung von Sport und Mathematik wahrnehmen

Einordnen

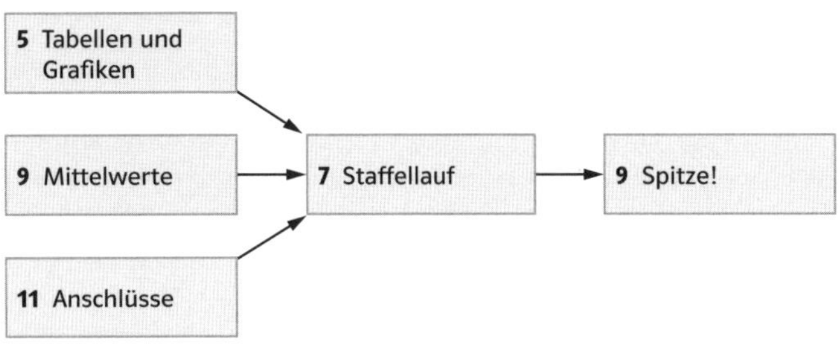

Zur Sache

Worum geht es?

Wer Sport treibt, erfährt Mathematik: Zeiten stoppen, Ranglisten erstellen, Laufdistanzen ausrechnen, Höhen messen, Leistungen vergleichen. Das Thema Staffellauf eignet sich speziell, um die vier Grundoperationen praxisnah anzuwenden sowie Grafiken zu lesen und zu verstehen.

Zum Unterricht

Was wird benötigt?

Malkreiden für den Schulhof.

Vorschlag zur Stundenverteilung

Stunde	1, 2	3	4
LU	1	2	3

Wie kann man vorgehen?

Rennsteig-Staffellauf

1 Die Zeit in der Tabelle wird in Stunden, Minuten und Sekunden angegeben, die Schreibweise 01 : 03 : 24 ist zwar üblich, aber nicht allen Kindern geläufig.

d. Das Lesen des Streckenprofils ist anspruchsvoll. Bevor ein Bericht geschrieben wird, sollen im Klassen- oder Gruppengespräch Aussagen gemacht werden wie:
- Der höchste Punkt der Strecke wird auf der 7. Etappe erreicht.
- Die Gesamtstrecke beträgt 170,4 km. Die längste Strecke beträgt 20,1 km.
- …

Schulsportfest

2

a. Eine Arbeitsteilung ist möglich: Wer macht was?
Arbeiten vorbereiten: Wie könnten die vier Laufkurse gezeichnet werden?
Die vier Zeichnungen vergleichen. Differenzen und Schwierigkeiten besprechen.
Man beachte, dass beim Kurs I der dritte Läufer von C nach C über A und B und nicht über D läuft (Länge 560 m, im Gegensatz C bis A: 250 m).
Statt im Heft oder auf Papier können die Wegstrecken auf dem Schulhof aufgezeichnet werden.

Staffel-Weltrekorde

3 Die Zeiten bei den Sprintwettkämpfen sind in Hundertstelsekunden, in Kommaschreibweise angegeben.
Der Einzelweltrekord über 400 m ist bei den Damen und den Herren schneller als der Durchschnitt der 4 × 400-m-Staffel. Dies entspricht den Erwartungen, da kein Wettkämpfer oder keine Sprinterin schneller sein kann als die Weltrekordhalterin oder der Weltrekordhalter.
Umso überraschender ist, dass diese Überlegung für die 100 Meter nicht gilt! Der Schnitt einer Staffelläuferin und eines Staffelläufers ist schneller als der Einzelweltrekord! Bei den Herren macht dies eine halbe Sekunde aus.
Drei Gedanken führen zur Erklärung dieses überraschenden Ergebnisses:
1. Der fliegende Wechsel im Staffellauf.
2. Die zeitraubende Startphase.
3. Der Anteil dieser Startphase bezogen auf die Gesamtstrecke.

Erklärung: Die Stabübergabe bei den Staffelläufen erfolgt im Lauf, also „fliegend“. Die meiste Zeit „verliert“ der Sprinter oder die Sprinterin beim Start, bis die Maximalgeschwindigkeit erreicht wird. Dies ist sowohl bei den Einzelwettkämpfen wie beim Start der Staffeln so. Diese zeitraubende Startphase verteilt sich bei der Staffel rechnerisch auf vier Personen. Entscheidend ist nun bei kurzen Distanzen (100-m-Lauf), dass der Anteil der Startphase im gesamten 100-m-Lauf verhältnismäßig groß ist. Somit wird das ausgerechnete Einzelresultat bei der Staffel kleiner als beim Einzelwettkampf.
Bei 400 m ist dies nicht mehr der Fall, weil der Anteil der Startphase im Verhältnis zum Gesamtrennen kleiner und somit unbedeutender wird. Dies würde nicht gelten, wären vier Einzelweltmeister am Rennen. Dies ist aber nicht realistisch und somit bleibt auch weiterhin der Einzelweltrekord für 400 m schneller als die einzelne Person in einer Staffel.

c. Eine mögliche Aufgabenstellung: Die Zeitunterschiede zwischen den Männer- und Frauenrekorden ausrechnen.

Strecke	Damen	Herren	Unterschied
100 m	10,49 s	9,85 s	0,64 s
4 × 100-m-Staffel	41,37 s	37,40 s	3,97 s
400 m	47,60 s	43,29 s	4,31 s
4 × 400-m-Staffel	3 min 15,17 s	2 min 54,20 s	20,97 s

Wie könnte es weitergehen?

- Selbst Staffelwettkämpfe organisieren (in der Halle, draußen usw.).
- Miniprojekt: Eine Staffel mit verschiedenen Disziplinen planen und durchführen: Dreibeinlauf, Inline skaten, „Bobby-Car-Rennen", (alte) Langlaufski über den Rasen ...
  Strecke und Streckenprofil zeichnen, Ausschreibung des Wettkampfes sowie Stoppen und Darstellen der einzelnen Zeiten.

Lösungen

1

a. Da der Staffellauf jährlich stattfindet, fand der erste Rennsteig-Staffellauf im Jahr 1999 statt.
b. Gesamtzeiten: TSV Ostheim 10:47:19; Laufladen Erfurt/Jena 10:47:37; Werratal Runners 12:17:01
c. Der 9. Läufer von TSV Ostheim hat auf den Läufer der Werratal Runners 19:51 min gewonnen.
d. Der 4. Läufer läuft mit 21,1 km die längste Strecke, der 7. Läufer mit 13,8 km die kürzeste Strecke.
e. Der 10. Streckenabschnitt verläuft nahezu bergab und könnte mit dieser Begründung gewählt werden. Die Wahl des 4. oder 5. Streckenabschnitts ist auch denkbar, da sie verhältnismäßig kleine Steigungen haben.

Schulsportfest

2

b.

Kategorie	Gesamtstrecke in m
I	2260
II	1700
III	1140
IV	890

c.

Start – A:	210 m
A – B:	160 m
B – C:	150 m
C – A:	250 m
C – Ziel:	60 m, nämlich „B-Ziel" (210 m) minus „B-C" (150 m)
C – D:	220 m
D – C:	90 m, nämlich „D-Ziel" (150 m) minus „C-Ziel" (60 m)

Staffel-Weltrekorde

3

a. b.

Disziplin	Staffelzeit : 4	Einzelzeit	Differenz Staffelzeit/Einzelzeit
100 m Damen	10,34 s	10,49 s	0,15 s für die Staffel
100 m Herren	9,35 s	9,74 s	0,39 s für die Staffel
400 m Damen	48,79 s	47,60 s	1,19 s für die Einzelläuferin
400 m Herren	43,55 s	43,18 s	0,37 s für den Einzelläufer

Kompetenzerwartungen
- Statistische Stichproben durchführen (K 5)
- Aus Stichproben auf die Gesamtheit schließen (K 3)
- Durch Probieren und systematisches Vorgehen Zahlenkombinationen herausfinden (K 2)

Einordnen

Zur Sache

Begriffe

Kombinationen, Kombinationsmöglichkeiten, (Strichliste, Baumdiagramm)

Merktexte

Wenn man die Möglichkeiten systematisch aufschreibt, kann man die Anzahl aller Möglichkeiten leichter bestimmen.

Worum geht es?

Viele Schülerinnen und Schüler in diesem Alter lesen gerne Kriminalgeschichten. Sie wissen, dass die Polizei beim Aufklären von Verbrechen oft Einzelinformationen wie ein Puzzle zusammensetzen muss, um Täter oder Täterinnen zu finden. Das erfordert einiges an Kombinationsfähigkeit. Sie ist auch auf dieser Doppelseite gefordert. In verschiedenen Sachzusammenhängen muss man Zahlen zusammensetzen und herausfinden, wie viele Kombinationsmöglichkeiten vorhanden sind. Dabei kommt es in einer ersten Phase nicht so sehr darauf an, dass schon von Anfang an systematisch vorgegangen wird. Man soll vorerst ausgiebig verschiedene Möglichkeiten ausprobieren. Das Bedürfnis nach Systematik sollte erst im Verlauf der Arbeit geweckt werden. Die Lernenden ordnen die bereits gefundenen Möglichkeiten und stellen sie übersichtlich dar. Naturgemäß finden die Lernenden ganz unterschiedliche Darstellungsarten. Ein Vergleich zeigt, dass eine systematische und übersichtliche Darstellung für eine Kontrolle, ob man alle Lösungen gefunden hat, vorteilhaft ist. Man soll daher den Lernenden keine systematische Darstellungsart vorgeben. Diese zu finden gehört zum Lernprozess. Das Einführungsproblem ist zudem angereichert durch eine Fragestellung, die eine statistische Untersuchung erfordert.

Zum Unterricht

Was wird benötigt?

Kopiervorlage: Ziffernkärtchen
Demonstrationsmaterial: evtl. aktuelle Zeitungsmeldungen von Unfällen mit Fahrerflucht

Vorschlag zur Stundenverteilung

Stunde	1	2	3	4
LU	1	2, 3	4, 5	6, 7
AH			1 a.	1 b. – d.

Wie kann man vorgehen?

Die Lehrperson gibt den Lernenden aktuelle Beispiele von Zeitungsmeldungen, in denen Zeugen gesucht werden. Ausgangspunkt kann auch der Text auf der Schulbuchseite sein. Die Lernenden äußern ihre Erlebnisse und evtl. auch Ängste. Die Arbeit der Polizei kommt zur Sprache. Man spricht über die Bedeutung von Zeugen. Vielleicht war auch schon jemand in der Klasse Zeuge eines Unfalls oder sonst eines besonderen Ereignisses. Man weist darauf hin, wie wichtig eine gute Beobachtungsgabe ist. Nur allzu schnell glauben einzelne Leute, sich an etwas Bestimmtes zu erinnern, das gar nicht so stattgefunden hat. Sie bilden es sich nur ein. Es kommt auch vor, dass jemand bewusst falsches Zeugnis ablegt. Die Polizei ist auf Zeugen angewiesen, die gut beobachten und sich gut an Details erinnern können. Zeugeninformationen und Spuren auf dem Unfallplatz werden zusammengetragen. Mit wissenschaftlichen Methoden, zu denen auch Mathematik gehört, werden die einzelnen Teile ausgewertet. Dies kann zur Aufklärung eines Falles führen.

1 Die Lernenden können die Verkehrszählung als Hausaufgabe durchführen. Allerdings muss eine solche Verkehrszählung vorbereitet werden. Man muss entscheiden, welche Merkmale untersucht werden sollen. Eine entsprechende Tabelle für eine Strichliste wird vorbereitet, zum Beispiel:

rot	blau	grün	schwarz	weiß	grau	andere

Die Beobachtungen der Schülerinnen und Schüler werden gesammelt und besprochen. Bei verschiedenen Zählungen und Ergebnissen ist es sinnvoll, einen Durchschnitt zu berechnen. Wie viele Autos von den jeweils 100 gezählten sind im Durchschnitt rot, blau, grün usw.? Dabei können Erkenntnisse gemacht werden wie:
„Etwa 8 von 100 Autos sind rot, d. h. etwa 4 von 50 Autos sind rot oder etwa 16 von 200 Autos sind rot oder etwa jedes zwölfte Auto ist rot." Unter Umständen kommt hier von den Lernenden eine Formulierung mit Prozenten vor. Dann soll die Gelegenheit benützt werden, den Begriff kurz zu erklären (natürliches Spiralprinzip).

2 Hier können die Ziffernkärtchen hervorgeholt oder rasch erstellt werden. Dies kann eine große Hilfe beim systematischen Vorgehen sein. Beispielsweise werden 3 Kärtchen mit der Ziffer 1 gelegt. Das Kärtchen mit der Ziffer 2 kann dann an 4 verschiedenen Orten hingelegt werden. Es gibt 14 Nummern:
1112; 1121; 1211; 2111
1122; 1212; 1221; 2112; 2121; 2211
1222; 2122; 2212; 2221

Die Anzahl der Lösungen kann auch ohne Auflisten aller Lösungen gefunden werden: Als erste Ziffer kommt nur die 1 oder 2 in Frage, als zweite, dritte und vierte Ziffer gibt es jeweils auch 2 Möglichkeiten. Das ergibt insgesamt $2 \cdot 2 \cdot 2 \cdot 2 = 16$ Lösungen. Darin sind jedoch die Lösungen 1111 und 2222 inbegriffen. Diese Lösungsmethode wird durch das Baumdiagramm veranschaulicht:

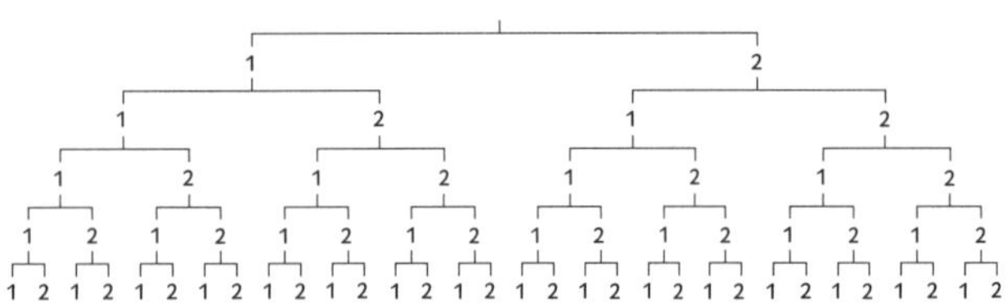

Die Polizei muss also nur noch 14 Autos eines Bezirks untersuchen.

3 Mit Ediths Hinweis, dass das Auto rot ist, dürften es wohl nur noch 1–2 Autos sein, da etwa 10 % der Autos rot sind. Und das werden kaum alles VW-Busse sein! Also kann man mit hoher Wahrscheinlichkeit genau feststellen, mit welchem Auto der Täter oder die Täterin gefahren ist.

4

a. Verschiedene Beispiele sind möglich.
b. $4 \cdot 9 = 36$ Kennzeichen
c. Es können Zahlen oder Bilder ergänzt werden. Die Anzahl der Kennzeichen ergibt sich durch Multiplikation von der Anzahl der Zahlen mit der Anzahl der Bilder.

5 Gedanklich kann man sich die Anzahl Lösungen auch als Baumdiagramm vorstellen.

a. Für die erste Ziffer kommen 9 Ziffern in Frage (die 0 steht nie am Anfang). Für die zweite Ziffer kommen alle 10 Ziffern in Frage. Die dritte Ziffer muss zwingend die gleiche sein wie die erste. Also gibt es $9 \cdot 10 = 90$ solche Autonummern.
b. Hier gibt es mit gleicher Überlegung wie in 2 a.
$9 \cdot 10 = 90$ solche Autonummern.
c. Insgesamt gibt es also 180 3- und 4-stellige Autonummern.

6 2. Stelle ist 3, dann gibt es 10 Möglichkeiten:
1300; 1310; 1320 usw.
3. Stelle ist 3, dann gibt es auch 10 Möglichkeiten, also insgesamt 20 Möglichkeiten.

7

a. $2 \cdot 2 \cdot 2 = 8$
da aber 5 und 7 vorkommen, müssen 555 und 777 herausgenommen werden.
$8 - 2 = 6$
b. Für die erste Gruppe von 3 Ziffern kommen entweder nur die Zahl 110 (wenn die Elferreihe nur bis $10 \cdot 11$ interpretiert wird) oder die 9 Elferzahlen von 110 bis 198 in Frage. Für die restlichen beiden zweistelligen Zahlengruppen kommen 9 zweistellige Zahlen in Frage, nämlich 11 bis 99. Es gibt also insgesamt, je nach Auffassung, $1 \cdot 9 \cdot 8 = 72$ oder $9 \cdot 9 \cdot 8 = 648$ solche Telefonnummern.

Wie könnte es weitergehen?

- Selbst kombinatorische Fragen zu Auto-, Telefon-, Zahlenschloss- oder Kartennummern erfinden. Aufgepasst: Die Antwort ist oft nicht einfach zu finden.
- Welche Telefonnummern kann man sich gut merken? (z. B. Taxinummern)
- Gedächtnistechniken finden, um sich Zahlen, zum Beispiel Telefonnummern, zu merken.

Literatur

- G. Wieland: Stochastik, sabe Verlag, Zürich 1986
- A. Büchter, H.-W. Henn: Elementare Stochastik, Axel Springer Verlag, Heidelberg 2007

Bruchteile von Größen 29

Kompetenzerwartungen
- Bruchteile von Größen bestimmen (K 5)
- Unterschiedliche Schreibweisen für die gleiche Größenangabe kennen und einander zuordnen (K 4)

Einordnen

13 Größen und Komma → **29** Bruchteile von Größen → **30** Bruchteile legen und zeichnen

Zur Sache

Begriffe

Bruchteile von Längen, Gewichten, Rauminhalten (Volumen) und Zeitspannen, dl, cl, ml, hl

Merktexte

Längen
1 km = 1000 m
1 m = $\frac{1}{1000}$ km = 0,001 km

Beispiel für verschiedene Arten, eine Länge anzugeben:

400 m = 0,4 km
= 0,400 km
= $\frac{4}{10}$ km
= $\frac{2}{5}$ km
= 4000 dm
= 40 000 cm

Gewichte
1 t = 1000 kg
1 kg = $\frac{1}{1000}$ t = 0,001 t

Rauminhalte
1 hl = 100 l
1 l = $\frac{1}{100}$ hl = 0,01 l

Worum geht es?

Schülerinnen und Schüler erfahren, dass Größenangaben in verschiedenen Darstellungsformen auftreten. Sie sollen die Gleichwertigkeit dieser Schreibweisen kennen und Größenangaben in der einen Schreibweise den entsprechenden anderen Schreibweisen zuordnen können.
Beispiel:
$\frac{1}{2} = \frac{3}{6} = \frac{123}{246} = 0{,}5 = 0{,}50 = 0{,}500 = 1:2 = 5:10 = \ldots$
Im Vordergrund steht deshalb der Aufbau von sicheren Vorstellungen und Beziehungen in den verschiedenen Größenbereichen. Es geht noch nicht darum, Umwandlungen von der einen in eine andere Darstellungsform zu automatisieren.
Größenangaben mit gewöhnlichen Brüchen, z. B. $\frac{3}{5}$ m können wir uns in der Regel weniger gut vorstellen. Wir rechnen diese Angaben in eine andere Einheit, z. B. in Zentimeter, um:
1 m : 5 = 20 cm, 20 cm · 3 = 60 cm. Schülerinnen und Schüler sollen solche Umrechnungen von gebräuchlichen Bruchteilen (Halbe, Viertel, Fünftel, Zehntel, Zwanzigstel, Fünfundzwanzigstel, Fünfzigstel, Hundertstel, Tausendstel) bis zur sicheren Verfügbarkeit üben.

Zum Unterricht

Was wird benötigt?

Arbeitsmaterial: ggf. Packpapier; ggf. feste, dünne Schnur; Messgeräte (z. B. Messband, Maßstab), Messband aus Papier, z. B. aus Möbelhäusern oder Baumärkten, Messbecher, ggf. Balkenwaage mit Gewichtstücken, Zeichenuhr (s. LU 21).

Vorschlag zur Stundenverteilung

Stunde	1	2	3	4	5
LU	1, 2, 3, 4	5, 6, 7	8, 9	10, 11	
AH	1	2, 3, 4	5, 6	7, 8	9, 10, 11, 12, 13

Wie kann man vorgehen?

Als Einstieg zeigt die Lehrkraft anhand der Abbildung im Schulbuch auf, wie das Längenmaß „Meter" entstanden ist.

„Ein König, ein Gesetz; ein Gewicht, ein Maß!", riefen die Menschen im Jahre 1789 beim Ausbruch der Französischen Revolution. Es gab damals eine Unmenge gefälschter Normalmaße, sodass immer wieder betrogen wurde. Die Menschen verlangten nach einem einheitlichen und vor allem genauen Maßsystem.
Um ein solches Grundmaß zu finden, berechneten die beiden Gelehrten Delambre und Méchain in siebenjähriger Arbeit den 40-millionsten Teil des Erdumfanges. 1795 wurde die Maßeinheit „Meter" in Frankreich eingeführt. Das Urmeter aus Platin-Iridium wird in Breteuil bei Paris aufbewahrt. In der Physikalisch-Technischen Bundesanstalt in Braunschweig (Niedersachsen) befindet sich eine Kopie des Urmeters von Paris, ein so genanntes „Schlafmaß".
1983 wurde das Längenmaß Meter neu definiert: Ein Meter ist die Länge der Strecke, die Licht im Vakuum während der Dauer von $\frac{1}{299792458}$ Sekunden durchläuft.
Zum Messen genügt die Grundeinheit „Meter" allein nicht. Wir verwenden auch Teile oder Vielfache davon: Dezimeter, Zentimeter, Millimeter und Kilometer.
Ähnlich wie bei den Längenmaßen wurden auch Einheiten für Gewichte und Rauminhalte festgelegt. Das „Urkilogramm" wird in Sèvres bei Paris aufbewahrt. Für die Maßeinheit „Liter" hat man den Inhalt eines Würfels mit der Seitenlänge 1 dm gewählt.
Im metrischen System bekommt die Zehner-, Hunderter- und Tausenderteilung eine besondere Bedeutung. Dies kann nach der Bearbeitung an der Aufgabe 5 thematisiert werden:

$10\,cm = \frac{1}{10}\,m = 0{,}1\,m$

$15\,cm = \frac{15}{100}\,m = 0{,}15\,m$ oder $\frac{1}{10}\,m + \frac{5}{100}\,m$

$1\,dm = \frac{1}{10}\,m = 0{,}1\,m$

$1\,cm = \frac{1}{100}\,m = 0{,}01\,m$

$1\,mm = \frac{1}{1000}\,m = 0{,}001\,m$

Schülerinnen und Schüler lernen die Bedeutung der SI-Vorsätze kennen:
Dezi- bedeutet Zehntel: 3 Deziliter = $\frac{3}{10}\,l = 0{,}3\,l$
Zenti- bedeutet Hundertstel: 6 Zentiliter = $\frac{6}{100}\,l = 0{,}06\,l$
Milli- bedeutet Tausendstel: 9 Milliliter = $\frac{9}{1000}\,l = 0{,}009\,l$

In dieser Lernumgebung treten Zeitmaße als Besonderheit auf. Abweichend von Zehner-, Hunderter- und Tausenderteilung erleben die Schüler hier die Unterteilung in Sechzigstel, die in den einzelnen Aufgaben thematisiert wird. Zur Unterstützung der Vorstellung kann hier auf die Zeichenuhr zurückgegriffen werden.

Angabe der Ergebnisse
Es ist nicht sinnvoll, von den Schülerinnen und Schülern nur eine bestimmte Darstellungsform zu verlangen. Vielmehr sind die Kinder zu ermutigen, ein Ergebnis auf verschiedene Arten darzustellen und zu entscheiden, bei welcher Darstellung man sich die Größe am besten vorstellen kann.
Bei leistungsschwächeren Kindern begnügt sich die Lehrkraft bereits mit zwei verschiedenen Darstellungen.

1 **2** **3** Gruppenweise falten bzw. knicken die Schüler und Schülerinnen ein 1 m langes Papiermaßband in die verschiedenen Teilstücke und ermitteln so die gesuchte Länge. Diese geteilten Maßbänder können anschließend auf einem Plakat ausgestellt werden. Alternativ zum Papiermaßband zeichnen die Schüler und Schülerinnen eine Strecke von genau 1 m Länge auf Packpapier. Weiter schneiden sie von einer dünnen Schnur ein Stück mit der genauen Länge von 1 m ab. Durch Zerlegen der Schnur in verschiedene gleiche Teile bestimmen die Kinder die Unterteilungen des Meters. Sie übertragen diese Unterteilungen auf ihre Meterstrecke. Für beide Methoden sollte im Unterricht besprochen werden, wie man die Länge bestimmt, wenn kein Stammbruch vorliegt.

6 **7** Stehen Waagen und Gewichtstücke zur Verfügung, lassen sich diese Aufgaben praktisch durchführen.

Wie könnte es weitergehen?

- Die Kinder stellen selbst Quartettspiele zu Größen her und üben damit.
  Beispiel für ein Kartenquartett:

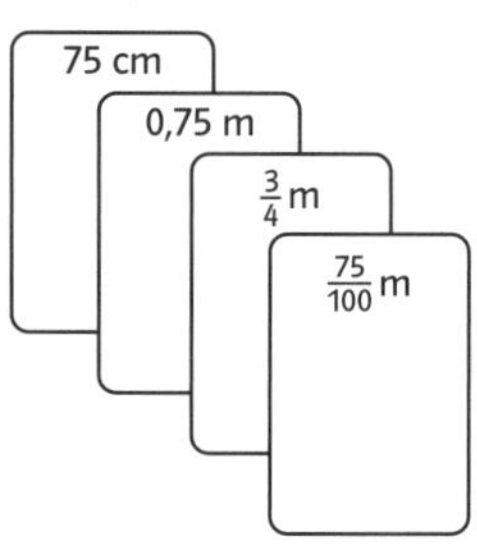

Literatur

Wolfgang Trapp: Kleines Handbuch der Maße, Zahlen, Gewichte und der Zeitrechnung, Komet Verlag, Köln 2001

Lösungen

1

a. 50 cm; $33{,}\overline{3}$ cm; 12,5 cm
b. 50 cm; 37,5 cm; $16{,}\overline{6}$ cm

2

a. 20 cm; 10 cm; 1 cm
b. 40 cm; 30 cm; 10 cm

3

a. $66{,}\overline{6}$ cm; 50 cm; 40 cm
b. 25 cm; 12,5 cm; 6,25 cm
c. 20 cm; 40 cm; 5 cm

4

a.

0,10 m	100 mm	$\frac{1}{10}$ m	1 dm	
25 cm	0,25 m	250 mm	2,5 dm	
60 cm	$\frac{6}{10}$ m	$\frac{5}{3}$ m	600 mm	6 dm
12,5 cm	0,125 m	1,25 dm	$\frac{1}{8}$ m	

b.

$\frac{1}{2}$ km	0,500 km	50 000 cm
$\frac{1}{20}$ km	0,050 km	5000 cm
$\frac{1}{200}$ km	0,005 m	500 cm

c.

$\frac{1}{2}$ m	50 cm	500 mm
$\frac{1}{20}$ m	5 cm	50 mm
$\frac{1}{200}$ m	0,5 cm	5 mm

5

a.
$33\frac{1}{3}$ cm ≈ 33,3 cm ≈ 33 cm 3 mm
$16\frac{2}{3}$ cm ≈ 16,6 cm
$12\frac{1}{2}$ cm 12,5 cm
$11\frac{1}{9}$ cm ≈ 11,1 cm

b.
$33\frac{1}{3}$ cm ≈ 33,3 cm
50 cm
$66\frac{2}{3}$ cm ≈ 66,6 cm
$83\frac{1}{3}$ cm ≈ 83,3 cm

Somit passen nur $\frac{1}{6}$ m, $\frac{1}{8}$ m und $\frac{1}{9}$ m ins Heft.

6 Mögliches Vorgehen:
$\frac{1}{2}\,km = 500\,m$, $\frac{1}{4}\,km = 250\,m$; $500\,m + 250\,m = 750\,m$
$\frac{1}{2}\,km + \frac{1}{4}\,km = \frac{3}{4}\,km = 750\,m = 0{,}750\,km$

a.

750 m	0,750 km	$\frac{3}{4}$ km	
75 cm	0,75 m	7,5 dm	$\frac{3}{4}$ m
7,5 cm	75 mm	0,75 dm	$\frac{3}{4}$ dm
7,5 mm	0,75 cm	$\frac{3}{4}$ cm	

b.	0,8 m	8 dm	80 cm	800 mm	$\frac{4}{5}$ m
	1,5 m	15 dm	150 cm	1500 mm	$\frac{6}{4}$ m
	1,2 m	12 dm	120 cm	1200 mm	$\frac{12}{10}$ m
	0,19 m	1,9 dm	19 cm	190 mm	$\frac{19}{100}$ m

7

a.	500 g	**b.**	100 g
	2 · 100 g, 1 · 50 g		10 g
	2 · 100		1 g
	1 · 100 g, 2 · 10 g, 1 · 50 g		4 · 10 g

8 Mögliches Vorgehen:

$\frac{1}{2}$ kg = 500 g, $\frac{1}{20}$ kg = 50 g; 500 g + 50 g = 550 g

$\frac{1}{2}$ kg = $\frac{10}{20}$ kg, $\frac{10}{20}$ kg + $\frac{1}{20}$ kg = $\frac{11}{20}$ kg = 550 g, denn $\frac{1}{20}$ kg = 50 g

a.	0,550 kg, 550 g	**b.**	0,800 t, 800 kg
	0,275 kg, 275 g		1,200 kg, 1200 g
	0,220 kg, 220 g		0,190 kg, 190 g
	0,110 kg, 110 g		0,555 kg, 555 g

9

a.	0,002 kg	$\frac{2}{1000}$ g	2000 mg
	0,020 kg	$\frac{2}{100}$ g	20 000 mg
	0,200 kg	$\frac{2}{10}$ g	200 000 mg
b.	0,125 kg	125 g	$\frac{125}{1000}$ kg
	600 g	$\frac{6}{10}$ kg	$\frac{3}{5}$ kg
	0,400 kg	$\frac{4}{10}$ kg	$\frac{2}{5}$ kg

10

a.	0,2 l	20 cl	200 ml	$\frac{2}{10}$ l
	3 dl	30 cl	300 ml	$\frac{3}{10}$ l
	2,5 dl	25 cl	250 ml	0,25 l
b.	$\frac{8}{1000}$ l	0,8 cl	0,08 dl	
	$\frac{8}{100}$ l	80 ml	0,8 dl	
	$\frac{8}{10}$ l	80 cl	800 ml	

11 Mögliches Vorgehen:

$\frac{1}{5}$ l = 2 dl, $\frac{1}{10}$ l = 1 dl; 2 dl + 1 dl = 3 dl

$\frac{1}{5}$ l = $\frac{2}{10}$ l, $\frac{2}{10}$ l + $\frac{1}{10}$ l = $\frac{3}{10}$ l = 3 dl

a.	3 dl	11 cl	11 l
b.	1,11 l	1,7 l	2,1 l

30 Bruchteile legen und zeichnen

Kompetenzerwartungen
- „Rechnungen mit Brüchen" durch Legen und Zeichnen von Bruchteilen darstellen (K 4) und das Ergebnis aus dem Bild begründet ablesen (K 1)

Einordnen

20 Bruchteile erkennen und darstellen →	**21** Bruchteile der Kreisfläche →	**30** Bruchteile legen und zeichnen

Zur Sache

Merktexte

Im Arbeitsheft sollen die Schülerinnen und Schüler eine Bruchrechenaufgabe mit ihrer Lieblingsmethode aufschreiben und lösen.
Beispiel: $\frac{1}{2} + \frac{1}{4} = \frac{3}{4}$ (mit Kreisteilen)

Worum geht es?

Es geht darum, dass Schülerinnen und Schüler Bruchrechnungen (Addition und Subtraktion) in einem Modell veranschaulichen und mithilfe dieser Veranschaulichung zum Ergebnis gelangen. **Es geht hier nicht darum, Rechenregeln zur Addition und Subtraktion von Brüchen einzuführen und zu üben!** Bewusst sollen unterschiedliche Modelle und Vorgehensweisen angewendet werden: Legen mit Bruchteilen aus Karton, zeichnen mit der Zeichenuhr, zeichnen auf kariertem Papier. Je nach Problemstellung wählen die Kinder selbst das in ihren Augen günstigste Modell und versuchen diese Wahl auch zu begründen.

Zum Unterricht

Was wird benötigt?

Arbeitsmaterial: Bruchteile, Zeichenuhr (Beilage zum Arbeitsheft), kariertes Papier

Vorschlag zur Stundenverteilung

Stunde	1	2
LU	1, 2, 3	4, 5, 6, 7
AH		1, 2, 3, 4

Wie kann man vorgehen?

Die Schülerinnen und Schüler werden aufgefordert, die Rechnung „$\frac{1}{2} + \frac{1}{4}$" und später „$\frac{3}{4} - \frac{1}{2}$" darzustellen. Sie können dabei auf verschiedene Modelle zurückgreifen:
- Die Rechnung kann mit Bruchteilen aus Karton gelegt werden.
- Die Rechnung kann mithilfe der Zeichenuhr gezeichnet werden.
- Die Rechnung kann auf kariertem Papier dargestellt werden. Bei diesem Modell muss zuerst das Ganze, zum Beispiel in Form eines Rechtecks, festgelegt werden.
  Dabei ist zu beachten, dass sich die gewählte Fläche gut halbieren und ebenfalls gut in vier gleiche Teile zerlegen lässt.
- Christians Methode ist sehr wichtig, wenn man Bruchteile addieren möchte, die nicht als Teil des Kreises darstellbar sind. Beispiel: $\frac{1}{7} + \frac{1}{3}$

Schülerinnen und Schüler dokumentieren ihr Vorgehen in einer „Bildergeschichte" und ergänzen die einzelnen Darstellungen wenn nötig mit Text. Sie präsentieren einander ihre Darstellungen. Dabei zeigen und erläutern sie ihr Vorgehen und begründen ebenfalls die Wahl ihrer Darstellungsform. Im *Mathematikbuch* sind drei Beispiele wiedergegeben.

Die Darstellungen aus der Klasse kann man anschließend mit den Beispielen im Buch vergleichen. Dann bearbeiten die Kinder Aufgaben der rechten Seite. Es ist dabei nicht nötig, dass jedes Kind alle Aufgaben löst. Es ist jedoch sinnvoll, alle möglichen Darstellungen (Aufgaben 1–3) durchzuführen, damit man sich überhaupt für eine eigene Variante entscheiden kann.

Während der Arbeit werden eventuell einige Schülerinnen und Schüler Zusammenhänge und Gesetzmäßigkeiten beim Addieren und Subtrahieren von Brüchen entdecken. Es ist sinnvoll, solche Entdeckungen mit der ganzen Klasse zu thematisieren.

Mögliches Vorgehen
- Schülerinnen und Schüler formulieren ihre Entdeckungen:
  „Wenn ich Viertel und Achtel addieren will, kann ich aus den Vierteln Achtel machen."
  „Wenn ich Viertel und Drittel addieren will, muss ich Zwölftel machen."
  „$\frac{4}{6}$ ist das Gleiche wie $\frac{2}{3}$.
  $\frac{2}{3} - \frac{1}{3} = \frac{1}{3}$, also sind $\frac{4}{6} - \frac{1}{3} = \frac{1}{3}$."
  …
- Die Feststellungen oder Behauptungen einzelner Kinder werden an anderen Beispielen überprüft.
- Vor dem „Lösen" einer Aufgabe wie $\frac{3}{4} + \frac{1}{5}$ oder $\frac{2}{3} - \frac{3}{5}$ wird gemeinsam überlegt, wie man vorgehen könnte. Anschließend wird die Richtigkeit der Überlegungen mit Legen und Zeichnen von Bruchteilen überprüft.
- Schülerinnen und Schüler werden ermuntert, selbst und in ihrer Sprache eine Gesetzmäßigkeit oder Regel zu formulieren. An selbst formulierten Aufgaben wird die Gültigkeit überprüft.

Die Lehrperson sollte sich in dieser Phase des Unterrichts mit der Formulierung von Rechenregeln zum Bruchrechnen unbedingt zurückhalten.

4 Die Schülerinnen und Schüler ermitteln die Brüche und notieren die Rechnung und das Ergebnis.

5 Schülerinnen und Schüler begründen ihr gewähltes Vorgehen.

7 Die Schülerinnen und Schüler stellen ihre Lösungswege vor und beurteilen diese.

Lösungen

1

a. $\frac{3}{8}$
$\frac{6}{8} = \frac{3}{4}$
$\frac{9}{8} = 1 + \frac{1}{8}$

b. $\frac{5}{8}$
$\frac{3}{8}$
$\frac{1}{8}$

c. $\frac{7}{8}$
$\frac{1}{8}$

2

a. $\frac{5}{6}$
$\frac{7}{6} = 1 + \frac{1}{6}$
$\frac{9}{6} = 1 + \frac{1}{2}$

b. $\frac{3}{6} = \frac{1}{2}$
$\frac{2}{6} = \frac{1}{3}$
$\frac{1}{6}$

c. $\frac{6}{6} = 1$
0

3

a. $\frac{5}{10} = \frac{1}{2}$
$\frac{7}{10}$
$\frac{7}{10}$

b. $\frac{3}{10}$
$\frac{3}{10}$
$\frac{3}{10}$

c. $\frac{8}{10} = \frac{4}{5}$
$\frac{7}{10}$

4

a. $\frac{2}{3} + \frac{1}{9} \left(= \frac{7}{9}\right)$

b. $\frac{2}{3} - \frac{1}{6} \left(= \frac{3}{6} = \frac{1}{2}\right)$

c. $\frac{1}{2} + \frac{1}{5} + \frac{1}{5} \left(= \frac{9}{10}\right)$

5

a. $\frac{5}{6}$
$\frac{7}{10}$
$\frac{6}{10} = \frac{3}{5}$
$\frac{17}{30}$

b. $\frac{2}{4} = \frac{1}{2}$
$\frac{7}{12}$
$\frac{5}{8}$
$\frac{13}{20}$

c. $\frac{19}{15} = 1\frac{4}{15}$
$\frac{1}{15}$
$\frac{25}{24} = 1\frac{1}{24}$
$\frac{7}{24}$

d. $\frac{9}{14}$
$\frac{5}{8}$
$\frac{5}{14}$
$\frac{3}{8}$

e. $\frac{11}{12}$
$\frac{7}{6} = 1\frac{1}{6}$
$\frac{17}{12}$
$1\frac{2}{3}$

f. $\frac{7}{6} = 1\frac{1}{6}$
$\frac{5}{6}$
$\frac{3}{6} = \frac{1}{2}$
$\frac{1}{6}$

---

7 $\frac{6}{4} = \frac{3}{2} = 1 + \frac{1}{2}$ $\quad$ $\frac{9}{6} = 1 + \frac{1}{2}$ $\quad$ $\frac{12}{8} = 1 + \frac{1}{2}$

31 Zahlenrätsel

Kompetenzerwartungen
- Zahlentricks auf die Spur kommen (K 2)
- An einem Modell das Wesen der Variablen erfahren (K 3)
- Die zu den vier Grundoperationen gehörenden Begriffe vertiefen (K 5)

Einordnen

4 Grundrechenarten → **31** Zahlenrätsel → **32** Versteckte Zahlen

Zur Sache

Begriffe

Addition, Summe, (Summand)
Subtraktion, Differenz, (Faktor)
Multiplikation, Produkt
Division, Quotient

Worum geht es?

Diese Doppelseite steht am Anfang von verschiedenen Zugängen zur propädeutischen Algebra (vgl. Seite 22).
Statt Säckchen kann man auch eine schwarze Schachtel („Black Box"), ein Kreis- oder Vierecksymbol nehmen und kommt dabei noch näher an gängige Darstellungen von Variablen.
Durch eigenes Probieren sollen Zahlenrätsel, die stets das gleiche Ergebnis ergeben, gelöst und dann erklärt werden. In einer späteren Phase nehmen wir das Modell des Platzhalters – hier als Säckchen konkretisiert – zu Hilfe. Ferner geht es um das Umsetzen von mathematischen Sachtexten in konkrete Rechnungen und umgekehrt.

Zum Unterricht

Was wird benötigt?

Säckchen, Glaskugeln; alternativ hierzu symbolisierte Papiersäckchen und Unterlegscheiben oder Münzen, die man unter den Papiersäckchen verstecken kann

Vorschlag zur Stundenverteilung

Stunde	1	2	3	4	5
LU	1	2, 3, 4	5	6, 7	8, 9, 10
AH			1, 2, 3		

Wie kann man vorgehen?

Erfolgt der Einstieg mit dem Buch, ist die Phase des systematischen Probierens mit Zahlen (1; 2; 3 oder anderen) sehr wichtig. Das Modell mit den Säckchen sollte nicht zu früh erläutert werden.

Ein anderes Vorgehen könnte sein, das Thema „Zahlenrätsel" mit geschlossenem Buch anzugehen. Die Lehrperson führt ein, die Lernenden entdecken.
Eine Schülerin versteckt eine der Lehrperson unbekannte Zahl Kugeln in den Sack. Die Lehrperson bittet das Kind:
„Multipliziere die Anzahl Kugeln mit 4,
addiere 20,
dividiere durch 2 und
nimm 7 weg.
Welches Ergebnis erhältst du?"
Die Lehrperson subtrahiert 3 von der genannten Zahl. Die Hälfte davon ist die Anzahl Kugeln, die im Sack versteckt ist ...
Die Lehrperson als Gedankenleserin? Findet jemand den Trick heraus?
Anschließend kann man zu Aufgabe 1 übergehen.

2 Sie ist mit Aufgabe 1 identisch. Wenn diese genügend Gedankenarbeit abverlangt hat, kann man mit konkretem Handeln beginnen: Eine Anzahl Kugeln werden in dem Sack versteckt.

3

Denke dir eine Zahl.
Vervierfache sie.
Addiere 6.
Dividiere durch 2.
Das Doppelte der gedachten Zahl subtrahieren.
Ergebnis: 3
Das Ergebnis ist immer 3.

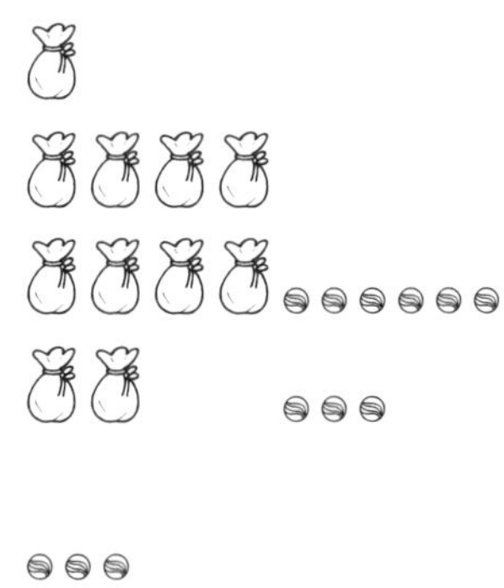

4

Denke dir eine Zahl.
Addiere eins.
Verdreifache das Ergebnis.
Subtrahiere die gedachte Zahl.

5 Diese Aufgabe muss nicht von allen Schülerinnen und Schülern bearbeitet werden.

6 Konkret mit Säckchen arbeiten lassen!

7 Diese Aufgabe weicht vom Muster der vorangehenden bewusst ab. Sie hat das Ziel, die Begriffe der vier Grundoperationen mit einem anderen Aufgabentypus zu wiederholen und aus einem Text eine Rechnung zu notieren.
Es ist darauf zu achten, dass die Kinder die Lösungsschritte nicht als Rechenkette notieren, sondern entweder mit Zwischenschritten oder mit Klammersetzung aufschreiben.

8 Die Kinder stellen Reihenuntersuchungen auf, z. B. zu c.:
$1 \cdot 4 = 4$; $4 - 1 - 1 - 1 = 1$
$2 \cdot 4 = 8$; $8 - 2 - 2 - 2 = 2$
$3 \cdot 4 = 12$; $12 - 3 - 3 - 3 = 3$
…
$100 \cdot 4 = 400$; $400 - 100 - 100 - 100 = 100$

10 Die Chance, selbst Zahlenrätsel zu erfinden, sollte unbedingt genutzt werden: Es gibt den Lernenden Gelegenheit, ihre individuellen Fähigkeiten ins Spiel zu bringen. Man erhält auf diese Weise gute Hinweise auf die individuelle Leistungsfähigkeit der Schülerinnen und Schüler. Außerdem kommt so in kurzer Zeit viel Übungsmaterial zusammen, das später wieder verwendet werden kann (zum Einsatz von Karteikarten vgl. Seite 36).

Wie könnte es weitergehen?

Weitere Zahlenrätsel erfinden und diese als zusätzliches Übungsmaterial für die Klasse nutzen, auch zu späteren Zeitpunkten zur Wiederholung (Karteikarten).

Lösungen

1 Das Ergebnis ist immer 1.

3 Das Ergebnis ist immer 3.

4
a. Es stimmt nicht.
b. Wenn die unbekannte Zahl eine 0 ist, dann stimmt die Behauptung.
c. Subtrahiert man vom Produkt das Dreifache der gedachten Zahl, ist das Ergebnis immer 3.

5

Denke dir eine Zahl. 

Addiere 15.  + 15 · ●

Multipliziere mit 4.  + 60 · ●

Subtrahiere 16.  + 44 · ●

Multipliziere mit 25. 100 ·  + 1100 · ●

Subtrahiere 500 (Kugeln). 100 ·  + 600 · ●

Dividiere durch 100.  + 6 · ●

Subtrahiere die gedachte Zahl. 6 · ● = ● ● ● ● ● ● = Zahl 6

Ergebnis: 6

6

Ich denke mir eine Zahl s (wie Säckchen)	s	
Verdopple s	$2 \cdot s$	oder $s + s$
Addiere 1	$2 \cdot s + 1$	oder $s + s + 1$
Verdreifache die Summe	$6 \cdot s + 3$	oder $s + s + s + s + s + s + 3$
Subtrahiere das Sechsfache von s	3	

Das Ergebnis ist immer 3.

7
a. 8
b. 48
c. 248
d. 1248

8
a. Das Ergebnis ist um 100 größer als die gedachte Zahl.
b. Das Ergebnis ist immer 15.
c. Das Ergebnis ist stets die Zahl selbst.
d. Auch hier ist das Ergebnis die Zahl selbst.
e. Es gibt jedes Mal 150.

9
Zu 8 a. Die gedachte Zahl ist 20.
Zu 8 b. Ich denke mir eine Zahl und addiere 27. Dann subtrahiere ich vom Ergebnis die gedachte Zahl und subtrahiere anschließend 12. An welche Zahl habe ich gedacht?
Zu 8 c. Ich denke mir eine Zahl und multipliziere sie mit 4. Vom Ergebnis subtrahiere ich die gedachte Zahl, dann subtrahiere ich wieder die gedachte Zahl und noch ein drittes Mal. Wie heißt meine gedachte Zahl?
Zu 8 d. Ich denke mir eine Zahl, addiere 23, subtrahiere 12, addiere 10 und subtrahiere schließlich noch 21. Wie heißt die Zahl?
Zu 8 e. Ich denke mir eine Zahl und dividiere sie durch die gedachte Zahl. Zum Ergebnis addiere ich zuerst 111, dann 38. Wie heißt die Zahl?

Leistungsaufgaben

Aufgabe	Kompetenz	Anforderungsbereich
1	K5, K1	I, II
2a.	K4	I
2b.	K1	II
2c.	K2	*

* Anmerkung: Diese Aufgabe kann auf verschiedenen Kompetenzstufen erfolgreich bearbeitet werden. Sie eignet sich daher auch zur Diagnose. Es wird trotz der Zeichnung Kinder geben, die die Aufgabe „von vorne" rechnen. Andere werden sehen, dass man „einfach nur" 2 addieren muss.

1 Setze anstelle des Säckchens verschiedene Zahlen ein. Was beobachtest du? Begründe.

2

a. Welches Zahlenrätsel ist dargestellt? Schreibe es in Worten.
b. Tina behauptet: Egal, welche Zahl ich einsetze, ich erhalte immer 2. Stimmt das? Begründe kurz.
c. Peter hat sich die Zahl 347 gedacht. Finde mit möglichst wenigen Rechenschritten heraus, welches Ergebnis er erhält.

Lösungen zu den Leistungsaufgaben

1 Man erhält immer das Zehnfache der Zahl.
Drei Mal die Zahl und sieben Mal die Zahl ist dasselbe wie zehn Mal die Zahl.

2

a. Denke dir eine Zahl, addiere 4, multipliziere mit 2 (oder: verdopple das Ergebnis), subtrahiere 4 und halbiere dieses Ergebnis anschließend.
b. Nein, Tinas Behauptung stimmt nicht. Sie erhält immer 2 mehr als die gedachte Zahl. Sie muss sich also die 0 gedacht haben, nur dann ist das Ergebnis 2.
c. Er erhält 2 mehr als seine gedachte Zahl, also 349.

Kompetenzerwartungen
- Texte in eine mathematische Darstellung übertragen (K4)
- Zu einer Operation die entsprechende Umkehroperation erkennen (K5)
- Unterschiedliche Lösungsstrategien nachvollziehen (K1, K6)
- Durch systematisches Probieren Ungleichungen erforschen (K2)

Einordnen

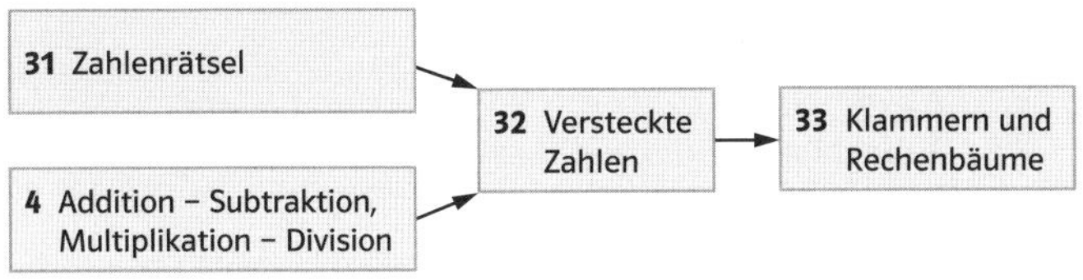

Zur Sache

Begriffe

Umkehrrechnung, Gleichung, Ungleichung, Kleinerzeichen, Größerzeichen

Merktexte

So sehen Umkehrrechnungen aus:

Rechnung	Umkehrrechnung
3 · 5 = 15	15 : 5 = 3
3 + 5 = 8	8 – 5 = 3
10 – 7 = 3	3 + 7 = 10
10 : 2 = 5	5 · 2 = 10

Worum geht es?

Die Umkehrbarkeit von Rechenwegen ist aus der Grundschule bekannt. Das in der Lernumgebung gezeigte Tafelbild erinnert daran. Die Pfeildarstellung hilft, Gleichungen zu veranschaulichen. Zu dieser Darstellung („Papygramm") siehe auch die Einführung (2.2.1 den Abschnitt zur propädeutischen Algebra). Gleichzeitig können Grenzen des „Säckchenmodells" aufgezeigt werden. Der Taschenrechner kann hier sowohl zum Entdecken von Zusammenhängen als auch zum Überprüfen von Vermutungen genutzt werden.

Zum Unterricht

Was wird benötigt?

Magnete bzw. Klebeband und DIN-A4-Blätter für die Demonstration, Taschenrechner

Vorschlag zur Stundenverteilung

Stunde	1	2	3	4
LU	1	2, 3, 4	5	6, 7, 8, 9, 10
AH		1	2	3

Wie kann man vorgehen?

Als Hausaufgabe oder im Unterricht geben wir das Rätsel der Aufgabe 1a. auf mit dem Zusatzauftrag, genau aufzuschreiben, wie man das Rätsel gelöst hat. Mögliche Strategien sind das Ausprobieren, das Säckchenrechnen, das Rückwärtsarbeiten bzw. die Umkehroperation. Anhand eines weiteren Zahlenrätsels können Vor- und Nachteile der Strategien und die Grenzen des „Säckchenmodells" aufgezeigt werden. Hierfür geeignete Zahlenrätsel sind beispielsweise:
„Ich denke mir eine Zahl, subtrahiere 5, multipliziere das Ergebnis mit 6, addiere 10 und erhalte 40."
Oder:
„Ich denke mir eine Zahl, multipliziere sie mit 3, addiere 5, dividiere das Ergebnis durch 2 und erhalte 13."
Das nachfolgende Unterrichtsgespräch führt zu den Umkehroperationen und zum Tafelbild im Mathematikbuch.

Eine andere Möglichkeit: Die Lehrperson bittet eine Schülerin oder einen Schüler, sich eine Zahl auszudenken. Der Schüler schreibt die Zahl (z. B. 5) auf einen Zettel, zeigt ihn aber nur der Klasse und hängt ihn verdeckt an die Tafel. Der Nächste addiert 10, notiert die errechnete Zahl ebenfalls auf einen Zettel, zeigt ihn wieder nur der Klasse und hängt ihn ebenfalls verdeckt an die Tafel. Ein dritter Schüler multipliziert die erhaltene Zahl mit 10, schreibt sie auf einen neuen Zettel, zeigt ihn der Klasse und hängt ihn verdeckt auf. Der Nächste subtrahiert nun von der erhaltenen Zahl 10 und macht das gleiche Prozedere. Schließlich dividiert ein fünfter Schüler die letzte, aufgehängte Zahl durch 10. Er notiert das Ergebnis und hängt diesen Zettel offen auf (z. B. 14). Die Lehrperson weiß, ohne die gedachte Zahl zu kennen, sofort die versteckte Zahl (hier 5). Regel: Endergebnis minus 9.

Wandtafelbild:

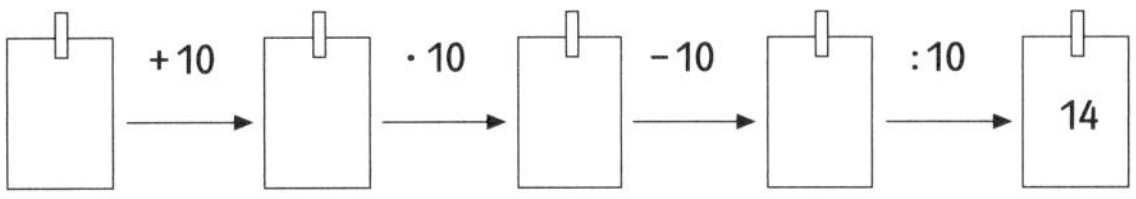

1

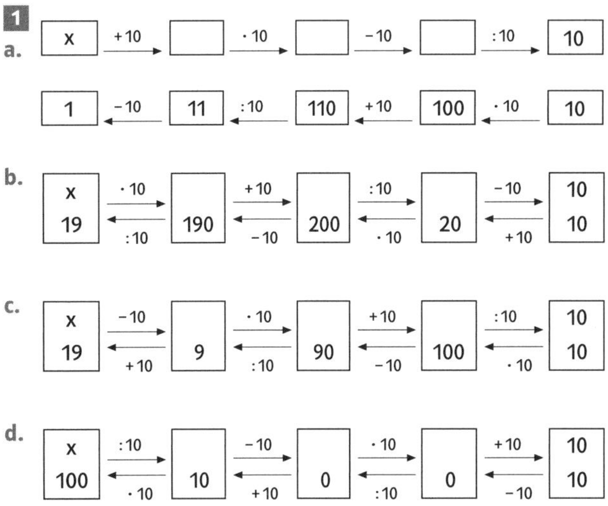

e. Bei dieser Aufgabe steht das Entdecken der Zusammenhänge zwischen der gegebenen und der gesuchten Zahl im Vordergrund.

f. Hier lohnt sich der Einsatz des Taschenrechners.

2 Hier kann an die Prinzipien der Lernumgebung „Natürliche Zahlen" angeknüpft werden. Das Doppelte des Doppelten einer Zahl ergibt das Vierfache, das Doppelte des Vierfachen ergibt das Achtfache der Zahl. Die Hälfte der Hälfte einer Zahl ist ein Viertel der Zahl usw.

3 Korrekturen und Besprechung gegenseitig.

4

a.

[?] $\xrightarrow{\cdot 25}$ [ ] $\xrightarrow{+25}$ [5 · 20]

[3] $\xleftarrow{:25}$ [75] $\xleftarrow{-25}$ [100]

b. Die kleinste zweistellige Zahl ist 10.

[10] $\xrightarrow{\cdot 3}$ [30] $\xrightarrow{+3}$ [33]

c. Die größte dreistellige Zahl lautet 999.

[999] $\xrightarrow{:3}$ [333]

d.

[?] $\xrightarrow{:3}$ [500 − 25

[3325] $\xleftarrow{\cdot 3}$ = 475]

5 Drei Värsli von Franz Hohler

a. Lesen, übersetzen. Sprachwitz spüren und Illustrationen wirken lassen. Spontane Äußerungen zulassen, so entstehen am ehesten eigene Verse.

So könnte eine Übersetzung aussehen (der Reim ist dabei leider verloren gegangen!):

Ein falsches Gedicht

Eins plus eins ist drei
ein Walfisch friert an den Knien
drei plus drei ist sieben,
wo ist der Walfisch geblieben?
sieben plus eins ist fünf,
er kauft sich neue Strümpf.

Noch ein falsches Gedicht

Zwei plus eins ist vier
eine Wildsau trinkt ein Bier
vier plus vier ist zehn
sie rülpst und sagt „bäh!"
zehn plus zehn ist tausend
das Gesöff ist wirklich grausig!

Und ein richtiges Gedicht

Eins plus eins ist zwei
ein Lehrer frisst kein Heu
zwei plus zwei ist vier
eine Kuh spielt kein Klavier
vier plus vier ist acht
wer meckert, bekommt kein Abendessen.

6 Die Lernenden finden die Lösungen durch systematisches Probieren. Für die unbekannte Zahl können wir verschiedene, gleichwertige Platzhalter schreiben:

- als Wort: unbekannte Zahl, versteckte Zahl, …
- als Buchstabe: x, y, z, …
- als Symbol: ■, ●, …

Die unbekannte Zahl kann auch mehrere Werte haben (Ungleichungen).

7 Die Schülerinnen oder Schüler finden die Ergebnisse durch systematisches Probieren.
Bei einigen Aufgaben kommen die Lernenden vielleicht mit nicht ganzzahligen Lösungen; dies gilt es (mit Lob) zu akzeptieren. Die Grundmenge der rationalen Zahlen muss aber nicht mit der ganzen Klasse thematisiert werden. Wir gehen von der Grundmenge der natürlichen Zahlen aus.

Hier kann es durchaus sinnvoll sein, verschiedene richtige Schreibweisen zu thematisieren.

Beispiele:
Die Aufgabe $z > 27$ könnte z. B. verbal beschrieben werden:

„Für z dürfen alle Zahlen ab 28 eingesetzt werden."

Oder auch die „Pünktchenschreibweise", da man bei einigen umöglich alle Zahlen auflisten kann oder es zu viele Zahlen sind, die man aufschreiben müsste:

„z kann sein 28, 29, 30, …"

10 Lösungsmöglichkeiten:

1. Die Buchstaben durch konkrete Zahlen ersetzen:
a = 40, b = 60, c = 80
d = 20, e = 10

2. Die Schülerinnen oder Schüler zeichnen den Platz der Zahl auf einem Zahlenstrahl ein:

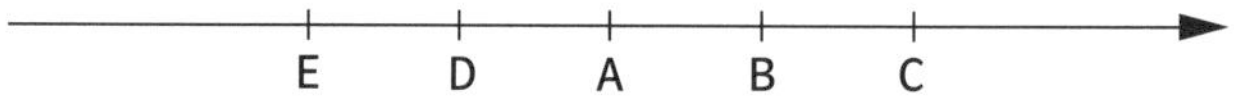

3. Die Buchstaben auf verschiedene Kärtchen schreiben und die Kärtchen so lange schieben, bis es passt.

Wie könnte es weitergehen?

Mit den Aufgaben im Arbeitsheft kann u. a. eine Vernetzung zu den Grundrechenarten in Lernumgebung 3 und Lernumgebung 4 hergestellt werden und die dort angebahnten Zahlbeziehungen können vertieft werden.
Denkschule „Wie viele?“

Lösungen

1

a. Die gedachte Zahl ist immer 1.
b. Die gedachte Zahl ist immer 1 weniger als das Doppelte des Ergebnisses.
c. Die gedachte Zahl ist immer 1 weniger als das Doppelte des Ergebnisses.
d. Die gedachte Zahl ist immer die Quadratzahl des Ergebnisses.

e.

	Gegebene Zahlen	10	20	30	40	n*
	Gesuchte Zahlen:					
a.		1	1	1	1	1
b.		19	39	59	79	$2n - 1$
c.		19	39	59	79	$2n - 1$
d.		100	400	900	1600	n^2

* für Aufgabe 1 f.

2

a. $360 \xrightarrow{\cdot 2} 720 \xrightarrow{\cdot 3} 2160 \xrightarrow{\cdot 4} 8640 \xrightarrow{\cdot 5} 43\,200$

b. $360 \xrightarrow{:2} 180 \xrightarrow{:3} 60 \xrightarrow{:4} 15 \xrightarrow{:5} 3$

c. $360 \xrightarrow{-2} 358 \xrightarrow{-3} 355 \xrightarrow{-4} 351 \xrightarrow{-5} 346$

d. $360 \xrightarrow{+2} 362 \xrightarrow{+3} 365 \xrightarrow{+4} 369 \xrightarrow{+5} 374$

e. $360 \cdot 2 \cdot 3 \cdot 4 \cdot 5 = 43\,200$ oder $360 \cdot 120 = 43\,200$
$360 : 2 : 3 : 4 : 5 = 3$ oder $360 : 120 = 3$
$360 - 2 - 3 - 4 - 5 = 346$ oder $360 - 14 = 346$
$360 + 2 + 3 + 4 + 5 = 374$ oder $360 + 14 = 374$

4

a. Die versteckte Zahl ist 3.
b. Die versteckte Zahl ist 33.
c. Die versteckte Zahl ist 333.
d. Die versteckte Zahl ist 3325.

5

b. 1. Värsli

$1 + 1 \neq 3$	oder	$1 + 1 < 3$
$3 + 3 \neq 7$	oder	$3 + 3 < 7$
$7 + 1 \neq 5$	oder	$7 + 1 > 5$

2. Värsli

$2 + 1 \neq 4$	oder	$2 + 1 < 4$
$4 + 4 \neq 10$	oder	$4 + 4 < 10$
$10 + 10 \neq 1000$	oder	$10 + 10 < 1000$

3. Värsli
$1 + 1 = 2$
$2 + 2 = 4$
$4 + 4 = 8$

6

a. Die unbekannte Zahl kann sein: 25, 26, 27 oder 28.
b. Die Zahl x kann sein: 4, 8, 12, 16, …
c. Die Zahl z kann sein: 6, 12, 18, …
d. Die Zahl y kann sein: 3, 6, 9, …

7

a. z = 28, 29, 30, …
b. z = 0, 1, 2, …, 44, 45
c. z = 0, 1, 2, 3, 4, 5, 6
d. z = 8, 9, 10, …
e. z = 10, 11, 12, …
f. z = 37, 38, 39, 40, …
g. z = 6, 8, 12, 24 und alle anderen Zahlen zwischen 5 und 25, also 5, 7, 9, 10 …
h. keine natürliche Zahl als Lösung

8 Für z darf ich in der Aufgabe 7 folgende Zahlen nicht einsetzen:

a. 0, 1, 2, 3 … 26, 27
b. 46, 47, 48 …
c. 7, 8, 9, …
d. 0, 1, 2, 3, 4, 5, 6, 7
e. 0, 1, 2, …, 8, 9
f. 0, 1, 2, …, 36
g. Zahlen kleiner als 6 oder größer als 24
h. natürliche Zahlen

9

a. Die versteckte Zahl kann lauten: 18, 19, 20, …
b. Die versteckte Zahl kann lauten: 17, 16, 15, …
c. Die versteckte Zahl lautet 18.
d. Die versteckte Zahl kann lauten: 13, 14, 15, …

10

a. c
b. e, d
c. e < d < a < b < c

32 Versteckte Zahlen

Leistungsaufgaben

Aufgabe	Kompetenz	Anforderungsbereich
1a.	K5	I
1b.	K5	I
1c.	K1	II
2	K2	I
3	K1	III

1 Lena stellt Martin ein Zahlenrätsel: „Denke dir eine Zahl. Addiere nun 1 und multipliziere das Ergebnis mit 5. Subtrahiere zuletzt 4. Wenn du mir nun das Ergebnis sagst, sage ich dir, welche Zahl du dir gedacht hast!"

a. Martin denkt sich die Zahl 6. Welches Ergebnis bekommt er heraus?
b. Nun denkt sich Martin eine neue Zahl. Sein Ergebnis lautet jetzt 76. Welche Zahl hat er sich gedacht?
c. Wie kann Lena immer Martins gedachte Zahl herausfinden?

2 Welche Zahl kann z sein?

a. $4 \cdot z < 27$
b. $3 \cdot z + 1 = 31$
c. Wenn ich das Doppelte meiner Zahl z um 5 verkleinere, erhalte ich 15.

3 Paul behauptet: „Wenn ich mir eine Zahl denke, sie zuerst mit 4 multipliziere und das Ergebnis dann verdreifache, dann erhalte ich immer dasselbe, wie wenn ich die gedachte Zahl mit 7 multipliziere."

a. Stimmt das? Begründe.
b. Welchen Denkfehler hat Paul gemacht?

Lösungen zu den Leistungsaufgaben

1

a. Er bekommt 31 heraus.
b. Er hat sich die 15 gedacht.
c. Lena kann entweder immer „rückwärts" rechnen, d. h. jeweils die Umkehroperationen durchführen.

Oder sie kann von Martins Ergebnis 1 subtrahieren und diese Zahl dann durch 5 dividieren. Dieser Trick kann beispielsweise mithilfe von Säckchen veranschaulicht werden.

2

a. Es können die Zahlen 0; 1; 2; …; 6 sein.
b. Es kann nur die Zahl 10 sein.
c. Es kann ebenfalls nur die Zahl 10 sein.

3

a. Pauls Behauptung ist falsch. Es kommt immer das 12-Fache der gedachten Zahl heraus.
Beispiele:

$$\boxed{5} \xrightarrow{\cdot 4} \boxed{20} \xrightarrow{\cdot 3} \boxed{60}$$

$$\xrightarrow{\cdot 12}$$

$$\boxed{10} \xrightarrow{\cdot 4} \boxed{40} \xrightarrow{\cdot 3} \boxed{120}$$

b. Paul hat hier Multiplikation und Addition verwechselt: Wenn man erst + 4 und dann + 3 rechnet, kann man das durch + 7 zusammenfassen.
Wenn man jedoch $\cdot 4$ und $\cdot 3$ zusammenfassen will, muss man $4 \cdot 3$ rechnen und das Ganze durch $\cdot 12$ ersetzen.

Kompetenzerwartungen
- Zahlen in Klammerausdrücke verwandeln (K 4, K 5)
- Mit Klammern in Rechnungen sicher umgehen können (K 5)
- Klammerschreibweise und Rechenbäume als unterschiedliche Darstellungen von Termen kennen lernen (K 4)
- Wirkungen unterschiedlicher Klammersetzungen entdecken (K 2)

Einordnen

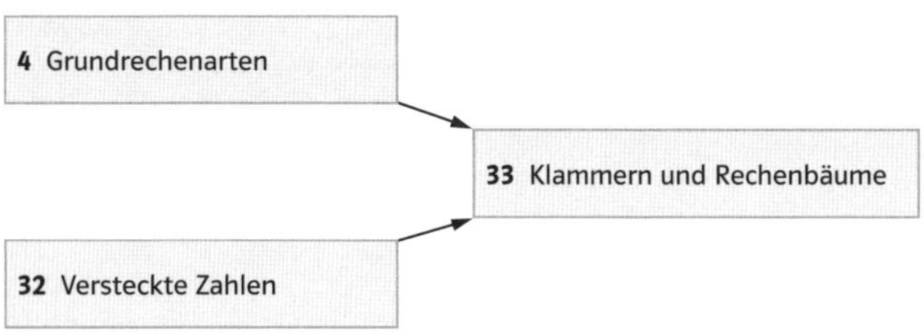

Zur Sache

Begriffe

Rechenausdruck, Klammerrechnung, Rechenbaum

Merktexte

Was in Klammern steht, wird zuerst gerechnet.
Innere Klammern werden zuerst gerechnet.
Wenn Klammern fehlen, vereinbaren wir „Punkt vor Strich".

Worum geht es?

Durch einen spielerischen Zugang lernen die Kinder mit Klammern umzugehen. Ausgehend von einer zu versteckenden Zahl entwickeln sie stets komplexere Klammerausdrücke. Nach dieser Entwicklung hin zu mehreren Verschachtelungen führt die Umkehrung zur Entdeckung, wie Klammerrechnungen aufzulösen sind. Die Darstellung von Rechenbäumen ist den Kindern bekannt. Jede Rechenoperation im Rechenbaum kann, mit einer Klammer versehen, zu einem Term verbunden werden.

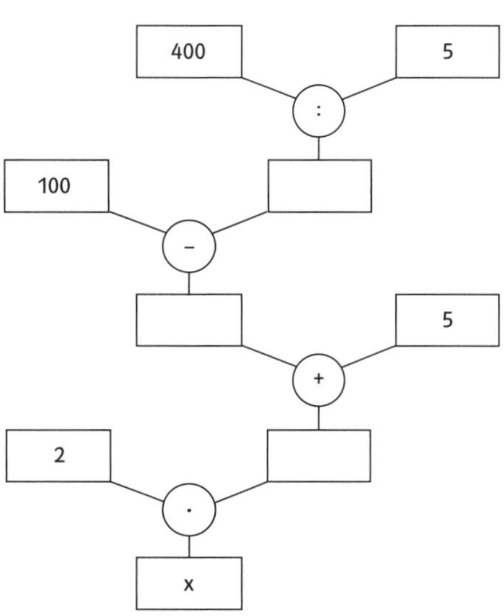

Zum Unterricht

Vorschlag zur Stundenverteilung

Stunde	1	2	3	4	5	6
LU	1, 2	3	4	5, 6, 7, 8		
AH		1	2, 3	4, 5	6	7

Das Rechentraining kann zu Beginn jeder Stunde durchgeführt werden.

Wie kann man vorgehen?

1 Selbst entdeckendes Arbeiten ist möglich. Die Berichte könnten ins Heft notiert werden.

2 In Partnerarbeit entwickeln. Den ganzen Vorgang auf große Plakate notieren und der Klasse präsentieren. Dabei soll die Frage „Wie haben wir es gemacht?" beantwortet werden. Im Klassengespräch untersuchen wir die unterschiedlichsten Möglichkeiten, die zur Zahl 100 führen.

3

a. Um das Rätsel, die versteckte Zahl zu suchen, spannend zu machen, wird jeweils nur die letzte Linie (Zeile) weitergereicht.

b. Jedes Kind beantwortet diese Frage mit einem Text. Es formuliert mit eigenen Worten, dass Klammern von innen nach außen oder die zusammengehörigen Klammern berechnet werden.

Wichtig ist hier, dass man verschiedene richtige Notationen aufzeigt und ggf. falsche Kettenschreibweisen korrigiert.

Mögliche Notationen der Berechnung des Klammerausdruckes (2 · ((100 – (400 : 5)) + 5)) können sein:

1. Möglichkeit
(2 · ((100 – (400 : 5)) + 5)) = 50
400 : 5 = 80
100 – 80 = 20
20 + 5 = 25
2 · 25 = **50**

2. Möglichkeit
(2 · ((100 – (400 : 5)) + 5))
(2 · ((100 – 80) + 5))
(2 · (20 + 5))
(2 · 25)
50

4 Zur leichteren Übersicht können Klammern mit verschiedenen Farben geschrieben werden (siehe das Einstiegsbeispiel dieser Lernumgebung).

6 **7** Der Rechenbaum in 5 a. entspricht der Einstiegsaufgabe. Die Aufgaben 6 und 7 müssen nicht von allen Schülern bearbeitet werden.

33 Klammern und Rechenbäume

Lösungen

4

a. ((6 + 3) · 6)
(9 · 6)
54

b. (3 · (131 − 41))
(3 · 90)
270

c. ((2500 : 50) · (100 − 73))
(50 · 27)
1350

d. ((10 · (999 + 351)) : 2)
((10 · 1350) : 2)
6750

e. ((200 · 170) − (1000 : 4))
(34 000 − 250)
33 750

f. ((400 · 400) + (70 000 : 8))
(160 000 + 8750)
168 750

Selbstkontrolle: Die Ergebnisse von a. bis f. werden jedes Mal mit dem Faktor 5 multipliziert.

g. ((1 + 2) · ((21 − 9) : 3))
(3 · (12 : 3))
(3 · 4)
12

h. (20 + (20 + (120 : 6)))
(20 + (20 + 20))
(20 + 40)
60

i. (10 · (((350 : 7) · 3) : 5))
(10 · ((50 · 3) : 5))
(10 · (150 : 5)
(10 · 30)
300

j. ((1100 − (325 − 75)) + 650)
((1100 − 250) + 650)
(850 + 650)
1500

k. (3 · (1250 + (25 · 50)))
(3 · (1250 + 1250))
(3 · 2500)
7500

l. ((5 · (3 · (5 · 5))) · (10 · 10))
((5 · (3 · 25)) · (10 · 10))
((5 · 75) · 100)
(375 · 100)
37 500

Selbstkontrolle: Die Ergebnisse von g. bis l. werden jedes Mal mit dem Faktor 5 multipliziert.

5

a. 50
b. 1
c. 5
d. 25

6

a. 2 · ((100 − (400 : 5)) + 5)
b. ((99 : 9) · 11) − ((99 : 9) + 109)
c. ((((800 : 40) − 20) + 10) − 5)
d. (10 000 · 5) : (10 000 : 5)

7

g.

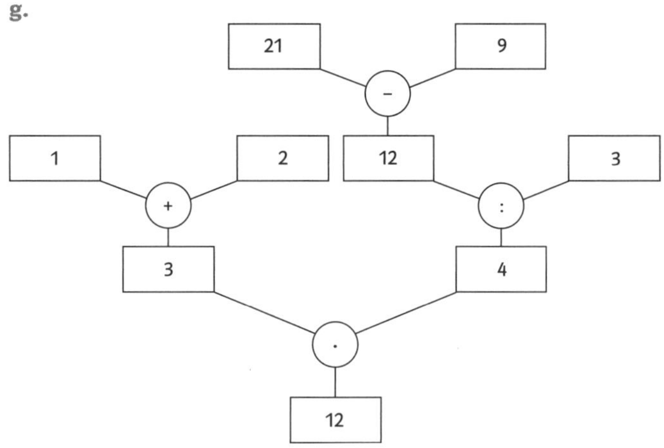

h.

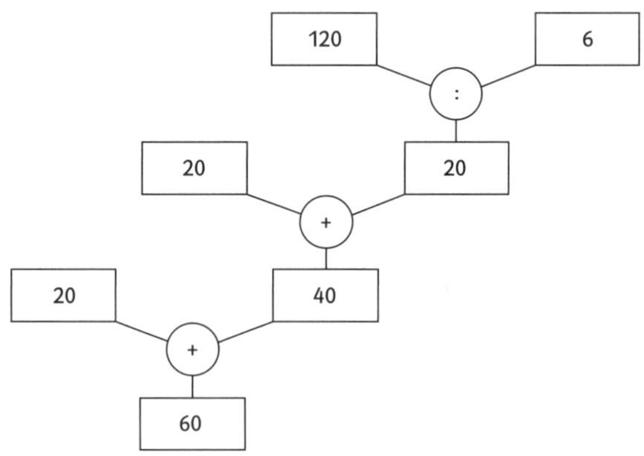

i.

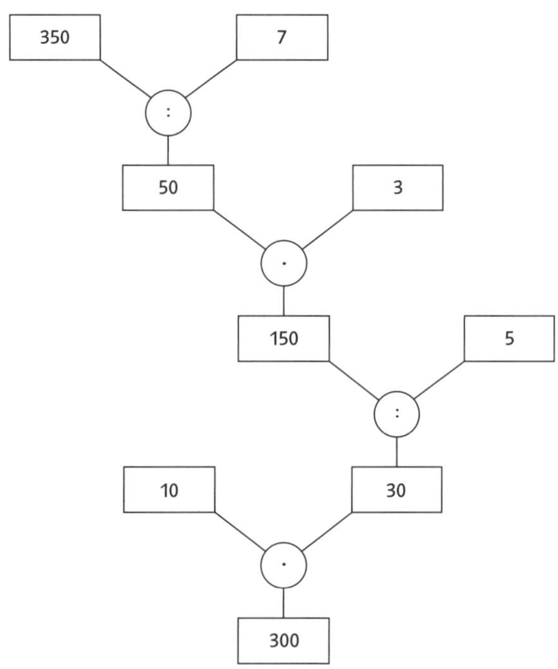

j.

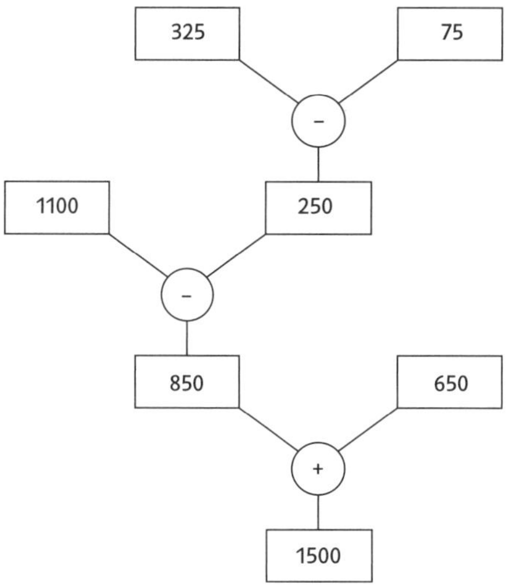

k.

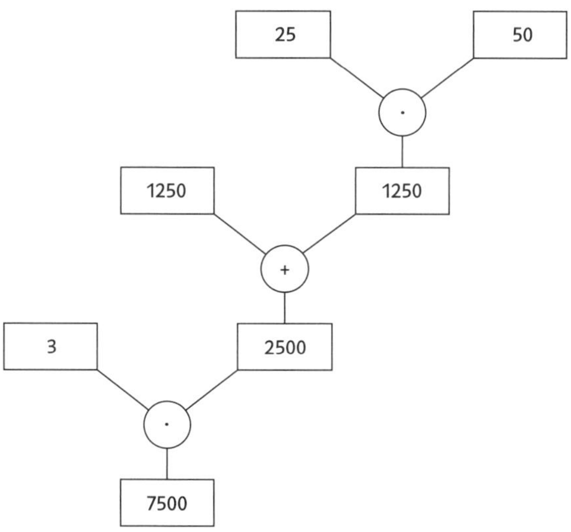

l.

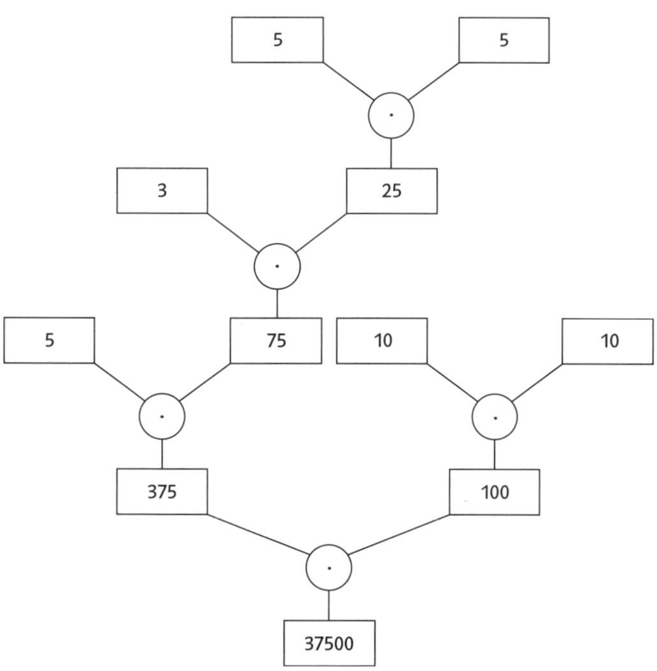

Leistungsaufgaben

Aufgabe	Kompetenz	Anforderungsbereich
1	K5	I
2	K2, K4	II
3	K2, K4	II

1 Welche Zahl wurde versteckt?
((((12 − 5) + (3 + 5)) · 7) − 6)

2 Setze in der folgenden Gleichung Klammern so, dass die Rechnung stimmt
7 · 18 − 8 + 27 = 97

3
a. Wie ändert sich das Ergebnis, wenn man anstelle von 10 die Zahlen 20, 30, 40, … einsetzt?
b. Welche Zahl wurde anstelle der 10 eingesetzt, wenn das Ergebnis 8000 ist.

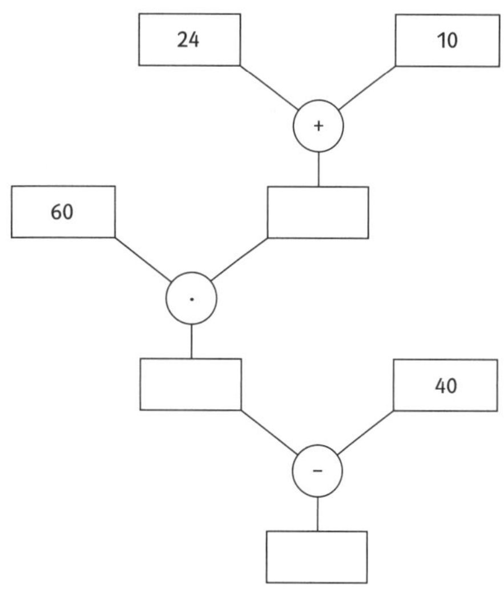

Lösungen zu den Leistungsaufgaben

1 ((((12 − 5) + (3 + 5)) · 7) − 6) = 99

2 7 · (18 − 8) + 27 = 97 oder ((7 · (18 − 8)) + 27) = 97

3
a. Das Ergebnis vergrößert sich immer um 600.
b. Man kann die eingesetzte Zahl beispielsweise durch „Rückwärtsrechnen“ ermitteln:
8000 + 40 = 8040   8040 : 60 = 134   134 − 24 = **110**
oder mithilfe der entstehenden Zahlenfolge

eingesetzte Zahl	10	20	30	…	110
Ergebnis	2000	2600	3200		8000

34 Dezimalbrüche und Zahlenstrahl

Kompetenzerwartungen
- Dezimalbrüche auf den Zahlenstrahl einordnen können (K 4)
- Den Zusammenhang zwischen Sprechweise und korrekter Einordnung erkennen (K 4, K 5)

Einordnen

Zur Sache

Begriffe

Zahlenstrahl, Dezimalbruch, Dezimalzahl, Zehntel, Hundertstel, Tausendstel, Abstand

Worum geht es?

Seit der Grundschule verwenden die Kinder den Zahlenstrahl zur Darstellung der Zahlenreihe. Nun sollen daran auch Dezimalbrüche veranschaulicht werden. Der Abschnitt zwischen zwei natürlichen Zahlen wird vergrößert, d.h. unter die Lupe genommen und mit einer Zehnerteilung versehen. Die neuen Markierungen bezeichnet man mit Dezimalbrüchen. Dieses Vorgehen kann beliebig oft wiederholt werden und führt zu einer immer feineren Unterteilung.

Zum Unterricht

Was wird benötigt?

Demonstrationsmaterial: Gummiband, Ziffernkärtchen, Wäscheklammern

Vorschlag zur Stundenverteilung

Stunde	1	2	3
LU	1, 2, 3	4, 5	6, 7
AH	1	2, 3	

Wie kann man vorgehen?

Es kann aufschlussreich sein, zu Beginn der systematischen Arbeit mit Dezimalbrüchen in der Klasse eine Standortbestimmung durchzuführen. An der Tafel steht ein möglichst großer Zahlenstrahl mit dem Abschnitt von 0 bis 10.

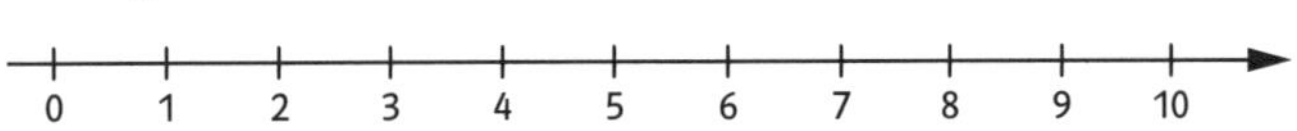

Die Schülerinnen und Schüler werden gefragt, ob sie Zahlen kennen, die zwischen den Markierungen liegen. Interessant kann auch die Aufforderung sein, Brüche $\left(\frac{1}{2}; \frac{3}{4}; \frac{8}{5}; \frac{19}{10}\right)$ auf dem Zahlenstrahl einzutragen.

Mithilfe der Darstellung im Schülerbuch wird nun der Zahlenstrahl „unter die Lupe genommen“, d.h., die Abschnitte zwischen zwei ganzen Zahlen werden vergrößert, mit einer Zehnerteilung versehen und mit Dezimalbrüchen bezeichnet. Dieses Vorgehen lässt sich gut mit einem Gummiband veranschaulichen. Man markiert ganze Zahlen, indem man Ziffernkärtchen mit Wäscheklammern anbringt. Nun zieht man den Abschnitt zwischen zwei Ziffernkärtchen auseinander und hat Platz, neue Kärtchen einzufügen.

7 Der Zahlenstrahl kann auch groß an die Tafel oder auf ein Packpapier gezeichnet werden. Nun können Bruchzahlen eingetragen werden. Bei Unsicherheiten oder unterschiedlichen Meinung kann die richtige Position eines Bruchs im Gespräch geklärt werden.

a.

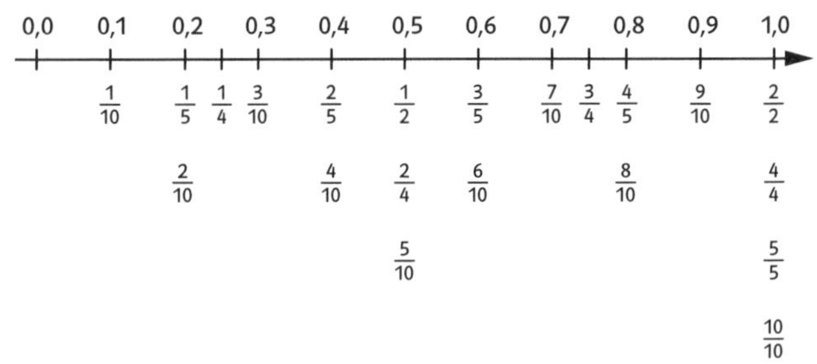

b. Mögliche Einträge von weiteren Brüchen:

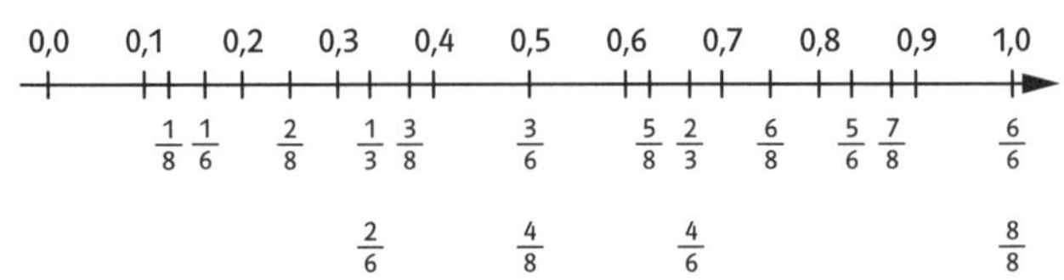

Wie könnte es weitergehen?

- Dezimalbrüche aufschreiben, mit anderen Dezimalbrüchen und mit Brüchen vergleichen.
- Weitere unterschiedliche Darstellungen (Brüche, Dezimalbrüche, Prozente) von gleichen rationalen Zahlen suchen.
- Differenzen von Dezimalbrüchen zur nächst größeren natürlichen Zahl berechnen.

Lösungen

1

a. 5,820; 5,821; 5,822; 5,823; 5,824; 5,825; 5,826; 5,827; 5,828; 5,829; 5,830

2

a. 8,3; 8,4; 8,5; 8,6; 8,7; 8,8; 8,9; 9,0; 9,1; 9,2; 9,3

b. 15,8; 15,9; 16,0; 16,1; 16,2; 16,3; 16,4; 16,5; 16,6; 16,7; 16,8

c. 99,2; 99,3; 99,4; 99,5; 99,6; 99,7; 99,8; 99,9; 100,0; 100,1; 100,2

3

a. 7,52; 7,53; 7,54; 7,55; 7,56; 7,57; 7,58; 7,59; 7,60; 7,61; 7,62
b. 10,67; 10,68; 10,69; 10,70; 10,71; 10,72; 10,73; 10,74; 10,75; 10,76; 10,77
c. 19,00; 19,01; 19,02; 19,03; 19,04; 19,05; 19,06; 19,07; 19,08; 19,09; 19,10

4

a.

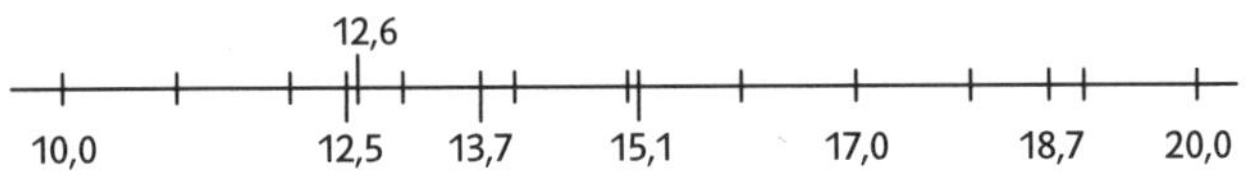

b.

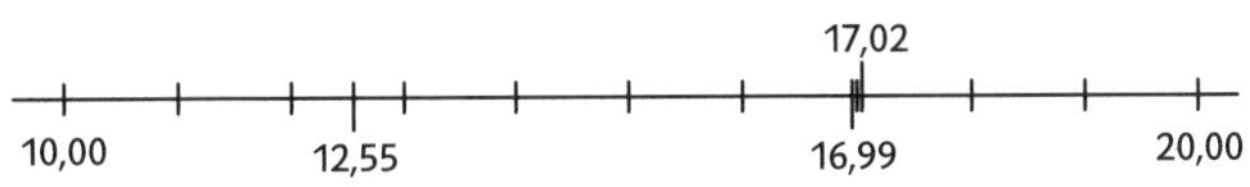

5

a. 0; 0,3; 0,6; 0,9; 1,2; 1,5; 1,8; 2,1; 2,4; 2,7; 3,0; 3,3; 3,6; 3,9; ...
b. 0; 0,4; 0,8; 1,2; 1,6; 2,0; 2,4; 2,8; 3,2; 3,6; 4,0; ...
c. 1,2; 2,4; 3,6; ...

6 3000, 3100, 3200, 3300, 3400, 3500, 3600, 3700, 3800, 3900, 4000

3300, 3310, 3320, 3330, 3340, 3350, 3360, 3370, 3380, 3390, 3400

3330, 3331, 3332, 3333, 3334, 3335, 3336, 3337, 3338, 3339, 3340

3333,0; 3333,1; 3333,2; 3333,3; 3333,4; 3333,5; 3333,6; 3333,7; 3333,8; 3333,9; 3334,0

3333,30; 3333,31; 3333,32; 3333,33; 3333,34; 3333,35; 3333,36; 3333,37; 3333,38; 3333,39; 3333,40

3333,330; 3333,331; 3333,332; 3333,333; 3333,334; 3333,335; 3333,336; 3333,337; 3333,338; 3333,339; 3333,340

7

a.

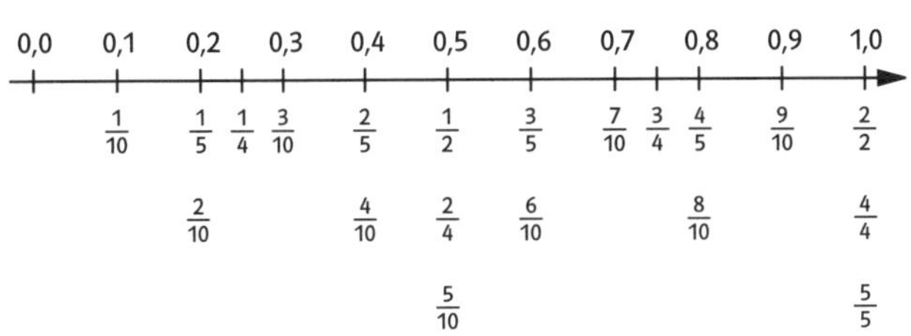

b.

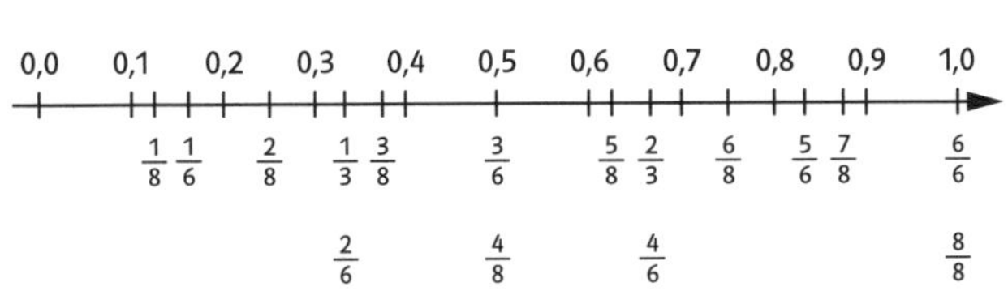

Leistungsaufgaben

Aufgabe	Kompetenz	Anforderungsbereich
1	K4, K5	II
2	K4, K5	III

1 Gehe von folgenden Zahlen auf dem Zahlenstrahl in $\frac{3}{100}$-Schritten weiter, bis du den nächsten Einer überschritten hast.

a. 3,76 b. 7,861 c. 0,6

2 Zeichne einen geeigneten Ausschnitt des Zahlenstrahls, auf dem jeweils die beiden Zahlen Platz finden. Beschrifte den Ausschnitt mit einer Anfangs- und einer Endzahl. Markiere die Lage der beiden Zahlen auf deinem Zahlenstrahl und markiere und beschrifte noch eine weitere Zahl zwischen den beiden Zahlen.

a. 4,7 und 5,2
b. 100 und 98,2
c. 0,72 und 0,88

Lösungen zu den Leistungsaufgaben

1

a. 3,79; 3,82; 3,85; 3,88; 3,91; 3,94; 3,97; 4,00; 4,03
b. 7,891; 7,921; 7,951; 7,981; 8,011
c. 0,63; 0,66; 0,69; 0,72; 0,75; 0,78; 0,81; 0,84; 0,87; 0,90; 0,93; 0,96; 0,99; 1,02

2

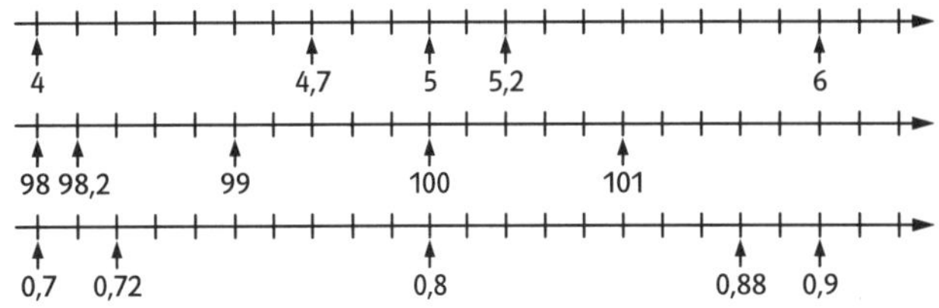

35 Dezimalbrüche und Stellentafel

Kompetenzerwartungen
- Dezimalbrüche an der Stellentafel darstellen (K 4)
- Mit Dezimalbrüchen rechnen (K 4, K 5)
- Einfache Zehnerpotenzen als Zahldarstellung verwenden (K 4)

Einordnen

13 Größen und Komma → **34** Dezimalzahlen und Zahlenstrahl → **35** Dezimalzahl und Stellentafel

Zur Sache

Begriffe

Dezimalbruch, Dezimalzahl, Bruch, Zehntel, Hundertstel, Tausendstel, Zehntausendstel, Stellenwerttafel, Stellenwert, Zehnerpotenz

Merktexte

Dezimalbrüche können an der Stellenwerttafel eingeordnet werden. Das Komma steht zwischen Einern und Zehntel.
Zehnerpotenzen: $10 \cdot 10 = 10^2$; $10 \cdot 10 \cdot 10 = 10^3$; …

Worum geht es?

Kinder kennen die Stellentafel zur Darstellung von Zahlen bereits aus der Grundschule. Nun sollen daran auch Dezimalbrüche veranschaulicht werden. Bei der Arbeit mit der Stellentafel geht es um das Übersetzen von Zahldarstellungen mittels Plättchen in Zahlen. Umgekehrt sollen Zahlen in der Stellentafel mithilfe von Plättchen dargestellt werden. Zudem soll die Einsicht in den Zahlenraum durch die Variation von Zahlen gestützt werden. Die Variation erfolgt durch das Hinzufügen, Wegnehmen oder Verschieben von Plättchen. Bekannte Übungen aus der Grundschule werden nun auch mit Dezimalbrüchen durchgeführt.
Außerdem sollen die Schülerinnen und Schüler die Zehnerpotenzen als abkürzende Schreibweise kennenlernen.

Zum Unterricht

Was wird benötigt?

Demonstrationsmaterial: ggf. Stellentafel mit magnetischen Wendeplättchen oder bunten Magneten.
Arbeitsmaterial: Stellentafel, Wendeplättchen oder Münzen

Vorschlag zur Stundenverteilung

Stunde	1	2	3
LU	1, 2	3, 4	5, 6, 7, 8

Zu dieser Lernumgebung gibt es keine Aufgaben im Arbeitsheft. Die Aufgaben in der Lernumgebung sind bereits sehr kalkülorientiert und vielfältig, sodass eine Wiederholung im Arbeitsheft nicht notwendig ist. Durch kleinere Aufgabenvariationen können bei Bedarf weitere Aufgaben erstellt werden.

Wie kann man vorgehen?

Die Kinder stellen mit einem A4-Blatt eine Stellentafel her und beschriften die Spalten in verschiedenen Varianten:
T; H; Z; E; z; h; …
1000; 100; 10; 1; $\frac{1}{10}$; $\frac{1}{100}$; …
1000; 100; 10; 1; 0,1; 0,01; …
10^3; 10^2; 10; 1; 0,1; 0,01; …

Mit Wendeplättchen oder Münzen können Übungen des folgenden Typs durchgeführt werden:

a. Lege 123,123.
b. Welche Zahl ist gelegt?

H	Z	E	z	h	t
	●●	●	●●	●	

c. Welche Zahl kann man ausgehend von 123,123 durch Hinzufügen, Wegnehmen, Verschieben eines einzigen Plättchens erhalten?
Wie verändert sich die Zahl?
d. Zerlege die Zahl 123,123 in ihre Stellenwerte.
123,123
$= 1 \cdot 100 + 2 \cdot 10 + 3 \cdot 1 + 1 \cdot \frac{1}{10} + 2 \cdot \frac{1}{100} + 3 \cdot \frac{1}{1000}$
$= 10^2 + 20 + 3 + 0{,}1 + 0{,}02 + 0{,}003$
e. Welche Zahlen sind mit einem Plättchen darstellbar?
…; 100; 10; 1; $\frac{1}{10}$; $\frac{1}{100}$; $\frac{1}{1000}$; …
Variationen:
Welche Zahlen zwischen … und … / größer als … / kleiner als … sind mit … Plättchen darstellbar?
f. Lege mit drei Plättchen eine Zahl. Verschiebe jetzt die Plättchen immer um eine Stelle nach links oder nach rechts.
123; 1230; 12 300; …
123; 12,3; 1,23; 0,123; 0,0123; …

Im Anschluss an solche Übungen bearbeiten die Schülerinnen und Schüler die Aufgaben im Mathematikbuch. Für diese Arbeit stehen die Stellentafel und Wendeplättchen oder Münzen zur Verfügung. Die Schülerinnen und Schüler werden ermuntert, dieses Darstellungsmittel bei der Bearbeitung der Aufgaben einzusetzen.

1 **2** Hier sollte darauf eingegangen werden, dass für die Stellenwerte unterschiedliche Darstellungen existieren (z. B. H; 100; 10^2).

3
c. Die Lösung sollte gemeinsam besprochen und begründet werden.

---

4 Die Lösung sollte gemeinsam besprochen und begründet werden. Die Differenzzahl weist immer die gleiche Ziffernfolge auf. Das Komma verschiebt sich von Differenz zu Differenz um eine Stelle.

5 6 7 8 Die Lösungen sollten gemeinsam besprochen und begründet werden.

Wie könnte es weitergehen?

- Größen und Komma wiederholen (Lernumgebung 13).
- Rechnen mit Komma (Lernumgebung 14) wiederholen.

Lösungen

1

a. 13,42 b. 104,131
c. 202 020 d. 123,32

2

a. 2000; 1100; 1010; 1001; 1000,1; 1000,01; 1000,001; 1000,0001
200; 110; 101; 100,1; 100,01; 100,001; 100,0001
20; 11; 10,1; 10,01; 10,001; 10,0001
2; 1,1; 1,01; 1,001; 1,0001
0,2; 0,11; 0,101; 0,1001
0,02; 0,011; 0,0101
0,002; 0,0011; 0,0002

b. 1,0002; 1,0011; 1,002; 1,0101; 1,011; 1,02; 1,11; 1,101; 1,1001; 1,2

c. Mögliche Lösungen:
2222,2; 2111,1112; 9000,0001; 9100; 0,0019; 4321; 0,1234; 12,34; 55; 0,64

d.

	T	H	Z	E	z	h	t	zt
12,1			•	••	•			
12,01			•	••		•		
12,001			•	••			•	
12,0001			•	••				•
11,2			•	•	••			
110,02		•	•			••		
1100,002	•	•					••	

3

a. 2,3001; 2,301; 2,31; 2,4; 3,3; 12,3; 102,3; 1002,3
Es gibt 8 Möglichkeiten, genau so viele wie die Stellentafel Spalten hat.

b. 2,21; 11,21; 12,11; 12,2
Es gibt 4 Möglichkeiten, genau so viele wie die ursprüngliche Zahl Ziffern hat.

c. 1004,25 (990); 104,25 (90); 5,25 (9); 4,35 (9,9); 4,26 (9,99); 4,251 (9,999); 4,2501 (9,9999)
1013,25 (999); 113,25 (99); 23,25 (9); 13,35 (0,9); 13,26 (0,99); 13,251 (0,999); 13,2501 (0,9999)
1014,15 (999,9); 114,15 (99,9); 25,15 (9,9); 16,15 (0,9); 14,16 (0,09); 14,151 (0,099); 14,1501 (0,0999)
1014,24 (999,99); 114,24 (99,99); 24,24 (9,99); 15,24 (0,99); 14,34 (0,09); 14,241 (0,009); 14,2401 (0,0099)
Es gibt 4 · 7 = 28 Möglichkeiten (4 Stellen mal 7 mögliche Spalten).

d. Die Unterschiede stehen bei der Lösung von c. in Klammern.

4

120 − 12 = 108
12 − 1,2 = 10,8
1,2 − 0,12 = 1,08
0,12 − 0,012 = 0,108

Weiteres Beispiel mit 3 Plättchen:
201 − 20,1 = 180,9
20,1 − 2,01 = 18,09
2,01 − 0,201 = 1,809

5

a.	b.	c.
2525	15 000	99,9
275	1500	99,99
50	150	9,9
27,5	15	9,99
25,25	1,5	0,9
25,025	0,15	0,99

6

a.	b.	c.
7500	125	864,2
750	125	86,42
75	125	8,642
7,5	125	23,45
0,75	125	2,345
0,075	125	0,2345

7

a. 2222 = 2 T + 2 H + 2 Z + 2 E
$= 2 \cdot 1000 + 2 \cdot 100 + 2 \cdot 10 + 2 \cdot 1$
$= 2000 + 200 + 20 + 2$
$= 2 \cdot 10^3 + 2 \cdot 10^2 + 2 \cdot 10 + 2 \cdot 1$

222,2 = 2 H + 2 Z + 2 E + 2 z
$= 2 \cdot 100 + 2 \cdot 10 + 2 \cdot 1 + 2 \cdot \frac{1}{10}$
$= 200 + 20 + 2 + 0{,}2$
$= 2 \cdot 10^2 + 2 \cdot 10 + 2 \cdot 1 + 2 \cdot 0{,}1$

22,22 = 2 Z + 2 E + 2 z + 2 h
$= 2 \cdot 10 + 2 \cdot 1 + 2 \cdot \frac{1}{10} + 2 \cdot \frac{1}{100}$
$= 20 + 2 + 0{,}2 + 0{,}02$
$= 2 \cdot 10 + 2 \cdot 1 + 2 \cdot 0{,}1 + 2 \cdot 0{,}01$

2,222 = 2 E + 2 z + 2 h + 2 t
$= 2 \cdot 1 + 2 \cdot \frac{1}{10} + 2 \cdot \frac{1}{100} + 2 \cdot \frac{1}{1000}$
$= 2 + 0{,}2 + 0{,}02 + 0{,}002$
$= 2 \cdot 1 + 2 \cdot 0{,}1 + 2 \cdot 0{,}01 + 2 \cdot 0{,}001$

b. 9753 = 9 T + 7 H + 5 Z + 3 E
$= 9 \cdot 1000 + 7 \cdot 100 + 5 \cdot 10 + 3 \cdot 1$
$= 9000 + 700 + 50 + 3$
$= 9 \cdot 10^3 + 7 \cdot 10^2 + 5 \cdot 10 + 3 \cdot 1$

975,3 = 9 H + 7 Z + 5 E + 3 z
$= 9 \cdot 100 + 7 \cdot 10 + 5 \cdot 1 + 3 \cdot \frac{1}{10}$
$= 900 + 70 + 5 + 0{,}3$
$= 9 \cdot 10^2 + 7 \cdot 10 + 5 \cdot 1 + 3 \cdot 0{,}1$

97,53 = 9 Z + 7 E + 5 z + 3 h
$= 9 \cdot 10 + 7 \cdot 1 + 5 \cdot \frac{1}{10} + 3 \cdot \frac{1}{100}$
$= 90 + 7 + 0{,}5 + 0{,}03$
$= 9 \cdot 10 + 7 \cdot 1 + 5 \cdot 0{,}1 + 3 \cdot 0{,}01$

9,753 = 9 E + 7 z + 5 h + 3 t
$= 9 \cdot 1 + 7 \cdot \frac{1}{10} + 5 \cdot \frac{1}{100} + 3 \cdot \frac{1}{1000}$
$= 9 + 0{,}7 + 0{,}05 + 0{,}003$
$= 9 \cdot 1 + 7 \cdot 0{,}1 + 5 \cdot 0{,}01 + 3 \cdot 0{,}001$

c. 1001 = 1 T + 1 E
= 1000 + 1
= $10^3 + 1$
100,1 = 1 H + 1 z
= $100 + \frac{1}{10}$
= 100 + 0,1
= $10^2 + 0{,}1$
10,01 = 1 Z + 1 h
= $10 + \frac{1}{100}$
= 10 + 0,01
1,001 = 1 E + 1 t
= $1 + \frac{1}{1000}$
= 1 + 0,001

8

a.	b.	c.
6,2 + 3,8	8,24 + 1,76	0,36 + 0,64
4,1 + 5,9	7,36 + 2,64	0,47 + 0,53
5,6 + 4,4	6,48 + 3,52	0,58 + 0,42
4,7 + 5,3	5,60 + 4,40	0,69 + 0,31
5,0 + 5,0	4,72 + 5,28	0,80 + 0,20

Leistungsaufgaben

Aufgabe	Kompetenz	Anforderungsbereich
1	K 4, K 5	II
2	K 4, K 5	a. II, b. II, c. II

1 Ergänze die folgenden Zahlen zu 10, zu 100 und zu 1000
0,6 1,55 9,82 0,02 3,59

2 Die Zahl 243,76 wird in der Stellenwerttafel gelegt. Maria legt ein Plättchen dazu.

T	H	Z	E	z	h	t

a. Welche Zahlen kann sie erhalten? Schreibe fünf davon auf.
b. Wie viele verschiedene Zahlen kann sie erhalten, wenn sie zwei Plättchen hinzulegen darf? Schreibe drei davon auf und sage, wo die Plättchen hinzugelegt wurden.
c. Schreibe eine der Zahlen aus a in verschiedenen Darstellungen.

Lösungen zu den Leistungsaufgaben

1

0,6 + 9,4	1,55 + 8,45	9,82 + 0,18
0,6 + 99,4	1,55 + 98,45	9,82 + 90,18
0,6 + 999,4	1,55 + 998,45	9,82 + 990,18
0,02 + 9,98	3,59 + 6,41	
0,02 + 99,98	3,59 + 96,41	
0,02 + 999,98	3,59 + 996,41	

2

a. 1243,76; 343,76; 253,76; 244,76; 243,86; 243,77; 234,761
b. Es sind 49 verschiedene Lösungen möglich.
Beispiel:
Sie legt ein Plättchen zu den Hundertern und eines zu den Zehnteln: 343,86
Sie legt zwei Plättchen zu den Einern: 245,76
c. z. B. 343,76 = 300 + 40 + 3 + 0,7 + 0,06
= 3 H + 4 Z + 3 E + 7 z + 6 h
= $3 \cdot 10^2 + 4 \cdot 10 + 3 \cdot 1 + 7 \cdot \frac{1}{10} + 6 \cdot \frac{1}{100}$

Kompetenzerwartungen
- Gezeichnete, dreidimensionale Körper mit Würfeln nachbauen (K 2)
- Raumvorstellung schulen: Erkennen des gleichen Körpers in verschiedenen Lagen (K 4)
- Einfache dreidimensionale Körper auf isometrisches Punktpapier und Karopapier zeichnen (K 5)

Einordnen

36 Körper aus Würfeln → **37** Quaderansichten

Zur Sache

Worum geht es?

Mit Holzwürfeln kann man Körper bauen, die aus Würfeln zusammengesetzt sind, und sie auf isometrisches Punktpapier zeichnen. Beim Abzeichnen solcher „Würfelkörper" ist auf folgende Punkte zu achten:
- Die einzelnen Würfel sind immer an ganzen Würfelseiten zusammengeklebt. (Alternativ können Steckwürfel verwendet werden.)
- Man sollte nicht mit zu komplizierten Körpern beginnen. Erste Problemstellungen sind auf Figuren mit drei bis vier Würfeln zu beschränken.
- Oft ist man am Anfang geneigt, bei den Körpern sämtliche Würfelkanten zu zeichnen. Dies ist bei einfachen Körpern kein Problem, wird jedoch bei komplizierten Körpern mit vielen Würfeln oft unübersichtlich. Dies soll bewusst als Erfahrungsprozess erlebt werden. Damit ist gemeint, dass die Zeichenregel „nur echte Körperkanten werden gezeichnet" nicht schon von Anfang an gegeben werden soll.
- Es lohnt sich, den gleichen Körper jeweils von verschiedenen Seiten zeichnen zu lassen.
- Es wird sich zeigen, dass die zeichnerische Darstellung einzelner Körper nicht immer eindeutig ist. Verdeckte Würfel werden nicht gezeichnet. Auch dies soll an konkreten Beispielen erfahren werden.
- Für einige Schülerinnen und Schüler ist es eine Hilfe, bei den Körpern jeweils gleich liegende Flächen, zum Beispiel die Flächen rechts vorne bzw. links vorne, verschieden zu färben.

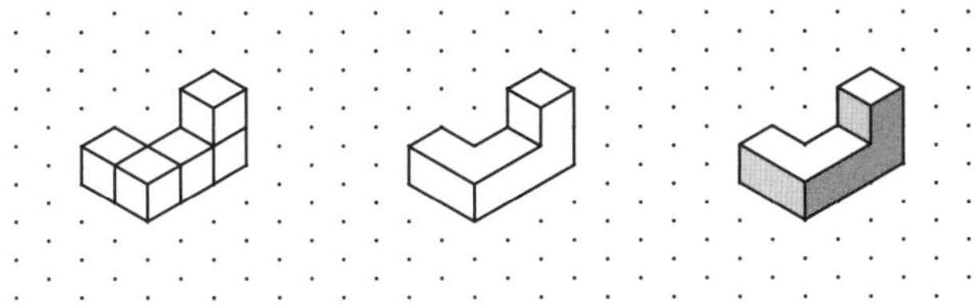

- Aus der Grundschule sind den Schülerinnen und Schülern Schrägbilder von Würfeln und Quadern in der Regel bekannt. Es ist sinnvoll, die Unterschiede, die es zur Darstellung der Würfelkörper auf isometrischem Punktpapier gibt, von den Schülern erklären zu lassen/zu thematisieren: Beim Darstellen auf isometrischem Punktpapier blickt man stets auf die Kanten der Würfel, während man bei der klassischen Schrägbilddarstellung einer der Würfel- bzw. Quaderflächen „frontal gegenübersteht".
- Im Arbeitsheft gibt es zudem Übungen zum Zeichnen „klassischer Schrägbilder" auf kariertem Papier.

Im Anhang sind folgende Kopiervorlagen zu finden, die als Einführung benützt werden können, um Würfel zu zeichnen (Kopiervorlagen im Querformat verwenden):
- Punktraster, groß
- Punktraster, klein
- Gezeichnete Würfelgebäude auf isometrischem Punktpapier. Sie können von den Lernenden nachgebaut und von einer anderen Seite neu auf Punktpapier gezeichnet werden.
- Unvollständig gezeichnete Würfelgebäude.
  Sie können von den Lernenden nach- oder weitergebaut und auf der Zeichnung vervollständigt werden.

Zum Unterricht

Was wird benötigt?

Arbeitsmaterial: Holzwürfel (Kantenlänge etwa 2 cm) oder Steckwürfel, aus je vier Würfeln zusammengeklebte (bzw. zusammengesteckte) Körper „B" und „C" (Bezugsquelle siehe Seite 8)
Kopiervorlagen: isometrisches Punktpapier groß und klein (im Querformat verwenden), fertige Würfelkörper, unvollständige Würfelkörper

Vorschlag zur Stundenverteilung

Stunde	1	2	3
LU	1, 2	3	4, 5
AH	1	2, 3	4, 5, 6

Wie kann man vorgehen?

1 Die Lernenden bauen mit 3 bis 5 Würfeln Würfelkörper. Sie müssen darauf achten, dass immer ganze Seitenflächen zweier Würfel vollständig aneinanderliegen, wie obige Beispiele zeigen. Anschließend zeichnen sie ihre Körper von verschiedenen Seiten auf isometrisches Punktpapier ab (Kopiervorlage im Querformat).

Sie bauen einige Körper der Buchseite nach und vergleichen sie. Sie stellen fest, dass einige gleich sind.

2 Die Darstellungen sind nicht eindeutig. So kann beispielsweise der Körper M dem Körper P entsprechen. Der Körper M kann aber auch dem Körper T entsprechen, obwohl P sicher nicht T sein kann.

3 Die Lernenden sollen versuchen, den einmal gewählten und gebauten Körper aus der Vorstellung heraus von verschiedenen Seiten zu zeichnen. Sie können sich anschließend selbst kontrollieren. Da diese Aufgabe sehr anspruchsvoll ist, können sie bei Schwierigkeiten die Körper auch von den vier verschiedenen Seiten einfach abzeichnen und später bei einem anderen Körper einen neuen Versuch aus der reinen Vorstellung wagen.

4 Hier sollten die Lernenden das Material (Körper „B" und „C") unbedingt zur Verfügung haben. Es kann dann immer noch der Versuch gewagt werden, mit den Schülerinnen und Schülern, die über ein gutes räumliches Vorstellungsvermögen verfügen, die Lösung vorerst nur aufgrund der Zeichnung zu suchen und anschließend mit dem Material zu überprüfen. Auf Angabe der Lösung wird hier verzichtet, jedoch mit dem Hinweis, dass man beispielsweise beim letzten Körper berücksichtigen muss, dass ein Würfel verdeckt ist.

Wie könnte es weitergehen?

- Von Schülerinnen und Schülern frei entworfene Würfelgebäude können von verschiedenen Seiten auf isometrisches Punktpapier gezeichnet und von anderen nachgebaut werden. Die Gleichheit der beiden Gebäude kann direkt kontrolliert werden. Sollten sie nicht gleich sein, können dennoch beide recht haben, wie die Erfahrung mit Aufgabe 1 zeigt.
- Von Schülerinnen und Schülern frei entworfene Würfelgebäude werden von einer Seite auf isometrisches Punktpapier gezeichnet. Andere zeichnen das Gebäude mithilfe der Zeichnung (und aus der Vorstellung) von einer anderen Seite.

Literatur

- Potzklotz, Kallmeyer Verlag (Raumgeometrisches Spiel mit 5 Würfeln)
- Cubus-Spiel, Kallmeyer Verlag, Räumliches Denken entwickeln und fördern
- www.schule.de/bics/son/machmit/sw/bauwas/index.htm (Geometriesoftware „Bauen mit Würfeln")
- Basiskurs Formen – Geometrie im Kopf (Aufgabenkartei), Ernst Klett Verlag, Stuttgart

Lösungen

2 (In Klammern weitere mögliche Lösungen)

A zu E, N	H zu K, R (B, D, L)	O zu S (T)
B zu G, I, J (H, K, R)	I zu B, G, J	P zu M
C zu keinem	J zu B, G, I	Q zu F
D zu L (F)	K zu H, R (B, D, L)	R zu H, K (B, L)
E zu A, N	L zu D (H, K, R)	S zu O (T)
F zu Q (D)	M zu P, T	T zu M (O, S)
G zu B, I, J	N zu A, E	

Kompetenzerwartungen
- Quader selbst herstellen (K 5)
- Raumvorstellungsvermögen mithilfe von Quadern schulen (K 4)
- Grundrisse und Seitenansichten von Quadern interpretieren und selbst erstellen (K 4, K 5)
- Eigenschaften geometrischer Körper und deren Netze beschreiben (K 4, K 6)

Einordnen

36 Körper aus Würfeln → **37** Quaderansichten

Zur Sache

Begriffe

Quader, Grundriss, Quadernetz, Prisma, Zylinder, Kegel, Pyramide, Kugel

Worum geht es?

Die Lernenden stellen zuerst die Quader auf ein Gitternetz wie in der Aufgabe vorgegeben. Sie müssen in den ersten Übungen die Seitenansichten erkennen und zusätzlich aus der Vorstellung heraus Seitenansichten zeichnen. Im Weiteren sollten sie die Quader so aufstellen, wie es aus den Seitenansichten hervorgeht und anschließend die Grundrisse auf den Grundrissplan einzeichnen. Es ist äußerst wichtig, dass die Quader und die Grundrisspläne zur Verfügung stehen. Die Aufgaben sind für viele recht anspruchsvoll. Sie müssen daher immer wieder auf dieses Material zurückgreifen und damit ihre Lösungen kontrollieren können.
Des Weiteren werden die geometrischen Grundkörper und einfache Netze thematisiert. Die Erarbeitung sollte durch Modelle veranschaulicht werden.

Zum Unterricht

Was wird benötigt?

Arbeitsmaterial: Papier (evtl. rot, gelb, blau); evtl. Farben, Schere, Klebstoff
Kopiervorlagen: Gitternetz, Quadernetz, Grundrissblatt, Seitenansicht
Demonstrationsmaterial: roter, blauer und gelber Quader; evtl. Material „Schauen und Bauen" (s. Literatur)

Vorschlag zur Stundenverteilung

Stunde	1	2	3	4
LU	1	2, 3	4, 5	6
AH		1, 2		3, 4

Wie kann man vorgehen?

Bei allen Aufgaben dieser Doppelseite empfiehlt es sich, die Lernenden gemeinsam arbeiten zu lassen. Bevor sie die Aufgaben 2 bis 5 lösen, können sie in Gruppen – sehr gut eignen sich Vierergruppen – an eigenen Aufgaben arbeiten. Sie stellen einen, zwei oder drei Quader auf den Grundrissplan. Sie zeichnen den Grundriss auf kariertes Papier. Anschließend zeichnet jeder eine der vier Ansichten auf kariertes Papier. Sie kontrollieren sich gegenseitig. Bei den Aufgaben 2 bis 4 stellen sie die Quader gemäß Grundrissplan auf und kontrollieren die Ansichten.

1 Die Schülerinnen und Schüler haben gelernt, Parallelen und Senkrechte zu zeichnen. Es ist deshalb eine gute Übung, das Quadernetz entsprechend den Angaben von den Lernenden auf festeres Papier konstruieren zu lassen. Die Kopiervorlage kann als Kontrolle oder zur rascheren Herstellung weiterer Quader gebraucht werden. Bei knapper Zeit können natürlich alle Quader mithilfe der Kopiervorlage hergestellt werden. Für die kommenden Übungen sind je ein roter, blauer und gelber Quader mit den Maßen 2,5 cm × 5 cm × 10 cm notwendig.

2 Hier fehlt lediglich die Ansicht von Süden. Es ist die rückwärtige Sicht der Nordansicht. Links und rechts sowie vorne und hinten sind vertauscht. Was vorher unsichtbar war, wird in diesem Beispiel sichtbar.

3 Dies ist eine Weiterführung der Aufgabe 2. Mit jeder Teilaufgabe ist eine weitere zusätzliche Ansicht gefragt.

4 Die Lernenden können die drei Quader gemäß der Aufgabe auf den Grundrissplan stellen. Falls sie in Vierergruppen arbeiten, kann jeder eine Ansicht zeichnen. Dann tauschen sie ihre Plätze im Rotationsprinzip und zeichnen die nächste Ansicht. Die Ergebnisse werden verglichen. Bei Unstimmigkeiten können die anderen zurate gezogen werden.

5 Hier ist Teamarbeit gefragt. Die Schülerinnen und Schüler sollen sich auf ein Vorgehen einigen. Wenn alle auf einer Seite sitzen und gleichzeitig die Lösung suchen, wird das Problem eher nicht-mathematischer Art sein. Sie sollten selbst merken, dass es ein guter Weg ist, wenn eine Schülerin oder ein Schüler die Quader so stellt, wie es „meiner Ansicht nach" sein muss. Dann kommt der oder die Nächste an die Reihe und korrigiert, sofern nötig. So geht es reihum, bis alle mit der Aufstellung der Quader einverstanden sind. Platzwechsel im Rotationsprinzip kann zur Kontrolle dienen.

6 Diese Aufgabe dient der Festigung der Eigenschaften geometrischer Grundkörper und fördert die kommunikativen Fähigkeiten der Schüler. Sie sollte nach Bearbeitung der Aufgabe 3 im Arbeitsheft bearbeitet werden. Erneut lohnt es sich, hier Modelle einzusetzen und/oder den „Lieblingskörper" aus einem Netz basteln zu lassen.
Teilaufgabe c. kann gut als Hausaufgabe gestellt werden. Viele Schüler sind sehr kreativ und wissen die Eigenschaften der besprochenen Körper geschickt in eine Geschichte

einzuflechten. Die Teilaufgaben a. und b. können – insbesondere wenn es sich um den ersten mathematischen Aufsatz handelt – bei Bedarf den Schülern als Anregung dienen.

Wie könnte es weitergehen?

- Es gibt noch andere Quadernetze als das in Aufgabe 1 erwähnte. Weitere Quadernetze suchen.
- Versuchen, die Seitenansichten zu zeichnen, ohne die Quader aufzustellen.
- Versuchen den Grundriss aus den vier Seitenansichten zu finden, ohne die Quader aufzustellen.
- Es werden nicht alle vier Ansichten, sondern nur drei gegeben. Der Grundriss ist gefragt.
- zur Schulung des räumlichen Vorstellungsvermögens gibt es eine Aufgabenkartei:
  Geometrie im Kopf – Basiskurs Formen

Literatur

- M. Röhr: Schauen und Bauen, Ernst Klett Grundschulverlag, Stuttgart 1997
- Basiskurs Formen, Ernst Klett Verlag, Stuttgart (ISBN 978-3-12-200923-6)

Lösungen

2 Ansicht von Süden:

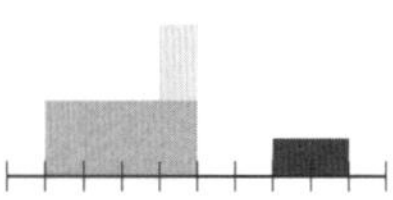

Legende:

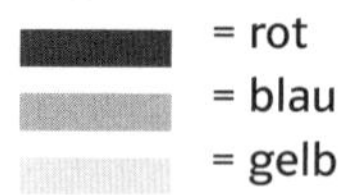

3

a. Ansicht von Westen:

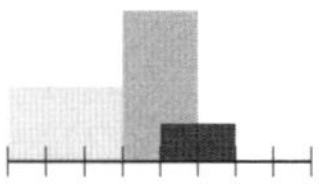

Ansicht von Süden:

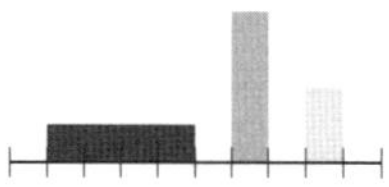

b. Ansicht von Westen:

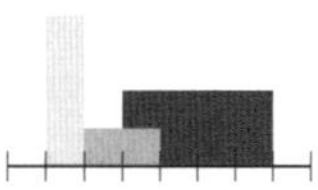

Ansicht von Osten:

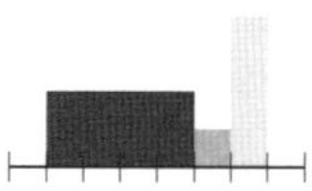

c. Ansicht von Osten:

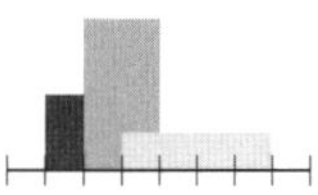

Ansicht von Süden:

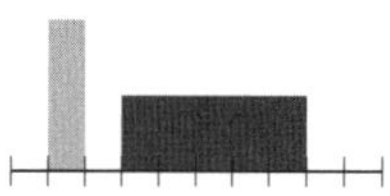

Ansicht von Westen:

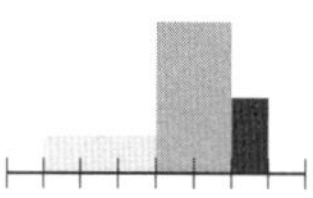

4

a. Ansicht von Norden

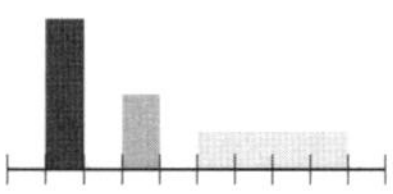

Ansicht von Osten

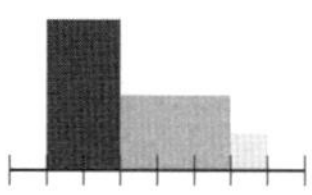

Ansicht von Süden

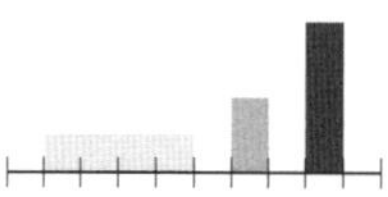

Ansicht von Westen

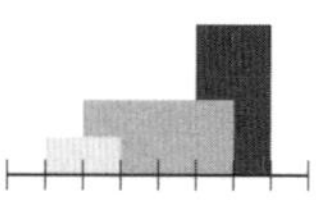

b. Ansicht von Norden | Ansicht von Osten | Ansicht von Süden | Ansicht von Westen

c. Ansicht von Norden | Ansicht von Osten | Ansicht von Süden | Ansicht von Westen

d. Ansicht von Norden | Ansicht von Osten | Ansicht von Süden | Ansicht von Westen

e. Ansicht von Norden | Ansicht von Osten | Ansicht von Süden | Ansicht von Westen

f. Ansicht von Norden | Ansicht von Osten | Ansicht von Süden | Ansicht von Westen

5

a. Grundriss:

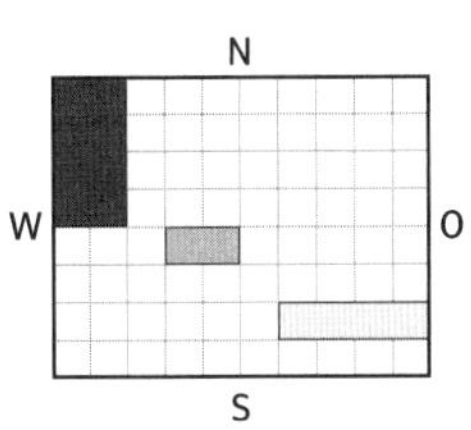

b. Grundriss:

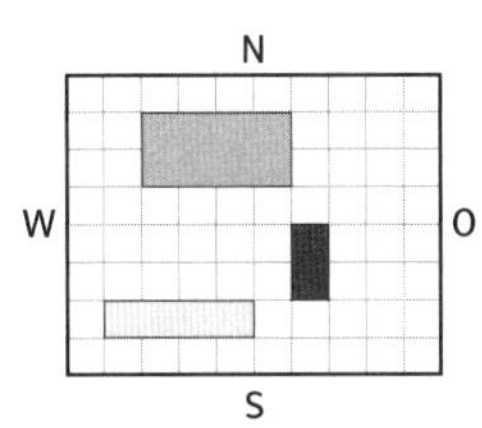

c. Grundriss:

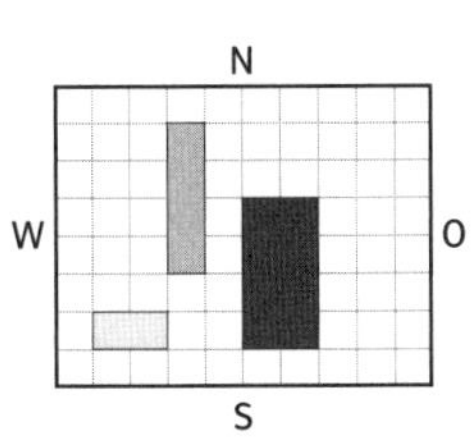

d. Grundriss:

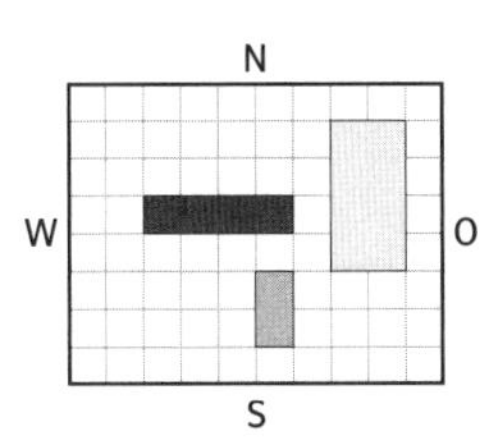

6

a. Individuelle Schülerantwort

b. Mögliche Verwandschaftsbeziehungen könnten sein:
Kugel und Würfel (Kugelmittelpunkt bzw. Schnittpunkt der Raumdiagonalen als „Symmetriepunkt“ (Symmetriezentrum) der Körper)
Kugel und Zylinder (beide werfen einen kreisrunden Schatten),
Zylinder und Würfel/Quader (quadratischer/rechteckiger Schattenwurf),
Pyramide und Kreiskegel (beide haben eine Spitze; Grundfläche des Kreiskegels als „Unendlich-Eck“), …

c. Beispiel, Musteraufsatz von Josias (siehe unten)

Würfi und seine Freunde 10.07.2008

Hallo, ich bin Würfi der Würfel. Zusammen mit meinen Freunden Quadi, Zyli, Kegi Prisi und Pyri wohne ich in der Figurenstraße 19. Quadi ist ein Quader. Seine gegenüberliegenden Seitenflächen sind gleich groß. Er ist nicht nur mein Freund sondern auch mein engster Verwandter. Zyli ist ein Zylinder. Er hat eine runde Grund- und Deckfläche und sieht aus wie eine Dose. Manchmal bringt Zyli auch seinen Verwandten mit: Kugli. Kegli

Leistungsaufgaben

Aufgabe	Kompetenz	Anforderungsbereich
1	K 4, K 6	II
2	K 4	II
3	K 2, K 4	III
4	K 4, K 5	III

1 Wie sehen die vier Ansichten aus?

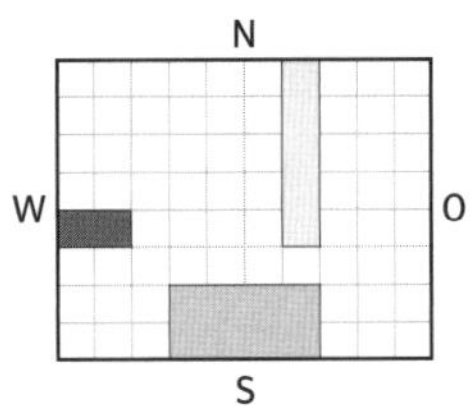

2

a. Schreibe zu den Würfelkörpern jeweils einen Bauplan.

b. Wie viele Würfel benötigst du bei diesen Würfelkörpern zusätzlich, um daraus einen Würfel mit möglichst kleiner Kantenlänge zu bauen?

c. Wie groß ist der Anteil der ursprünglichen Würfel am gesamten Würfelbauwerk?

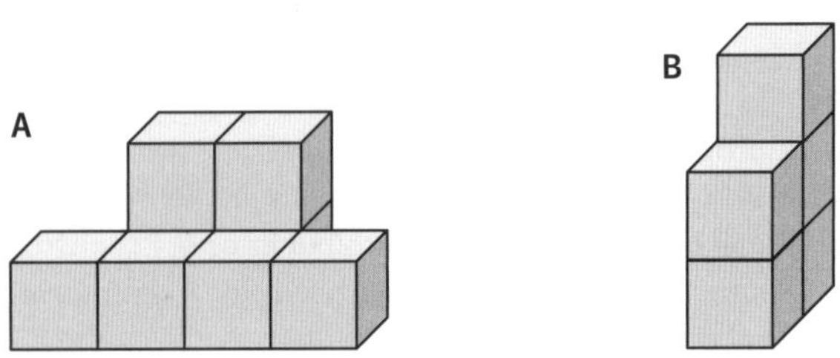

3 Mit 4 Würfeln kannst du viele verschiedene Würfelkörper bauen. Schreibe mindestens 6 Baupläne für verschiedene Körper auf. Achte darauf, dass du wirklich unterschiedliche Körper erzeugst.

4 Hier siehst du das Netz eines Quaders.

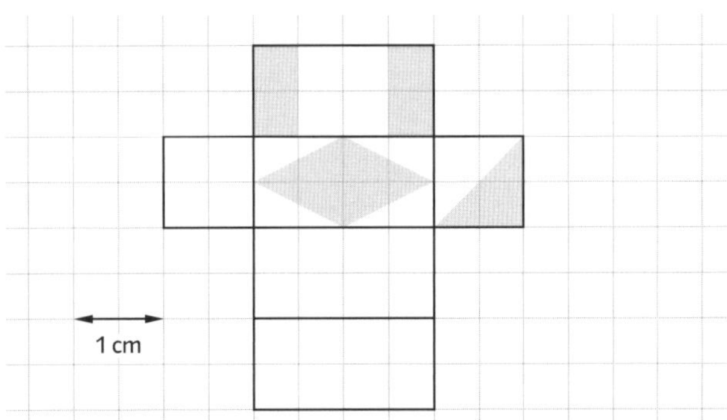

a. Zeichne ein Schrägbild des Quaders samt Muster.

b. Welcher Anteil der Quaderoberfläche ist gefärbt?

c. Die gegenüberliegenden Seiten sollen mit dem gleichen Muster verziert werden. Zeichne die Verzierung ins Netz ein. Welcher Anteil der Oberfläche ist jetzt gefärbt?

Lösungen zu den Leistungsaufgaben

1

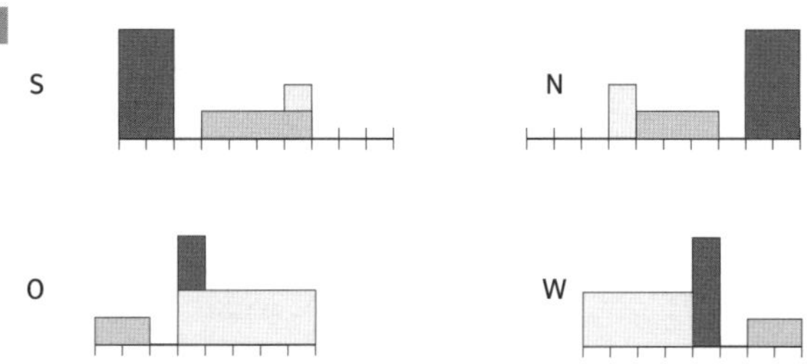

2

a. A

	2	2	
1	1	1	1

B

3
2

b. 56 W. — 22 W.

c. $\frac{8}{64}$ — $\frac{5}{27}$

3 Mögliche Baupläne:

1	1	2

1	2	1

1	1	1	1

1	
2	1

2	
1	1

	2
1	1

1	1	
	1	1

	1	1
1	1	

4

a.

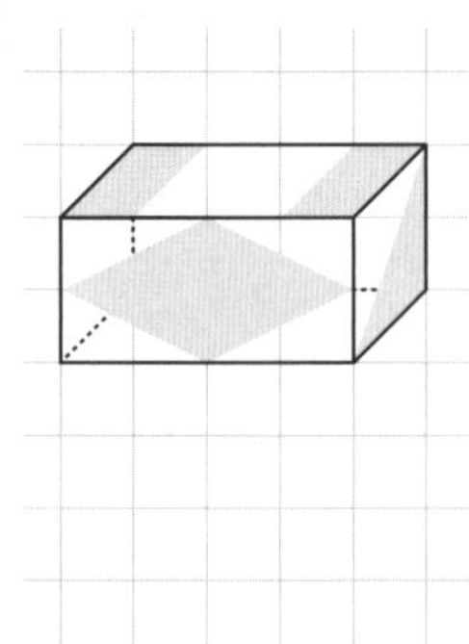

c.

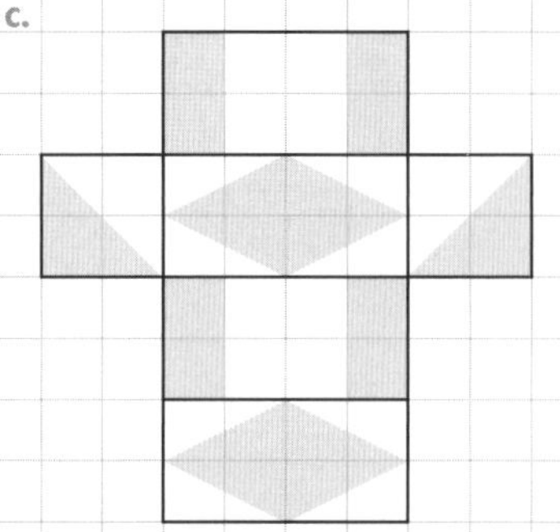

b. Oberfläche $O = 2 \cdot 1\,cm^2 + 4 \cdot 2\,cm^2 = 10\,cm^2$
O (Raute) = $1\,cm^2$
O (Dreieck) = $0{,}5\,cm^2$
O (Deckfläche) = $1\,cm^2$
O (Verzierung) = $2{,}5\,cm^2$, also $\frac{1}{4}$ der Oberfläche
(Alternative: Flächeninhalt mit Kästchen)
O (gesamt) = 40 Kästchen
O (Verzierung) = 10 Kästchen, also $\frac{10}{40}$

c. Der gefärbte Anteil beträgt jetzt $\frac{2}{4}$ $\left(\frac{1}{2}\right)$

Kompetenzerwartungen
- In konkreten Situationen kombinatorische Überlegungen anstellen, um die Anzahl der jeweiligen Möglichkeiten zu bestimmen (K 2)
- Bei mathematischen Spielen Strategien entwickeln (K 2, K 6)

Einordnen

28 Kriminalpolizei → **38** Würfelspiele

Zur Sache

Worum geht es?

Die Schülerinnen und Schüler sollen dem Phänomen Zufall bewusst begegnen. Sie sollen erleben, dass es unter den Zufallsereignissen mehr oder weniger wahrscheinliche gibt. Es genügt, wenn die Lernenden sagen können, dass ein Ereignis häufiger eintritt als ein anderes oder umgekehrt oder dass zwei Ereignisse etwa gleich häufig auftreten. Es soll sich hier keineswegs um die Berechnung von irgendwelchen Wahrscheinlichkeiten handeln.

An Einzelfällen können die Lernenden evtl. erste Begründungen angeben, warum ein Ereignis wahrscheinlicher ist als ein anderes. So ist etwa die Augensumme 7 mit zwei Würfeln häufiger als die Augensumme 2, weil die Summe 2 nur mit zwei Einern, die Summe 7 jedoch auf mehrere Arten (insgesamt 6: 1 + 6, 2 + 5, 3 + 4, 4 + 3, 5 + 2, 6 + 1) zustande kommen kann. Die Form von Würfelspielen wurde hier gewählt, weil sie stufengerecht ist. Das Spielelement wird in mathematisch relevanten Zusammenhängen in den Unterricht gebracht. Und zudem lassen sich mit den Würfeln überschaubare kombinatorische Überlegungen anstellen.

Zum Unterricht

Was wird benötigt?

Arbeitsmaterial: normale Spielwürfel, Spielplan, Spielmarken, Papier und Bleistift

Vorschlag zur Stundenverteilung

Stunde	1, 2	3
LU	1	2, 3, 4
AH		

Wie kann man vorgehen?

Bankspiel
Im Grunde genommen handelt es sich hier um eine stark vereinfachte Version des gewöhnlichen Roulettes, das in Spielkasinos gespielt wird. Wie man weiß, gewinnt dort auf die Dauer die Bank. Das Spiel wird vorerst gespielt, um Erfahrungen zu sammeln und das Verstehen der Spielregeln zu überprüfen. Anschließend können die Lernenden frei darüber berichten.
War es spannend? Wie viel hast du mit der Bank gewonnen? Wie viel verloren? Wie viel hast du gewonnen oder verloren?
Die Lernenden können evtl. auch einen freien Bericht über ihre Erfahrungen mit diesem Spiel schreiben. Was hat mir gefallen, was nicht? Warum?
Die Lernenden können angehalten werden, den genauen Spielverlauf zu notieren. Welche Zahlen wurden wie oft geworfen? Die Resultate können in einer Tabelle festgehalten werden.
Sie dienen zur Beantwortung von Fragen, wie:
Welche Summen wurden eher selten, welche häufiger geworfen?
Was ist öfter vorgekommen, große oder kleine Zahlen?
Wie oft wurde die 7 gewürfelt? usw.
Sie können die Ergebnisse hinterfragen:
Warum kommt die Summe 7 häufiger vor als die Summe 2? Wievielmal häufiger etwa?
Hinter dem Spiel stehen folgende Zusammenhänge und Wahrscheinlichkeiten, wie aus der Augensummentafel, die im Unterricht erstellt werden sollte, ersichtlich:

	1	2	3	4	5	6
1	2	3	4	5	6	7
2	3	4	5	6	7	8
3	4	5	6	7	8	9
4	5	6	7	8	9	10
5	6	7	8	9	10	11
6	7	8	9	10	11	12

Die Augensumme 7 kommt am häufigsten vor, in 6 der 36 Fälle. Die Augensummen 2 und 12 kommen am seltensten vor, je in 1 der 36 Fälle.
Die kleinen und die großen Augensummen kommen gleich oft vor, in je 15 der 36 Fälle.
Um wirklich alle Möglichkeiten zu erfassen, ist es wichtig, dass die Würfel auch optisch unterscheidbar sind.
Das hat für unser Spiel folgende Konsequenzen:
Wer die Bank hat, wird selten verlieren. In 6 der 36 Fälle gewinnt die Bank alles, was von den Spielerinnen gesetzt wurde, nämlich bei der Augensumme 7. Setzen die Spielerinnen etwa gleich häufig auf klein wie auf groß, dann wird die Bank etwa gleich viel auszahlen müssen wie sie eingenommen hat. Nur der Fall, in dem die Mehrheit auf klein (bzw. groß) setzt und auch tatsächlich eine kleine (bzw. große) Augensumme geworfen wird, führt bei der Bank zum Verlust. Doch im gegenteiligen Fall, der etwa gleich häufig eintrifft, gewinnt die Bank. Insgesamt bleibt also der Bank etwa bei 6 von 36 Fällen ein Gewinn. Diese Aussagen sind nur bei einer großen Anzahl von Versuchen gültig. In einem Extremfall kann es sein, dass die Bank während einer gewissen Zeit einen Verlust einfährt, doch die Wahrscheinlichkeit dafür ist relativ gering.

Möglichst nahe an 20
Bei 14 und weniger Punkten muss man weiter würfeln, da man nur näher an 20, aber nicht darüber hinaus kommen kann. Bei 15 Punkten kann man erstmals mit der 6 die 20 überschreiten. Wie stehen die Chancen, mit nochmaligem Würfeln ein besse-

res Ergebnis (näher bei 20, nicht über 20) zu erreichen? Folgende Tabelle gibt Auskunft:

bereits erreichte Punkte	Anzahl Fälle bis 20	Anzahl Fälle über 20
15	5 (bei 1, 2, 3, 4, 5)	1 (bei 6)
16	4 (bei 1, 2, 3, 4)	2 (bei 5, 6)
17	3 (bei 1, 2, 3)	3 (bei 4, 5, 6)
18	2 (bei 1, 2)	4 (bei 3, 4, 5, 6)
19	1 (bei 1)	5 (bei 2, 3, 4, 5, 6)

Das bedeutet, dass man bei 15 oder 16 bereits erreichten Punkten bezüglich der Punktzahlen mehr Möglichkeiten hat, das Ergebnis zu verbessern als es zu verschlechtern. Umgekehrt hat man bei 18 oder 19 bereits erreichten Punkten mehr Möglichkeiten, das Ergebnis bezüglich der Punktzahl zu verschlechtern als es zu verbessern.

Allerdings ist zu beachten, dass man bei mehr als 20 Punkten 6 Spielmarken abgeben muss, aber höchstens 5 Spielmarken, wenn man nicht mehr spielt. Dies ist besonders wichtig für den Fall, dass man schon 17 Punkte erreicht hat. Spielt man weiter, kann man 6 Spielmarken verlieren, aber eventuell auch Spielmarken gewinnen. Spielt man nicht weiter, kann man höchstens 3 Spielmarken verlieren. Da hängt die Entscheidung, ob man weiterspielen soll, auch davon ab, wie die Punktzahlen der übrigen Spielerinnen stehen. Will man Spielmarken gewinnen, kommt man nicht darum herum, ein gewisses Risiko einzugehen.

Die Uhr füllen

Der Hintergrund dieses Spiels ist der gleiche wie beim Bankspiel. Führt man Protokoll über die gewürfelten Augensummen, so stellt man fest, dass die mittleren Punktzahlen häufiger vorkommen als die Randzahlen 2; 3 und 11; 12. Die Spielenden werden in der Regel öfter auf eine Randzahl warten müssen als auf eine mittlere Zahl. Die Zahl 1 kann nie gestrichen werden.

Drei Würfel

Eine vollständige Analyse dieses Spiels ist recht anspruchsvoll. Man stellt jedoch schnell fest, dass es günstiger ist, auf mittlere Zahlen zu setzen als auf kleine oder große Zahlen.
So kommt beispielsweise die Summe 2 nur bei 16 von 216 Möglichkeiten zustande.
Die Summe 18 kommt gar nur auf eine Art zustande.
Hingegen kann beispielsweise die Augensumme 9 bei insgesammt 216 Möglichkeiten auf 60 Arten mit 2 von den 3 Würfeln und zusätzlich auf 25 Arten mit allen 3 Würfeln zustande kommen.

Wie könnte es weitergehen?

Verändern der Spielregeln ergibt jeweils neue Spiele.

Literatur

www.spielekiste.de

Leistungsaufgabe

Teilaufgabe	Kompetenz	Anforderungsbereich
a.	K1	II
b.	K2	III
c.	K1	II

Zwei normale Spielwürfel werden geworfen und deren Augenzahlen miteinander multipliziert.

a. Welche Zahlen können nicht gewürfelt werden? Begründe.
b. Liste die Produkte auf, die nur auf eine Art zustande kommen können. Was sind das für Zahlen?
c. Wenn du wetten sollst, welche Produkte am häufigsten vorkommen, auf welche Produkte setzt du?

Lösungen zur Leistungsaufgabe

a. 7; 11; 13; 14; 17; 19; 21; 22; 23; 26 bis 29; 31 bis 35; ab 37. Diese Zahlen sind größer als 6 und Primzahlen oder der zweitkleinste Teiler ist größer als 6.
b. Die Quadratzahlen 1; 9; 16; 25 und 36 sind nur auf eine Art erwürfelbar.
c. Man sollte auf die Produkte 6 und 12 setzen, da diese jeweils auf 4 Arten erreichbar sind.

Kompetenzerwartungen
- Geschwindigkeiten vergleichen (K 1)
- Informationen aus einem Text entnehmen (K 6)
- Balkendiagramm lesen und erstellen (K 4)

Einordnen

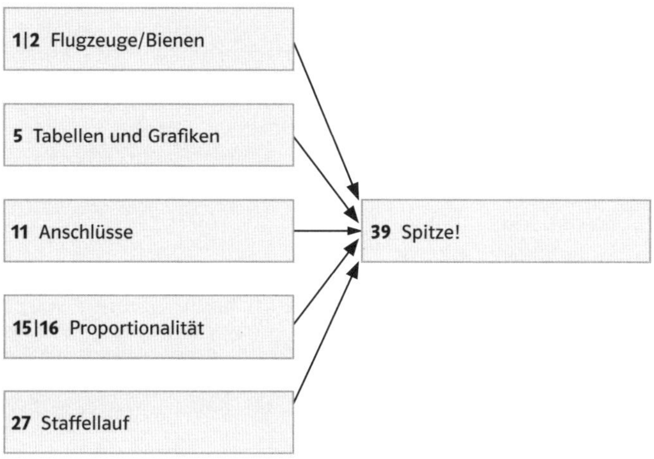

Zur Sache

Begriffe

Rangliste, Diagramme, Tabellen

Worum geht es?

Geschwindigkeiten kann man auf verschiedene Arten vergleichen: Man kann die zurückgelegten Strecken innerhalb einer bestimmten Zeit vergleichen oder aber die Zeiten, die für eine bestimmte Strecke benötigt werden. Wer innerhalb einer vorgegebenen Zeit die größere Strecke zurücklegt, hat eine größere Geschwindigkeit als jemand, der in der gleichen Zeit eine kürzere Strecke zurücklegt. Umgekehrt gilt: Wer eine bestimmte Strecke in einer kürzeren Zeit zurücklegt, hat eine größere Geschwindigkeit als jemand, der für die gleiche Strecke mehr Zeit braucht.

Erst wenn die Schülerinnen und Schüler Geschwindigkeiten auf beide Arten verglichen haben, soll beim Thema Fliegen auf der 2. Seite zur Sprache kommen, dass man die Geschwindigkeit üblicherweise mit Meter pro Sekunde oder Kilometer pro Stunde angibt. Damit ergibt sich eine Schwierigkeit, die ausführlich diskutiert werden sollte: Obwohl beispielsweise ein Gepard in einer Stunde niemals eine Strecke von 120 Kilometer zurücklegen kann, sagen wir, dass er eine Geschwindigkeit von 120 km/h (Sprechweise: „120 Kilometer pro Stunde") erreicht. Die Geschwindigkeit, angegeben in Kilometer pro Stunde, beschreibt also nicht einen Zustand, der über eine ganze Stunde anhalten muss.

Zum Unterricht

Was wird benötigt?

Demonstrations- und Arbeitsmaterial: Maßband, Stoppuhr

Vorschlag zur Stundenverteilung

Stunde	1	2	3
LU	1	2, 3	4, 5, 6
AH		1	2

Wie kann man vorgehen?

Wir empfehlen, das Mathematikbuch vorerst geschlossen zu lassen. Schülerinnen und Schüler erzählen, was sie über „Geschwindigkeit" schon wissen, wo sie Geschwindigkeit erleben, wie sie Geschwindigkeit empfinden, wie Geschwindigkeit gemessen oder verglichen wird und vieles mehr.
Um sich Geschwindigkeiten besser vorstellen zu können und ein Gefühl dafür zu bekommen, ist es wichtig, praktische Vergleiche durchzuführen. Dabei geht es darum, bewusst zu machen, dass innerhalb einer vorgegebenen Zeit nicht alle eine gleich lange Strecke zurücklegen. Umgekehrt kann man in der Schulumgebung eine bestimmte Strecke abstecken und mit den Schülerinnen und Schülern aufgrund von Zeitmessungen folgende Fragen klären:
- „Wie viel Zeit benötigt jeder von uns, um die Strecke im normalen Wandertempo abzuschreiten?"
- „Wie viel Zeit brauchen wir für die ganze Strecke im Laufschritt, mit Inlinern, mit dem Fahrrad usw.?"

Bei diesem Thema ist es sehr sinnvoll, mit Tabellen zu arbeiten, zum Beispiel anhand der Geschwindigkeit des Gepards im Mathematikbuch:
Der Gepard legt 100 Meter in 3 Sekunden zurück:

100 m	3 s
200 m	6 s
300 m	9 s
400 m	12 s
500 m	15 s

Nach 500 m braucht der Gepard eine Erholungspause.
Wir können im Kopf trotzdem die Tabelle weiterführen:

500 m	15 s
1000 m	30 s
2000 m	60 s
also	
2 km	1 min
120 km	60 min

Wir sagen: „Auf der Jagd erreicht der Gepard eine Geschwindigkeit von 120 km/h." Das bedeutet, der Gepard könnte in einer Stunde 120 km zurücklegen, wenn er nicht ausruhen müsste und immer mit Spitzengeschwindigkeit laufen würde. Hier sollten die Grenzen des Modells „Proportionalität" thematisiert werden.

Laufen

Schülerinnen und Schüler sollten unbedingt Gelegenheit erhalten, selber Ideen zu entwickeln, wie sie die Geschwindigkeiten der Tiere miteinander vergleichen könnten. Bei jeder Teilaufgabe sollten sie genau erklären, wie sie die Antwort gefunden haben.

1 Die Aufgabe kann zum Beispiel durch den Vergleich von Tabellen gelöst werden.

Fliegen

4 Dem Balkendiagramm lässt sich die Rangliste leicht entnehmen. Etwas schwieriger wird es beim Ablesen der Geschwindigkeiten. Bei der Stechmücke und der Stubenfliege kann die Geschwindigkeit nur geschätzt werden, z. B. „... etwas mehr als 1 Kilometer pro Stunde" oder „... ungefähr 1,5 km/h."

5 In der halben Zeit wird die halbe Distanz zurückgelegt, d. h., die Balkenlängen müssen einfach halbiert werden.

Wie könnte es weitergehen?

- Spitzengeschwindigkeiten aus dem Guinness-Buch der Rekorde heraussuchen und in gleicher Weise vergleichen.
- Weitere Messungen anstellen: Interessante Phänomene ergeben sich, wenn man die Laufzeiten variiert. Wird die Laufzeit verdoppelt, verdoppelt sich der Unterschied zwischen der längsten und der kürzesten zurückgelegten Strecke nicht unbedingt. Aufgrund von entsprechenden Messungen lässt sich ermitteln, dass auf kürzeren Strecken höhere Geschwindigkeiten erreicht werden.

Literatur

Guinness-Buch der Rekorde, Guinness Verlag, Hamburg (erscheint jedes Jahr neu)

Lösungen

1 Der Wolf legt 1 km in 1 min zurück:

1 km	1 min
2 km	2 min
3 km	3 min
...	...
7 km	7 min
...	...
60 km	60 min (= 1 h)

Der Hase legt 700 m in 36 s zurück:

700 m	36 s
1400 m	72 s
2100 m	108 s
...	...
7000 m	360 s (= 6 min)

a. Der Wolf braucht 7 min für 7 km.
b. Der Hase braucht 6 min für 7 km.
c. Der Wolf legt in 1 h 60 km zurück.
d. Das Dromedar läuft schneller.
e. Der Wolf braucht länger.

3 Rangliste:

1. Gepard
2. Rotes Riesenkänguru
3. Gazelle
4. Strauß
5. Hase
6. Wolf
7. Windhund
8. Zebra
9. Dromedar
10. Flusspferd
11. menschlicher Weltrekord
12. Faultier

4 Rangliste:

Stechmücke	1,4 km/h
Stubenfliege	8 km/h
Maikäfer	11 km/h
Kohlweißling	14 km/h
Hummel	18 km/h
Biene	29 km/h
Libelle	30 km/h
Rinderbremse	51 km/h

5

Rinderbremse	25,5 km
Hummel	9 km
Kohlweißling	7 km
Libelle	15 km
Maikäfer	5,5 km
Biene	14,5 km
Stechmücke	0,7 km
Stubenfliege	4 km

6

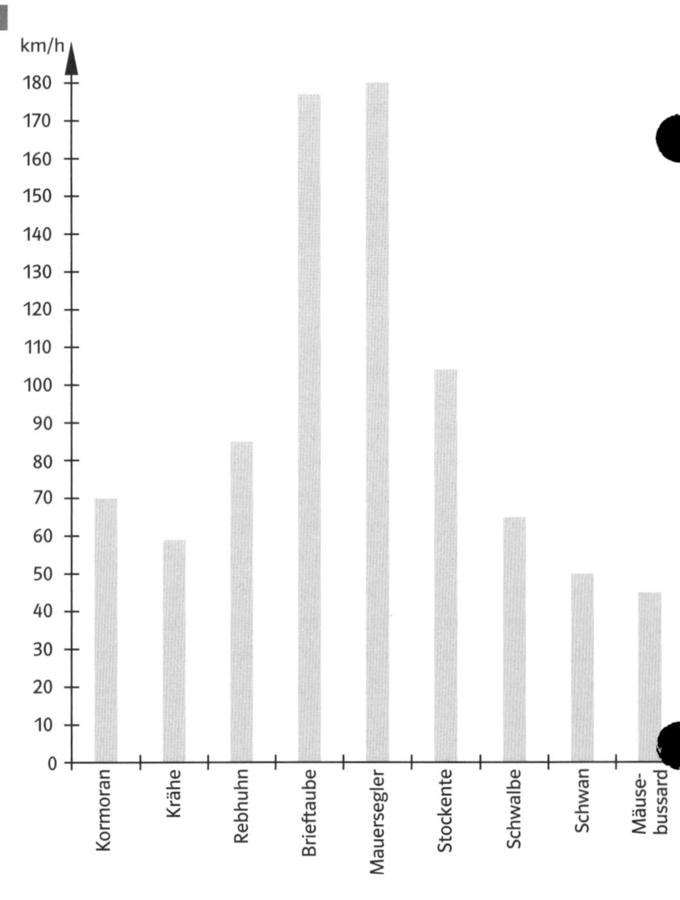

Kompetenzerwartungen
- In Sachtexten mathematische Zusammenhänge erkennen (K 6)
- In den vier Grundoperationen rechnen (K 5)
- Den Zahlenstrahl anwenden und die Rundungsregeln kennen (K 5)
- Methoden der Texterschließung trainieren (K 6)

Einordnen

22 Flächen	→	**40** Wie alt werden Bäume?
25 Bäume wachsen nicht in den Himmel	→	

Zur Sache

Worum geht es?

Dieses Unterrichtsthema stellt fächerübergreifende Verbindungen her: Die Texte enthalten Informationen aus den Gebieten Biologie und Mathematik. Durch das Herstellen von mathematischen Beziehungen können die Sachtexte besser verstanden werden. Darüber hinaus geht es um die praktische Anwendung von Mathematik: Beim Bestimmen des Alters von Laub- und Nadelbäumen wendet man die Methode des Auszählens an (Astkränze und Jahresringe) und beim Bestimmen des jährlichen Längenwachtums übt man den Umgang mit mathematischen Operationen.
Schüler benötigen eine mathematikspezifische Lesekompetenz für die Arbeit mit Textaufgaben.
Zur Textrechenkompetenz gehören
- das Lösen von Textaufgaben,
- das Erkennen und Bearbeiten unvollständiger Textaufgaben,
- das Erkennen sinnloser Angaben,
- das Verfassen von Textaufgaben.

Die Schüler müssen deshalb über folgende Fähigkeiten verfügen:
- Erkennen und Wiedergeben von Informationen,
- Ziehen einfacher Schlussfolgerungen,
- Ziehen und Begründen komplexer Schlussfolgerungen,
- Prüfen und Bewerten des Gelesenen (unvollständig, unsinnig, redundant).

Zum Unterricht

Was wird benötigt?

Kopiervorlage Zeitachse

Vorschlag zur Stundenverteilung

Stunde	1, 2	3, 4
LU	1	2, 3, 4
AH	1, 2	3

Wie kann man vorgehen?

Zum Arbeitsheft
In Aufgabe 1 üben die Schüler das Erkennen und Wiedergeben der Informationen aus dem Text mithilfe der Tabelle ein.
In Aufgabe 2 sind bereits einfache Schlussfolgerungen zu ziehen, in Teil c. ist es dann erforderlich, das Gelesene zu prüfen und zu bewerten.
Die Aufgaben in dieser Lernumgebung sollen die Schüler an mathematikspezifisches sinnerfassendes Lesen heranführen. Dabei ist besonders zu betonen, dass die Freiheitsgrade der Interpretation eingeschränkt sind, Relevantes von nicht Relevantem getrennt und der richtige Algorithmus erkannt werden muss, um Schlussfolgerungen zu ziehen.

Zu den Aufgaben der Lernumgebung

1

b. Hinweis: Der Baum wird in der Regel auf 10 bis 15 cm Bodenhöhe gefällt. Nadelbäume brauchen bis zu dieser Höhe inkl. Keimung zwei bis fünf Jahre, Laubbäume ein bis drei Jahre. Zur Vereinfachung der Aufgabe werden im Text drei Jahre angenommen.

c. Mögliche Fragestellungen:
   - In welchen Jahren hatte die Kiefer das größte Wachstum?
   - Wie viele Jahre brauchte die Kiefer, bis die Wunde vom Bodenfeuer zugewachsen war?
   - usw.

2 100 Jahre alt werden Espen, Birken, Erlen, Pappeln
600 Jahre alt werden Fichten, Kiefern und Tannen
800 Jahre alt werden Lärchen
2000 Jahre alt werden Eiben
3500 Jahre alt sind Mammutbäume (USA)
4700 Jahre alt sind Grannenkiefern (USA),

Dreht man die Darstellung auf der Kopiervorlage um 90°, so ergibt sich das übliche Bild eines Zahlenstrahls.

3

a. In der Praxis rechnet man die gerundete Gesamthöhe durch die Anzahl der Astkränze; 180 cm : 6 = 30 cm. Die Tanne wuchs durchschnittlich 30 cm pro Jahr. Das Diagramm im Mathematikbuch gilt für eine Rottanne oder Fichte. Weißtannen wachsen nur ungefähr 15 cm im Jahr.

   Hinweis: Diese Methode gilt für das erste Lebensdrittel eines Baumes. Das Wachstum geht nahezu linear in die Höhe. Im zweiten Lebensdrittel wird das Längenwachstum zugunsten des Durchmesserwachstums langsam abgebremst (vgl. Grafik). Das letzte Lebensdrittel steht im Zeichen der Reifung und einer kleineren Wachstumszunahme. Gibt es keine Knospung mehr (kein Wachsen mehr), so stirbt der Baum.

40 Wie alt werden Bäume?

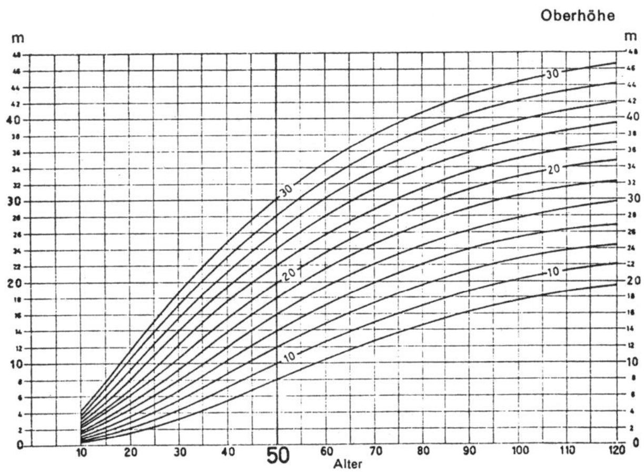

Die Grafik gibt Auskunft, wie hoch in einem bestimmten Alter eine Fichte (Rottanne) ist. Standorte beeinflussen das Längenwachstum; mit 50 Jahren können Fichten 10 bis 30 m hoch sein. Für unsere Betrachtung spielt dies keine Rolle. Vielmehr soll dokumentiert werden, dass das Wachstum im ersten Lebensabschnitt nahezu linear erfolgt.

b. Die Frage anders gestellt: Wie lange dauert es, bis die Tanne um 142 cm größer ist?
142 cm : 30 cm ≈ 4,7. Es dauert noch 4 bis 5 Jahre, bis die Tanne 3,2 m groß ist.

c. Man zieht von der Körpergröße des Kindes die Geburtslänge von ca. 50 cm ab und teilt durch das Alter. (Auch hier ist das Längenwachstum nur nahezu linear. In einem Jahr ist das Längenwachstum größer, im anderen Jahr wieder kleiner. Diese Abweichungen werden hier vernachlässigt.)
Beispiel: Linus ist 11 Jahre alt und misst 148 cm. Rechnung:
148 cm − 50 cm = 98 cm
98 cm : 11 ≈ 9 cm

d. Eine Fichte oder Rottanne von 148 cm Höhe ist ca. 6 Jahre alt.

e. Im Beispiel d. wäre die Tanne bereits 3,3 m hoch.
Hinweis: Die Qualität des Bodens, die Lichtverhältnisse, der Wasserhaushalt des Untergrundes und andere Faktoren beeinflussen das Wachstum eines Baumes nachhaltig.

4

a. Schülergruppen erklären auf einem Holzplatz, was der Text der Aufgabe bedeutet. Sie begründen ihn und machen anhand von praktischen Abzählübungen der Jahresringe Berechnungen.

b. A. 123 Jahre − 80 Jahre = 43 Jahre
731 cm : 43 = 16 cm Rest 42 cm; bzw. 731 : 43 ≈ 17
gerundet wuchs dieser Baum also 17 cm pro Jahr.

B. 84 Jahre − 56 Jahre = 28 Jahre
28 · 20 cm = 560 cm.
Der Stamm ist rund 5,6 m lang.

C. 915 cm : 15 cm = 61
61 Jahre + 33 Jahre = 94 Jahre.
Es gibt 94 Jahresringe unten am Stamm.

D. 374 cm : 17 cm = 22
56 Jahre − 22 Jahre = 34 Jahre.
Es gibt 34 Jahresringe oben am Stamm.

Wie könnte es weitergehen?

Projekt zur Statistik: Erhebungen über das durchschnittliche Längenwachstum pro Jahr von Bäumen in der Umgebung des Schulhauses.

Lösungen

1

a. Der Baum wurde 1989 gefällt, 7 Jahresringe nach der letzten Information von 1982.

b. 1989 − 1931 = 58
58 + 3 = 61; der Baum hat ein Alter von 61 Jahren.

3

a. 1. Jahr 18 cm
2. Jahr 29 cm
3. Jahr 28 cm
4. Jahr 32 cm
5. Jahr 39 cm
6. Jahr 32 cm.

b. 3,20 m − 1,78 m = 1,42 m. Die Tanne muss noch 1,42 m wachsen.

4

b. A. Dieser Baum wuchs rund 17 cm pro Jahr.
B. Der Stamm ist rund 5,6 m lang.
C. Es gibt 94 Jahresringe unten am Stamm.
D. Es gibt 34 Jahresringe oben am Stamm.

Kompetenzerwartungen
- Zugang finden zur Verwendung von Variablen und Termen (K 4, K 5)
- Räumliches Vorstellungsvermögen schulen (K 4, K 6)

Einordnen

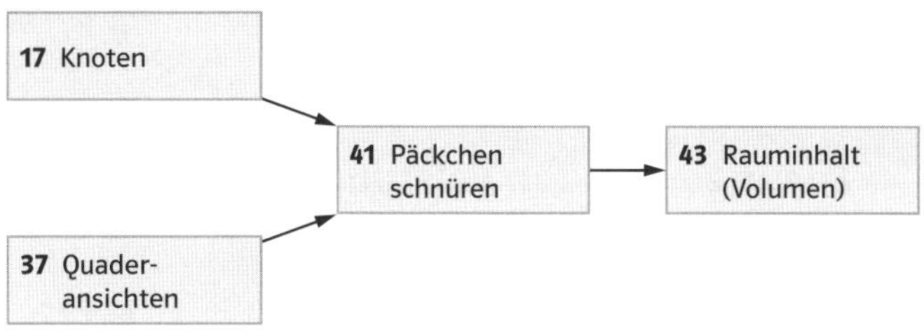

Zur Sache

Begriffe

Variable, Term, Länge, Breite, Höhe, Quader, Würfel

Worum geht es?

Es geht hier um propädeutische Algebra: das Rechnen mit Variablen und das Aufstellen von Termen wird vorbereitet. Die Kernidee ist das ökonomische Verschnüren von Schachteln.

Zum Unterricht

Was wird benötigt?

Drei gleich große Schachteln (Die Aufgabe wird erleichtert, wenn sich die Länge, Breite und Höhe deutlich unterscheiden.), Schnur, Schere, Filzstift

Vorschlag zur Stundenverteilung

Stunde	1	2	3	
LU	1, 2	3, 4, 5	6, 7	
AH	1a, 1b	1c, 1d	1e, 1f	

Wie kann man vorgehen?

1 **2** Diesem Teil sollte genügend Zeit eingeräumt werden. Phasen, die entdeckendes Lernen im Mathematikunterricht ermöglichen, sind von großer Bedeutung. Vermutungen und Einfälle sind sehr erwünscht. Dazu gehören auch Überlegungen wie z. B.: „Wie viel Schnur wird für die Knoten gebraucht?" Im weiteren Verlauf kann man die Schnurlänge der Knoten vernachlässigen. Sollten Schülerinnen und Schüler jedoch darauf bestehen, kann dafür eine zusätzliche Variable, z. B. x oder s, hinzugefügt werden. Es kann gut in Gruppen gearbeitet werden.

3 Zur letzten Aufgabe: Das räumliche Vorstellungsvermögen ist nicht bei allen Kindern bereits so ausgebildet, dass sie sich in der Abbildung auch die nicht sichtbaren Schnüre vorstellen können. Gezeichnet wird nur die Hälfte aller Stücke, die daliegen.

4 Einige Gruppen kommen möglicherweise von sich aus auf die Idee, für die einzelnen Schnurlängen Abkürzungen zu gebrauchen. Für die anderen Gruppen ist der Hinweis auf den Kasten am Rand hilfreich.

5 Hier sollen erste Überlegungen zu Termen angeregt werden.

7 Die Übertragung auf einen Würfel zeigt, dass die für den Quader gefundenen Gesetzmäßigkeiten weiterhin Gültigkeit haben.

Wie könnte es weitergehen?

Die Lehrperson gibt Terme vor, Schülerinnen und Schüler zeichnen die entsprechende Verschnürungsart (z. B. $4l + 2b + 4h$ oder $6l + 4b + 4h$).

Literatur

G. Malle: Didaktische Probleme der elementaren Algebra, F. Vieweg Verlag, Wiesbaden 1993

Lösungen

1 Hier geht es zunächst nur um Vermutungen, die in Aufgabe 4 überprüft werden. Paket A braucht die längste Schnur, Paket B die kürzeste.

4 Die Pakete benötigen folgende Schnurlängen (ohne Berücksichtigung der Knoten):
A: $4l + 4b + 4h$
B: $2l + 4b + 6h$
C: $2l + 6b + 4h$
Nimmt man bei jedem Paket von jeder Sorte gleich viele Teilstücke weg, so ergibt sich:
A: $2l + 0b + 0h$
B: $0l + 0b + 2h$
C: $0l + 2b + 0h$
Ergebnis: Paket A braucht die längste Schnur, Paket B die kürzeste.

5 Gesamtlängen (ohne Berücksichtigung der Knoten):
D: $4b + 4h$
E: $4l + 4h$
F: $4l + 4b + 8h$ (Addition von D und E)

6

a.

	G	H	I
l	2	2	4
b	2	4	4
h	4	6	8

b. A: 118 cm
B: 162 cm
C: 236 cm

c. 516 cm + 90 cm = 606 cm
6 cm zu kurz für Arinas Vorschlag

7

a. alle Seiten gleich lang, daher
$2l + 2b + 4h = 2a + 2a + 4a = 8a$

b. 96 cm + 20 cm = 116 cm

c. alle Seiten zweimal geschnürt, also 16 a

Leistungsaufgaben

Aufgabe	Kompetenz	Anforderungsbereich
1	K1, K3	II
2	K2, K5	II

1 Diese Pakete haben eine quadratische Grundfläche. Wie wirkt sich das auf die Schnurlänge aus?
Gib jeweils einen Term für die Gesamtlänge der Schnur an.

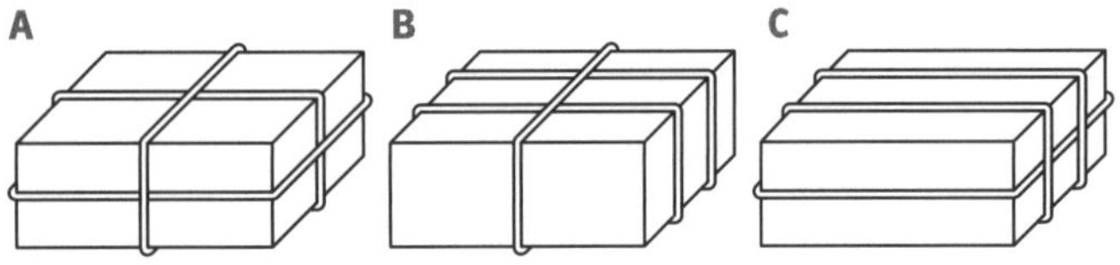

2 Zeitungen werden für den Transport zu Paketen zusammengeschnürt. Dazu verwendet man heute keine Schnur mehr, sondern verschweißtes Plastikband. Beim Verschweißen des Plastikbandes entsteht eine Überlappung des Bandes um 5 cm.
Die Zeitungen haben eine Länge von 40 cm und eine Breite von 28 cm. Damit das Paket nicht zu schwer wird, werden die Zeitungen nur 30 cm übereinander gepackt. Wie lang müssen die beiden benötigten Plastikbänder vor dem Verschweißen insgesamt sein, damit das Paket, wie unten abgebildet, verschnürt werden kann?

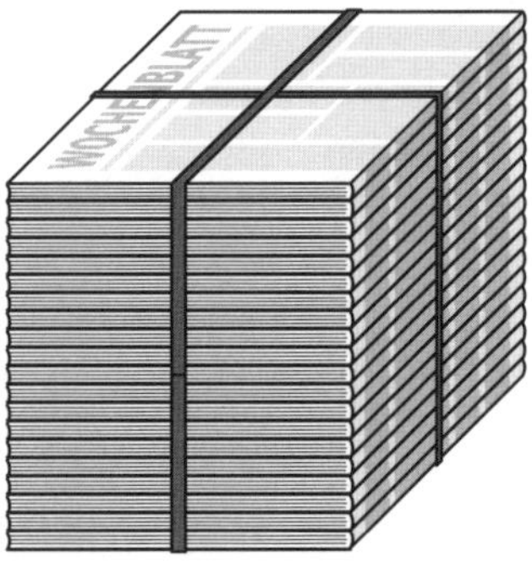

Lösungen zu den Leistungsaufgaben

1 Länge = Breite, also gilt:
A: $8l + 4h$ B: $6l + 6h$ C: $6l + 4h$

2 80 cm + 56 cm + 120 cm + 10 cm = 266 cm

Kompetenzerwartungen
- Größen abschätzen und einordnen können (K 5)
- Das Runden auf die Dezimalzahlen ausweiten (K 5)

Einordnen

12 Runden → **13** Größen und Komma

12 Runden → **42** Schätzen und runden

Zur Sache

Begriffe

Schätzen, Runden, Größen

Merktexte

(Die wesentliche Neuerung der Lernumgebung liegt in der Erweiterung des Rundens auf die Dezimalzahlen. Dazu befindet sich aber bereits ein Merktext in dieser Lernumgebung.)

Worum geht es?

Schätzen und runden stehen in einem engen Zusammenhang. Beim **Schätzen** gibt man einen im Alltagsgebrauch sinnvollen Zahlenwert an, den man nicht genau kennt. Man nimmt dabei eine Bezugsgröße zu Hilfe, die als Repräsentant zu einer Schätzung führt. Jede Schülerin und jeder Schüler soll in der Lage sein, sich mithilfe einer Bezugsgröße, z. B. 1 Liter, 1 Tonne, 1 Kilometer vorstellen zu können.
Beim **Runden** geht man von einer bekannten Größe aus. Sie soll einen Zahlenwert haben, der in der Praxis sinnvoll erscheint. Oft ist es notwendig, die Rundungsgenauigkeit anzugeben. Beim Schätzen verwenden wir gerundete Werte.
Das Runden auf Einer, Zehner, Hunderter und Tausender war Thema in vorherigen Lernumgebungen.

Die Rundungsregel soll wiederholt werden:
- Die Ziffer an der Rundungsstelle bleibt unverändert, wenn eine der Ziffern 0; 1; 2; 3 oder 4 folgt. Das nennt man abrunden; der Wert der Zahl ist kleiner geworden oder bleibt gleich.
- Die Ziffer an der Rundungsstelle wird um 1 erhöht, wenn eine der Ziffern 5; 6; 7; 8 oder 9 folgt. Das nennt man aufrunden; der Wert der Zahl ist größer geworden.

Die Rundungsregel erfährt nun eine Erweiterung in den Bereich der Dezimalzahlen, wo es um Runden auf ganze Zehntel, Hundertstel und Tausendstel geht (Aufgabe 5).
Der umgekehrte Weg führt zur Fragestellung, welche realen Zahlenwerte hinter einem gerundeten Wert stecken können (Aufgabe 6). In Sachtexten finden die Schülerinnen heraus, wo gerundete Zahlen im Alltag angewendet werden und wo ein Runden keinen Sinn macht (Aufgaben 7 und 8).

Auf allen Doppelseiten des Sachrechnens soll das Schätzen und Runden einbezogen werden.

Zum Unterricht

Was wird benötigt?

Arbeitsmaterial: Gefäße mit Flüssigkeit

Vorschlag zur Stundenverteilung

Stunde	1	2	3
LU	1, 2, 3	4, 5, 6	7, 8
AH	1 a. b.	1 c. d., 2	3, 4

Wie kann man vorgehen?

1 **2** Von der Zielsetzung her ist es sinnvoll, Alltagssituationen aufzugreifen, wo eine Schätzung einen ebenso guten Dienst erweist wie ein genauer Zahlenwert, z. B.:
- Uhrzeit: „Im Moment ist es etwa viertel vor zehn."
- Hohlmaße: „In der Literflasche sind noch etwa 8 dl Mineralwasser."
- Distanzen: „Der Weg von der Schule zum Bahnhof ist etwa 1 km lang."
- Anzahlen: „Ich habe etwa 500 Körner Reis in der Hand."

Die Aufgaben 1 und 2 sind je nach Notwendigkeit zusätzlich einzusetzen.

2

a. Man kann die Kinder zunächst einmal schätzen lassen ohne über Bezugsgrößen zu sprechen.
Nach einem Gespräch über Bezugsgrößen fällt die Schätzung vermutlich schon genauer aus.
Möglicherweise kommen auch einige Kinder auf die Idee, von einer Länge auf die andere zu schließen.
Zum Überprüfen der Schätzung kann mit dem Lineal die Länge gemessen werden. Ein Gespräch über Genauigkeit von Messungen bietet sich an.

b. Bezugsgrößen können sein: Breite einer Postkarte oder eigene Fingerbreite.

3 Bei den Zahlen handelt es sich um Maßzahlen.
Eine Größe setzt sich zusammen aus Maßzahl und Einheit.

6 Hier geht es um die Umkehrung der Rundungsregel. Nur wer die Regel umfassend verstanden hat, kann erfolgreich die Frage beantworten. Die erste Aufgabe soll im Klassengespräch erläutert werden:
Wenn der gerundete Wert 30 km beträgt, so kann dieser Wert
- abgerundet sein: 31; 32; 33 oder 34 km (im Extremfall bis 34,999 km)
- aufgerundet sein: 25; 26; 27; 28 oder 29 km.

Außerdem kann auch der nicht gerundete Wert 30 km vorkommen.

Wie könnte es weitergehen?

Eine Sammlung von Repräsentanten zu den einzelnen Größen anlegen.

Literatur

mathematik lehren, Nr. 93, 1999, „Ganz genau und ungefähr", Erhard Friedrich Verlag, Seelze

Lösungen

1

a. B ≈ 500 ml (halb voll)
C ≈ 750 bis 800 ml (etwas mehr als zu $\frac{3}{4}$ gefüllt)
D ≈ 250 bis 300 ml (etwas mehr als zu $\frac{1}{4}$ gefüllt)
E ≈ 333 bis 400 ml (etwa ein Drittel)

b. So genau kann man es nicht aussagen. Es kann sein, dass dieses Ergebnis stimmt. Es ist nicht wichtig, die Schätzung auf ml genau festzustellen.

2

a. Messung (auf mm gerundet)
A ≈ 2,1 cm
B ≈ 5,4 cm
C ≈ 12,0 cm
D ≈ 4,9 cm
E ≈ 9,6 cm

b. Bezugsgrößen können sein: Breite einer Postkarte ≈ 10 cm, Fingerbreite von Fünftklässlern ≈ 1 cm

3

a. Einwohner Deutschlands (ungefähr 82 300 000)
b. Höhe des Mount Everest, des höchsten Berges der Erde (in Meter) (ungefähr 8850 m)
c. Ausdehnung Deutschlands in Nord-Süd-Richtung und West-Ost-Richtung (in Kilometer) (ungefähr 886 km und 636 km)
d. Fassungsvermögen des Stadions von Schalke 04 (ungefähr 61 500)
e. Einwohner von Münster in Westfalen (ungefähr 270 000)
f. Höhe der Zugspitze, des höchsten Berges Deutschlands (in Meter) (genau 2962 m)
g. Umfang der Erde (in Kilometer) (ungefähr 40 000 km)
h. Anzahl der Bundesländer Deutschlands (genau 16)
i. Anzahl der Tage eines Jahres, wenn es kein Schaltjahr ist (genau 365)
j. Die höchste in der Schweiz gemessene Lufttemperatur (in Grad Celsius) (genau 40 °C)
k. Höhe des Empire State Buildings in New York (in Meter) (genau 381 m)

4

	gegebener Wert	gerundet auf Einer	auf Zehner	auf Hunderter
a.	1919,1	1919	1920	1900
	191,9	192	190	200
	19,1	19	20	0
	1,9	2	0	0
b.	9090,9	9091	9090	9100
	909,0	909	910	900
	90,9	91	90	100
	9,0	9	10	0
c.	5999,5	6000	6000	6000
	599,5	600	600	600
	59,5	60	60	100
	5,5	6	10	0
d.	4949,4	4949	4950	4900
	959,5	960	960	1000
	69,6	70	70	100
	9,7	10	10	0

5

	gegebener Wert	gerundet auf Einer	auf Zehntel	auf Hundertstel
a.	1,234 m	1 m	1,2 m	1,23 m
	2,345 m	2 m	2,3 m	2,35 m
	3,456 m	3 m	3,5 m	3,46 m
	4,567 m	5 m	4,6 m	4,57 m
b.	10,222 hl	10 hl	10,2 hl	10,22 hl
	10,444 hl	10 hl	10,4 hl	10,44 hl
	10,666 hl	11 hl	10,7 hl	10,67 hl
	10,888 hl	11 hl	10,9 hl	10,89 hl
c.	4,646 kg	5 kg	4,6 kg	4,65 kg
	0,464 kg	0 kg	0,5 kg	0,46 kg
	0,046 kg	0 kg	0,0 kg	0,05 kg
	0,004 kg	0 kg	0,0 kg	0,00 kg

6

a.

gerundeter Wert auf 10 km	nicht gerundet, ganzzahlig	nicht gerundet, auf m genau
30 km	25 km bis 34 km	25,000 km bis 34,999 km
440 km	435 km bis 444 km	435,000 km bis 444,999 km
5550 km	5545 km bis 5554 km	5545,000 km bis 5554,999 km
66 660 km	66 655 km bis 66 664 km	66 655,000 km bis 66 664,999 km

b.

gerundeter Wert auf 100 €	nicht gerundet, ganzzahlig	nicht gerundet, auf Cent genau
300 €	250 € bis 349 €	250,00 € bis 349,99 €
4400 €	4350 € bis 4449 €	4350,00 € bis 4449,99 €
55 500 €	55 450 € bis 55 549 €	55 450,00 € bis 55 549,99 €
666 600 €	666 550 € bis 666 649 €	666 550,00 € bis 666 649,99 €

c.

gerundeter Wert auf 1000 l	nicht gerundet, ganzzahlig	nicht gerundet, auf ml genau
3000 l	2500 l bis 3499 l	2500,000 l bis 3499,999 l
44 000 l	43 500 l bis 44 499 l	43 500,000 l bis 44 499,999 l
555 000 l	554 500 l bis 555 499 l	554 500,000 bis 555 499,999
6 666 000 l	6 665 500 l bis 6 666 499 l	6 665 500,000 l bis 6 666 499,999 l

7

gerundete Werte	nicht gerundete Werte
20 000 Zuschauer	2 Mannschaften
18 500 Zuschauer	4 Tore
10 Tore	5 Tore
200 000 €	10 000 €

8 Es gibt Werte, z. B. Länge des Schulweges, die in der Regel gerundet erscheinen.
Andere, z. B. PIN für die EC-Karte, müssen in jedem Fall ganz genau eingetippt werden.
Bei der dritten Art kann es beides sein: Eine Zeitangabe kann gerundet sinnvoll sein, kann im anderen Fall aber dazu führen, den Bus zu verpassen …

gerundete Werte	nicht gerundete Werte
1 km	Note 2 (bei der Zeugnisnote 2 wurde gerundet. Die Note 2 im Zeugnis ist aber genau eine 2!)
	1,30 m
	9,79 s
	PIN-Code****

Leistungsaufgaben

Aufgabe	Kompetenz	Anforderungsbereich
1	K 1	I
2	K 4, K 5	II

1 Runden oder nicht runden? Begründe jeweils deine Meinung.

a. Marias Schulweg ist 1,7 km lang.
b. Frau Heinz kauft im Geschäft 247 g Wurst.
c. Die Schule hat die Hausnummer 189.
d. Das Baby wog bei der Geburt 2747 g.

2 Es wurde auf Hundertstel gerundet. Wie könnte die Zahl zuvor ausgesehen haben?

a. 3,88
b. 19,90
c. 4,00
d. 100,00

Lösungen zu den Leistungsaufgaben

1 Marias Schulweg und den Wurstkauf kann man sicherlich runden. Die Hausnummer nicht. Das Gewicht des Babys könnte man zwar runden, man wird es in der Realität aber nicht tun, um der Geburt und der damit verbunden Ankündigung eine Einzigartigkeit zu verleihen. Dies kann auch durch eine scheinbare Genauigkeit entstehen.

2 Hier gibt es verschiedene Lösungen.

a. z. B. 3,875 oder 3,883 (zwischen 3,875 und 3,884)
b. z. B. 19,901 oder 19,899 (zwischen 19,895 und 19,904)
c. z. B. 4,002 oder 3,998 (zwischen 3,995 und 4,004)
d. z. B. 100,001 oder 99,996 (zwischen 99,995 und 100,004)

43 Rauminhalt (Volumen)

Kompetenzerwartungen
- Größenvorstellungen von Rauminhalten entwickeln (K 4)
- Das Grundprinzip des Messens bei der Längen-, Flächen- und Volumenmessung nutzen (K 5)
- Die Einheiten, in denen das Volumen gemessen wird, kennen lernen (K 5)

Einordnen

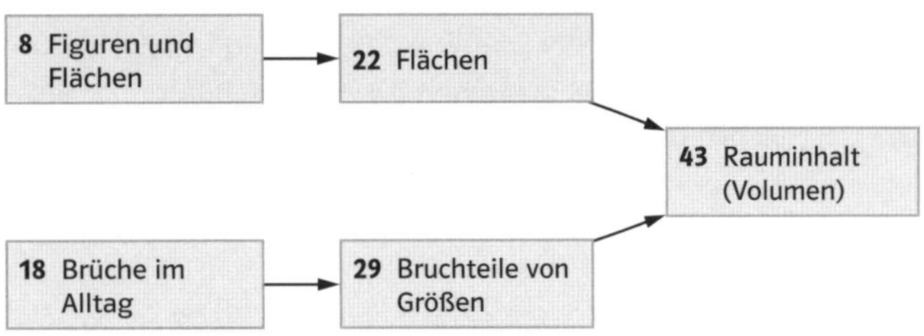

Zur Sache

Merktexte

Im Arbeitsheft kann unter der Rubrik „Das will ich mir merken:" etwas zur Berechnung des Rauminhalts notiert werden und/oder zur Umrechnung von Volumeneinheiten.
Beispiel:
Wir berechnen das Volumen eines Quaders, indem wir die Kantenlängen miteinander multiplizieren.
Volumen = Länge mal Breite mal Höhe
oder als Formel: $V = a \cdot b \cdot c$
oder
„Wollen wir in eine nächstkleinere Volumeneinheit umwandeln, so multiplizieren wir die Maßzahl mit 1000."

Worum geht es?

Die Kinder kennen bereits Flächenmaße und die geometrischen Objekte Würfel und Quader. In dieser Lernumgebung sollen die Schülerinnen und Schüler ein erstes Gefühl für Raummaße entwickeln, Größenordnungen abschätzen und Repräsentanten von Normgrößen kennen lernen. Sie sollen dann die Beziehungen zwischen den Einheiten erkennen und auch Rauminhalte berechnen können.

Zum Unterricht

Was wird benötigt?

Arbeitsmaterial: Papier (30 cm × 30 cm), Schere, Kleber, Litermaß, Plastikkubikdezimeter, Gewichtsstück
Statt Wasser kann auch Löschsand aus der Chemie-Sammlung verwendet werden.
Demonstrationsmaterial: Würfelmodelle, Tausenderwürfel

Vorschlag zur Stundenverteilung

Stunde	1	2	3	4	5
LU	1, 2	3	4,5	6, 7, 8	9, 10
AH		1	2, 3	4	

Wie kann man vorgehen?

Man kann mit Aufgabe 1 einsteigen und die Schüler auf diese Weise entdecken lassen, dass 1 dm³ einem Liter entspricht.

1 Zunächst basteln die Kinder den Dezimeterwürfel. Es wird die Frage gestellt, wie viel wohl aus einer schlanken 1-Liter-Wasserflasche in dem Kubikdezimeter Platz hat. Zum Erstaunen der Kinder wird dann der gesamte Inhalt der Flasche in einen Plastikkubikdezimeter geschüttet.

2 Bei dieser Aufgabe sollen die Kinder die Definition der Normgröße „Kubikdezimeter" (siehe Randspalte) auf weitere Normgrößen übertragen. Sinnvoll ist es hier, Modelle einzusetzen bzw. basteln zu lassen. Einen Meterwürfel kann man z. B. als Kantenmodell aus dünnen Holzstäbchen veranschaulichen. Ein Zentimeterwürfel lässt sich aus Knetmasse herstellen.

3 Diese Aufgaben sollen durch die Modelle aus Aufgabe 2 unterstützt werden.
Steht ein Kantenmodell eines Meterwürfels zur Verfügung, können die Schülerinnen und Schüler zum Abschluss der Aufgabe schätzen und praktisch feststellen, wie viele Schülerinnen und Schüler in einem Meterwürfel Platz haben.

4 **5** Diese Aufgaben dienen nicht nur der Berechnung von Rauminhalten und Oberflächen. Sie dienen auch dem wichtigeren Ziel, dass die Schülerinnen und Schüler ein Gespür für die Normgrößen entwickeln. Es empfiehlt sich daher, die Lernenden zuerst abschätzen zu lassen, wie groß die Inhalte und Oberflächen etwa sein könnten, bevor sie zu rechnen beginnen.

6 Diese Aufgabe ist entsprechend den Zielsetzungen sehr zentral. Sie dient dazu, Vorstellungen aufzubauen, die den Schülerinnen und Schülern auch später helfen, ihre Berechnungen zu kontrollieren.

7 **8** Siehe Bemerkungen zu den Aufgaben 4 und 5.

9 Mit dieser Aufgabe wird eine wichtige Verbindung zwischen Mathematik und Physik aufgezeigt. Das Prinzip geht auf den griechischen Mathematiker und Physiker Archimedes (287 – 212 v. Chr.) zurück. Er zeigte als Erster, dass ein Körper, der in eine Flüssigkeit eingetaucht wurde, sein eigenes Volumen verdrängt. Dies lässt sich dazu benützen, auch das Volumen eines unregelmäßig geformten Körpers zu bestimmen, wie es in der Aufgabe angegeben ist. Natürlich können für die Messung auch andere Körper benutzt werden. Wenn man die Schüler aber in Gruppen arbeiten lassen will und die Ergebnisse auch noch vergleichen will, sind Gewichte, die in der Schule in der Regel vorhanden sind, praktische Objekte.

10 In den beiden Teilaufgaben wird das Lösen von einfachen Gleichungen auf einer propädeutischen Ebene thematisiert. Die Schülerinnen und Schüler sollen die Lösungen der Gleichungen durch Probieren finden. Dabei werden auch Möglichkeiten des systematischen Probierens eröffnet.

Lösungen

1 $1\,dm^3$, $5\,dm^2$

3
a. $1000 = 10 \cdot 10 \cdot 10$
b. $1000 = 10 \cdot 10 \cdot 10$
c.

	cm^3	dm^3	m^3
ml	1	1000	1 000 000
cl	0,1	100	100 000
l	0,001	1	1000

d. 10 hl
e. $100 \cdot 100 \cdot 100 = 1\,000\,000$

4

A	B	C	D	E
$12\,dm^3$	$27\,dm^3$	$864\,mm^3$	$144\,m^3$	$840\,cm^3$

5

A	B	C	D	E
$32\,dm^2$	$54\,dm^2$	$696\,mm^2$	$232\,m^2$	$676\,cm^2$

6
b. Die Anzahl l und Anzahl dm^3 stimmen überein. Eimer haben in der Regel ein Volumen von 3 l bis 20 l bzw. $3\,dm^3$ bis $20\,dm^3$. In eine große Gießkanne passen 1 bis 10 Liter, in eine Badewanne 150 bis 200 Liter.
c. Je nach Größe 5 ml für ein kleines Tässchen bis 3000 ml für eine größere Vase.

7

A	B	C	D	E
$64\,cm^3$	$198\,cm^3$	$387\,cm^3$	$176\,cm^3$	$600\,000\,cm^3$ oder $600\,dm^3$ oder $0{,}6\,m^3$

8

A	B	C	D	E
$128\,cm^2$	$222\,cm^2$	$348\,cm^2$	$256\,cm^2$	$78\,000\,cm^2$ oder $780\,dm^2$ oder $7{,}8\,m^2$

10
a. Aus $V = a \cdot b \cdot h$ und den angegebenen Daten folgt $360\,cm^3 = 12\,cm \cdot 6\,cm \cdot h$. Die Höhe $h = 5\,cm$ erfüllt diese Gleichung.
b. Grund- und Deckenfläche ergeben zusammen den Wert $2 \cdot 20\,cm \cdot 20\,cm = 2 \cdot 400\,cm^2 = 800\,cm^2$.
Die vier Seitenflächen haben den Flächeninhalt $4 \cdot 20\,cm \cdot h = 80\,cm \cdot h$;
d. h. $O = 800\,cm^2 + 80\,cm \cdot h$. Durch Probieren findet man, dass $h = 15\,cm$ die Gleichung $2000\,cm^2 = 800\,cm^2 + 80\,cm \cdot h$ erfüllt. (Systematisches Probieren: $h = 10\,cm$ würde auf $O = 800\,cm^2 + 800\,cm^2 = 1600\,cm^2$ und $h = 20$ auf $O = 800\,cm^2 + 1600\,cm^2 = 2400\,cm^2$ führen.)

Leistungsaufgaben

Teilaufgabe	Kompetenz	Anforderungsbereich
a.	K 5	I
b.	K 1	II
c.	K 1	III
d.	K 5	II

1
a. Ein kurzer Container hat ungefähr die Außenmaße:
Länge 620 cm; Breite 240 cm; Höhe 260 cm.
Berechne die Oberfläche des Containers.
b. Ein langer Container ist genauso breit und hoch wie ein kurzer Container. Er ist aber doppelt so lang. Ist dann die Oberfläche auch doppelt so groß wie beim kleinen Container?
c. Ein langer Container hat ungefähr die Innenmaße:
Länge 12 m; Breite 230 cm; Höhe 240 cm.
Kann er eine Fracht von $50\,m^3$ aufnehmen?
d. Es gibt noch Spezialcontainer mit gleicher Innenbreite wie die langen Container. Innen sind sie aber ungefähr 13,6 m lang und 2,7 m hoch. Wie viel Ladung können sie zusätzlich aufnehmen?

Lösungen zur Leistungsaufgabe

1
a. $74{,}48\,m^2$
b. Nein, weil nur vier der sechs Flächen verdoppelt werden müssen.
c. Das Innenvolumen beträgt $66{,}24\,m^3$. Die Fracht kann aber nur aufgenommen werden, wenn sie von den Ausmaßen her hineinpasst.
d. Sie können ca. $18{,}2\,m^3$ mehr Ladung aufnehmen.
($84{,}456\,m^3 - 66{,}240\,m^3 = 18{,}216\,m^3$)

Kompetenzerwartungen
- Quadratzahlen und Primzahlen als spezielle natürliche Zahlen kennen lernen (K 4)
- Primfaktorzerlegung natürlicher Zahlen durchführen (K 4)
- Eigenschaften spezieller Zahlen erkunden (K 5)

Einordnen

44 Besondere natürliche Zahlen → **45** Teiler - Vielfache

Zur Sache

Begriffe

Quadratzahlen, Primzahlen, (Potenzschreibweise, Potenz)

Merktexte

Im Arbeitsheft sollen die Definitionen für Quadratzahl und Primzahl, die im Schülerbuch gegeben werden, nochmals mit eigenen Worten aufgeschrieben werden. Auch Beispiele mit Erklärungen sind möglich.

Worum geht es?

Zahlen haben mitunter sehr erstaunliche Eigenschaften und Beziehungen untereinander. Es kommt vor, dass solche Eigenschaften sehr einfach zu verstehen, jedoch kaum zu beweisen sind. Auch auf dieser Doppelseite wird man beispielsweise mit Aufgabe 7 an diese Grenze stoßen.
Die Primzahlen sind seit über 2000 Jahren ein wichtiges Thema der Mathematik. Der älteste bekannte Beweis, dass es unendlich viele Primzahlen gibt, geht auf Euklid (ca. 365 – 300 v. Chr.) zurück. Andererseits existieren viele zahlentheoretische Probleme, die man bis heute noch nicht beweisen konnte.
Beispiele dazu sind etwa:
- Zwischen zwei Quadratzahlen liegt mindestens eine Primzahl.
- Es gibt unendlich viele Primzahlzwillinge (Primzahlen mit Differenz 2).
- Jede gerade Zahl > 2 ist als Summe zweier Primzahlen darstellbar (Goldbach-Vermutung, siehe auch Aufgabe 7).
- Jede ungerade Zahl ≧ 7 ist als Summe von 3 Primzahlen darstellbar.

Alle natürlichen Zahlen können eindeutig in ein Produkt von Primzahlen zerlegt werden. In diesem Sinne können Primzahlen auch als Elementar-Bausteine der übrigen Zahlen betrachtet werden. Die Primzahlzerlegung hilft zur Auffindung aller Teiler einer Zahl.

Die **Merktexte** zu Quadratzahlen und Primzahlen stehen in der Lernumgebung.

Zum Unterricht

Was wird benötigt?

Arbeitsmaterial: Hundertertafel (Kopiervorlage)

Vorschlag zur Stundenverteilung

Stunde	1, 2	3	4	5
LU	1, 2, 3	4	5, 6, 7	8
AH		1, 2		3, 4, 5

Wie kann man vorgehen?

Vorerst könnte man die Schülerinnen und Schüler rätseln lassen, welche Bedeutung die Farben bei den Zahlen oben an der Seite haben. Es lässt sich feststellen, dass die Farbe der Zahl 1 in allen anderen Zahlen auch auftritt. Die neue Farbe der Zahl 2 tritt in allen anderen geraden Zahlen auf. Die Hauptfarbe der Zahl 3 tritt in allen anderen Dreierzahlen auf usw. Eventuell werden die Schülerinnen und Schüler zu anderen Farbgebungen nach anderen Gesetzen angeregt.

1 Diese Aufgabe ist ein gutes Training für die mündliche und (halb-)schriftliche Multiplikation.

2 Das Verfahren entspricht dem Algorithmus „Sieb des Eratosthenes“ zur Bestimmung aller Primzahlen bis zu einer bestimmten Zahl (hier: 100).
Zum Einstieg kann auch der Ausschnitt aus dem „Zahlenteufel“ gewählt werden.

3 Hier geht es um die Faktorzerlegung einer Zahl. Die längste Faktorzerlegung hat jeweils ausschließlich Primzahlen als Faktoren. Man spricht von der Primzahlzerlegung der Zahl. Die Zahlen ohne mögliche Primzahlzerlegung sind selbst Primzahlen. Die Zahl 96 hat die längste Produktdarstellung ($2 \cdot 2 \cdot 2 \cdot 2 \cdot 2 \cdot 3$) und lässt sich auf 17 verschiedene Arten als Produkt darstellen.
Bei dieser Aufgabe sollten sich die Lernenden die Zahlen unbedingt untereinander aufteilen. Die möglichen Produkte suchen und vergleichen. Die ganze Übung ist eine sehr gute Wiederholung des Einmaleins und somit auch eine gute Kopfrechenübung. Man könnte auch die ganze Klasse nach der Zahl suchen lassen, mit der sich am meisten verschiedene Produkte bilden lassen.

4 Alle bei Aufgabe 2 eingekreisten Zahlen besitzen keine Zerlegung in Primfaktoren. Sie sind selbst Primzahlen.

5 Bei dieser Übung geht es darum, mit den Primzahlen vertraut zu werden. Man stellt unter anderem fest:
- Alle Primzahlen enden mit einer 1; 3; 7 oder 9.
  Ausnahmen sind: die einzige gerade Primzahl 2 und die Zahl 5.
- Die übrigen geraden Zahlen sind sicher keine Primzahlen.
- Falls eine Zahl mit 5 oder 0 endet, handelt es sich um eine Zahl der Fünferreihe, also nicht um eine Primzahl.

Bei Teilaufgabe d. geht man auf die Suche nach so genannten Primzahlzwillingen.

6 Dies ist eine gute Divisionsübung. Man muss jeweils untersuchen, ob die Zahlen durch die Primzahlen bis höchstens 13 teilbar sind, denn $13 \cdot 13 = 169$ und $17 \cdot 17 > 191$.
Begründung:
Falls eine der gegebenen Zahlen weder durch 2 noch durch 3; 5; 7; 11 oder 13 teilbar ist, handelt es sich um eine Primzahl. Ist sie nämlich durch eine dieser Primzahlen teilbar, so ist die Zahl selber keine Primzahl. Die Teilbarkeit durch größere Primzahlen als 13 muss man nicht untersuchen, da ja $17 \cdot 17 > 200$. Wäre die Zahl das Produkt einer Primzahl größer 13 und einer anderen Zahl, so müsste diese andere Zahl kleiner als 17 sein. Die Teilbarkeit durch kleinere Zahlen wurde jedoch bereits untersucht.
Man muss die Zahl nur durch Primzahlen teilen, weil die übrigen Zahlen in Primfaktoren zerlegbar sind. Es hat beispielsweise keinen Sinn zu untersuchen, ob man eine Zahl durch 6 teilen kann, da man vorher schon untersucht hat, ob sie durch 2 oder durch 3 teilbar ist.

7 Mit dieser Aufgabe will man den Gebrauch der Primzahlen üben. Zudem ist es wieder eine Kopfrechenübung zur Addition. Es lassen sich übrigens alle geraden Zahlen bis 100 als Summe von 2 Primzahlen schreiben. Siehe auch Bemerkung weiter oben (Goldbach-Vermutung, aufgestellt von Christian Goldbach, 1690 – 1764, Mathematiker in St. Petersburg und Moskau).
Auch diese Aufgabe eignet sich bestens für eine Gruppenarbeit.

8 Die Behauptung, dass sich alle Primzahlen, welche bei der Division durch 4 den Rest 1 haben, als Summe zweier Quadratzahlen schreiben lässt, stammt von Pierre de Fermat (1607/08 – 1665). Die Behauptung ist jedoch nicht einfach zu beweisen. Die Aufgabe im Schülerbuch eignet sich für eine Gruppenarbeit. Man kann mit Sicherheit immer eine entsprechende Zerlegung finden.

Wie könnte es weitergehen?

- Die Primzahlen bis 100 auswendig lernen.
- Die Zahlen bis 100 aufsagen, jedoch die Primzahlen auslassen. Dies ist eine gute Konzentrationsübung, die hilft, sich die Primzahlen einzuprägen.
- Die Quadratzahlen zwischen 1 und 400 der Reihe nach aufsagen.

Literatur

- www.spiegel.de/wissenschaft/mensch/0,1518,443817,00.html
- mathematik lehren Nr. 61/1993, Primzahlen II, Erhard Friedrich Verlag, Seelze.
- H. M. Enzensberger: Der Zahlenteufel, Hanser-Verlag, München 1997.

Lösungen

1

a. Die Quadratzahlen sind:
1; 4; 9; 16; 25; 36; 49; 64; 81; 100

b. Die Unterschiede sind der Reihe nach:
3; 5; 7; 9; 11; 13; 15; 17; 19 (die ungeraden Zahlen)

c. 10 000 und 1 000 000 (Man braucht eine gerade Anzahl Nullen.)

d. (400), 441, 484

e. $484 = 22 \cdot 22$ ist am nächsten bei 500
$576 = 24 \cdot 24$ ist am nächsten bei 600
$676 = 26 \cdot 26$ ist am nächsten bei 700
$784 = 28 \cdot 28$ ist am nächsten bei 800
$900 = 30 \cdot 30$ ist am nächsten bei 900
$1024 = 32 \cdot 32$ ist am nächsten bei 1000
$1089 = 33 \cdot 33$ ist am nächsten bei 1100
$1225 = 35 \cdot 35$ ist am nächsten bei 1200
usw.

2 Hundertertafel

1	**2**	**3**	4	**5**	6	**7**	8	9	10
11	12	**13**	14	15	16	**17**	18	**19**	20
21	22	**23**	24	25	26	27	28	**29**	30
31	32	33	34	35	36	**37**	38	39	40
41	42	**43**	44	45	46	**47**	48	49	50
51	52	**53**	54	55	56	57	58	**59**	60
61	62	63	64	65	66	**67**	68	69	70
71	72	**73**	74	75	76	77	78	**79**	80
81	82	**83**	84	85	86	87	88	**89**	90
91	92	93	94	95	96	**97**	98	99	100

3

- Die Zahlen 2; 3; 5; 7; 11; 13; 17; 19; 23; 29; 31; 37; 41; 43; 47; 53; 59; 61; 67; 71; 73; 79; 83; 89 und 97 lassen sich nicht als Produkt zweier Zahlen $\neq 1$ schreiben (Primzahlen).
- Die Zahlen 4; 9; 25 und 49 lassen sich jeweils nur auf eine Weise als Produkt zweier Zahlen darstellen. Es sind Quadratzahlen, deren Produktdarstellung aus Primzahlen besteht. $2 \cdot 2$; $3 \cdot 3$; $5 \cdot 5$; $7 \cdot 7$.
- Die Zahlen 16 und 81 sind Quadratzahlen von Quadratzahlen. Sie lassen sich auf zwei Arten schreiben:
$16 = 2 \cdot 8 = 4 \cdot 4$ und $81 = 3 \cdot 27 = 9 \cdot 9$.

Die Zahlen

$6 = 2 \cdot 3$	$8 = 2 \cdot 4 = 2 \cdot 2 \cdot 2$		$10 = 2 \cdot 5$
$14 = 2 \cdot 7$	$15 = 3 \cdot 5$	$21 = 3 \cdot 7$	$22 = 2 \cdot 11$
$26 = 2 \cdot 13$	$27 \cdot 3 \cdot 9 = 3 \cdot 3 \cdot 3$		$33 = 3 \cdot 11$
$34 = 2 \cdot 17$	$35 = 5 \cdot 7$	$38 = 2 \cdot 19$	$39 = 3 \cdot 13$

46 = 2 · 23 51 = 3 · 17 55 = 5 · 11 57 = 3 · 19
58 = 2 · 29 62 = 2 · 31 65 = 5 · 13 69 = 3 · 23
74 = 2 · 37 77 = 7 · 11 82 = 2 · 41 85 = 5 · 17
86 = 2 · 43 87 = 3 · 29 91 = 7 · 13 93 = 3 · 31
94 = 2 · 47 95 = 5 · 19

lassen sich als Produkt von zwei Primzahlen schreiben. Ausnahmen sind die Zahlen 8 und 27. Sie sind als Produkt von drei gleichen Primzahlen darstellbar und lassen sich auf zwei Arten als Produkt schreiben.

- Folgende Zahlen lassen sich auf drei Arten als Produkt darstellen (Ausnahme: 32):
  12 = 2 · 6 = 3 · 4 = 2 · 2 · 3
  18 = 2 · 9 = 3 · 6 = 2 · 3 · 3
  20 = 2 · 10 = 4 · 5 = 2 · 2 · 5
  28 = 2 · 14 = 4 · 7 = 2 · 2 · 7
  32 = 2 · 16 = 4 · 8 = 2 · 2 · 8 = 2 · 2 · 2 · 4 = 2 · 2 · 2 · 2 · 2
  (5 Multiplikationen)
  44 = 2 · 22 = 4 · 11 = 2 · 2 · 11
  45 = 3 · 15 = 5 · 9 = 3 · 3 · 5
  50 = 2 · 25 = 5 · 10 = 2 · 5 · 5
  52 = 2 · 26 = 4 · 13 = 2 · 2 · 13
  63 = 3 · 21 = 7 · 9 = 3 · 3 · 7
  68 = 2 · 34 = 4 · 17 = 2 · 2 · 17
  75 = 3 · 25 = 5 · 15 = 3 · 5 · 5
  76 = 2 · 38 = 4 · 19 = 2 · 2 · 19
  92 = 2 · 46 = 4 · 23 = 2 · 2 · 23
  98 = 2 · 49 = 7 · 14 = 2 · 7 · 7
  99 = 3 · 33 = 9 · 11 = 3 · 3 · 11

- Die Zahl 64 lässt sich auf folgende 10 Arten schreiben:
  2 · 32 = 4 · 16 = 8 · 8 = 2 · 2 · 16 = 2 · 4 · 8 = 4 · 4 · 4
  = 2 · 2 · 2 · 8 = 2 · 2 · 4 · 4 = 2 · 2 · 2 · 2 · 4 =
  2 · 2 · 2 · 2 · 2 · 2

- Folgende Zahlen lassen sich wie angegeben darstellen:
  24 = 2 · 12 = 3 · 8 = 4 · 6 = 2 · 2 · 6 = 2 · 3 · 4 = 2 · 2 · 2 · 3
  30 = 2 · 15 = 3 · 10 = 5 · 6 = 2 · 3 · 5
  40 = 2 · 20 = 4 · 10 = 5 · 8 = 2 · 2 · 10 = 2 · 4 · 5
  = 2 · 2 · 2 · 5
  42 = 2 · 21 = 3 · 14 = 6 · 7 = 2 · 3 · 7
  54 = 2 · 27 = 3 · 18 = 6 · 9 = 2 · 3 · 9 = 3 · 3 · 6 = 2 · 3 · 3 · 3
  56 = 2 · 28 = 4 · 14 = 7 · 8 = 2 · 2 · 14 = 2 · 4 · 7 = 2 · 2 · 2 · 7
  66 = 2 · 33 = 3 · 22 = 6 · 11 = 2 · 3 · 11
  70 = 2 · 35 = 5 · 14 = 7 · 10 = 2 · 5 · 7
  78 = 2 · 39 = 3 · 26 = 6 · 13 = 2 · 3 · 13
  88 = 2 · 44 = 4 · 22 = 8 · 11 = 2 · 2 · 22 = 2 · 4 · 11
  = 2 · 2 · 2 · 11
  Die Zahlen mit maximal 3 Faktoren lassen sich auf 4 Arten darstellen, die Zahl mit maximal 4 Faktoren auf 6 Arten.

- Zwei Zahlen lassen sich auf acht Arten darstellen:
  36 = 2 · 18 = 3 · 12 = 4 · 9 = 6 · 6 = 2 · 2 · 9 = 2 · 3 · 6
  = 3 · 3 · 4 = 2 · 2 · 3 · 3
  100 = 2 · 50 = 4 · 25 = 5 · 20 = 10 · 10 = 2 · 2 · 25
  = 2 · 5 · 10 = 4 · 5 · 5 = 2 · 2 · 5 · 5

- Die übrigen Zahlen lassen sich wie folgt darstellen:
  48 = 2 · 24 = 3 · 16 = 4 · 12 = 6 · 8 = 2 · 2 · 12 = 2 · 3 · 8
  = 2 · 4 · 6 = 3 · 4 · 4 = 2 · 2 · 2 · 6 = 2 · 2 · 3 · 4
  = 2 · 2 · 2 · 2 · 3 (max. 5 Faktoren, 11 Multiplikationen)
  60 = 2 · 30 = 3 · 20 = 4 · 15 = 5 · 12 = 6 · 10 = 2 · 2 · 15
  = 2 · 3 · 10 = 2 · 5 · 6 = 3 · 4 · 5 = 2 · 2 · 3 · 5
  (max. 4 Faktoren, 10 Multiplikationen)
  72 = 2 · 36 = 3 · 24 = 4 · 18 = 6 · 12 = 8 · 9 = 2 · 2 · 18
  = 2 · 3 · 12 = 2 · 4 · 9 = 3 · 4 · 6 = 2 · 2 · 2 · 9
  = 2 · 2 · 3 · 6 = 2 · 3 · 3 · 4 = 2 · 2 · 2 · 3 · 3
  (max. 5 Faktoren, 13 Multiplikationen)
  80 = 2 · 40 = 4 · 20 = 5 · 16 = 8 · 10 = 2 · 2 · 20 = 2 · 4 · 10
  = 2 · 5 · 8 = 4 · 4 · 5 = 2 · 2 · 2 · 10 = 2 · 2 · 4 · 5
  = 2 · 2 · 2 · 2 · 5 (wie 48)
  84 = 2 · 42 = 3 · 28 = 4 · 21 = 6 · 14 = 7 · 12 = 2 · 2 · 21
  = 2 · 3 · 14 = 2 · 6 · 7 = 3 · 4 · 7 = 2 · 2 · 3 · 7 (wie 60)
  90 = 2 · 45 = 3 · 30 = 5 · 18 = 6 · 15 = 9 · 10 = 2 · 3 · 15
  = 2 · 5 · 9 = 3 · 3 · 10 = 3 · 5 · 6 = 2 · 3 · 3 · 5 (wie 60)
  96 = 2 · 48 = 3 · 32 = 4 · 24 = 6 · 16 = 8 · 12 = 2 · 2 · 24
  = 2 · 3 · 16 = 2 · 4 · 12 = 2 · 6 · 8 = 3 · 4 · 8 = 4 · 4 · 6
  = 2 · 2 · 2 · 12 = 2 · 2 · 3 · 8 = 2 · 2 · 4 · 6
  = 2 · 2 · 2 · 2 · 6 = 2 · 2 · 2 · 3 · 4 = 2 · 2 · 2 · 2 · 2 · 3
  (max. 6 Faktoren, 17 Multiplikationen)

5

a. 101; 103; 107, 109; 113; 127; 131; 137; 139; 149; 151; 157; 163; 167; 173; 179; 181; 191; 193; 197; 199; ...
Die Primzahlen werden immer seltener, aber es gibt unendlich viele.

b. Mit Ausnahme der Zahl 2 gibt es keine Primzahlen mit der Endziffer 2. Alle Zahlen mit der Endziffer 2 sind gerade und somit in ein Produkt 2 · x zerlegbar.

c. 3; 13; 23; 43; 53; 73; 83; 103; 113; 163; 173; 193; ...

d. Es gibt keine Primzahlen mit den Endziffern 0; 4; 6 oder 8, da es gerade Zahlen sind. Sie können in ein Produkt 2 · x zerlegt werden.
Es gibt mit Ausnahme der Zahl 5 keine Primzahlen mit der Endziffer 5, da alle diese Zahlen durch 5 teilbar sind. Sie können in ein Produkt 5 · x zerlegt werden.
7 kommt als Endziffer in Frage: 7; 17; 37; 47; 67; 97; 107; 127; 137; 157; 167; 197; ...
9 kommt als Endziffer in Frage: 19; 29; 59; 79; 89; 109; 139; 149; 179; 199

e. Man nennt diese Paare „Primzahlzwillinge"
3 und 5; 5 und 7; 17 und 19; 29 und 31; 41 und 43; 59 und 61; 71 und 73; 101 und 103; 107 und 109; 137 und 139; 149 und 151; 191 und 193; 197 und 199; ...
Je größer die Zahlen werden, desto seltener findet man Primzahlzwillinge. Man weiß bis heute nicht, ob es unendlich viele davon gibt.

f. 3 und 13; 7 und 17; 13 und 23; 19 und 29; 31 und 41; 37 und 47; 43 und 53; 61 und 71; 73 und 83; 79 und 89; 97 und 107; 103 und 113; 127 und 137; 139 und 149; 157 und 167; 163 und 173; 181 und 191; ...

6 Man versucht, die Zahlen durch die ersten Primzahlen 3; 5; 7; 11; 13 zu teilen. Geht die Division auf, ist es keine Primzahl. Geht keine dieser Divisionen auf, so ist es eine Primzahl. Mit größeren Zahlen muss man nicht probieren, da schon $14 \cdot 14 = 196$ und $15 \cdot 15 = 225$. Jede Zahl unter 200 kann also nur dann in ein Produkt zerlegt werden, wenn einer der beiden Faktoren kleiner als 15 ist.
Primzahlen: 101; 131; 151; 181; 191
keine Primzahlen: $111 = 3 \cdot 37$; $121 = 11 \cdot 11$
$141 = 3 \cdot 47$
$161 = 7 \cdot 23$
$171 = 3 \cdot 57 = 3 \cdot 3 \cdot 19$

7 Alle geraden Zahlen bis 100, die größer als 4 sind, lassen sich als Summe von zwei Primzahlen schreiben.
Es gibt auch andere Zerlegungen als die hier angegebenen.

16 = 3 + 13	18 = 5 + 13	20 = 3 + 17	22 = 11 + 11
24 = 5 + 19	26 = 13 + 13	28 = 5 + 23	30 = 7 + 23
32 = 3 + 29	34 = 3 + 31	36 = 5 + 31	38 = 7 + 31
40 = 3 + 37	42 = 5 + 37	44 = 3 + 41	46 = 3 + 43
48 = 5 + 43	50 = 3 + 47	52 = 5 + 47	54 = 7 + 47
56 = 3 + 53	58 = 5 + 53	60 = 7 + 53	62 = 3 + 59
64 = 3 + 61	66 = 5 + 61	68 = 7 + 61	70 = 3 + 67
72 = 5 + 67	74 = 3 + 71	76 = 5 + 71	78 = 5 + 73
80 = 7 + 73	82 = 3 + 79	84 = 5 + 79	86 = 3 + 83
88 = 5 + 83	90 = 7 + 83	92 = 3 + 89	94 = 5 + 89
96 = 7 + 89	98 = 19 + 79	100 = 3 + 97	...

Man weiß bis heute noch nicht, ob sich überhaupt alle geraden Zahlen als Summe von 2 Primzahlen schreiben lassen. Aber man hat bis heute noch keine gerade Zahl gefunden, bei der das nicht geht.

8

13 = 4 + 9	17 = 1 + 16	29 = 4 + 25	37 = 1 + 36
41 = 16 + 25	53 = 4 + 49	61 = 25 + 36	73 = 9 + 64
89 = 25 + 64	97 = 16 + 81	101 = 1 + 100	...

Das geht tatsächlich immer.

45 Teiler – Vielfache

Kompetenzerwartungen
- Die Teiler einer zweistelligen Zahl bestimmen (K 1, K 5)
- die gemeinsamen Teiler zweier zweistelliger Zahlen bestimmen (K 5)
- den größten gemeinsamen Teiler eines Zahlenpaares bestimmen (K 5)
- die Teilbarkeitsregeln für 2, 5 und 10 kennen (K 5)
- die Vielfachen einer Zahl bestimmen (K 1, K 5)
- gemeinsame Vielfache zweier Zahlen bestimmen (K 5)
- das kleinste gemeinsame Vielfache eines Zahlenpaares bestimmen (K 5)

Einordnen

Zur Sache

Begriffe

Teiler, gemeinsame Teiler, ggT,
Vielfache, gemeinsame Vielfache, kgV
(Quersumme, siehe Arbeitsheft)

Merktexte

Eine Zahl ist durch 2 teilbar, wenn die letzte Ziffer 0, 2, 4, 6 oder 8 ist.
Eine Zahl ist durch 5 teilbar, wenn die letzte Ziffer 0 oder 5 ist.
Ein Zahl ist durch 10 teilbar, wenn die letzte Ziffer 0 ist.
Eine Zahl ist durch 3 teilbar, wenn ihre Quersumme durch 3 teilbar ist. (Dies wird in Aufgabe 7a. entdeckt.)
Eine Zahl ist durch 9 teilbar, wenn ihre Quersumme durch 9 teilbar ist. (Dies wird in Aufgabe 8 im Arbeitsheft thematisiert. Dort wird die Quersumme definiert und anschließend die Regel zur Teilbarkeit durch 9 nachvollzogen.)

Worum geht es?

Das Thema Teilbarkeit von Zahlen nimmt in der Zahlentheorie einen großen Raum ein. Es muss hier im Zusammenhang mit Primzahlen und Quadratzahlen gesehen werden.
Eine besondere Bedeutung erhält das Thema im Zusammenhang mit der Bruchrechnung. Dort wird das Thema wieder aufgegriffen. Bei der Addition und Subtraktion von Bruchzahlen benötigt man das kleinste gemeinsame Vielfache, während beim Kürzen und Erweitern der größte gemeinsame Teiler zum Einsatz kommt.
Praktische Bezüge zum Alltag werden erst in späteren Lernumgebungen hergestellt, an dieser Stelle wird bewusst darauf verzichtet.

Beim Thema Teiler und Vielfache wird oft auch die Mengenschreibweise verwendet. In dieser Lernumgebung wird darauf verzichtet, weil dadurch zu Beginn von Lernprozessen Wert auf eine Formalisierung gelegt wird, die dem Verständnis eher hinderlich als förderlich sein wird.
Es ist jedoch an verschiedenen Stellen möglich, die Mengenschreibweise einzuführen.

Zum Unterricht

Was wird benötigt?

Arbeitsmaterial: mindestens 30 gleich große Quadrate für jede Arbeitsgruppe bzw. für jeden Schüler, jede Schülerin. Statt Quadrate für Memory-Karten lassen sich auch Speiselinsen verwenden. Eine Linse passt recht gut in ein Karokästchen.
Auch die Wendeplättchen von der Lernumgebung 19 „Anteile darstellen" lassen sich nutzen.
Kopiervorlage: Hundertertafel

Vorschlag zur Stundenverteilung

Stunde	1	2, 3	4	5, (6)
LU	1, 2, 3	4, 5, 6, 7	8, 9	10, 11, 12, (13)
AH	1	2	3, 4	5, 6, 7

Wie kann man vorgehen?

In der Literatur wird manchmal auf eine Ähnlichkeitshemmung bei Teilern und Vielfachen bzw. insbesondere bei ggT und kgV hingewiesen. Diese Hemmung tritt im Zusammenhang mit der Primfaktorzerlegung und der daraus folgenden Berechnung des ggT und des kgV auf.
Die Vorgehensweise in der Lernumgebung soll eine solche Ähnlichkeitshemmung vermeiden helfen. Man kann jedoch, um sicher zu gehen, die beiden Elemente Teiler und Vielfache zu getrennten Zeitpunkten in den Unterricht einbauen.
Für die Durchführung der Lernumgebung sind keine weiteren Vorübungen notwendig. Es ist allerdings wichtig, dass die Schülerinnen und Schüler eine genügende Anzahl gleich großer Quadrate zur Verfügung haben.
Für die Aufgaben 3, 6 und 12 empfiehlt es sich, in Gruppen zu arbeiten. Beispielsweise könnte jede der Gruppen eine der Teilaufgaben a., b. oder c. bearbeiten. Innerhalb einer Gruppe kontrollieren sich die Lernenden gegenseitig. Die richtigen Ergebnisse werden dann auf Karteikarten geschrieben und können somit als Lösungskontrolle für weitere Übungsphasen benutzt werden.

1 Eventuell sollte man hier zur Sprache bringen, dass ein 2 × 12-Rechteck das Gleiche wie ein 12 × 2-Rechteck ist.

2 Teilaufgabe b. kann auch zeichnerisch im Heft gelöst werden.

3 Die Zahlenreihen bauen aufeinander auf, diesen Zusammenhang sollten die Schüler erkennen und bei der Berechnung der Teiler benutzen.

7 Diese Aufgabe gibt einmal mehr Gelegenheit, eigene mathematische Wahrnehmungen zu verbalisieren. Die Lernenden beschreiben erkannte Muster mit eigenen Worten. Die Beschäftigung mit Restklassenmustern (Abb. C) ermöglicht es den Schülern, selbstständig und auf fast spielerische Weise die verschiedenen Teilbarkeitsregeln herauszuarbeiten. Zugleich werden sie mit den Grundzügen der Restklassenalgebra vertraut. Das Restklassenmuster bezüglich der Division durch 3 besteht aus diagonalen Streifen. Alle Zahlen auf diesen Streifen haben die gleiche Quersumme.

8 **9** Mithilfe der grafischen Darstellung in der Hundertertafel können die Teilbarkeitsregeln für 2, 5 und 10 erarbeitet werden.
Die Restklassenmuster dieser Zahlen haben vertikale Streifen. Alle Zahlen auf diesen Streifen haben die gleiche Endziffer.

10 **11** Die Aufgaben dienen insbesondere dazu, das Thema zu veranschaulichen.

Wie könnte es weitergehen?

- Man kann zur Berechnung von ggT und kgV die Primfaktorzerlegung einführen und üben.
- Man kann ggT und kgV von mehr als zwei Zahlen bestimmen lassen.
- Auch die Teilbarkeitsregel für 4 kann erforscht werden. (Eine Zahl ist durch 4 teilbar, wenn die Zahl aus ihren letzten beiden Ziffern durch 4 teilbar ist.)
- Weitere Beispiele können nochmals bearbeitet werden, wenn die Addition und Subtraktion von Bruchzahlen bzw. Erweitern und Kürzen behandelt werden.

Lösungen

1 Mit den 24 Quadraten können die folgenden 4 Rechtecke gelegt werden:
1 × 24; 2 × 12; 3 × 8; 4 × 6
Das Produkt der Seitenlängen ergibt immer 24.

2

a. Wenn sich eine bestimmte Anzahl Memory-Karten als Rechteck legen lässt, dann sind die beiden „Seitenlängen" Teiler der Zahl.

b. Mit 30 Quadraten können die folgenden 4 Rechtecke gelegt werden:
1 × 30; 2 × 15; 3 × 10; 5 × 6
Also sind die Teiler von 30: 1; 2; 3; 5; 6; 10; 15; 30

3

a. 2 hat 1 und 2 als Teiler.
4 hat 1; 2 und 4 als Teiler.
8 hat 1; 2; 4 und 8 als Teiler.
16 hat 1; 2; 4; 8 und 16 als Teiler.
32 hat 1; 2; 4; 8; 16 und 32 als Teiler.
64 hat 1; 2; 4; 8; 16; 32 und 64 als Teiler.

b. 3 hat 1 und 3 als Teiler.
6 hat 1; 2; 3 und 6 als Teiler.
12 hat 1; 2; 3; 4; 6 und 12 als Teiler.
24 hat 1; 2; 3; 4; 6; 8; 12 und 24 als Teiler.
48 hat 1; 2; 3; 4; 6; 8; 12; 16; 24 und 48 als Teiler.
96 hat 1; 2; 3; 4; 6; 8; 12; 16; 24; 32; 48 und 96 als Teiler.

c. 5 hat 1 und 5 als Teiler.
15 hat 1; 3; 5 und 15 als Teiler.
25 hat 1; 5 und 25 als Teiler.
35 hat 1; 5; 7 und 35 als Teiler.
45 hat 1; 3; 5; 9; 15 und 45 als Teiler.
55 hat 1; 5; 11 und 55 als Teiler.
65 hat 1; 5; 13 und 65 als Teiler.
75 hat 1; 3; 5; 15; 25 und 75 als Teiler.
...

d. 12 hat 1; 2; 3; 4; 6 und 12 als Teiler.
24 hat 1; 2; 3; 4; 6; 8; 12 und 24 als Teiler.
36 hat 1; 2; 3; 4; 6; 9; 12; 18 und 36 als Teiler.
48 hat 1; 2; 3; 4; 6; 8; 12; 16; 24 und 48 als Teiler.
60 hat 1; 2; 3; 4; 5; 6; 10; 12; 15; 20; 30 und 60 als Teiler.
72 hat 1; 2; 3; 4; 6; 8; 9; 12; 18; 24; 36 und 72 als Teiler.
84 hat 1; 2; 3; 4; 6; 7; 12; 14; 21; 28; 42 und 84 als Teiler.
96 hat 1; 2; 3; 4; 6; 8; 12; 16; 24; 32; 48 und 96 als Teiler.

4

a. Mögliche Zahlen sind: 2; 3; 5; 7; 11; 13; ...
Es könnte auffallen, dass die Zahlen immer weiter auseinanderstehen. Oder, dass es die Primzahlen sind (siehe vorangehende Lernumgebung „Besondere natürliche Zahlen")

b. Mögliche Zahlen sind: 4 (1; 2; 4); 9 (1; 3; 9); 25 (1; 5; 25); 49 (1; 7; 49) ...
Es sind die Quadratzahlen der Primzahlen.

5

a. Teiler von 24: 1; 2; 3; 4; 6; 8; 12; 24
Teiler von 36: 1; 2; 3; 4; 6; 9; 12; 18; 36
Die gemeinsamen Teiler sind: 1; 2; 3; 4; 6; 12

b. Der größte gemeinsame Teiler (ggT) von 24 und 36 ist 12.
Man kann schreiben: ggT(24; 36) = 12

c. Der größte gemeinsame Teiler bedeutet bei Memory-Karten die größte Breite, die man als Rechteck legen kann, und zwar sowohl mit der einen als auch mit der anderen Kartenzahl.

6

a.	ggT(24; 60) = 12	ggT(25; 60) = 5	ggT(30; 60) = 30
	ggT(31; 60) = 1	ggT(36; 60) = 12	
b.	ggT(16; 27) = 1	ggT(16; 28) = 4	ggT(16; 32) = 16
	ggT(16; 41) = 1	ggT(16; 56) = 8	
c.	ggT(10; 11) = 1	ggT(11; 12) = 1	ggT(12; 13) = 1
	ggT(13; 14) = 1	...	

Der größte gemeinsame Teiler zweier benachbarter Zahlen ist immer 1.

7 A: Das Muster wird gebildet von den durch 3 teilbaren ungeraden Zahlen.

B: Das Muster wird gebildet von den Zahlen, die beim Teilen durch 3 den Rest 1 ergeben.

C: Das Muster beschreibt die möglichen Reste beim Teilen durch 3.

8

a.

1	2	3	4	5	6	7	8	9	10
11	12	13	14	15	16	17	18	19	20
21	22	23							
							98	99	100

b. Eine Zahl ist teilbar durch 5, wenn sie auf 5 oder 0 endet.

c.

1	2	3	4	5	6	7	8	9	10
11	12	13	14	15	16	17	18	19	20
21	22	23							
							98	99	100

9 Eine Zahl ist teilbar durch 2, wenn sie gerade ist.
Eine Zahl ist teilbar durch 10, wenn sie auf 0 endet.

10

a. 6; 12; 18; 24; …
b. 30; 60; 90; …
c. 60; 120; 180; …
d. 60; 120; 180; …

11

a.

1	2	3	4	5	6	7	8	9	10
11	12	13	14	15	16	17	18	19	20
21	22	23	24	25	26	27	28	29	30
31	32	33	34	35	36	37	38	39	40
41	42	43	44	45	46	47	48	49	50
51	52	53	54	55	56	57	58	59	60
61	62	63	64	65	66	67	68	69	70
71	72	73	74	75	76	77	78	79	80
81	82	83	84	85	86	87	88	89	90
91	92	93	94	95	96	97	98	99	100

durch 8 teilbar   durch 12 teilbar
durch 8 und 12 teilbar

b. 24; 48; 72; 96; …
c. Das kgV der Zahlen 8 und 12 ist 24.

12

a. Die gemeinsamen Vielfachen von 12 und 15 sind die 60er-Zahlen.
Die gemeinsamen Vielfachen von 12 und 18 sind die 36er-Zahlen.
Die gemeinsamen Vielfachen von 12 und 20 sind die 60er-Zahlen.
Die gemeinsamen Vielfachen von 12 und 24 sind die 24er-Zahlen.
Die gemeinsamen Vielfachen von 12 und 25 sind die 300er-Zahlen.

b. Die gemeinsamen Vielfachen von 4 und 5 sind die 20er-Zahlen.
Die gemeinsamen Vielfachen von 6 und 5 sind die 30er-Zahlen.
Die gemeinsamen Vielfachen von 7 und 5 sind die 35er-Zahlen.
Die gemeinsamen Vielfachen von 8 und 5 sind die 40er-Zahlen.
Die gemeinsamen Vielfachen von 9 und 5 sind die 45er-Zahlen.

c. Die gemeinsamen Vielfachen von 2 und 3 sind die 6er-Zahlen.
Die gemeinsamen Vielfachen von 3 und 4 sind die 12er-Zahlen.
Die gemeinsamen Vielfachen von 4 und 5 sind die 20er-Zahlen.
Die gemeinsamen Vielfachen von 5 und 6 sind die 30er-Zahlen.
Die gemeinsamen Vielfachen von 6 und 7 sind die 42er-Zahlen.

Wenn die beiden Zahlen keinen gemeinsamen Teiler haben, entsprechen die gemeinsamen Vielfachen den Vielfachen des Produkts der beiden Zahlen. In den anderen Fällen sind sie um die gemeinsamen Teiler kleiner. Benachbarte Zahlen haben keine gemeinsamen echten Teiler (Teiler außer 1). Darum sind ihre gemeinsamen Vielfachen die Vielfachen ihres Produkts.

13

a. 5
b. 7
c. 2 oder 4 oder 8

Leistungsaufgaben

Aufgabe	Kompetenz	Anforderungsbereich
1a., b., c.	K5	I, II
2a.	K5	I
2b.	K5	I

1

a. Welche Zahlen unter 12 haben die meisten Teiler?

b. Bilde aus den Ziffern 9; 0 und 8 eine dreistellige Zahl, die durch 10 teilbar ist.

c. Bilde aus den Ziffern 9; 0 und 8 eine dreistellige Zahl, die nicht durch 2 teilbar ist.

2

a. Es gilt: kgV(120; 300) = 600.
Finde mindestens 5 weitere gemeinsame Vielfache.
Beschreibe dein Vorgehen.

b. Es gilt: ggT(120; 300) = 60.
Finde mindestens 5 weitere gemeinsame Teiler.
Beschreibe dein Vorgehen.

Lösungen zu den Leistungsaufgaben

1

a. 8 und 10 haben jeweils 4 Teiler.

b. 980 oder 890

c. 809

2

a. 1200; 1800; 2400; 3000; 3600

b. 30; 20; 10; 5; 2

Hier steht die Begründung des Vorgehens im Vordergrund. Sie zeigt die Durchdringung des Themas an und sollte bei der Bewertung berücksichtigt werden.

46 Jakob Steiner

Kompetenzerwartungen
- Die Mathematik als eine Wissenschaft, die sich im Laufe der Zeit entwickelt hat, begreifen (K 6)
- In konkreten Situationen kombinatorische Überlegungen durchführen, um die Anzahl der jeweiligen Möglichkeiten zu bestimmen (K 1, K 2)
- Gedanklich mit Strecken und Flächen operieren (K 1, K 2)
- Funktionale Zusammenhänge erkennen und beschreiben (K 2, K 6)

Einordnen

4 Grundrechenarten → **46** Jakob Steiner

Zur Sache

Begriffe

Gerade, Schnittpunkt, Zerlegung

Worum geht es?

Der wenig bekannte Jakob Steiner gehört neben Leonhard Euler (1707 bis 1783) sowie den Brüdern Jakob und Johann Bernoulli (1654 bis 1705 und 1667 bis 1748) zu den bedeutendsten Schweizer Mathematikern aller Zeiten. Er gilt als der genialste Geometer des 19. Jahrhunderts. Geistesgeschichtlich bedeutsam sind seine Beziehungen zu Pestalozzi und zu den Brüdern Alexander und Wilhelm von Humboldt.

Steiner bezeichnete sich gerne als Pestalozzi-Schüler und praktizierte dessen Methode der Veranschaulichung mit ausgezeichnetem Erfolg in seinem Unterricht. In Berlin wurde er Hauslehrer u. a. von Prinz August und des Sohnes von Wilhelm v. Humboldt. Der für das preußische Bildungswesen zuständige v. Humboldt ließ an der Hochschule Berlin eigens für Jakob Steiner einen Lehrstuhl für Geometrie einrichten.

Jakob Steiner hat in seinem Testament der Gemeinde Utzenstorf ein Kapital von 750 Franken vermacht. Er verfügte, dass der Zins dieses Kapitals alle zwei Jahre denjenigen drei Primarschülern auszubezahlen sei, welche im Kopfrechnen den ersten, zweiten und dritten Rang belegen.
Das Kapital, welches Jakob Steiner seiner Heimatgemeinde vermacht hat, wurde in den letzten Jahrzehnten durch andere Mitglieder der Familie Steiner immer wieder aufgestockt. Der Zins des Kapitals wird auch heute noch an die Schülerinnen und Schüler, welche im Kopfrechnen den ersten, zweiten und dritten Rang erhalten, ausbezahlt, und zwar in der Primar- und in der Sekundarschule.

Die Mathematiker Leonhard Euler, Pierre Simon Laplace (1749 bis 1827) und Carl Friedrich Gauß (1777 bis 1855) hatten die analytische Methode der Mathematik so sehr in den Vordergrund gestellt, dass die Entwicklung der Geometrie im 18. und beginnenden 19. Jahrhundert stagnierte. Das änderte sich mit bahnbrechenden Werken zur so genannten synthetischen Geometrie einiger französischer Mathematiker. Steiner, mit seinem Streben nach Anschaulichkeit, verhalf ihr zum Durchbruch.

Ein einfaches Beispiel aus der synthetischen Geometrie ist das Zerlegungsproblem von Jakob Steiner: In wie viele Gebiete wird die Ebene durch n Gerade zerlegt, wenn keine zwei davon parallel sind und keine drei sich in einem Punkt schneiden?

Jakob Steiner hat in jungen Jahren viel und schön gezeichnet, nach der Natur und in der Geometrie. Mit zunehmendem Alter hat er die geometrischen Probleme in der Vorstellung gelöst. Ihm war bewusst, dass geometrische Zeichnungen ein geometrisches Problem nur veranschaulichen. Gezeichnete Geraden, Punkte und Gebiete sind nicht das, was man in der Geometrie unter einer Geraden, einem Punkt, einem Gebiet versteht. Ein Beispiel: Ein gezeichneter Bleistift-Punkt ist eine winzige grauschwarze Fläche mit einer Ausdehnung. Ein Punkt in der Geometrie hat keine Ausdehnung.

Zum Unterricht

Was wird benötigt?

Arbeitsmaterial: Unlinierte A4-Blätter, Lineal, Blei- und Farbstifte

Vorschlag zur Stundenverteilung

Stunde	1	2
LU	1, 2, 3	4
AH	1	2, 3

Wie kann man vorgehen?

Man kann den Schülerinnen und Schülern aus dem Leben des bedeutenden Mathematikers erzählen und dann den Text im Mathematikbuch lesen. – Gesprächsthema: Was beeindruckt euch? Wer hat schon von Heinrich Pestalozzi gehört? Wo liegen die im Text erwähnten Ortschaften und Städte in der Schweiz und in Deutschland?

Dann: Geometrie, ein wenig anders als bisher. Eine Zeichnung veranschaulicht eine Figur als eine von unendlich vielen Möglichkeiten. Ähnlich wie Zahlen sind Figuren nicht an eine Veranschaulichung gebunden. Sie existieren beide nur gedanklich, in der Vorstellung.

Schülerinnen und Schüler können die Figuren aus dem Mathematikbuch abzeichnen (für jede Gerade eine andere Farbe verwenden oder die Geraden nummerieren).

1 Die Geraden müssen sich auf dem Blatt schneiden, d. h. keine zwei sind parallel und keine drei oder mehr schneiden sich in einem Punkt.

2 Schülerinnen und Schüler zeichnen fünf Geraden und stellen fest: Bei fünf Geraden sind maximal 10 Schnittpunkte und 16 Gebiete möglich. Zeichnungen miteinander vergleichen.

3

a.

Anzahl Gerade	1	2	3	4	5	6	7	8	9	10	11	12
max. Anzahl Schnittpunkte	0	1	3	6	10	15	21	28	36	45	55	66
max. Anzahl Gebiete	2	4	7	11	16	22	29	37	46	56	67	79

Die Tabelle hält das Ergebnis der Zeichnungen für 5; evtl. 6; 7; 8; ... Geraden fest. Sie kann auch „berechnet" werden: Die Anzahl der Schnittpunkte wächst mit der Anzahl der Geraden, z. B. $6 + 4 = 10$, weil jede neue Gerade alle vorhergehenden in je einem Punkt schneidet. Die Anzahl der Gebiete wächst um die Anzahl der Geraden, z. B. $11 + 5 = 16$, weil jede neue Gerade die Anzahl der Gebiete, die sie durchläuft, verdoppelt.

b. Die Zahl in der zweiten Reihe erhöht um 1 findet sich in der unteren Reihe eine Zelle weiter links.

4 Maximale Schnittpunkte gibt es $(99 \cdot 100) : 2 = 4950$
Maximale Gebiete gibt es $(100 \cdot 101) : 2 + 1 = 5051$

5 Vier Farben werden benötigt.

Wie könnte es weitergehen?

- Gauß'sche Summe $\sum_{i=1}^{n} i = \frac{n(n+1)}{2}$
- Dreieckszahlen

Literatur

- http://de.wikipedia.org/wiki/Jakob_Steiner
- www.mathematische-basteleien.de/dreieckszahlen.htm

Leistungsaufgaben

Aufgabe	Kompetenz	Anforderungsbereich
1	K4	II
2	K2	III

1 Zeichne auf ein Blatt acht verschiedene Punkte. Verbinde jeden Punkt mit jedem anderen. Wie viele Verbindungen musst du zeichnen?

2 Zeichne auf ein Blatt vier verschiedene Kreise, sodass möglichst viele Gebiete entstehen. Wie viele Gebiete bekommst du?

Lösungen zu den Leistungsaufgaben

1 Man muss 28 Verbindungen zeichnen.

2 Es entstehen maximal 14 Gebiete.

Elternbrief

Liebe Eltern,

das Mathematikbuch ist ein Mathematiklehrmittel, das auf dem Hintergrund aktueller Lerntheorien entwickelt und seit Jahren mit großem Erfolg im Unterricht eingesetzt wird.

Unterricht geschieht heute oft nicht mehr so, wie Sie das in Ihrer Schulzeit erlebt haben. Darum weisen wir kurz auf wenige, aber wichtige Punkte des Lernens mit dem **Mathematikbuch** hin.

1. Lernende brauchen mehrere Durchgänge, um etwas zu verstehen.
Lernende brauchen unterschiedlich viel Zeit, bis sie etwas gut verstehen. Man muss ihnen genügend Zeit für das Lernen einräumen und oft viel Geduld aufbringen.

Bis sich ein Kind beispielsweise in den Bruchzahlen und ihrer Schreibweise auskennt, braucht es mehrere unterschiedliche Durchgänge. Im *Mathematikbuch* sind das unter anderem: Brüche im Alltag, Bruchteile von Größen, Bruchteile von Modellen wie Kreisen oder Rechtecken. Ganz wichtig ist dabei das Handeln: Brüche falten, Brüche zeichnen, Brüche ausschneiden, Brüche legen.

Erst wenn die Lernenden in allen diesen Durchgängen Erfahrungen gesammelt haben, ist ein erstes Verständnis für die Brüche aufgebaut. Es geht in der 5. Klasse nicht um das Bruchrechnen, sondern um das Bruchverständnis. Die große neue Erfahrung für die Lernenden ist, dass die Veranschaulichung des gleichen Bruchteils ganz unterschiedlich sein kann, z. B.:

Wenn diese Figur 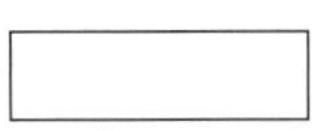 die Einheit ist, dann können u. A. folgende Figuren $\frac{1}{4}$ davon sein:

Das gilt auch für das Schreiben von Bruchteilen. So ist $\frac{1}{4}$ m das Gleiche wie 25 cm oder 0,25 m oder 250 mm oder $\frac{25}{100}$ m usw. Sie können beim Aufbau des Bruchverständnisses gut helfen, wenn Sie Ihr Kind beispielsweise auffordern, $\frac{1}{5}$ m auf möglichst viele verschiedene Arten zu schreiben. Beispiele dazu finden sich im *Mathematikbuch*, z. B. in Lernumgebung 18.

2. Lernen heißt auch: Fehler machen dürfen.
Wenn man etwas Neues lernt, ist man während einer gewissen Zeit verunsichert. Es ist daher normal, dass Lernende Fehler machen. Doch aus Fehlern kann man lernen. Das kann man aber nur, wenn man die Fehler erkennt und berichtigt. Dabei genügt es nicht, falsche Ergebnisse auszuradieren und die richtigen hinzuschreiben. Es lohnt sich, die Fehler stehen zu lassen und sich Gedanken zu machen, was denn eigentlich schiefgelaufen ist. Wenn man das herausfindet und aufschreibt, kann man viel lernen.

Bei den Hausaufgaben helfen Sie Ihrem Kind am besten, wenn Sie fragen: „Wie hast du das gerechnet?" „Wie bist du darauf gekommen?" „Kannst du mir das erklären?"

3. Zum Lernen gehört regelmäßiges Wiederholen und Üben.
Das *Mathematikbuch* ist so aufgebaut, dass die Lernenden in jeder Phase des Lernprozesses bisheriges Wissen wiederholen müssen. So kommt beispielsweise das neue Thema Proportionalität und Mittelwerte in den meisten Sachthemen später mehrmals wieder vor. Es kann sein, dass bereits Behandeltes später nicht mehr auf Anhieb präsent ist. In einem solchen Fall wird die Lehrperson auf die entsprechenden Einführungsseiten zurückgehen und eventuell einige Übungen nochmals durchführen lassen.

4. Kopfrechnen
Im *Mathematikbuch* wird großer Wert auf geläufiges Kopfrechnen gelegt. Sie finden im *Mathematikbuch* verstreut, sowie am Anfang des Arbeitsheftes Übungen unter dem Titel Rechentraining, versehen mit einem Symbol, dem kleinen Skateboard. Diese Übungen können immer wieder hervorgenommen werden.

Im Vorwort des Arbeitsheftes sind Möglichkeiten aufgezeigt, wie man diese Übungen allein oder mit jemandem zusammen durchführen kann. Hier können Sie eine wichtige Aufgabe übernehmen.

5. Die Lernenden können sich selbst kontrollieren.
Die Übungen im *Mathematikbuch* sind häufig so aufgebaut, dass sich die Lernenden selbst kontrollieren können. In den Aufgabenserien sind nämlich Gesetzmäßigkeiten zu entdecken, beispielsweise in Lernumgebung 14, Aufgabe 3:
In Teilaufgabe a. sind alle Ergebnisse gleich, bei b. werden sie, mit Ausnahme der letzten Rechnung, immer um 2 kg größer, bei c. werden sie immer um 9 t kleiner.

Sie können Ihrem Kind helfen, indem Sie fragen, welche Gesetzmäßigkeiten es bei der entsprechenden Aufgabe gefunden hat. Wollen die Lernenden weiter üben, so können sie selbst Aufgabenserien mit frei gewählten Gesetzmäßigkeiten erfinden und später nachrechnen.

Mit dem *Mathematikbuch* kann man auch als erwachsene Person viel entdecken. Es kann für Sie wie für Lehrpersonen ein Vergnügen sein zu beobachten, was Kinder alles herausfinden und selbst erfinden.

Ihr Mathematikbuch-Team und
Ihre Mathematiklehrerin/Ihr Mathematiklehrer

____
(Name)

3 | 22 | 25

Millimeter-Papier

Ziffernkarten

9	9	9	9
8	8	8	8
7	7	7	7
6	6	6	6
5	5	5	5
4	4	4	4
3	3	3	3
2	2	2	2
1	1	1	1
0	0	0	0

3 Stellenwerttafel

M	HT	ZT	T	H	Z	E

M	HT	ZT	T	H	Z	E

M	HT	ZT	T	H	Z	E

3 | 19

Hunderterfeld

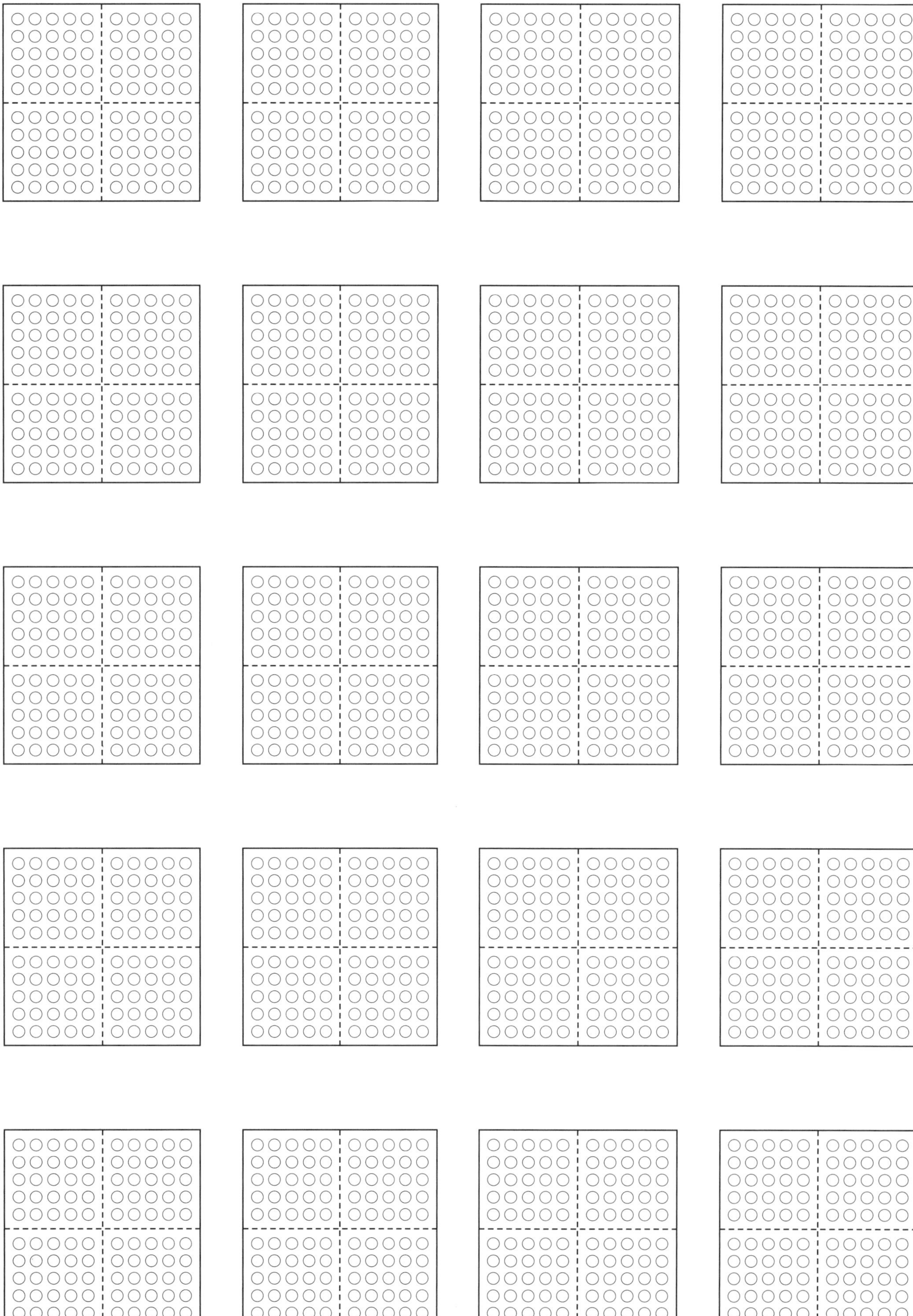

3 Zahlenstrahl

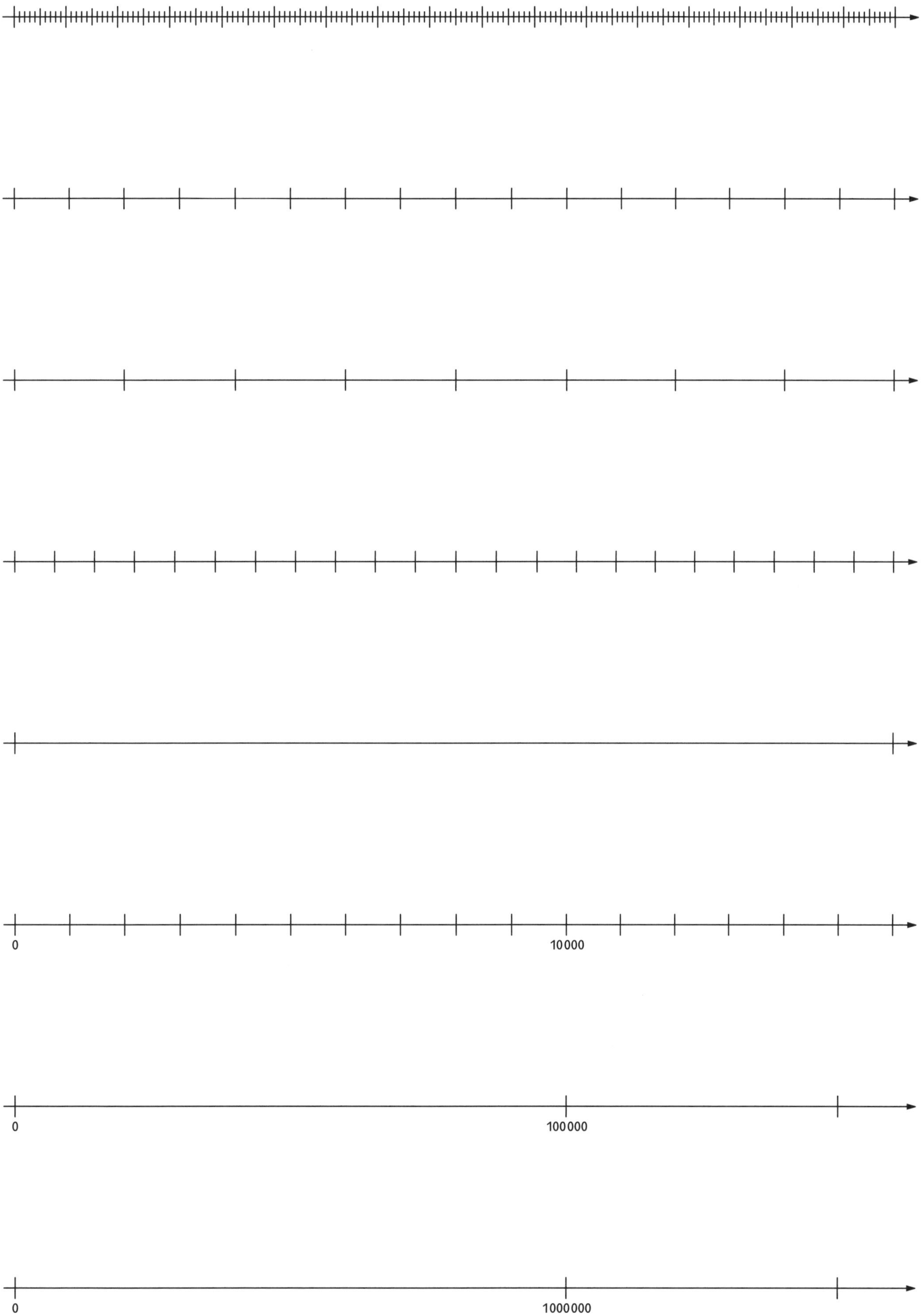

4	**Zahlenmauern**

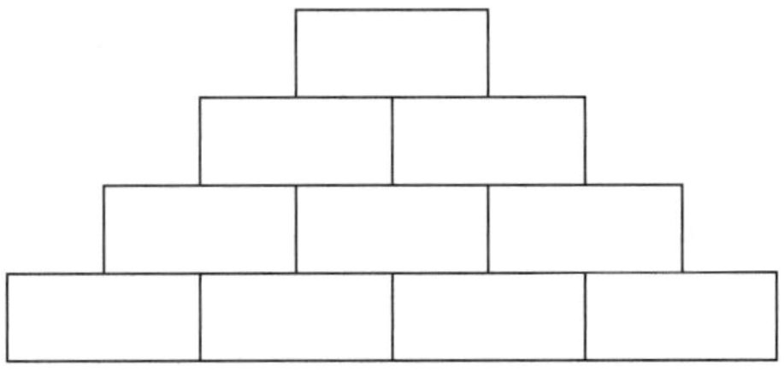

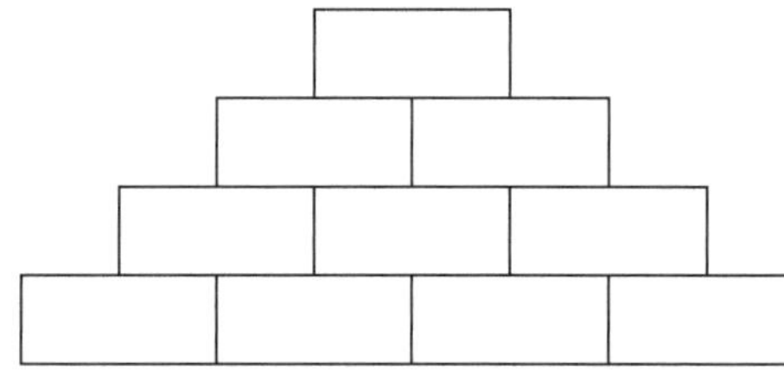

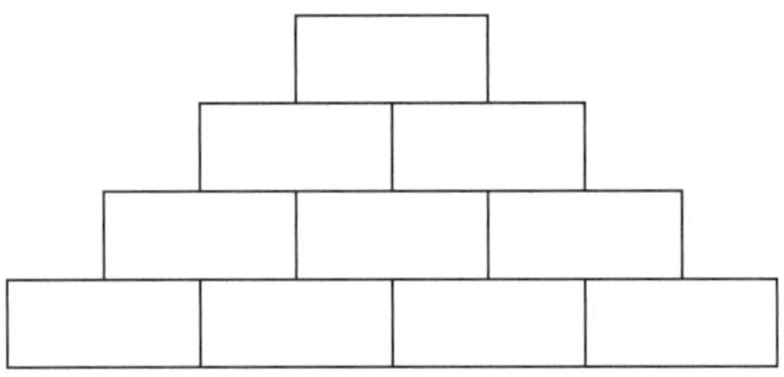

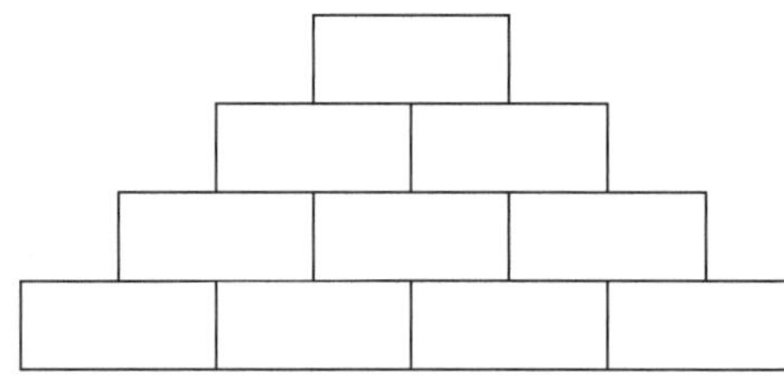

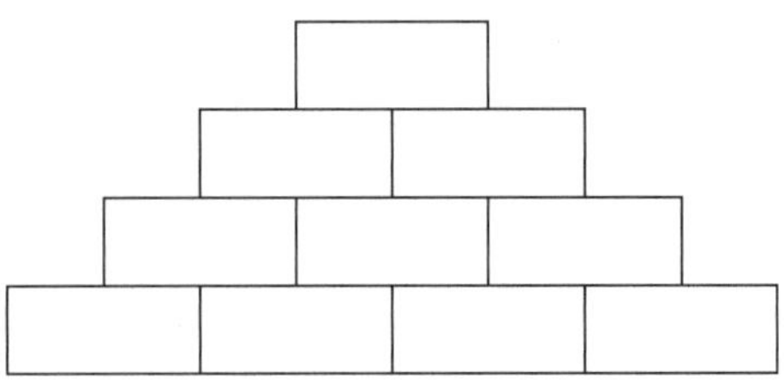

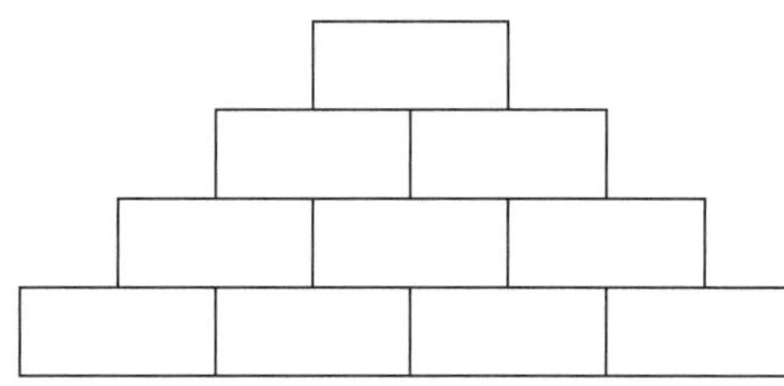

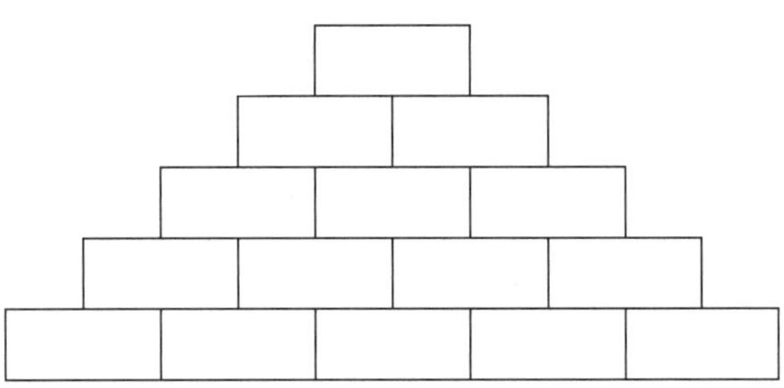

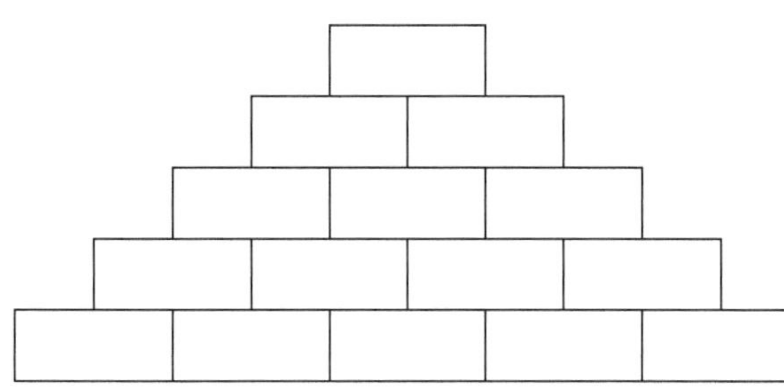

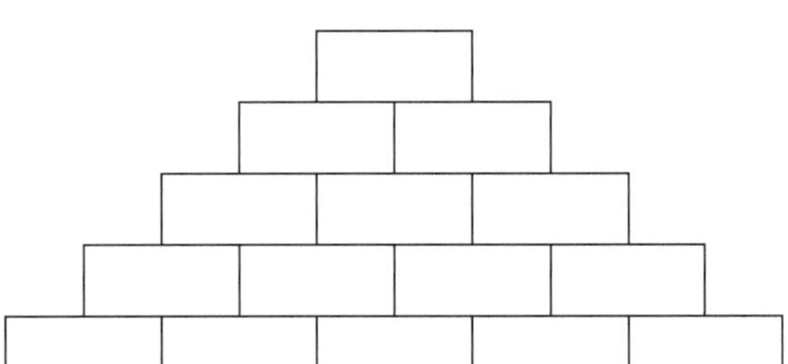

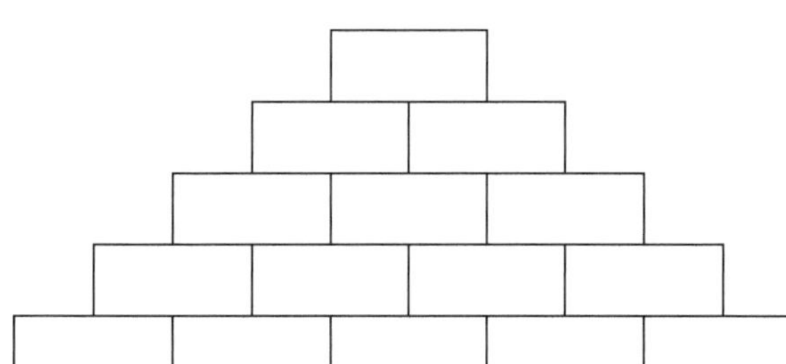

4 Malkreuze

Das Mathematikbuch 5, Ausgabe A
zu 978-3-12-700353-6

6 | 36 Punktraster, klein (für 36 quer verwenden)

Punktraster, groß (für 36 quer verwenden)

7 Bauanleitung für ein Geobrett

Material
- 1 Holzbrett von 2 cm Dicke; Maße: 15 cm × 15 cm (z. B. Tischlerpappel)
- mindestens 25 Nägel (3 cm lang)
- Hammer
- Gummibänder

Bauplan

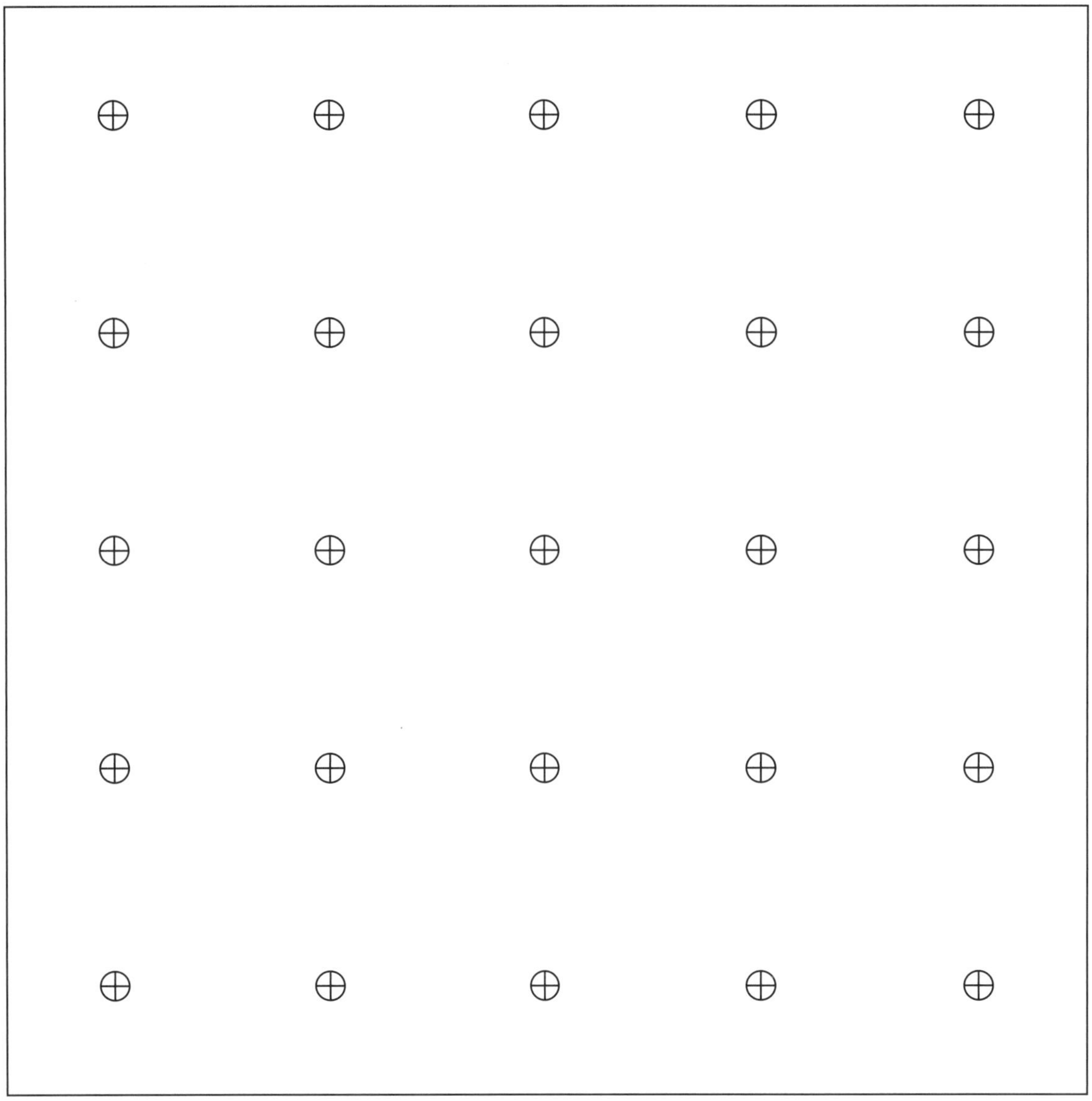

Arbeitsschritte
- Schneide den Bauplan aus und lege ihn auf das Holzbrett.
- Übertrage mit einem Nagel die Mitte der Löcher auf das Holzbrett.
- Schlage nun an diesen Stellen die Nägel 7 mm tief in das Holzbrett ein.

7 Geobrett

Das Mathematikbuch 5, Ausgabe A
zu 978-3-12-700353-6

7 | 8

Stern-Koordinaten

Lies die Koordinaten der Sternpunkte A bis H ab und notiere sie unten.

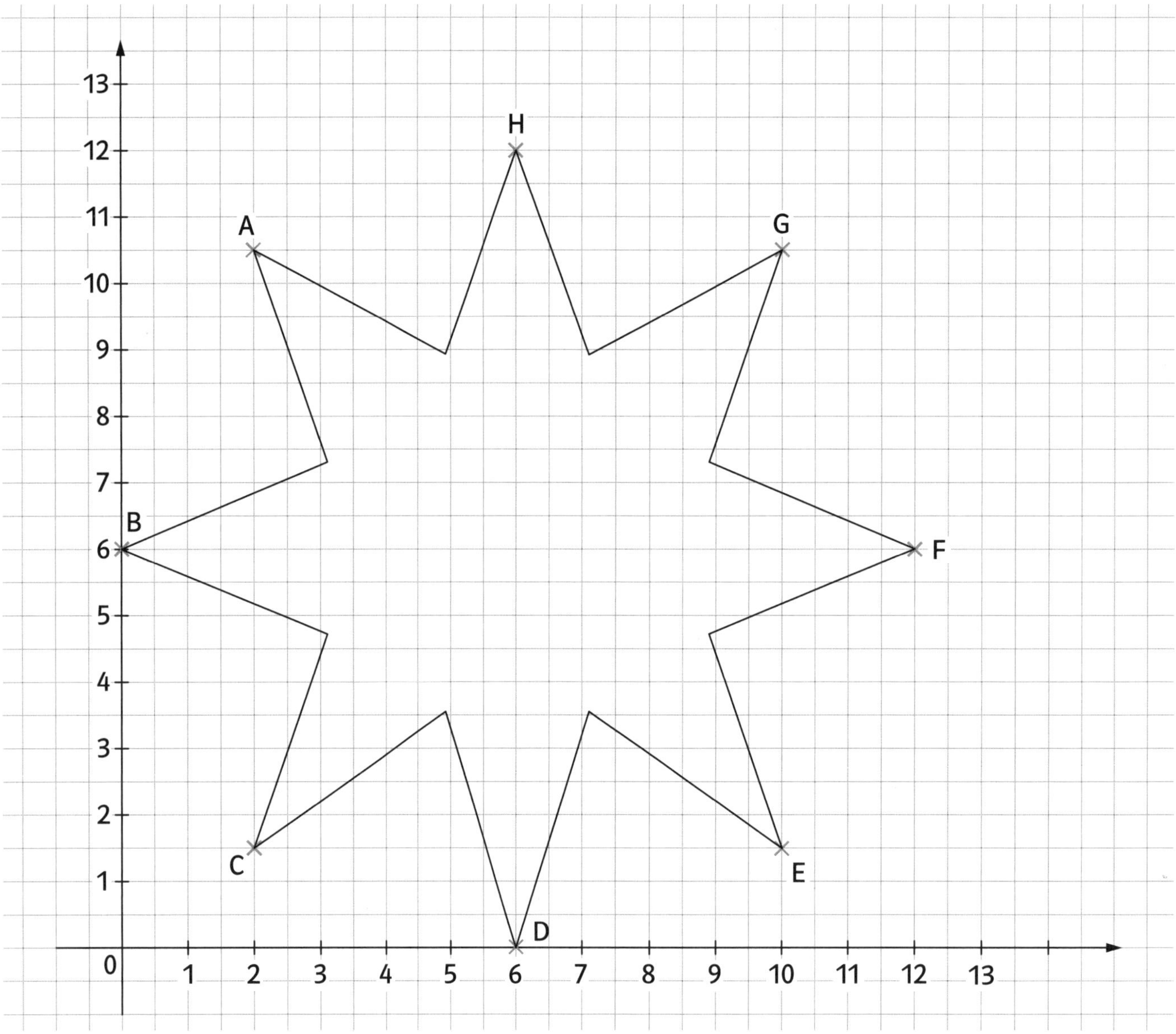

A (2|10,5) ______________ E ______________

B ______________ F ______________

C ______________ G ______________

D ______________ H ______________

Das Mathematikbuch 5, Ausgabe A
zu 978-3-12-700353-6

7 | 8

Koordinatensystem

Zeichne in das obere Koordinatensystem eine Fantasie-Figur. Diese Figur soll aus ebenen Figuren (Dreieck, Rechteck, Quadrat, ...) zusammengesetzt sein. Lies die Koordinaten der Eckpunkte deiner Figur ab und diktiere sie deiner Partnerin bzw. deinem Partner. Gib, wenn nötig, noch Hilfen, welche Punkte miteinander verbunden werden sollen. Vergleicht anschließend.

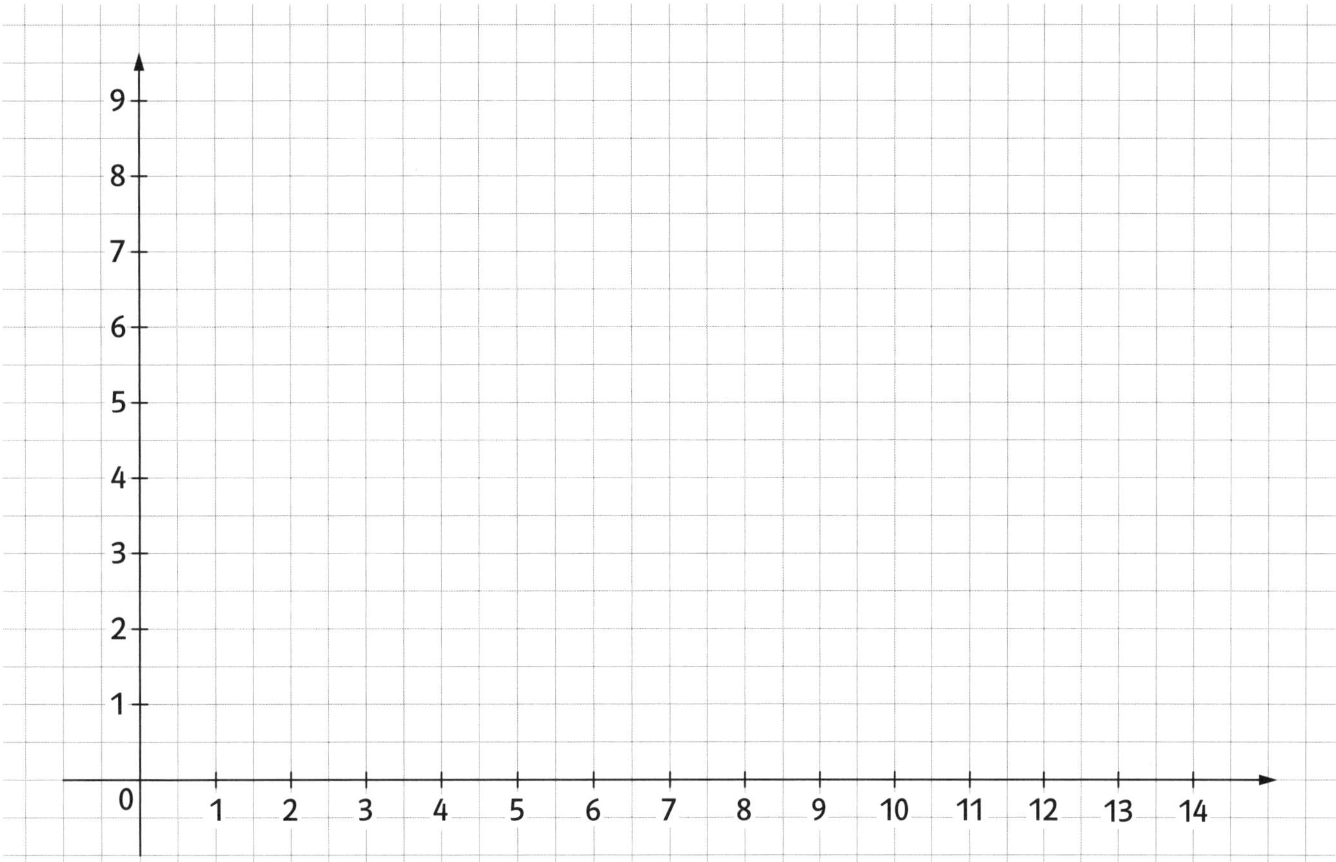

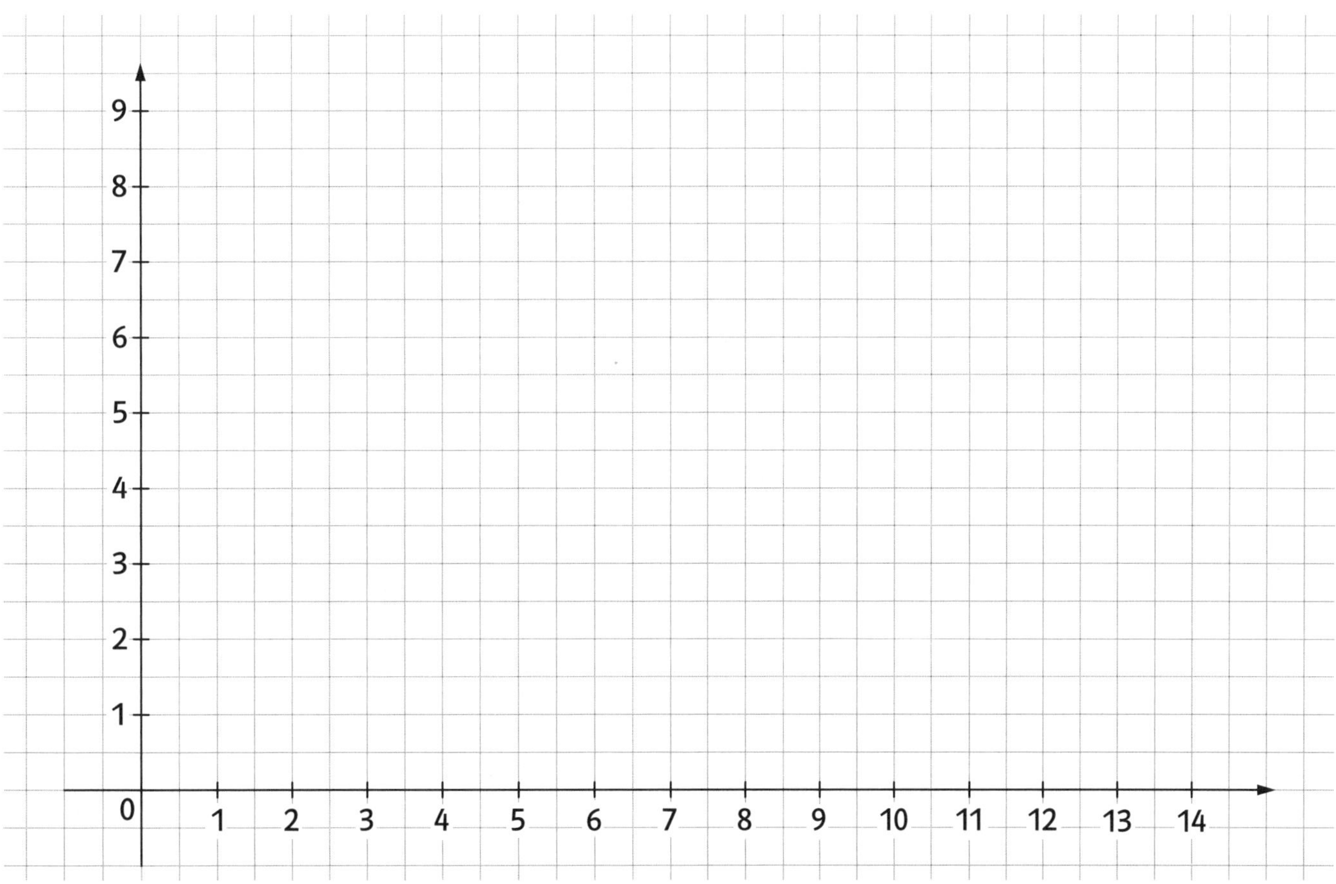

8 Winkelmessung

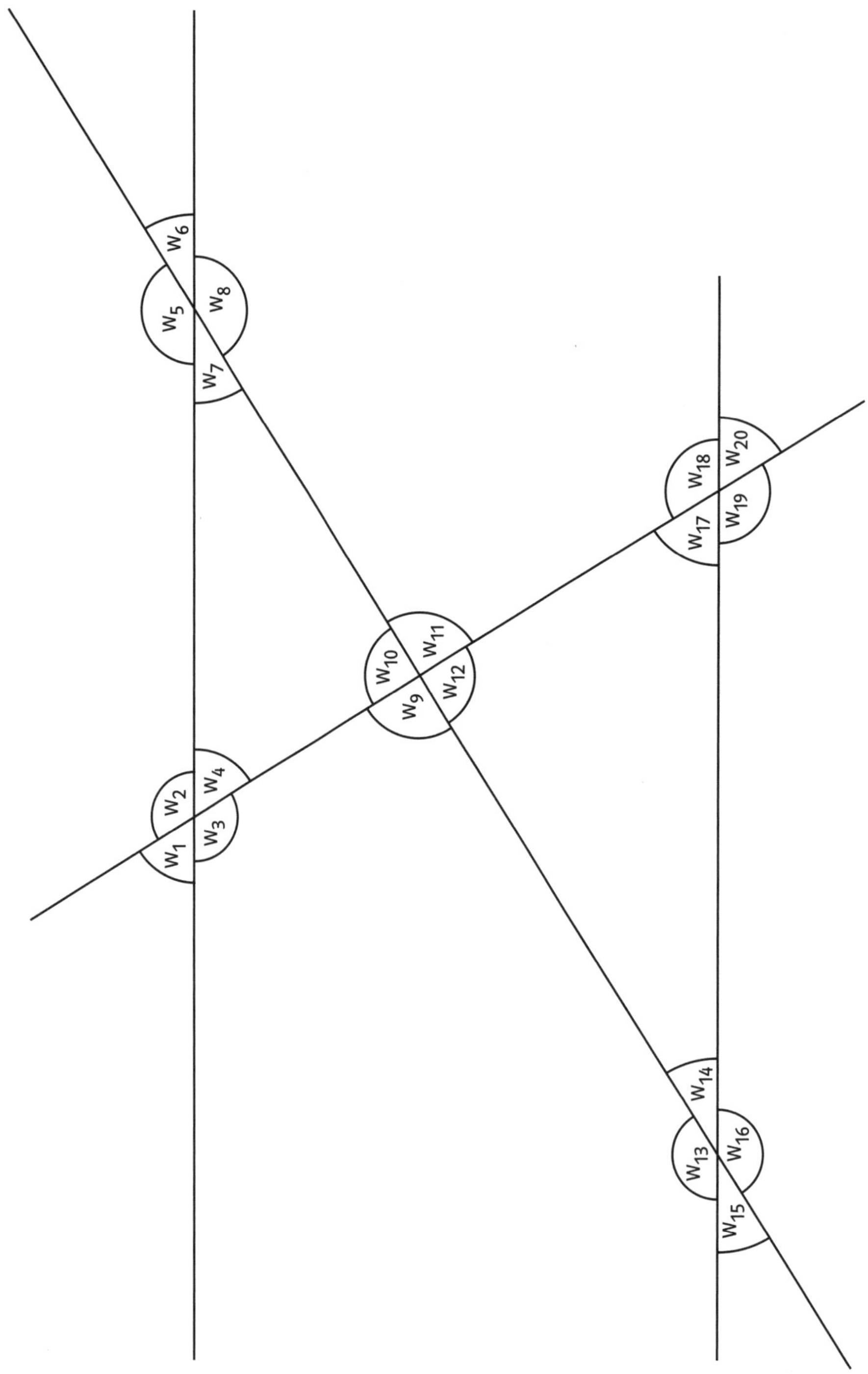

13 Stellentafeln

22 Flächen 1

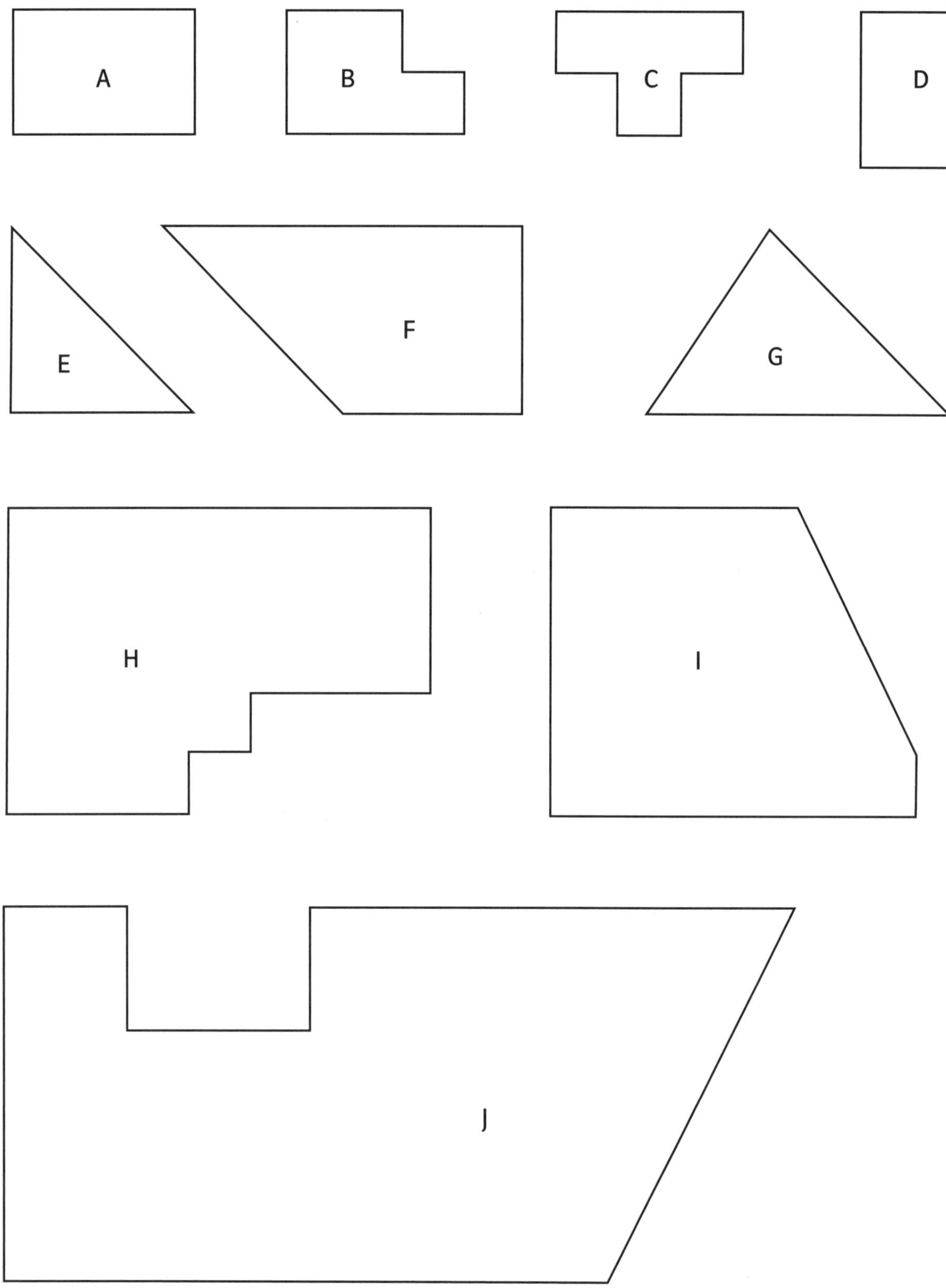

22 Flächen 2

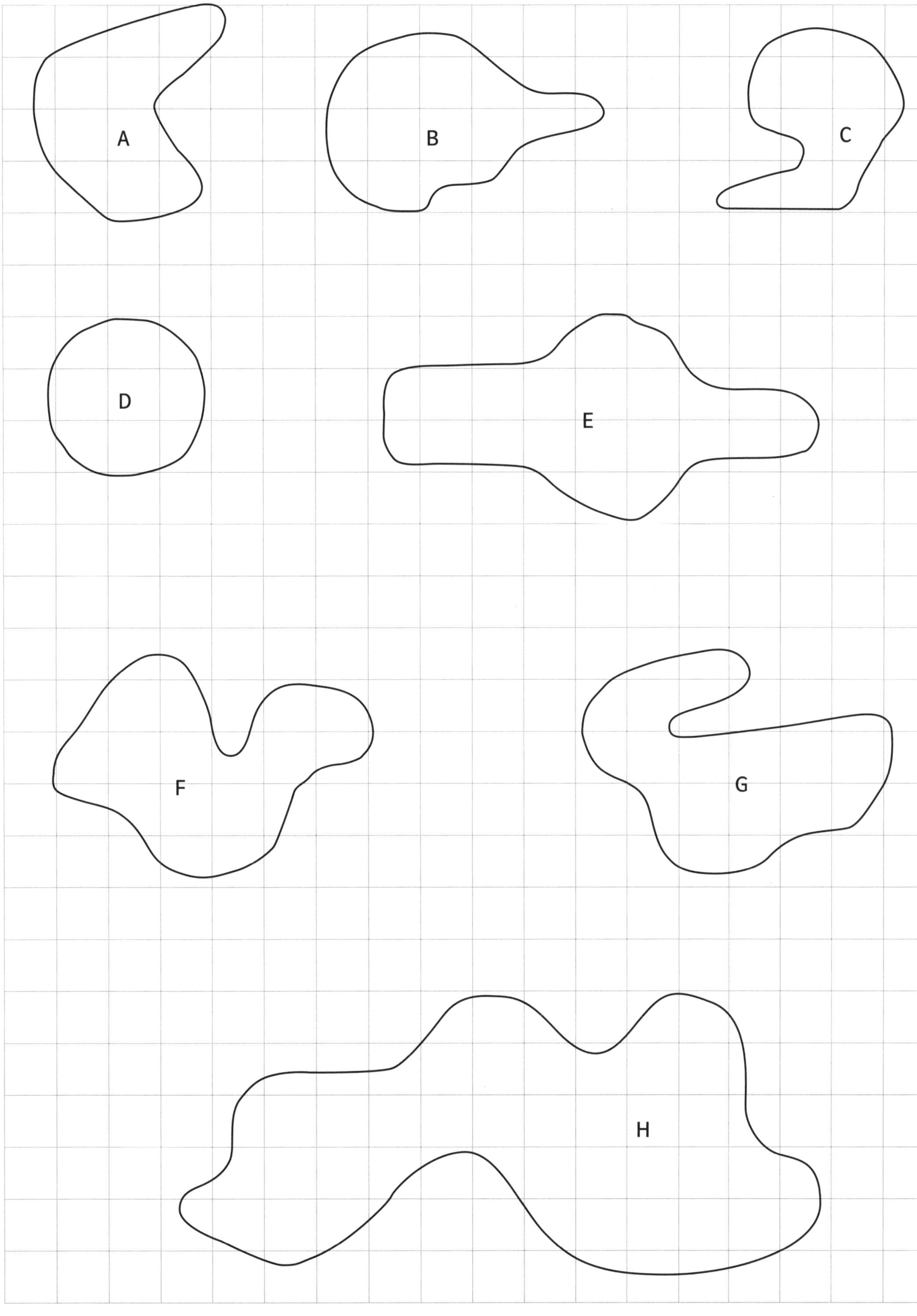

26 Distanztabelle

Orte am Rhein	Konstanz	Rheinfall	Birsfelden	Basel	Straßburg	Mannheim	Mainz	Köln	Düsseldorf	Duisburg	Rotterdam
Konstanz											
Rheinfall											
Birsfelden											
Basel											
Straßburg											
Mannheim											
Mainz											
Köln											
Düsseldorf											
Duisburg											
Rotterdam											

Das Mathematikbuch 5, Ausgabe A
zu 978-3-12-700353-6

36 Fertige Würfelkörper

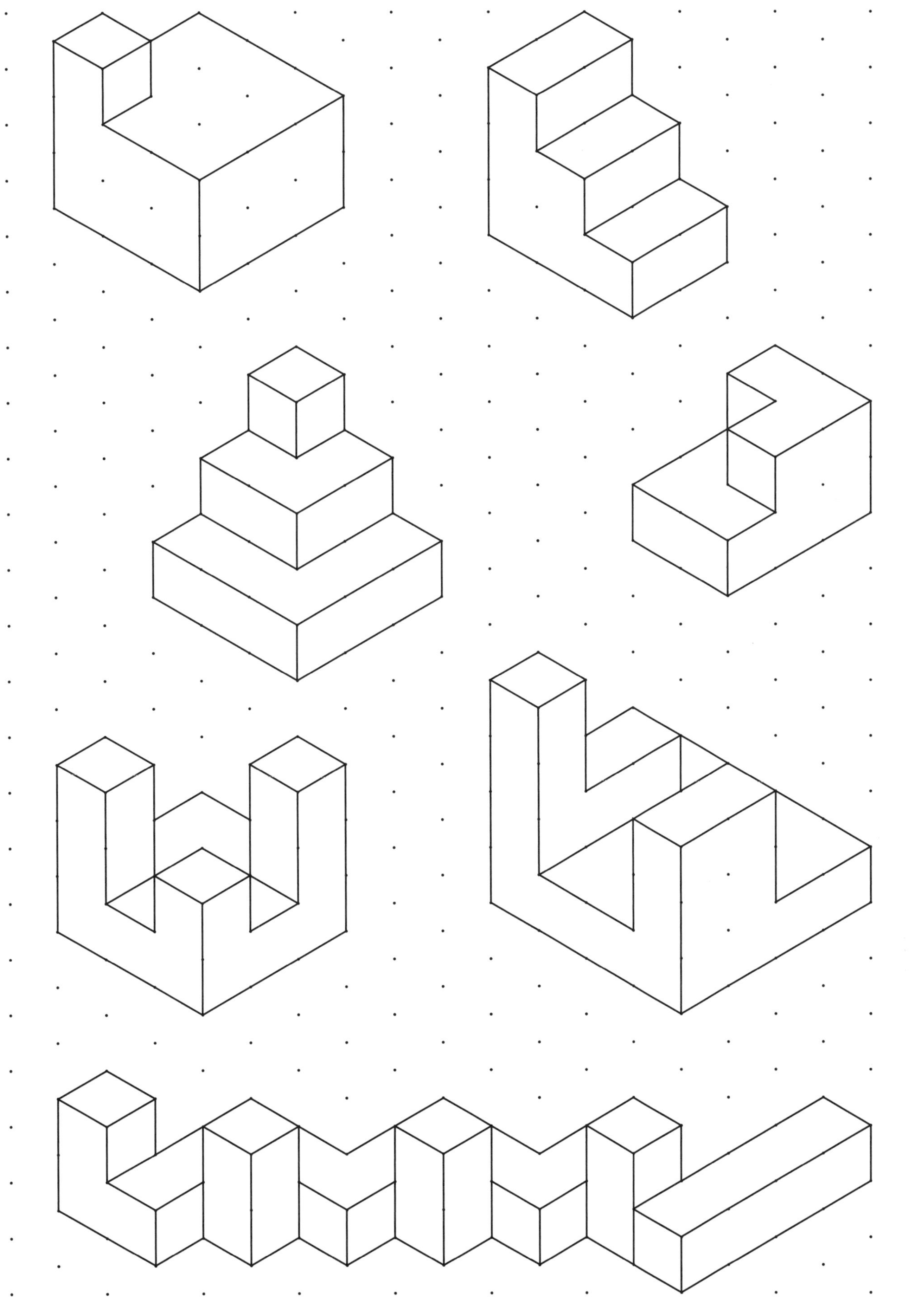

36 Unvollständige Würfelkörper

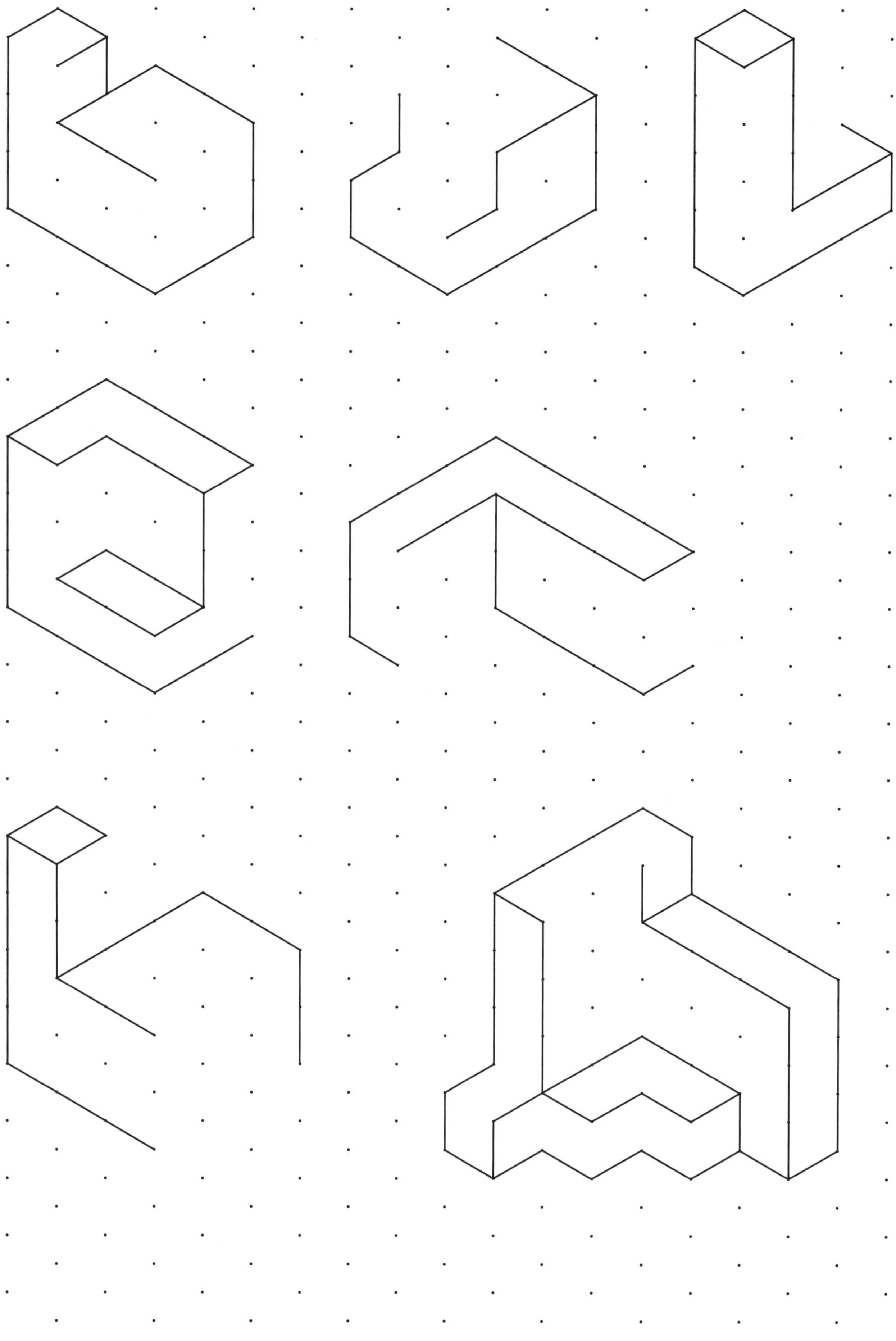

Das Mathematikbuch 5, Ausgabe A
zu 978-3-12-700353-6

37

Gitternetz

37 Quadernetz

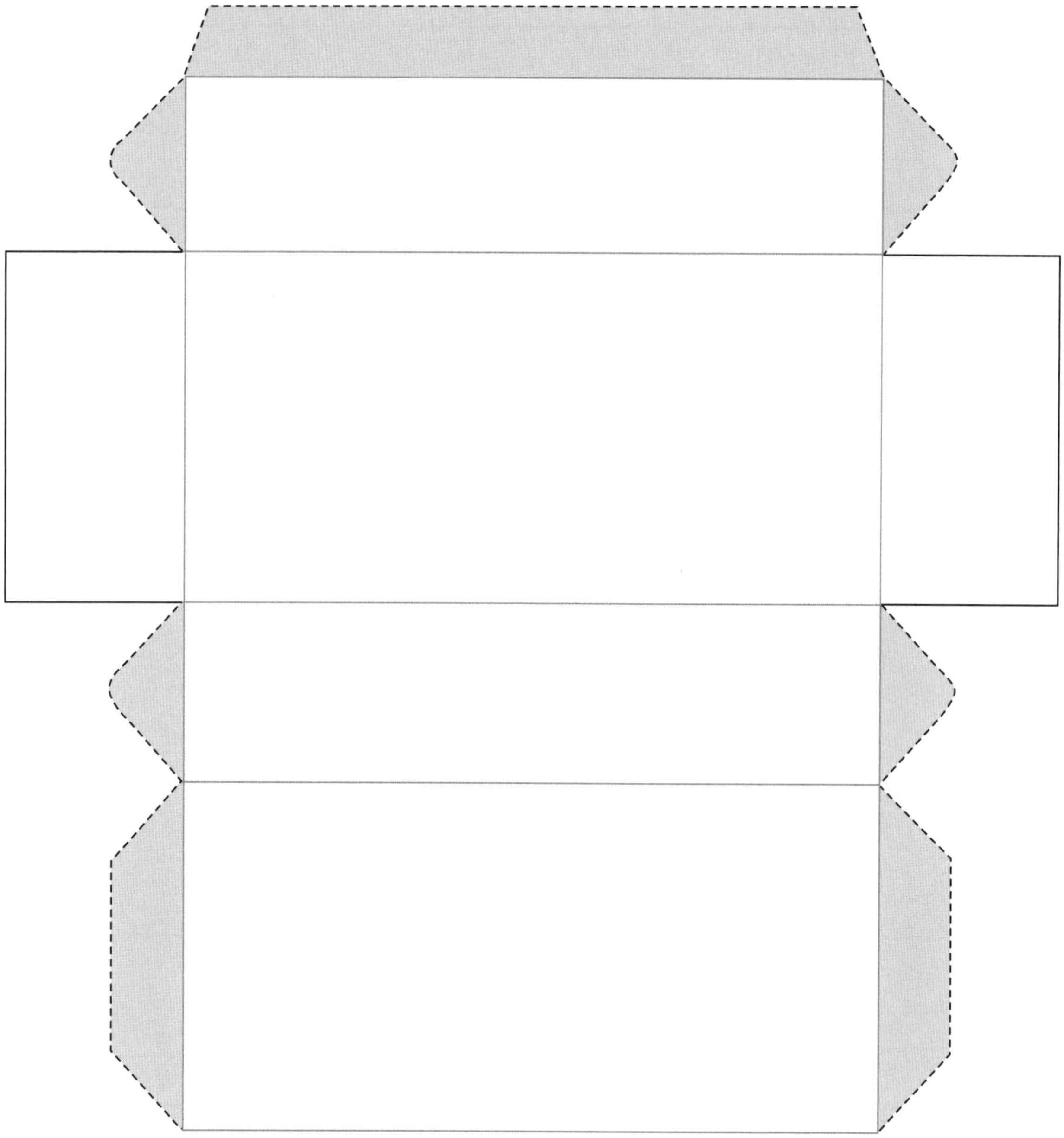

37 Grundrissblatt

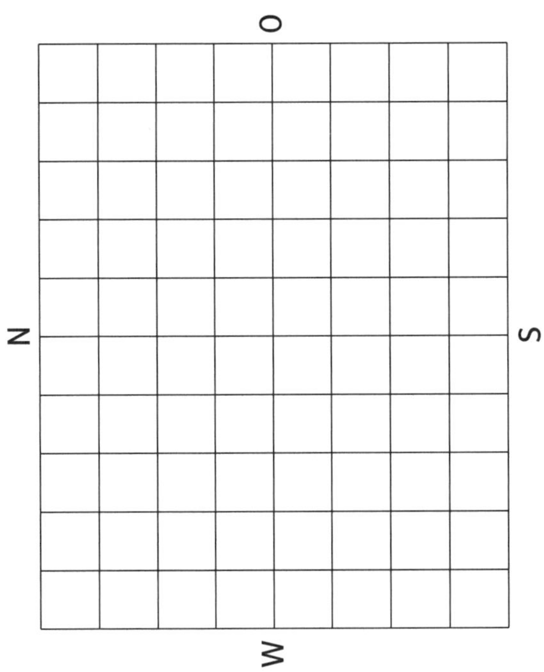

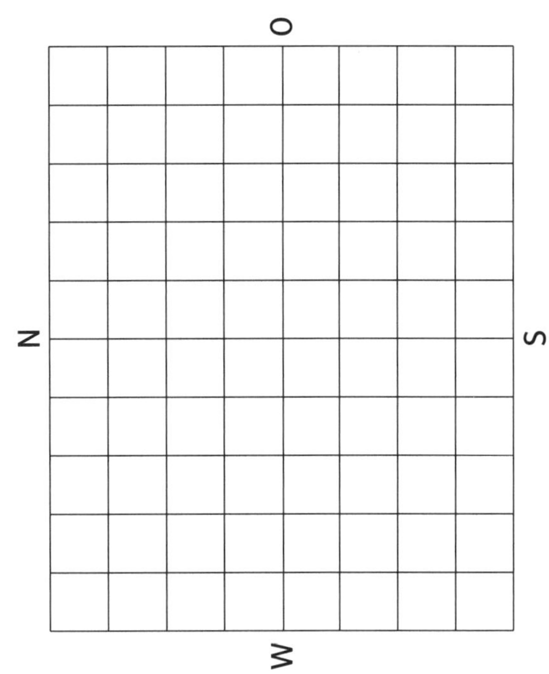

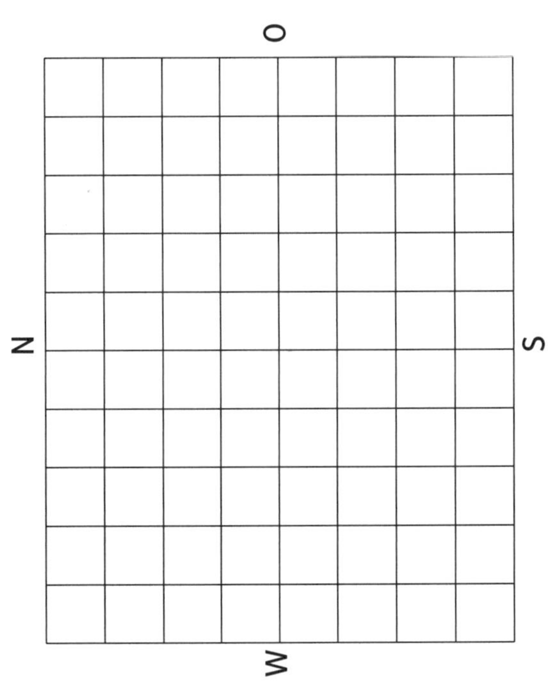

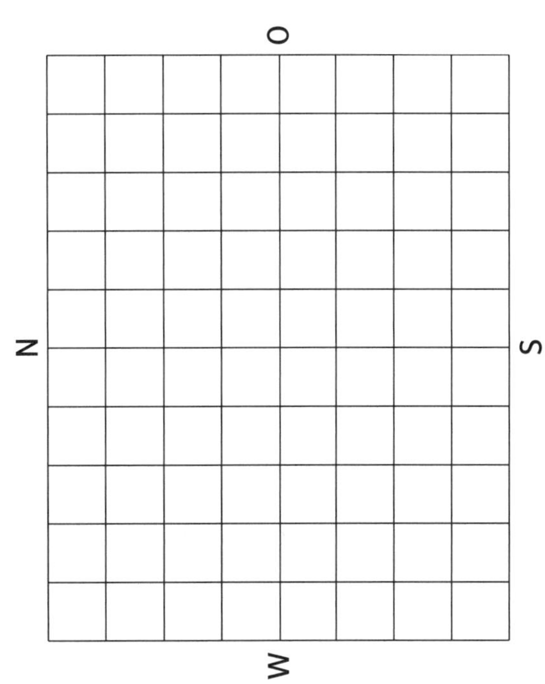

37 Seitenansichten

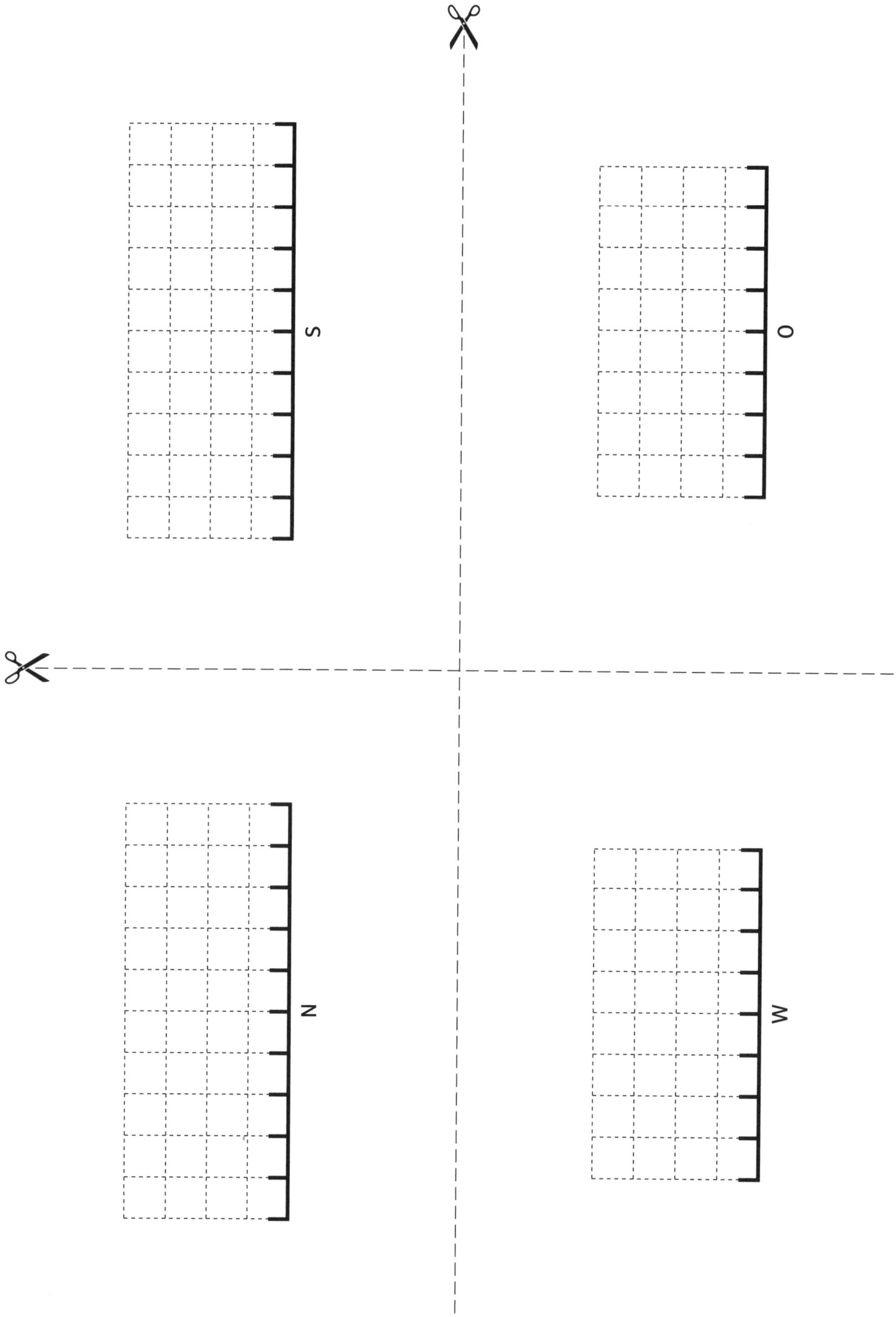

Das Mathematikbuch 5, Ausgabe A
zu 978-3-12-700353-6

40 Zeitachse

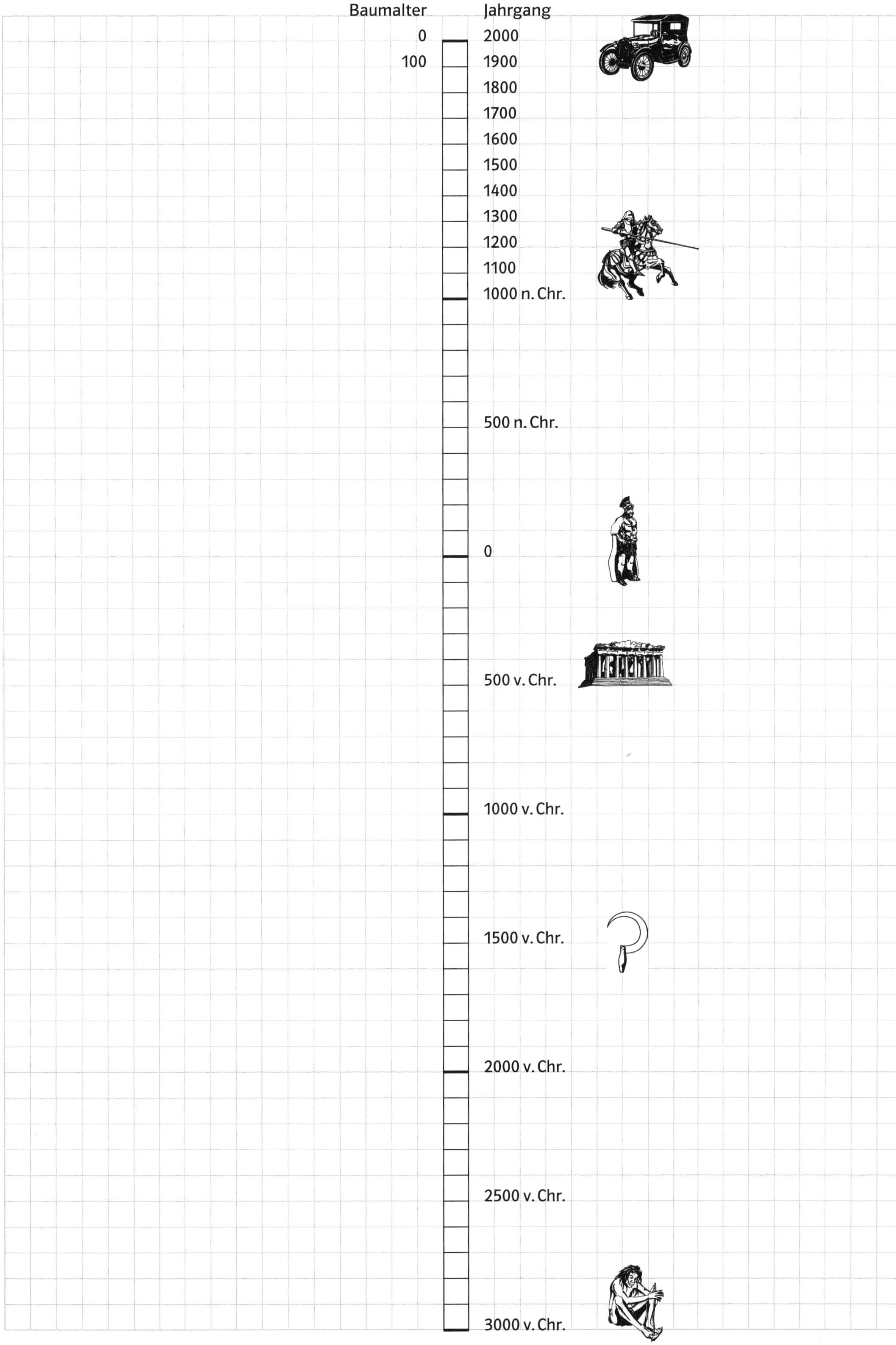

44 Hundertertafel

1	2	3	4	5	6	7	8	9	10
11	12	13	14	15	16	17	18	19	20
21	22	23	24	25	26	27	28	29	30
31	32	33	34	35	36	37	38	39	40
41	42	43	44	45	46	47	48	49	50
51	52	53	54	55	56	57	58	59	60
61	62	63	64	65	66	67	68	69	70
71	72	73	74	75	76	77	78	79	80
81	82	83	84	85	86	87	88	89	90
91	92	93	94	95	96	97	98	99	100

L Lernberichte

Zweck

Das Nachdenken über das eigene Handeln und Denken, die so genannte Reflexion bzw. Metakognition, im Mathematikunterricht und das Darlegen der Überlegungen und Ergebnisse des eigenen Denkens sind mittlerweile wichtige Bestandteile eines Mathematikunterrichts geworden, der neben der Vermittlung mathematischer Inhalte auch die Reflexion über die Herangehensweise an diese Inhalte und somit auch eine verbesserte Diagnosemöglichkeit durch den Lehrenden zum Ziel hat.

Wir stellen Ihnen in diesem Band Kopiervorlagen zur Verfügung, die Schülerinnen und Schüler eine sach- und altersgerechte Hinführung an diese Selbstreflexion ermöglichen soll – Lernberichte. In diesen, noch stark formalisierten und vorgefertigten Kopiervorlagen finden Sie verschiedene Möglichkeiten, Ihre Schülerinnen und Schüler in verschiedenen Gebieten zu fördern. Sie erhalten bei einem sachgerechten Einsatz ein wichtiges Diagnoseinstrument, das Ihnen die Möglichkeit eröffnet, gezielte Forder- und Fördermaßnahmen einzuleiten.
In einer weiteren Stufe ist eine geringere Formalisierung dieser Lernberichte durchaus sinnvoll. Am Ende können freiere Formen, wie z. B. ein Lerntagebuch, stehen.

Inhalt und Einsatz

Im Sinne einer Förderung der Sachkompetenz und Problemlösefähigkeit, der Sozialkompetenz, der Selbstkompetenz und Methodenkompetenz finden Sie verschiedene Kopiervorlagen. Sie können diese Kopiervorlagen mehrmals im Jahr einsetzen. Vor dem ersten Einsatz sollte den Schülerinnen und Schülern eine Anleitung dazu gegeben werden. Auch über den Zweck sollten die Schülerinnen und Schüler informiert werden. Den Schülerinnen und Schülern sollte vermittelt werden, dass ihre eigenen Lernvorgänge wichtig und interessant sind und Aufschlüsse über Probleme und Fehler geben. Aus diesem Grunde ist es auch besonders wichtig, dass die letzte, frei zu schreibende, Rubrik der Lernberichte sorgfältig ausgefüllt wird.

L **Lernbericht**

Ich packe ein mathematisches Problem/ eine Sachsituation zielgerichtet an.

Name: ______________________________

Datum: ______________________________

a Das trifft völlig zu.
b Das trifft größtenteils zu.
c Das trifft nur teilweise zu.
d Das trifft nicht zu.

1 Ich kann die Situation oder das Problem jemandem erklären.	☐ a	☐ b	☐ c	☐ d
2 Ich kann die Situation oder das Problem für mich sinnvoll strukturieren.	☐ a	☐ b	☐ c	☐ d
3 Ich habe Ideen, die mir bei der Lösung des Problems helfen können.	☐ a	☐ b	☐ c	☐ d
4 Ich kann den Lösungsweg gut darstellen, sodass andere ihn verstehen können.	☐ a	☐ b	☐ c	☐ d
5 Ich bin mit meiner Leistung in dieser Situation zufrieden.	☐ a	☐ b	☐ c	☐ d

6 Meine persönlichen Bemerkungen dazu:

L **Lernbericht**

Ich habe mit anderen zusammen gearbeitet.

Name: ______________________________

Datum: ______________________________

a	Das trifft völlig zu.
b	Das trifft größtenteils zu.
c	Das trifft nur teilweise zu.
d	Das trifft nicht zu.

1 Ich konnte jemandem etwas erklären oder weiterhelfen.	☐ a	☐ b	☐ c	☐ d
2 Ich brauchte selbst Hilfe.	☐ a	☐ b	☐ c	☐ d
3 Ich brauchte von jemandem nur einen Tipp.	☐ a	☐ b	☐ c	☐ d
4 Ich löste die Aufgabe mit jemandem zusammen. Beide brachten Ideen ein.	☐ a	☐ b	☐ c	☐ d
5 Wir haben gemeinsam eine Lösung gefunden und haben sie überprüft.	☐ a	☐ b	☐ c	☐ d

6 Meine Bemerkungen zur Zusammenarbeit:

L **Lernbericht**

Ich gehe mit Fehlern bewusst um und achte auf die Darstellung.

Name: ______________________________

Datum: ______________________________

a Das trifft völlig zu.
b Das trifft größtenteils zu.
c Das trifft nur teilweise zu.
d Das trifft nicht zu.

1 Ich habe meinen Lösungsweg leserlich und übersichtlich aufgeschrieben.	☐ a ☐ b ☐ c ☐ d
2 Ich habe überprüft, ob die Ergebnisse sinnvoll sind.	☐ a ☐ b ☐ c ☐ d
3 Ich habe am Schluss alles nochmals durchgesehen.	☐ a ☐ b ☐ c ☐ d
4 Ich habe meine Ergebnisse mit den Lösungen verglichen und mir notiert, was richtig und falsch ist.	☐ a ☐ b ☐ c ☐ d
5 Falls ich Fehler in meinen Ergebnissen hatte, habe ich geprüft, was ich falsch gemacht habe.	☐ a ☐ b ☐ c ☐ d
6 Ich habe zu jedem Fehler einen Kommentar geschrieben.	☐ a ☐ b ☐ c ☐ d

7
a. Ich habe besonders darauf geachtet, dass …
b. Ich habe aus meinen Fehlern gelernt, dass …

F Folgenkurs

Didaktische Hinweise zum Folgenkurs

„Folgen fortsetzen" ist ein schönes Thema für aktiv-entdeckendes Lernen und produktives Üben. Arithmetische Gesetzmäßigkeiten und Muster entdecken und beschreiben ist ein wichtiges Lernziel des elementaren Mathematikunterrichtes. Die Kinder können nicht nur die Regeln vorgegebener Folgen knacken, sondern auch selbst Folgen nach eigenen Regeln konstruieren. Bei all diesen Aktivitäten wird das Kopfrechnen intensiv, aber ohne Drill trainiert.
Der Folgenkurs besteht aus 40 Zahlenfolgen, 10 Tabellen und 5 geometrischen Mustern. Er liegt auf vier Kopiervorlagen bei. Bevor die Kinder eine Regel nennen, sollten sie die Folge, die Tabelle oder das geometrische Muster weiterführen. So ist es auch für sprachlich weniger Begabte möglich zu zeigen, dass sie die Regel erkannt haben (Prinzip der natürlichen Differenzierung).

Bei der Fortsetzung von Folgen ist zu beachten, dass die ersten Zahlen einer Folge diese nicht unbedingt eindeutig definieren.
Die Aufgabe muss daher immer lauten, **eine** (nicht **die**) Regel zu finden, welche den Folgenanfang richtig beschreibt, und die Folge nach dieser Regel fortzusetzen.

Lösungen

40 Folgen (Kopiervorlagen) und ihre Regeln
Die in Klammern angegebenen Zahlen (Lösungen) fehlen in den Kopiervorlagen.

1. Immer 19 mehr:
   13; 32; 51; 70; 89; 108; 127; (146; 165; 184)
2. Immer 23 weniger:
   431; 408; 385; 362; 339; 316; 293; (270; 247; 224)
3. Immer · 2:
   1; 2; 4; 8; 16; 32; 64; (128; 256; 512)
4. Immer : 2:
   6144; 3072; 1536; 768; 384; 192; 96; (48; 24; 12)
5. Erst + 1, dann + 2, dann + 3 usw.:
   10; 11; 13; 16; 20; 25; 31; (38; 46; 55)

6. Abwechselnd : 2 und · 4:
   14; 7; 28; 14; 56; 28; 112; (56; 224; 112)
7. Zuerst · 2 und + 1, dann · 2 und + 2, dann · 2 und + 3 usw.:
   5; 10; 11; 22; 24; 48; 51; (102; 106; 212)
8. Fibonacci-Zahlen:
   3; 4; 7; 11; 18; 29; 47; (76; 123; 199)
9. Erst · 2, dann · 3, dann · 4, der Faktor wird immer um 1 größer:
   1; 2; 6; 24; 120; 720; 5040; (40 320; 362 880; 3 628 800)
10. Abwechselnd − 1 und halbieren:
    63; 62; 31; 30; 15; 14; 7; (6; 3; 2)

11. Auf den ungeraden Plätzen von 2000 an immer halbieren, auf den geraden Plätzen von 60 an immer verdoppeln:
    2000; 60; 1000; 120; 500; 240; 250; (480; 125; 960)
12. Auf den ungeraden Plätzen die Hunderterzahlen von 100 an aufwärts, auf den geraden Plätzen die Zahlen der 200er-Reihe: 100; 200; 200; 400; 300; 600; 400; (800; 500; 1000)
13. Fibonacci-Zahlen:
    10; 10; 20; 30; 50; 80; 130; (210; 340; 550)
14. Die Quadratzahlreihe:
    1; 4; 9; 16; 25; 36; 49; (64; 81; 100)
15. Abwechselnd halbieren und − 1:
    318; 159; 158; 79; 78; 39; 38; (19; 18; 9)

16. Immer 28 mehr:
    31; 59; 87; 115; 143; 171; 199; (227; 255; 283)
17. Abwechselnd + 10 und − 11:
    21; 31; 20; 30; 19; 29; 18; (28; 17; 27)
18. Abwechselnd − 11 und − 2:
    100; 89; 87; 76; 74; 63; 61; (50; 48; 37)
19. Erst − 10, dann − 9, dann − 8, Unterschied immer 1 weniger:
    199; 189; 180; 172; 165; 159; 154; (150; 147; 145)
20. Dreieckszahlen:
    1; 3; 6; 10; 15; 21; 28; (36; 45; 55)

21. Auf den ungeraden Plätzen immer + 19, auf den geraden Plätzen immer − 18:
    150; 180; 169; 162; 188; 144; 207; (126; 226; 108)
22. Abwechselnd · 2 und + 2:
    10; 20; 22; 44; 46; 92; 94; (188; 190; 380)
23. Abwechselnd : 10 und · 50:
    10; 1; 50; 5; 250; 25; 1250; (125; 6250; 625)
24. Abwechselnd − 235 und + 234:
    1234; 999; 1233; 998; 1232; 997; 1231; (996; 1230; 995)
25. Abwechselnd + 12 und + 22:
    111; 123; 145; 157; 179; 191; 213; (225; 247; 259)

26. Abwechselnd − 111 und + 120:
    1000; 889; 1009; 898; 1018; 907; 1027; (916; 1036; 925)
27. Dreieckszahlen − 1:
    0; 2; 5; 9; 14; 20; 27; (35; 44; 54)
28. Das Dreifache − 1:
    5; 14; 41; 122; 365; 1094; 3281; (9842; 29 525; 88 574)
29. Abwechselnd : 2 und · 4:
    24; 12; 48; 24; 96; 48; 192; (96; 384; 192)
30. Abwechselnd − 13 und − 130:
    1001; 988; 858; 845; 715; 702; 572; (559; 429; 416)

31. Abwechselnd − 5 und · 2:
    200, 195, 390, 385, 770, 765, 1530, (1525, 3050, 3045)
32. Das Zehnfache der geraden Quadratzahlen:
    40; 160; 360; 640; 1000; 1440; 1960; (2560; 3240; 4000)
33. Immer − 123:
    1111; 988; 865; 742; 619; 496; 373; (250; 127; 4)
34. Auf den ungeraden Plätzen immer + 11, auf den geraden Plätzen immer + 12:
    11; 12; 22; 24; 33; 36; 44; (48; 55; 60)
35. Auf den geraden Plätzen immer die Zahl 20, auf den ungeraden Plätzen immer + 5:
    5; 20; 10; 20; 15; 20; 20; (20; 25; 20)

36. Das Hundertfache der Quadratzahlen:
    100; 400; 900; 1600; 2500; 3600; 4900; (6400; 8100; 10 000)
37. Auf den ungeraden Plätzen beginnend bei 400 immer + 10, auf den geraden Plätzen beginnend bei 390 immer − 10:
    400; 390; 410; 380; 420; 370; 430; (360; 440; 350)

38. Die Zahlen der Dreierreihe, aber nur die Einerziffer notieren:
3; 6; 9; 2; 5; 8; 1; (4; 7; 0)
39. Die Zahlen der Viererreihe, aber nur die Einerziffer notieren:
4; 8; 2; 6; 0; 4; 8; (2; 6; 0)
40. Die Kubikzahlen:
1; 8; 27; 64; 125; 216; 343; (512; 729; 1000)

Zehn Tabellen (Kopiervorlage) und ihre Regeln

Auch bei den Wertetabellen geht es darum, eine Regel zu finden und die Tabellen entsprechend fortzusetzen. Jeder beliebige Term lässt sich in eine Wertetabelle mit einer bestimmten Anzahl Zahlenpaare umsetzen.

Die Regeln zu den zehn Tabellen lauten:

1. (Zahl · 3) + 1 — Lösung: 217, 244
2. Summe der Ziffern — Lösung: 21, 24
3. (Zahl · Zahl) — 1 (oder die um 1 verkleinerte Zahl · die um 1 größere Zahl) — Lösung: 675, 3363
4. Wurzel aus der Zahl — Lösung: 16, 17
5. Zahl · (Zahl + 1) — Lösung: 56, 132
6. Zahl + die Hälfte der Zahl — Lösung: 117, 270
7. (Zahl – 9) · 10 — Lösung: 50, 1190
8. jede Ziffer um 1 verkleinern — Lösung: 2, 888
9. Anzahl der Ziffern — Lösung: 2, 3
10. Differenz der Ziffern — Lösung: 1, 2

Fünf geometrische Muster (Kopiervorlage) und ihre Regeln

Die Aufgaben können sowohl mithilfe einer Wertetabelle als auch mithilfe von Zahlenfolgen gelöst werden. Wenn wir die Entscheidung darüber den Kindern überlassen, wird die Aufgabe noch etwas anspruchsvoller.
Wenn wir die Figuren (Muster) von links nach rechts nummerieren, ergibt sich die Möglichkeit, eine Wertetabelle aufzustellen. Das Reizvolle an dieser Aufgabenstellung liegt darin, dass sich die Regeln je nachdem, wie die geometrische Anordnung der Plättchen strukturiert wird, verschieden formulieren lassen.

Die fünf Wertetabellen zu den geometrischen Mustern sehen wie folgt aus:

1.

Zahl	1	2	3	4	5	6
?	1	3	5	7	9	11

2.

Zahl	1	2	3	4	5	6
?	1	5	9	13	17	21

3.

Zahl	1	2	3	4	5	6
?	1	4	9	16	25	36

4.

Zahl	1	2	3	4	5	6
?	1	5	13	25	41	61

5.

Zahl	1	2	3	4	5	6
?	4	8	12	16	20	24

Den fünf Wertetabellen liegen folgende Regeln zu Grunde:

1. (Zahl · 2) – 1
2. [(Zahl – 1) · 4] + 1
3. das Quadrat der Zahl
4. das Quadrat der Zahl + das Quadrat der um 1 verkleinerten Zahl
5. Zahl · 4

Als Zahlenfolgen lauten die Regeln so:

1. Immer + 2
   1; 3; 5; 7; (9; 11; 13; 15; 17; 19; ...)
2. Immer + 4
   1; 5; 9; 13; (17; 21; 25; 29; 33; 37; ...)
3. Zuerst + 3, dann + 5, dann + 7, ...
   1; 4; 9; 16; (25; 36; 49; 64; 81; 100; ...)
4. Zuerst + 4, dann + 8, dann + 12, ...
   1; 5; 13; 25; (41; 61; 85; 113; 145; 181; ...)
5. Immer + 4
   4; 8; 12; 16; (20; 24; 28; 32; 36; 40; ...)

An diesen Folgen wird ein mathematischer Hintergrund sichtbar: Die Folge wird **rekursiv** angegeben. Der Nachteil der rekursiven Beschreibung einer Folge ist offensichtlich: Wenn wir wissen wollen, wie viele Plättchen für die 10., 15., ... Figur nötig sind, müssen wir alle vorherigen Zahlen der Folge kennen. Die Wertetabellen haben uns eine **explizite** Beschreibung der Folge ermöglicht.

Beispiel:

Zahl	1	2	3	4	5	6
?	1	3	5	7	9	11

Die Regel zu dieser Wertetabelle heißt (Zahl · 2) – 1:

Zahl	1	2	3	
?	(1 · 2) – 1	(2 · 2) – 1	(3 · 2) – 1	

Zahl	4	5	6	n
?	(4 · 2) – 1	(5 · 2) – 1	(6 · 2) – 1	(n · 2) – 1

Damit können wir direkt ausrechnen, dass für die 10. Figur (10 · 2) – 1 Plättchen und für die 15. Figur (15 · 2) – 1 Plättchen nötig sind.

Weiterführende Fragen
- Wie hoch wird die 5., 10., 15., ... Figur?
- Wie breit wird die 5., 10., 15., ... Figur?
- Welchen Umfang hat die 5., 10., 15., ... Figur?

F Folgenkurs

Wie könnte es weitergehen?

1	13	32	51	70	89	108	127	____	____	____
2	431	408	385	362	339	316	293	____	____	____
3	1	2	4	8	16	32	64	____	____	____
4	6144	3072	1536	768	384	192	96	____	____	____
5	10	11	13	16	20	25	31	____	____	____
6	14	7	28	14	56	28	112	____	____	____
7	5	10	11	22	24	48	51	____	____	____
8	3	4	7	11	18	29	47	____	____	____
9	1	2	6	24	120	720	5040	____	____	____
10	63	62	31	30	15	14	7	____	____	____
11	2000	60	1000	120	500	240	250	____	____	____
12	100	200	200	400	300	600	400	____	____	____
13	10	10	20	30	50	80	130	____	____	____
14	1	4	9	16	25	36	49	____	____	____
15	318	159	158	79	78	39	38	____	____	____
16	31	59	87	115	143	171	199	____	____	____
17	21	31	20	30	19	29	18	____	____	____
18	100	89	87	76	74	63	61	____	____	____
19	199	189	180	172	165	159	154	____	____	____
20	1	3	6	10	15	21	28	____	____	____

F Folgenkurs

Wie könnte es weitergehen?

21	150	180	169	162	188	144	207	___	___	___
22	10	20	22	44	46	92	94	___	___	___
23	10	1	50	5	250	25	1250	___	___	___
24	1234	999	1233	998	1232	997	1231	___	___	___
25	111	123	145	157	179	191	213	___	___	___
26	1000	889	1009	898	1018	907	1027	___	___	___
27	0	2	5	9	14	20	27	___	___	___
28	5	14	41	122	365	1094	3281	___	___	___
29	24	12	48	24	96	48	192	___	___	___
30	1001	988	858	845	715	702	572	___	___	___
31	200	195	390	385	770	765	1530	___	___	___
32	40	160	360	640	1000	1440	1960	___	___	___
33	1111	988	865	742	619	496	373	___	___	___
34	11	12	22	24	33	36	44	___	___	___
35	5	20	10	20	15	20	20	___	___	___
36	100	400	900	1600	2500	3600	4900	___	___	___
37	400	390	410	380	420	370	430	___	___	___
38	3	6	9	2	5	8	1	___	___	___
39	4	8	2	6	0	4	8	___	___	___
40	1	8	27	64	125	216	343	___	___	___

F

Folgenkurs

Wie könnte es weitergehen?

1

Zahl	18	27	36	45	54	63	72	81
?	55	82	109	136	163	190		

2

Zahl	12	123	234	345	456	567	678	789
?	3	6	9	12	15	18		

3

Zahl	14	18	22	26	30	44	26	58
?	195	323	483	675	899	1935		

4

Zahl	16	25	196	225	576	625	256	289
?	4	5	14	15	24	25		

5

Zahl	8	13	14	19	21	35	7	11
?	72	182	210	380	462	1260		

6

Zahl	50	64	96	100	132	22	78	180
?	75	96	144	150	198	333		

7

Zahl	18	19	32	121	254	300	14	128
?	90	100	230	1120	2450	2910		

8

Zahl	23	39	57	149	367	518	13	999
?	12	28	46	38	256	407		

9

Zahl	19	96	107	123	570	2018	87	100
?	2	2	3	3	3	4		

10

Zahl	21	53	73	74	81	91	65	97
?	1	2	4	3	7	8		

F Folgenkurs

Wie könnte es weitergehen?

Lege die Muster mit quadratischen Plättchen oder zeichne sie auf kariertes Papier oder auf Millimeterpapier.
Wie viele Plättchen braucht man für das 5., 10., 15., … Muster?
Baue weiter, bis es insgesamt 10, 15, 20, … Muster sind.
Wie viele Plättchen braucht man insgesamt?

1

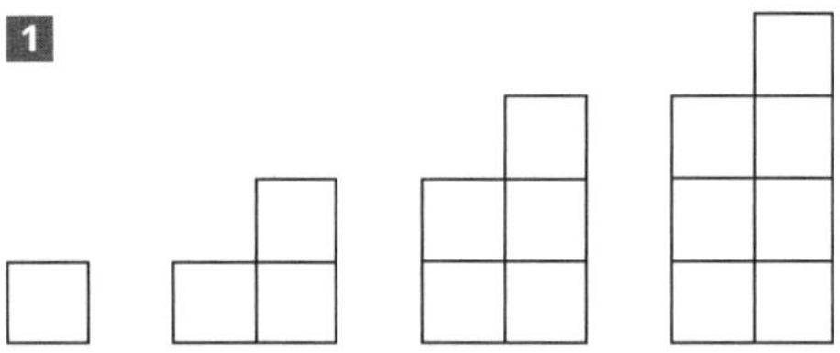

2

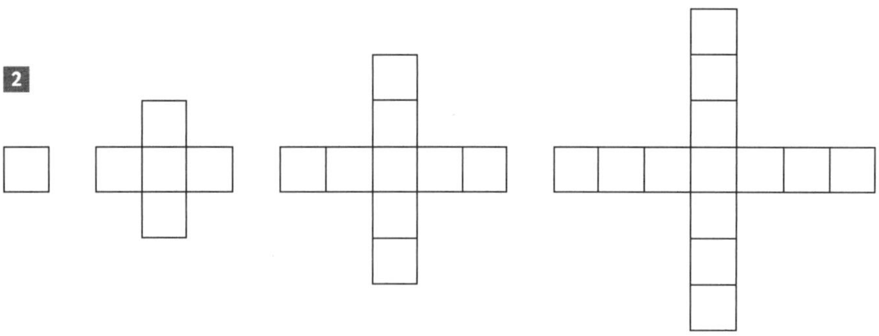

3

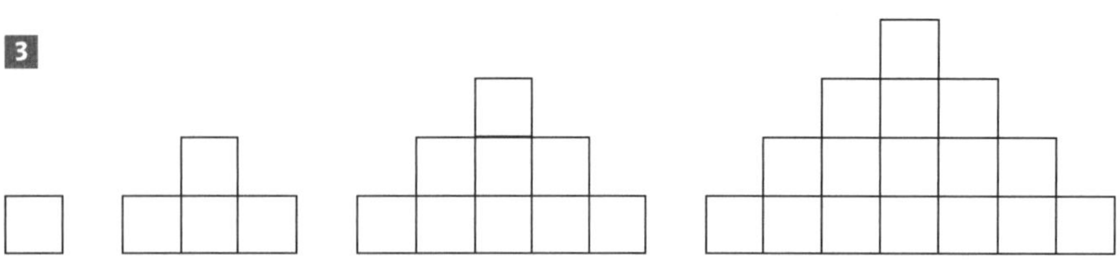

4

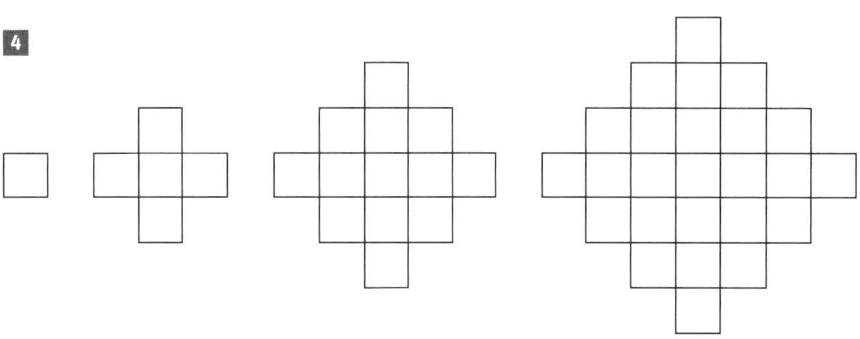

5

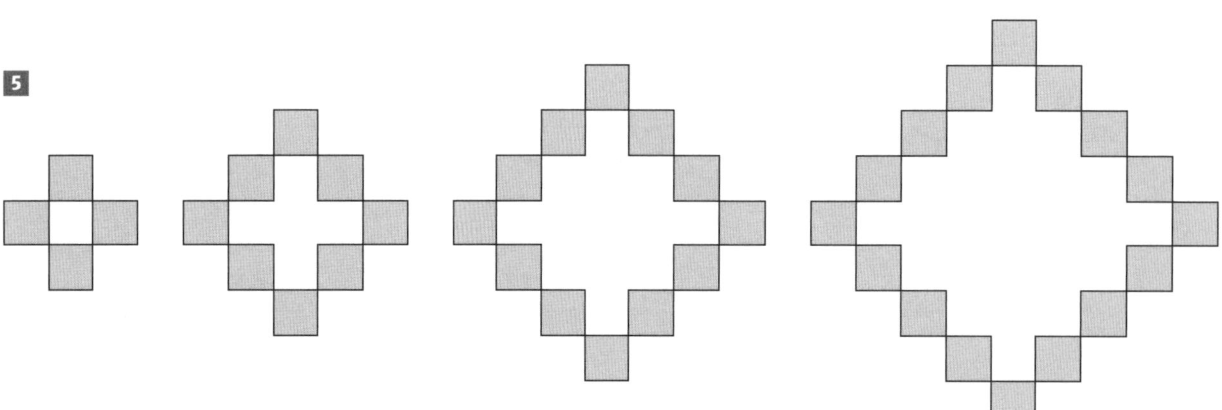

Didaktische Hinweise zur Denkschule

Die Denkschule des 5. Schuljahres enthält zehn Denkaufgaben. Die einzelnen Aufgaben könnten unter dem Motto „Denkaufgabe des Monats“ vorgestellt werden oder Bestandteil einer „Mathematik-Ecke“ im Klassenzimmer sein. Es genügt, die Aufgabenstellung den Schülerinnen und Schülern verständlich zu machen. Wichtig ist aber, die nötigen Materialien (z.T. Kopiervorlagen) bereitzustellen, damit die Aufgaben – wo nötig – auch handelnd gelöst werden können. Nach Ablauf eines Monats könnten die Schülerinnen und Schüler über ihre Lösungen und Erfahrungen berichten. Eine Wandzeitung könnte während dieser Zeit den Stand der Arbeiten dokumentieren: Bei Aufgaben, die in möglichst wenigen Schritten gelöst werden müssen, könnten die Kinder beispielsweise schildern, wie viele Schritte sie gebraucht haben. Unterbietet jemand das aktuelle Ergebnis, wird die Wandzeitung ergänzt.

Bei der Auswahl der Denkaufgaben wurde darauf geachtet, dass ein möglichst breites Spektrum von verschiedenen Denkstrategien abgedeckt wird. Die Aufgaben sind zudem so ausgewählt, dass sie auch für leistungsschwächere Schülerinnen und Schüler machbar sind. Die Vielfalt von möglichen Lösungswegen garantiert hohe Erfolgschancen. Viele der hier vorgestellten Aufgaben sind in den Denkschulen der Zahlenbücher der Grundschule in Varianten bereits vorgekommen.

Die meisten der hier vorgestellten Aufgaben erfordern eine Kette zielgerichteter Operationen. Diese muss man sich einprägen können, damit man sich von Mal zu Mal verbessern kann. Eine besondere Anforderung an die Schülerinnen und Schüler besteht darin, dass sie ihre Lösungen in geeigneter Weise schriftlich festhalten sollten, um sie auch den anderen zugänglich zu machen, z. B. an der Wandzeitung. Da eine bereits gefundene Lösung bei jedem Durchgang neu konstruiert werden muss, ist es reizvoll, einmal gelöste Aufgaben später wieder zu lösen. Viele Aufgaben lassen auch Varianten zu, sodass der Anreiz zur wiederholten Bearbeitung ein und derselben Aufgabe besonders hoch wird. Denkaufgaben lösen braucht Ausdauer und Geduld. Je mehr Erfahrungen damit gesammelt werden, desto leichter geht es, weil das Repertoire an Denkstrategien immer breiter wird.

Aufgaben, wie sie in der Denkschule vorkommen, findet man auch auf den Rätselseiten von Illustrierten und Zeitungen. Es kann reizvoll sein, mit den Schülerinnen und Schülern weitere Aufgaben zu sammeln und zu lösen.

28 = 32? (Typ: Umordnungsspiel)

Spielmaterial
32 Karten

Spielregeln
Aus 32 Spielkarten bilden wir acht Häufchen zu je vier Karten. Die Häufchen werden in quadratischer Anordnung ausgelegt.
Es gibt also 2 Zeilen und 2 Spalten mit je 12 Karten. Nun nimmt man vom mittleren Stapel aus der oberen und vom mittleren Stapel aus der unteren Zeile je 2 Karten heraus und legt sie weg. Wie müssen die übrigen 28 Karten verteilt werden, damit nach wie vor in der ersten und der dritten Zeile und in der ersten und dritten Spalte 12 Karten liegen?

Lösung
Auf den Eckstapeln müssen je 5 Karten liegen, auf den anderen je 2.

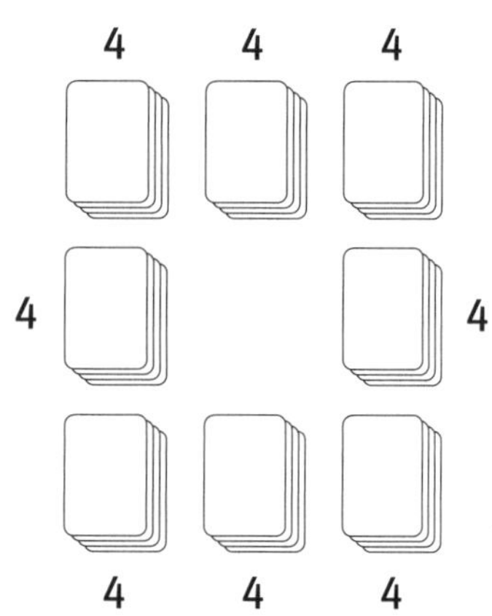

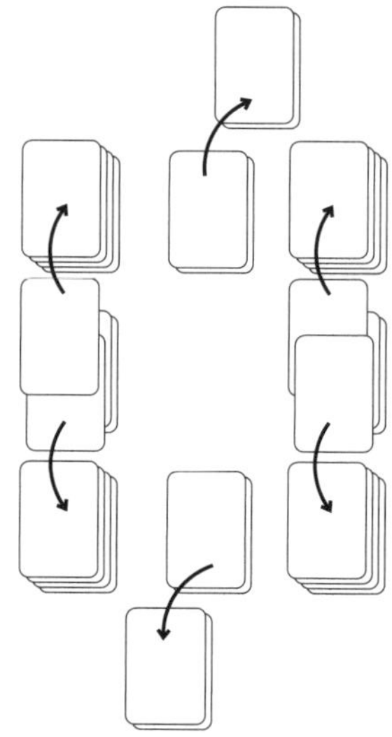

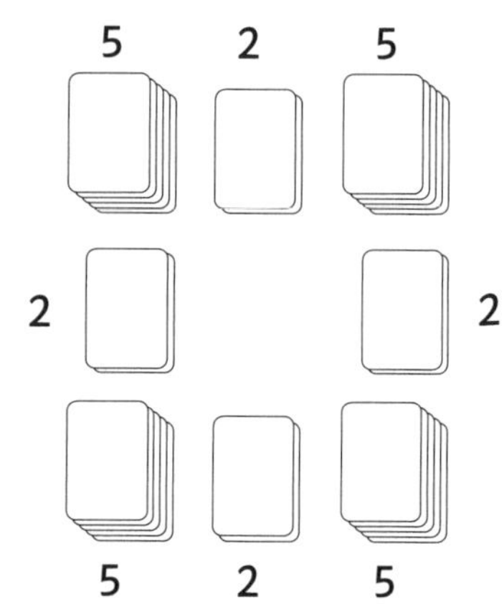

Varianten
Mit Spielkarten werden 8 Häufchen zu je 5 Karten gebildet und in quadratischer Anordnung ausgelegt.
Nun nehmen wir
1. vier Karten dazu.
2. acht Karten weg.
3. acht Karten dazu.
Wie viele Karten müssen auf jedem Stapel sein, wenn immer noch in der ersten und dritten Zeile und in der ersten und dritten Spalte gleich viele liegen sollen?

Lösungen

1. 40 = 44?

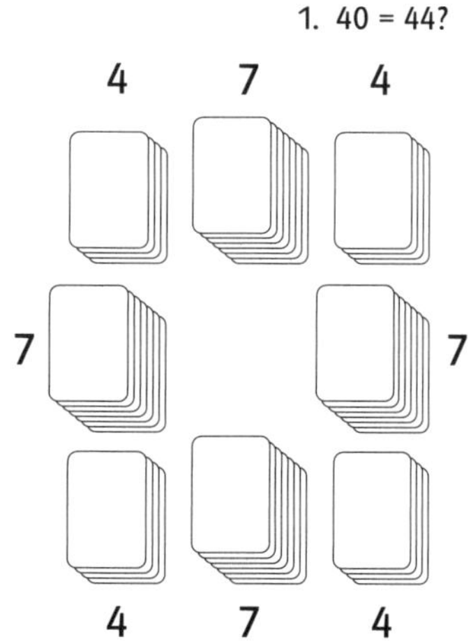

2. 40 = 32?

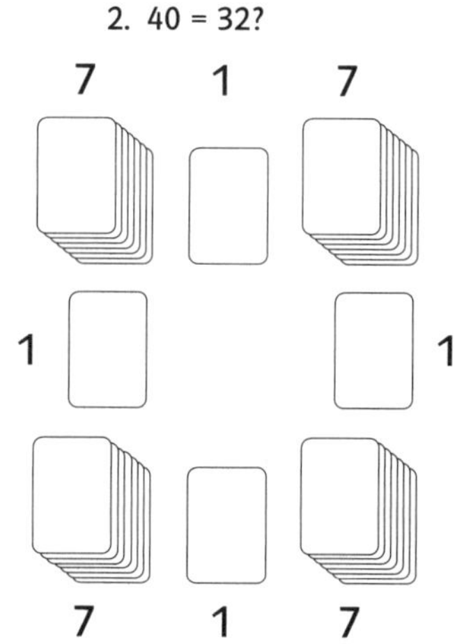

3. 40 = 48?

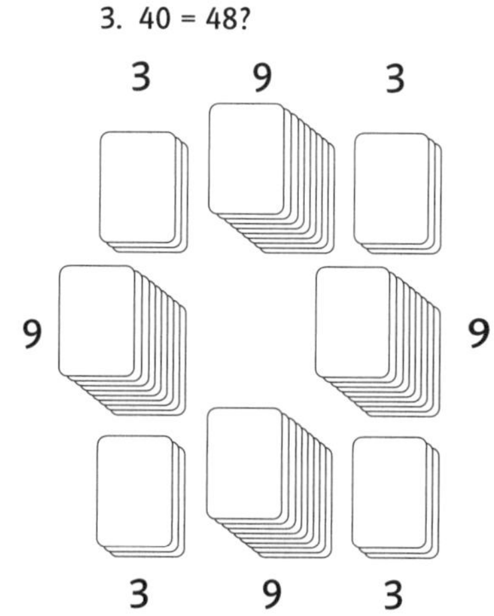

Die Schülerinnen und Schüler können selber weitere Varianten erfinden und einander zum Lösen geben.

Das Mathematikbuch 5, Ausgabe A
zu 978-3-12-700353-6

Steinwechsel (Typ: Platzwechsel)

Spielmaterial und Spielplan
17 rote und 17 blaue Plättchen

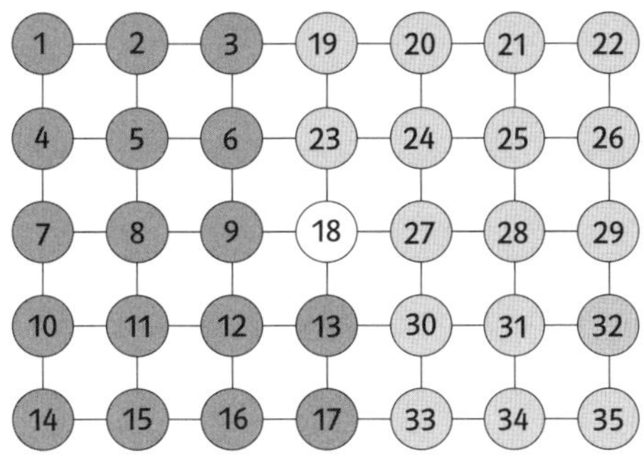

Die Felder 1–17 sind rot, die Felder 19–35 sind blau gefärbt.

Spielregeln
Zu Beginn des Spieles werden 17 rote Plättchen (oder Spielkegel) auf die blauen Felder und 17 blaue Plättchen auf die roten Felder gesetzt. Im Spiel sollen die roten Plättchen auf die roten Felder zurückkehren, die blauen Plättchen auf die blauen. Die Aufgabe soll mit möglichst wenigen Zügen gelöst werden.

Wie darf man ziehen?
Man darf nur auf Felder, die geradlinig verbunden sind, ziehen. Ein Plättchen darf direkt in ein freies Nachbarfeld gezogen werden oder es darf über ein benachbartes Plättchen der anderen Farbe springen. Rot und Blau müssen nicht immer abwechselnd gezogen werden.

Mögliche Lösung
3. Zeile:
27 ⟶ 18; 9 ⟶ 27; 8 ⟶ 9; 18 ⟶ 8; 28 ⟶ 18; 29 ⟶ 28; 27 ⟶ 29; 9 ⟶ 27; 7
9; 8 ⟶ 7; 18 ⟶ 8; 28 ⟶ 18; 27 ⟶ 28; 9 ⟶ 27; 18 ⟶ 9; 13 ⟶ 18
Für die 4. Zeile die analogen Schritte wie bei der 3. Zeile.
23 ⟶ 13
Für die 2. Zeile die analogen Schritte wie bei der 3. Zeile.
19 ⟶ 23
Für die 1. Zeile die analogen Schritte wie bei der 3. Zeile.
18 ⟶ 19; 17 ⟶ 18
Für die 5. Zeile die analogen Schritte wie bei der 3. Zeile.
13 ⟶ 17; 23 ⟶ 13; 18 ⟶ 23

Varianten
- Man reduziert den Spielplan auf eine Zeile. Zu Beginn werden 3 blaue Plättchen auf die Felder 1–3 und 3 rote auf die Felder 20–22 gesetzt und Feld 19 bleibt leer. Man spielt nach den gleichen Spielregeln.
- Man reduziert den Spielplan auf drei Zeilen. Zu Beginn werden 10 blaue Plättchen auf die Felder 1–9 und 18 gesetzt und 10 rote Plättchen auf die Felder 19–22 und 24–29.
- Man wählt einen Spielplan mit 3 · 5 Feldern und spielt nach analogen Regeln.
- Man wählt einen größeren Spielplan und spielt nach analogen Regeln.

Eine besondere Anforderung an die Schülerinnen und Schüler besteht darin, dass sie irgendeinen Weg finden müssen, um ihre Lösungen zu protokollieren. Deshalb ist die Kopiervorlage des Spielplans nicht nummeriert.

D	Denkschule

Steinwechsel

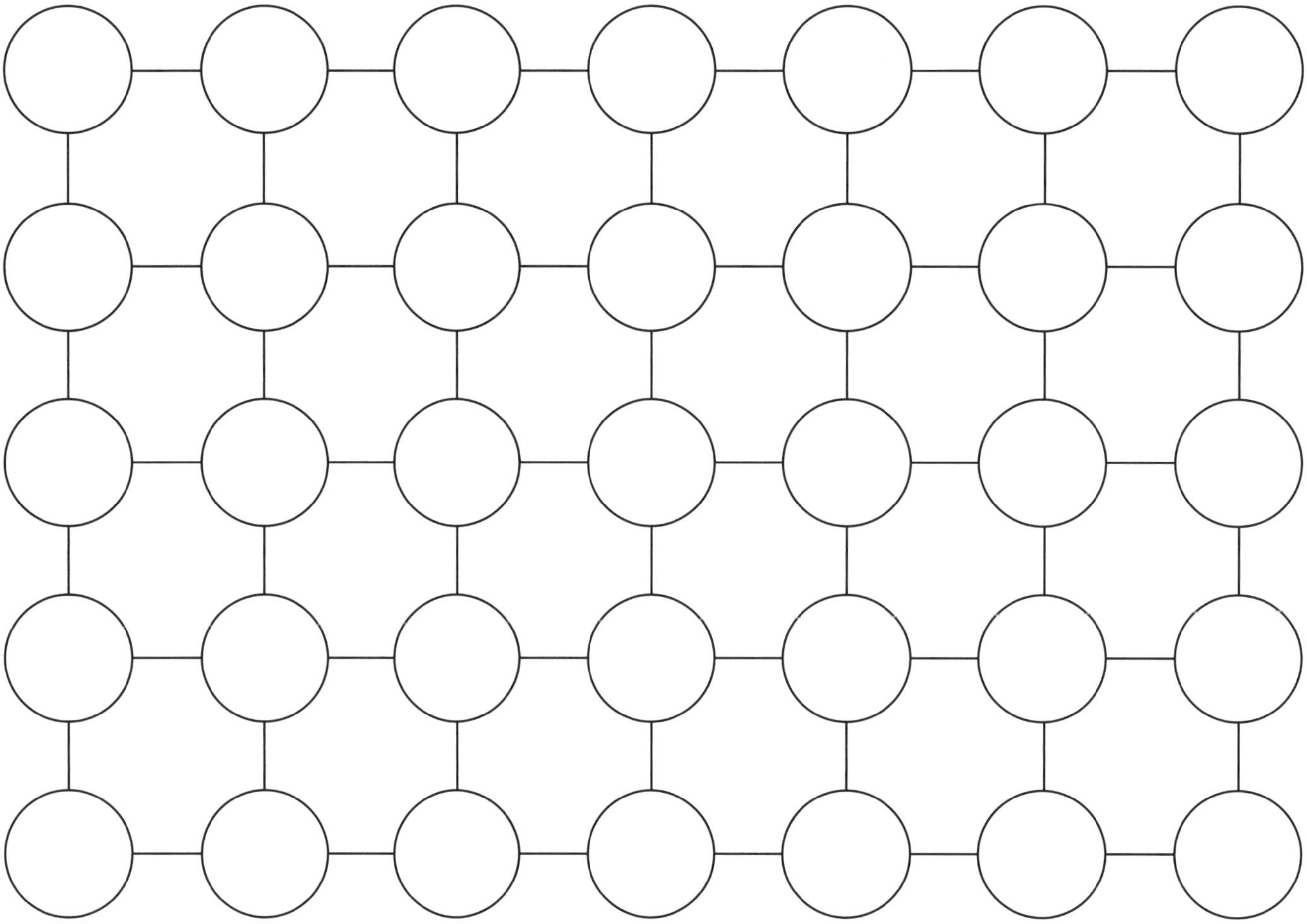

Das Mathematikbuch 5, Ausgabe A
zu 978-3-12-700353-6

Spring im Kreuz (Typ: Solitärspiel)

Spielmaterial und Spielplan
32 Plättchen (oder Spielkegel)

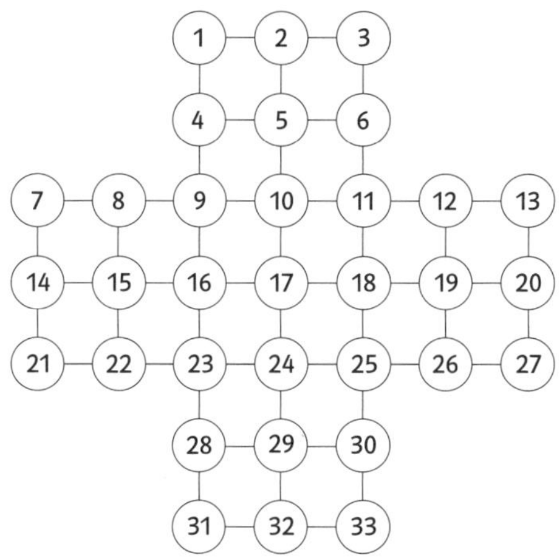

Spielregeln
Zu Beginn des Spieles werden die 32 Plättchen (oder Spielkegel) auf die Felder gestellt. Nur das mittlere Feld Nr. 17 bleibt leer.
Ziel des Spieles: Am Schluss sollen alle Felder auf dem Rand besetzt und alle Felder im Innern der Kreuzes leer sein. Die Aufgabe soll mit möglichst wenigen Zügen gelöst werden.

Wie darf man ziehen?
Gezogen wird nach den üblichen Solitär-Regeln: Ein Plättchen hüpft über ein benachbartes Plättchen, wenn das Feld dahinter frei ist. Ausgangsfeld und Zielfeld müssen geradlinig verbunden sein. Das übersprungene Plättchen wird vom Spielfeld entfernt.
Es ist möglich, die Aufgabe mit 8 Zügen zu lösen.

Mögliche Lösung

	Sprung	entferntes Plättchen
1.	29 ⟶ 17	24
2.	10 ⟶ 24	17
3.	2 ⟶ 10	5
4.	15 ⟶ 17	16
5.	17 ⟶ 5	10
6.	19 ⟶ 17	18
7.	24 ⟶ 10	17
8.	10 ⟶ 2	5

Eine besondere Anforderung an die Schülerinnen und Schüler besteht darin, dass sie irgendeinen Weg finden müssen, um ihre Lösung zu protokollieren. Deshalb ist die Kopiervorlage des Spielplans nicht nummeriert.

D Denkschule

Spring im Kreuz

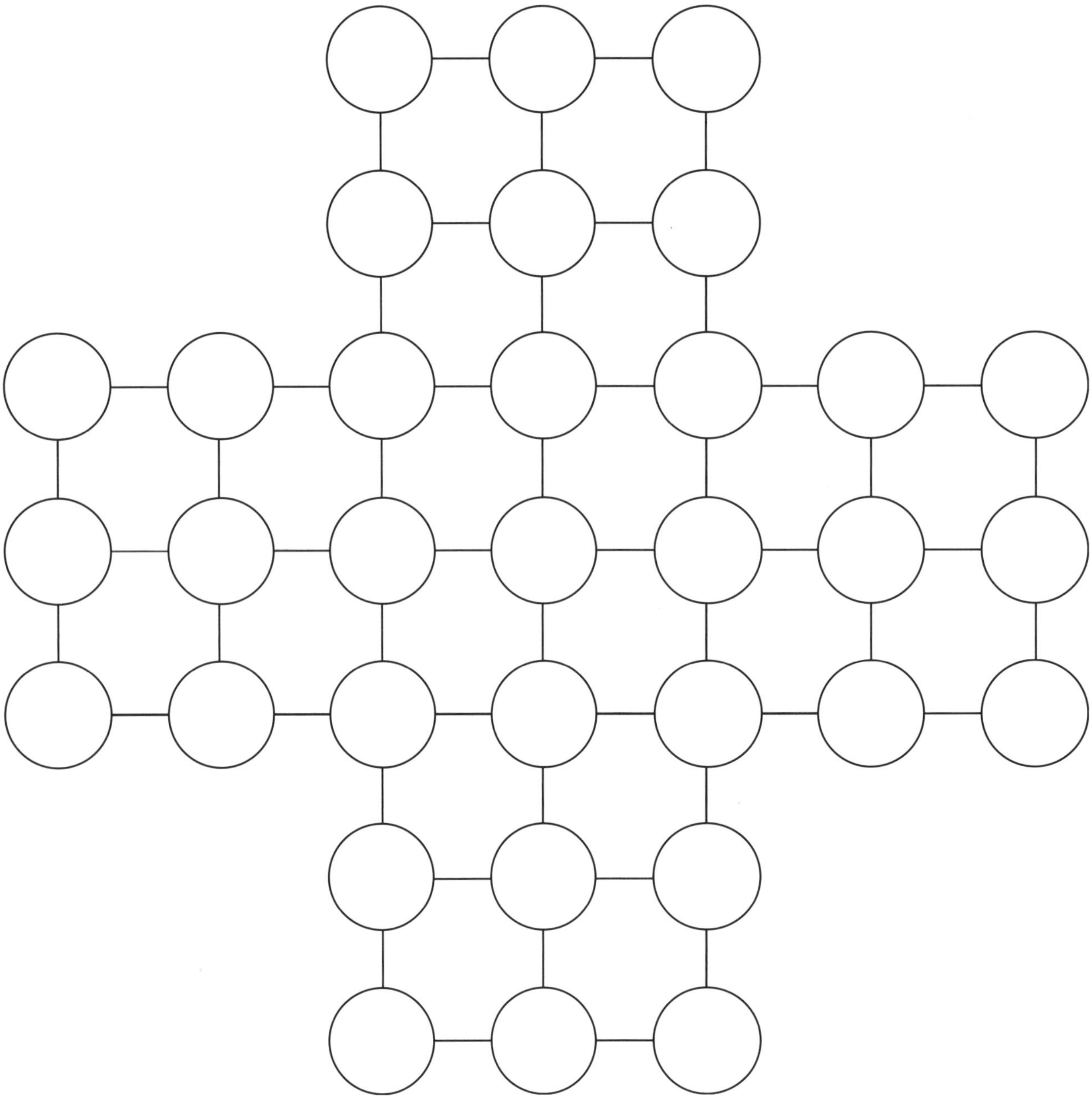

Das Mathematikbuch 5, Ausgabe A
zu 978-3-12-700353-6

Alte Sechser-Mühle (Typ: Strategiespiel für zwei Spieler)

Dieses Mühlespiel war im Mittelalter in Frankreich, Italien und England sehr beliebt. Heute wird es noch in den Ländern Westafrikas gespielt.

Spielmaterial und Spielplan
6 rote Plättchen und 6 blaue Plättchen

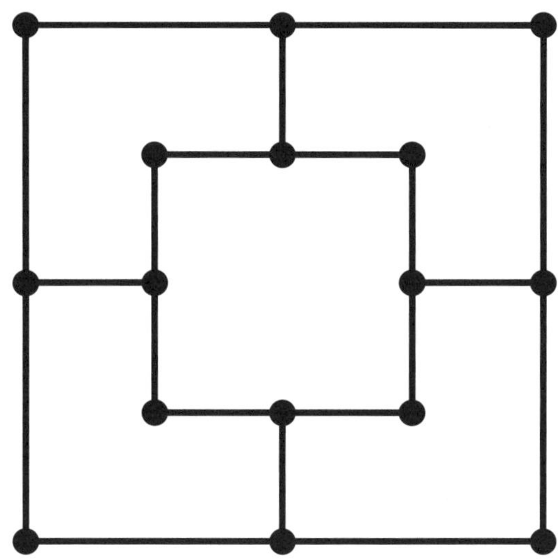

Spielregeln
Zu Beginn haben beide Spieler je 6 Plättchen. Der eine nimmt Rot, der andere Blau. Dann einigen sich die beiden, wer anfangen darf. Die beiden Spieler setzen abwechselnd ihre Plättchen. Gelingt es schon beim Setzen eine Mühle (das sind drei gleichfarbige Plättchen entlang einer Quadratseite) zu bilden, darf man dem Gegner ein beliebiges Plättchen vom Spielfeld nehmen. Nachdem alle Plättchen gesetzt sind, wird gezogen: Man öffnet eine Mühle, um sie im nächsten Zug wieder zu schließen und dadurch dem Gegner ein Plättchen abnehmen zu können; oder man versucht, eine neue Mühle zu bilden; oder man versucht, den Gegner am Bilden einer Mühle zu hindern. Wer nur noch 2 Plättchen besitzt, hat verloren.

Wie darf man ziehen?
Man darf mit seinem Plättchen immer nur um einen Schritt auf ein freies benachbartes Feld ziehen.

D Denkschule

Alte Sechser-Mühle

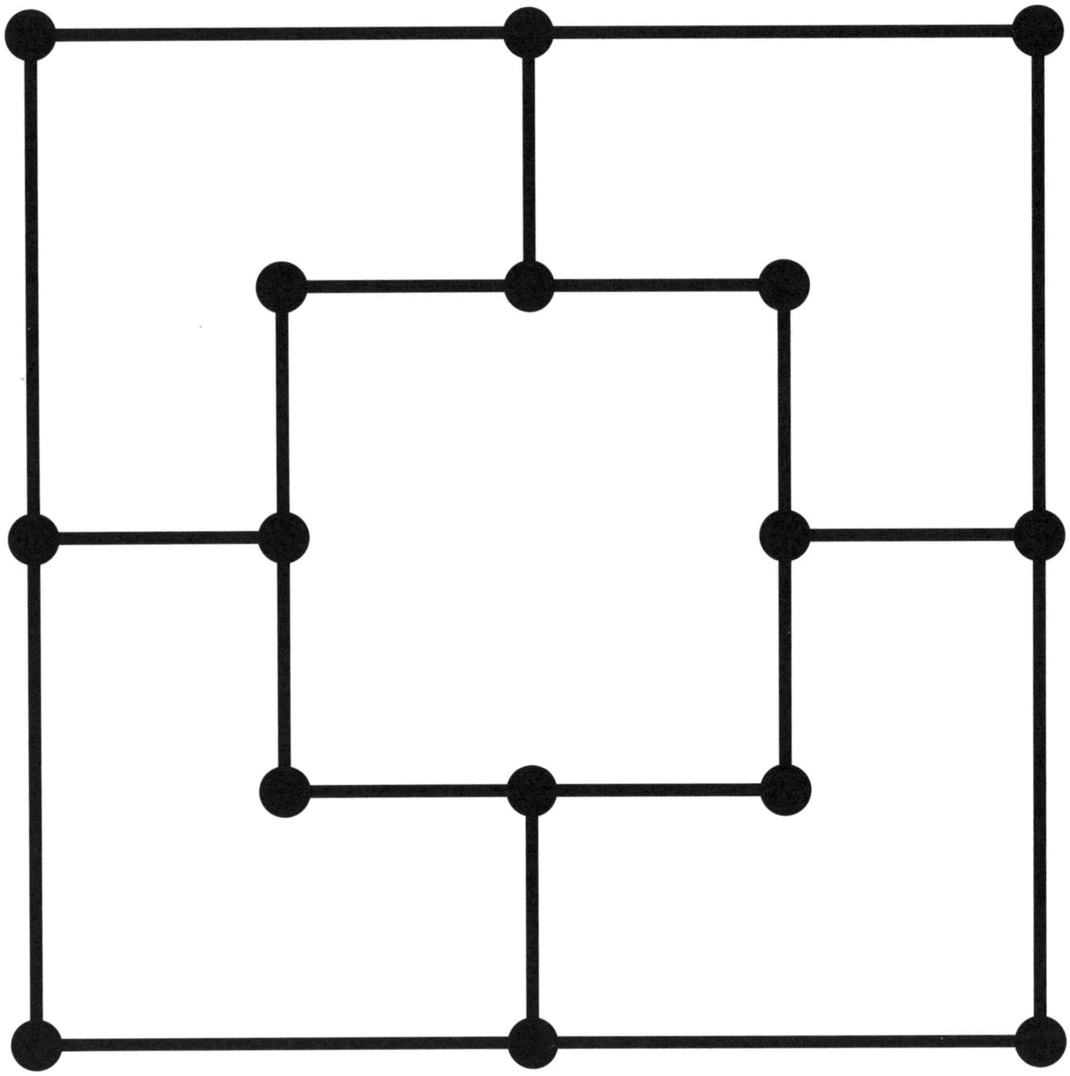

zu 978-3-12-700353-6

Uhr-Sprung (Typ: Münzenspiel)

Spielmaterial und Spielplan
12 Plättchen

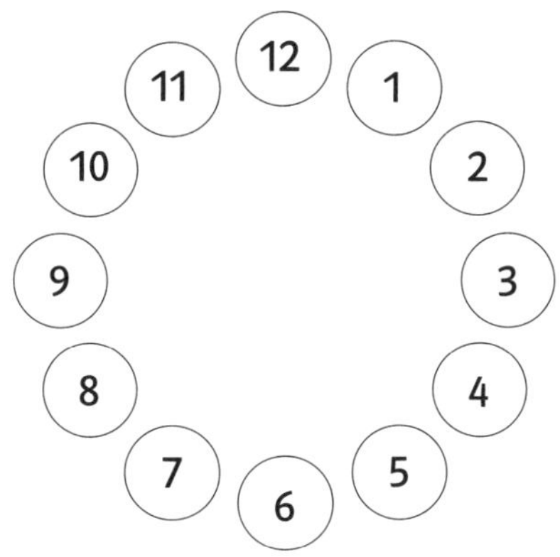

Spielregeln
Man legt in einem Kreis 12 Plättchen (oder Münzen) so hin, dass sie den Stunden des Uhrzifferblattes entsprechen. Aufgabe ist es nun, die Plättchen so zu verteilen, dass die ungeraden Plätze 1; 3; 5; 7; 9 und 11 leer werden und die geraden Plätze 2; 4; 6; 8; 10 und 12 doppelt belegt sind.

Wie darf man die Plättchen bewegen?
Die Plättchen müssen stets im Uhrzeigersinn über zwei weitere Plättchen springen. Ob die beiden übersprungenen Plättchen übereinander- oder nebeneinanderliegen, spielt dabei keine Rolle. Leere Plätze werden einfach überhüpft.

Mögliche Lösung
Die Münzen springen wie folgt:
1 auf 4; 5 auf 8; 9 auf 12; 3 auf 6; 7 auf 10 und 11 auf 2.

D Denkschule

Uhr-Sprung

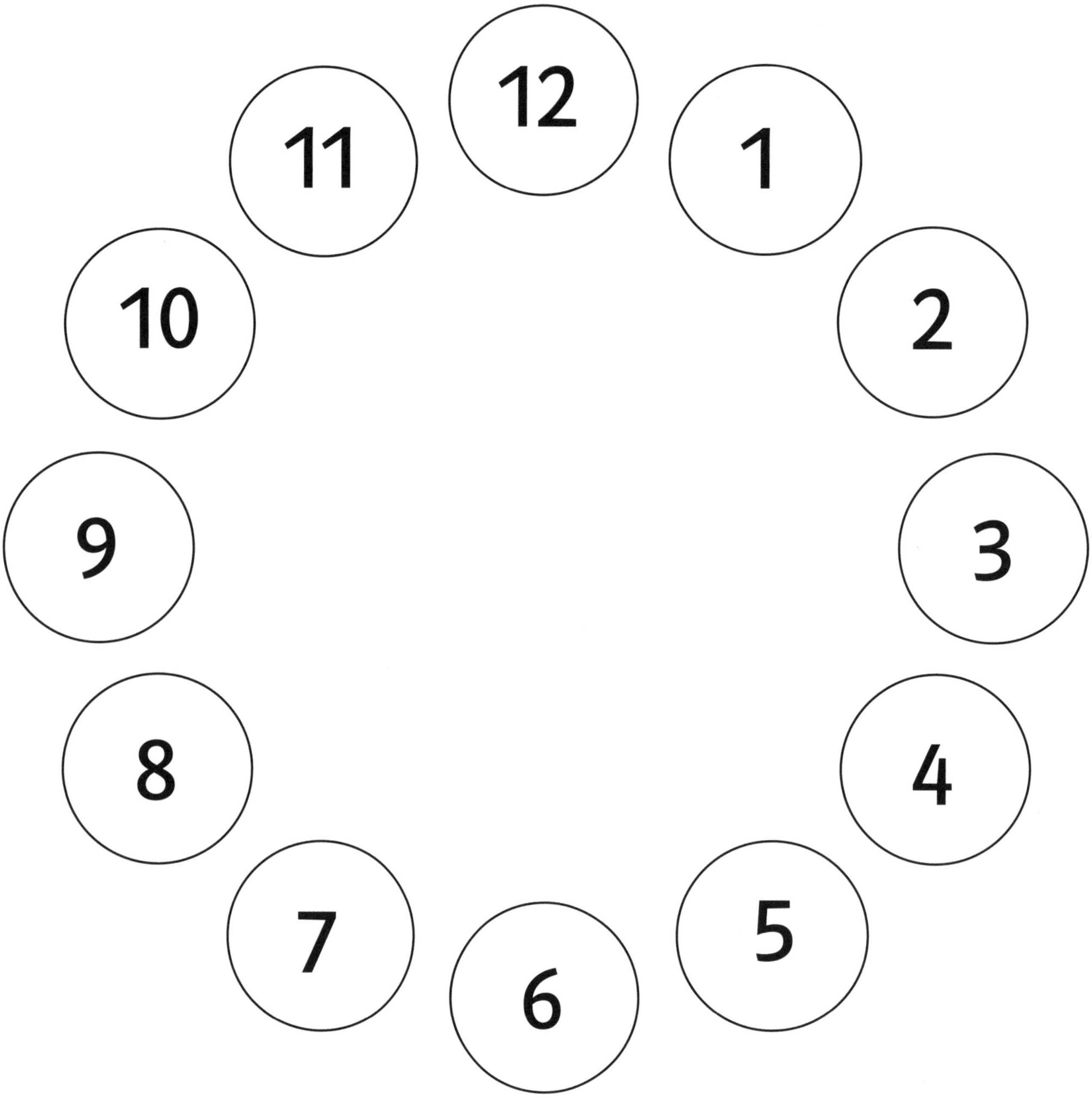

Verzaubern (Typ: Rechenspiel)

Spielmaterial und Spielplan

Für dieses Rechenspiel braucht man einen Satz Würfelnetze aus etwas festerem Papier, einen gewöhnlichen Spielwürfel und einen in $4 \cdot 4$ Einheitsquadraten eingeteilten Papierbogen (Kopiervorlage).

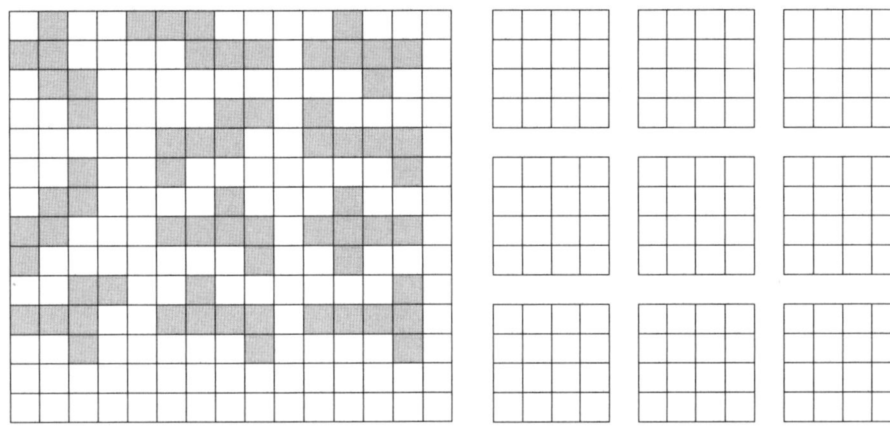

Spielregeln

Zuerst legt man ein Würfelnetz auf den Raster und schraffiert die unter dem Würfelnetz liegenden Felder. Dann rollt man den Würfel entsprechend dem gewählten Würfelnetz ab und überträgt nach und nach die Augenzahlen des Würfels auf die schraffierten Felder.

Beispiel:

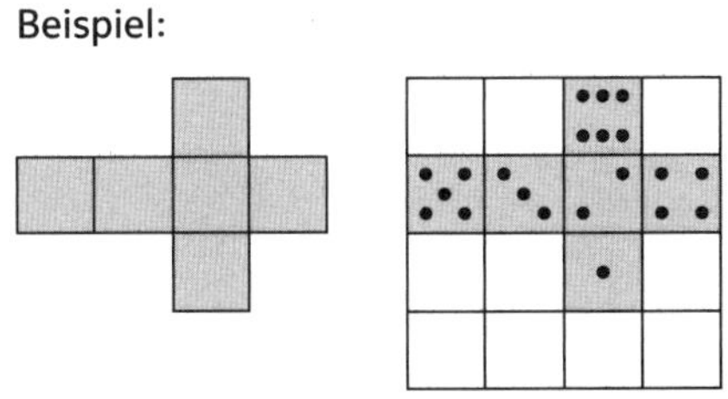

Nun setzt man in die 10 freien, nicht schraffierten Felder Zahlen ein, sodass sie gemeinsam mit den Augenzahlen ein magisches Quadrat bilden. (Die Summe in Spalten und Zeilen ist immer gleich.) Dabei soll man möglichst viele verschiedene Zahlen benützen.

Mögliche Lösung

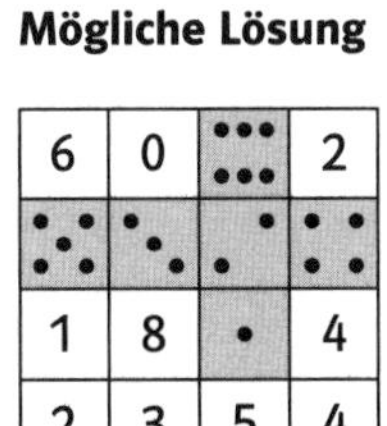

D Denkschule

Verzaubern

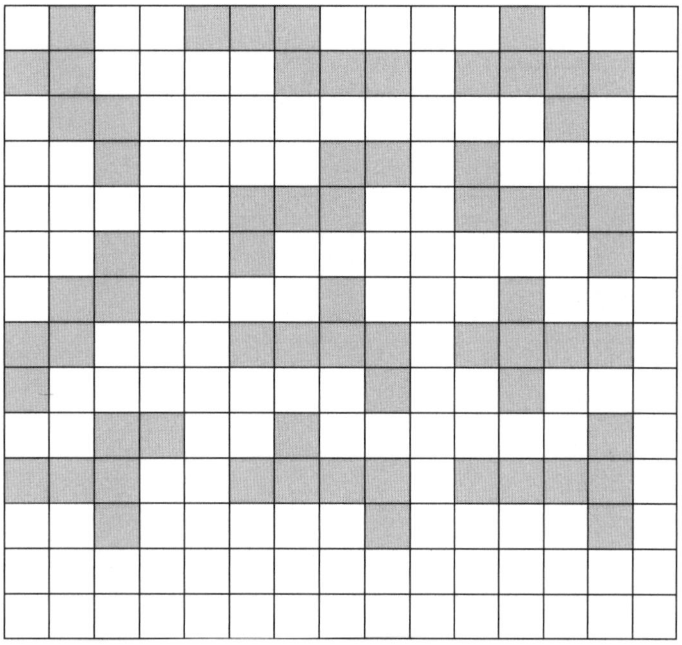

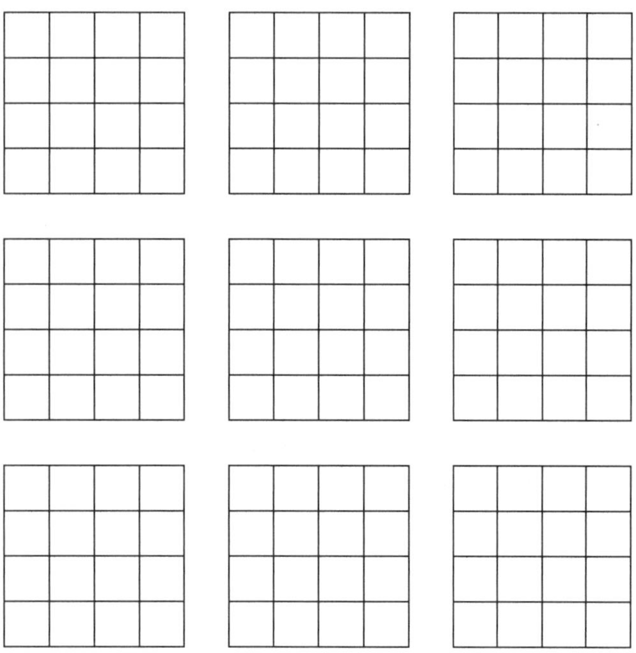

zu 978-3-12-700353-6

D Denkschule

Aneinander vorbei (Typ: Rangierproblem)

Spielmaterial und Spielplan
Für dieses Rangierproblem braucht man einen Plan der Gleise und zwei Züge. Der eine Zug besteht aus einer Lokomotive und drei Waggons, der andere aus einer Lokomotive und zwei Waggons.

Spielregeln
Die beiden Züge müssen aneinander vorbei und können nur ein kurzes Nebengleis benützen. Auf dem Nebengleis haben entweder nur eine Lok und ein Waggon oder zwei Waggons Platz. Das Rangierproblem sollte mit möglichst wenigen Rangierbewegungen gelöst werden.

Wie darf man die Züge bewegen?
Eine Lokomotive darf vor- oder rückwärts fahren. Die Waggons dürfen vor oder hinter der Lokomotive angekuppelt werden.
Ein Tipp, falls die Lösung des Problems nicht gelingt: Die drei Waggons des linken Zuges müssen nie getrennt werden.

Mögliche Lösung
Ausgangsposition:

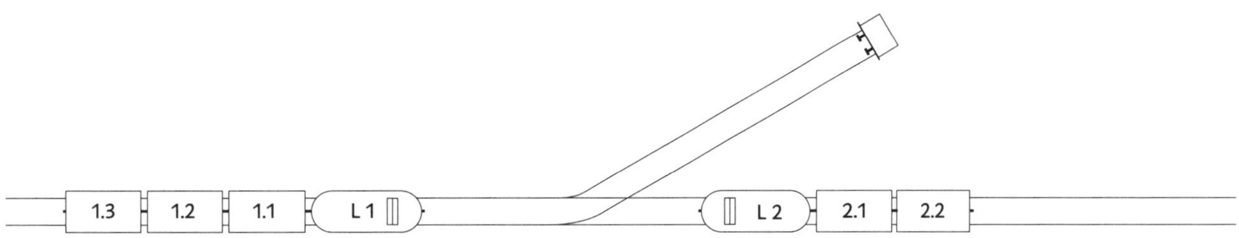

L 2 fährt nach links und dann auf das Nebengleis:

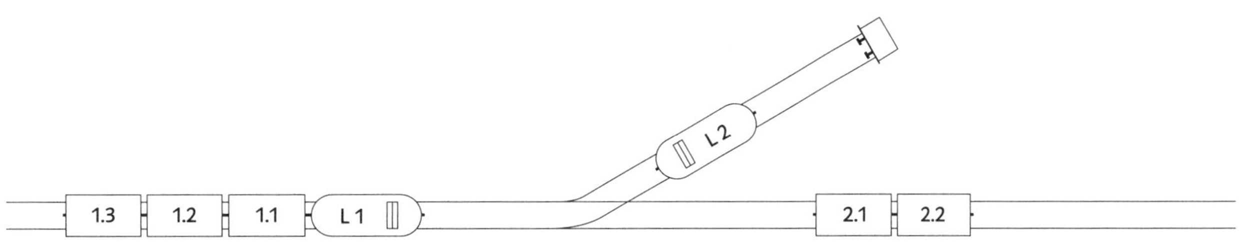

L 1 zieht 1.1, 1.2 und 1.3 nach rechts, L 2 verlässt das Nebengleis und fährt nach links:

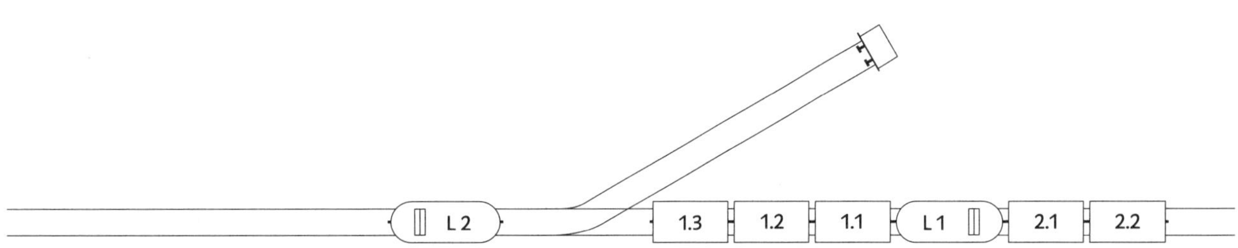

L 1 stößt 1.3, 1.2 und 1.1 nach links und fährt dann mit 2.1 auf das Nebengleis:

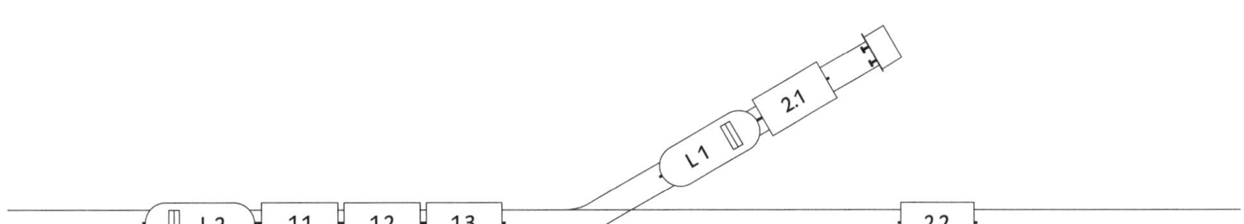

D

Denkschule

L 1 fährt nach links und zieht 1.1, 1.2 und 1.3 nach rechts:

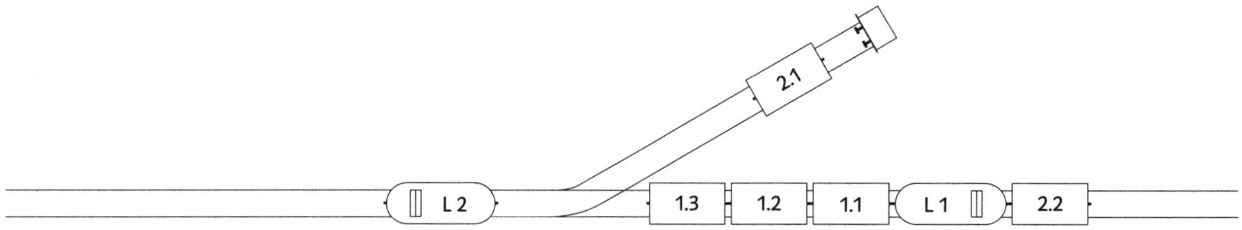

L 2 fährt auf das Nebengleis und mit 2.1 wieder nach links:

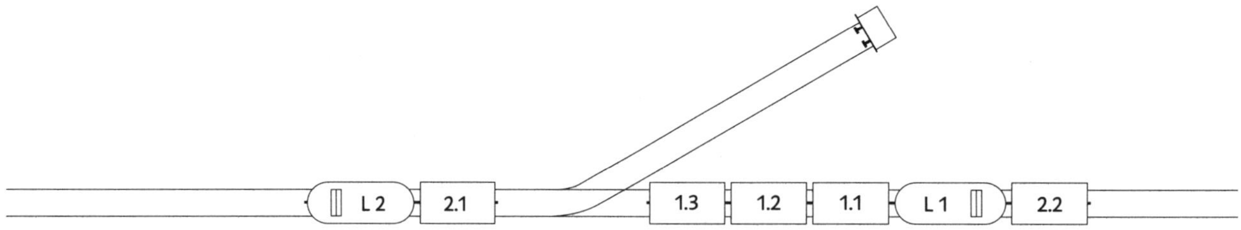

L 1 stößt 1.3, 1.2 und 1.1 nach links und stößt danach 2.2 ins Nebengleis:

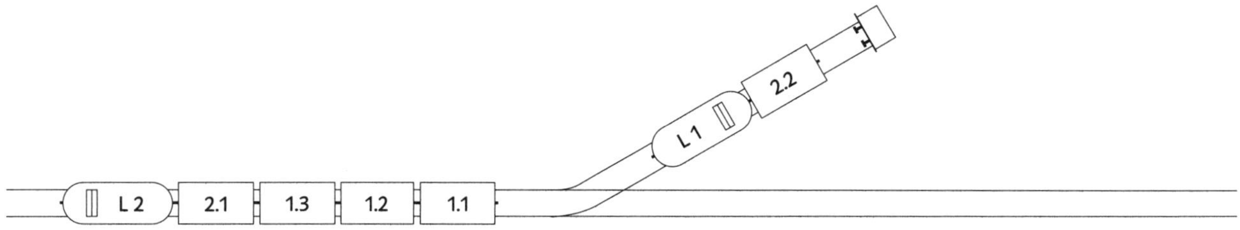

L 1 holt 1.1, 1.2 und 1.3 und zieht nach rechts. L 2 stößt 2.1 ins Nebengleis und kuppelt 2.2 an. L 2 zieht 2.1 und 2.2 aus dem Nebengleis:

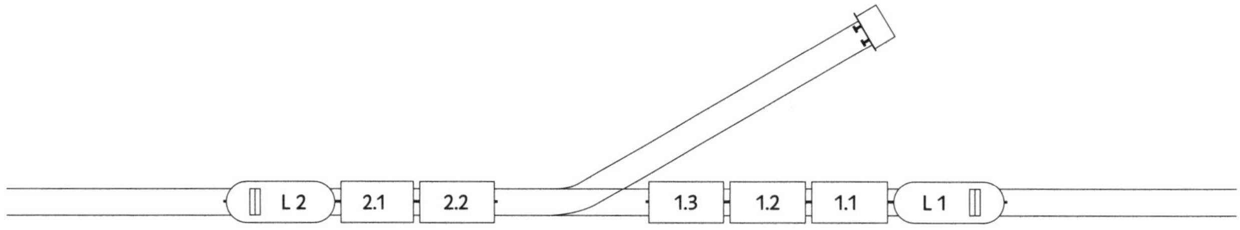

Das Mathematikbuch 5, Ausgabe A
zu 978-3-12-700353-6

Einzäunen (Typ: Legespiel)

Spielmaterial und Spielplan
Für dieses Legespiel braucht man einen Satz Würfelnetze, die man mithilfe der Kopiervorlage aus etwas festerem Papier herstellt, und einen in Einheitsflächen eingeteilten Papierbogen (Kopiervorlage).
Wie darf man die Würfelnetze legen? Benachbarte Würfelnetze müssen sich an mindestens einer Einheitsfläche berühren. Außerdem muss von jedem Würfelnetz mindestens eine Einheitsfläche direkt an das Rechteck grenzen.

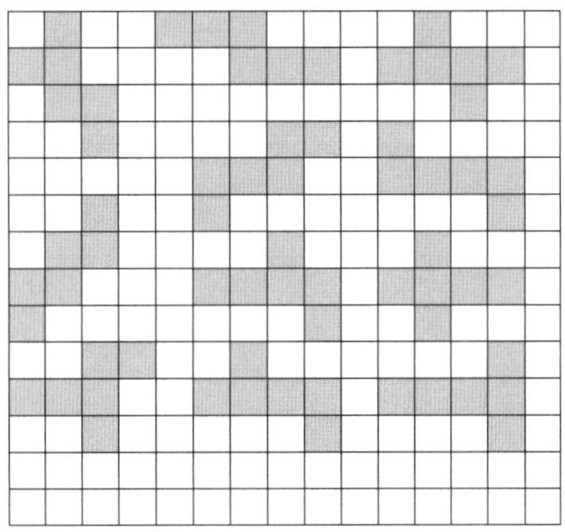

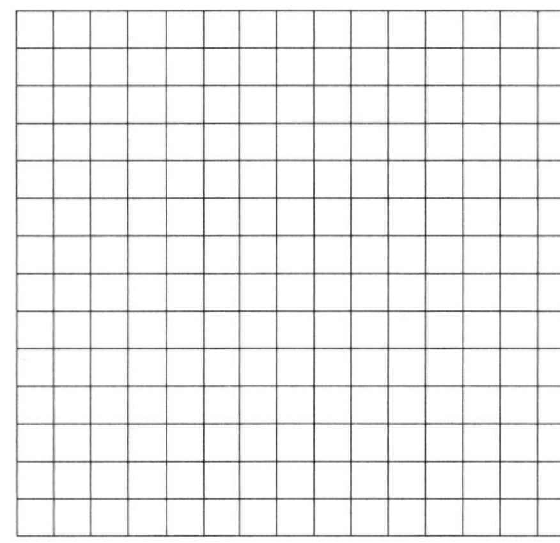

Spielregeln
Die Würfelnetze sind so aneinanderzulegen, dass sie gemeinsam ein Rechteck umschließen (einzäunen). Man muss dabei nicht alle Würfelnetze benützen.

Beispiel:

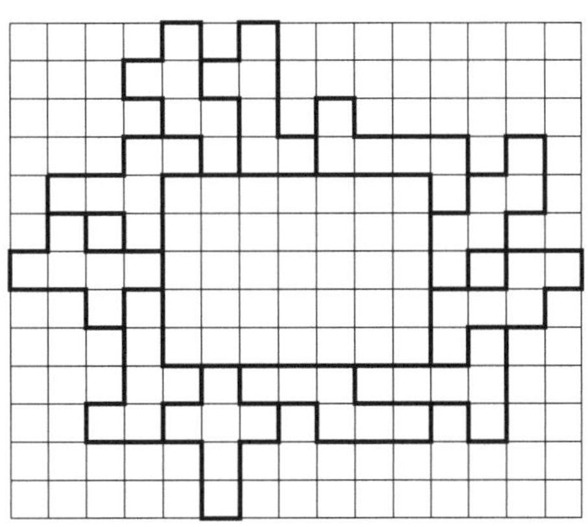

Varianten
- Alle elf Würfelnetze müssen benützt werden, um eine Rechteckfläche einzuzäunen.
- Die Aufgabe wird noch schwieriger, wenn man den Flächeninhalt des einzuzäunenden Rechteckes vorgibt: Im abgebildeten Beispiel beträgt er 35. Man kann aber auch Rechtecke mit Flächeninhalt 6; 8; 12; 42; 45 oder 48 bilden. Gibt es noch andere?
- Auch Quadrate kann man einzäunen: Es gibt eine Lösung für 9; 16; 25; 36 und 49 Einheitsflächen. Gibt es noch andere?

Einzäunen

Das Mathematikbuch 5, Ausgabe A
zu 978-3-12-700353-6

Zahlenkreuz (Typ: Magische Quadrate)

Spielmaterial und Spielplan
Für dieses Zahlenkreuz (Kopiervorlage) braucht man 12 Plättchen, nummeriert von 1 bis 12.

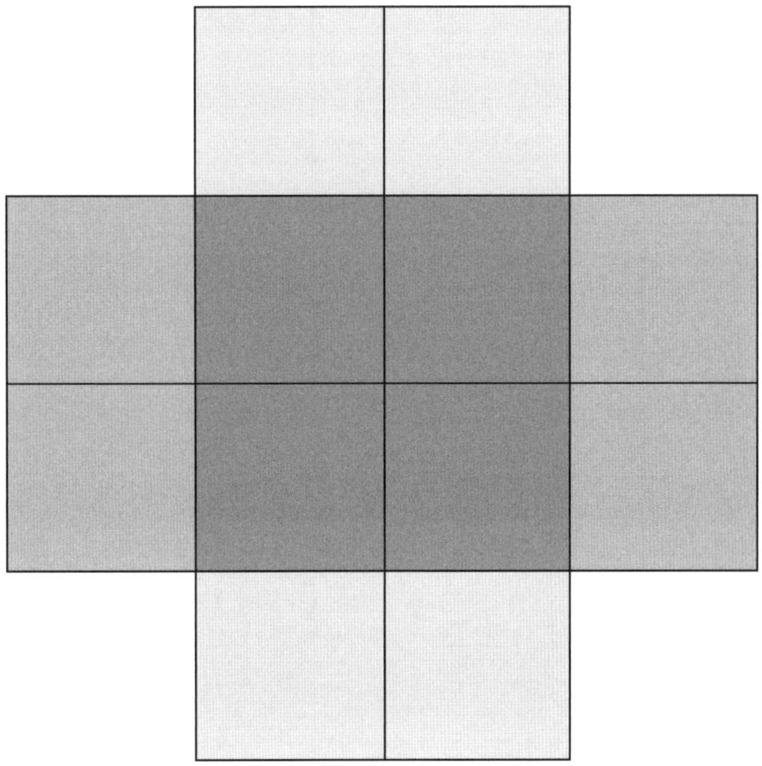

Spielregeln
Die nummerierten Plättchen sind so auf das Spielfeld zu legen, dass die Summe in den hellgrauen Feldern gleich groß ist wie die Summe der Zahlen in den mittelgrauen Feldern und auch gleich wie die Summe der Zahlen in den vier dunkelgrauen Feldern. Zusätzlich muss auch die Summe der beiden Vertikalen, bestehend aus zwei dunkelgrauen und zwei hellgrauen Feldern, und die Summe der beiden Horizontalen, bestehend aus zwei mittelgrauen und zwei dunkelgrauen Feldern, gleich groß sein. Gleich sieben Mal soll also die gleiche Summe entstehen.
Ein Tipp, falls die Lösung nicht gelingt: „Finde zuerst heraus, wie groß die Summe in den vier Feldern sein muss."

Mögliche Lösung
Die Summe muss 26 sein, denn $1 + 2 + 3 + \ldots + 12 = 6 \cdot 13 = 78$; $78 : 3 = 26$.

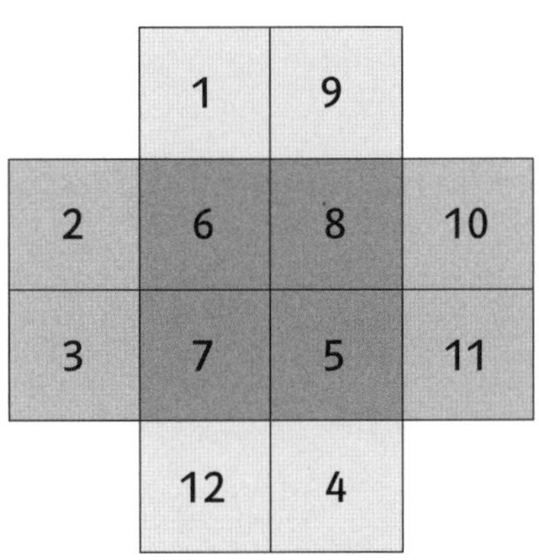

Zahlenkreuz

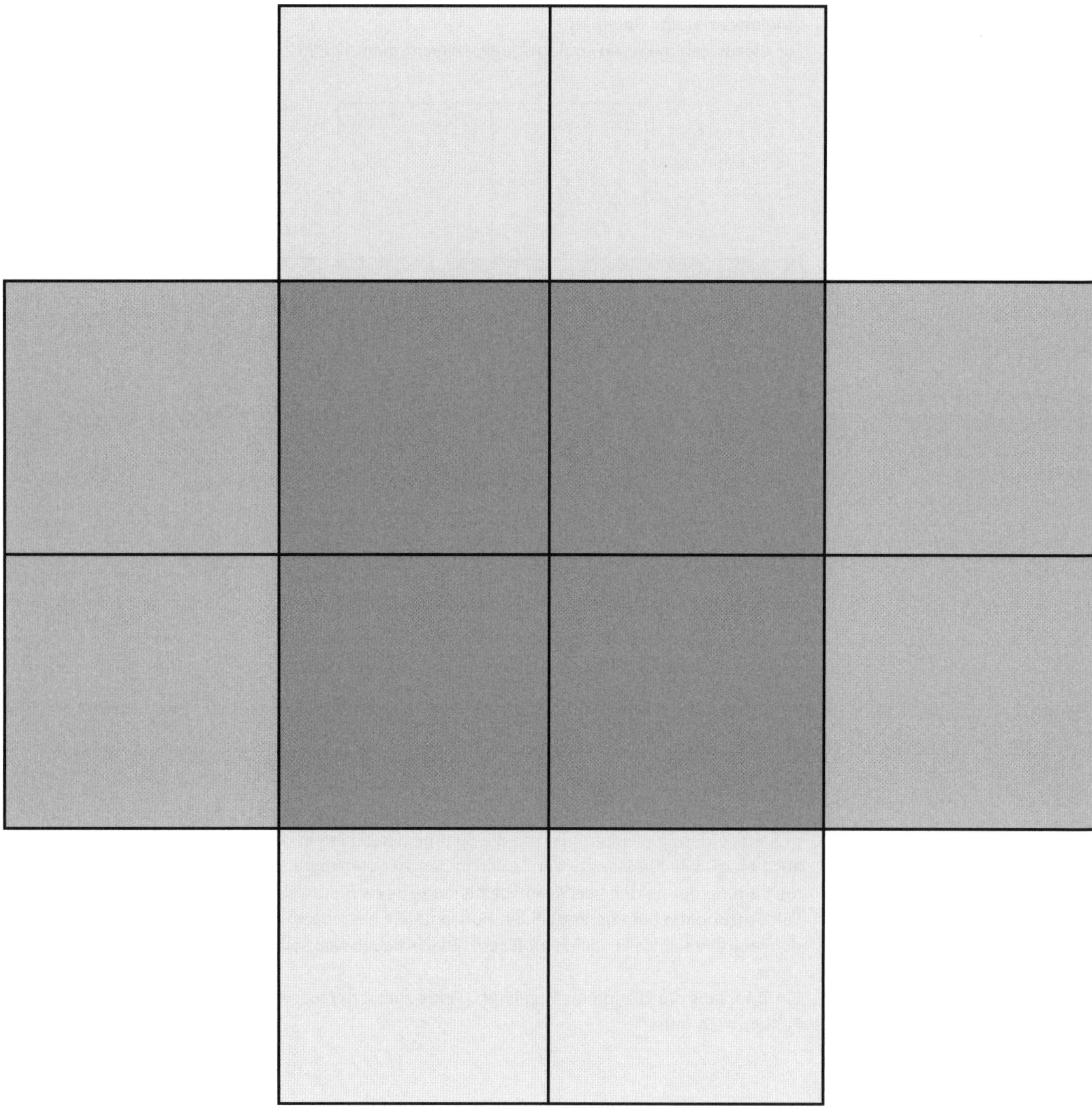

Wie viele? (Typ: Wägeproblem)

Aufgaben

1. Wie viele Quadrate muss man auf die rechte Seite der untersten Waage legen, damit sie wieder ausgeglichen ist?

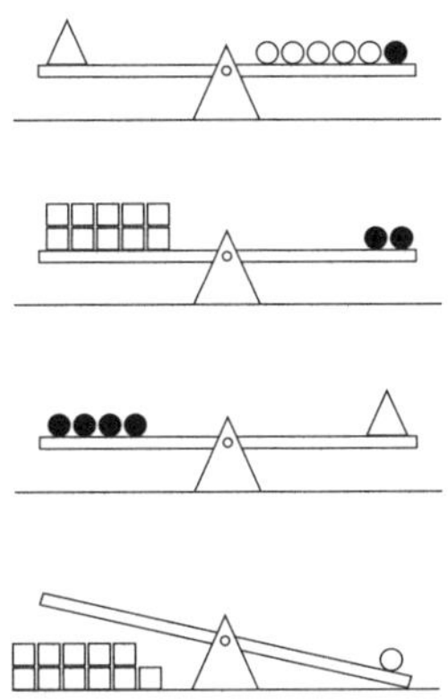

2. Wie viele Quadrate muss man auf die rechte Seite der untersten Waage legen, damit sie wieder ausgeglichen ist?

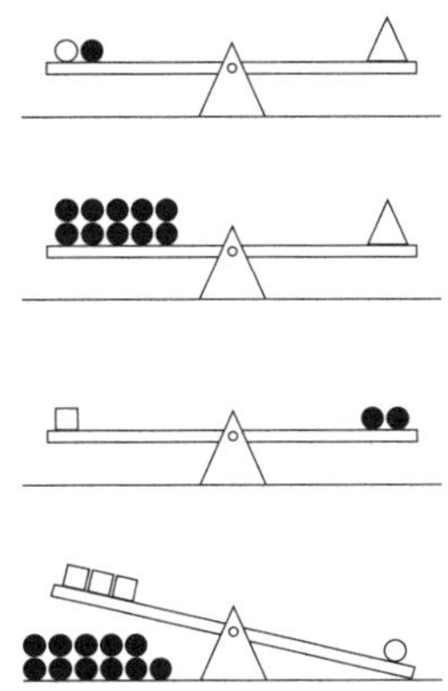

3. Wie viele Dreiecke muss man auf die rechte Seite der untersten Waage legen, damit sie wieder ausgeglichen ist?

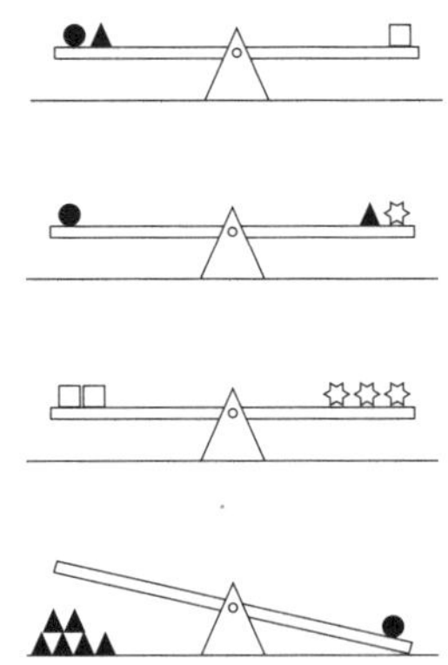

Varianten

Die Schülerinnen und Schüler können selbst solche Wägeprobleme erfinden und die Lösungen dazu aufschreiben. Vielleicht entsteht so mit der Zeit im Klassenzimmer eine kleine Sammlung mit einfachen und kniffligen Wägeproblemen.

Mögliche Lösungen

1. Bei all diesen Operationen bleibt die Waage im Gleichgewicht:

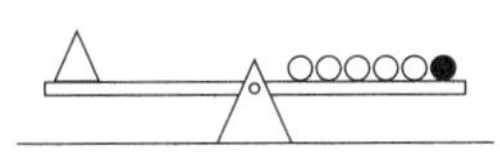

Kreis ersetzen durch 5 Quadrate:

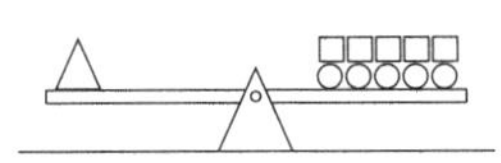

Dreieck ersetzen durch 4 Kreise:

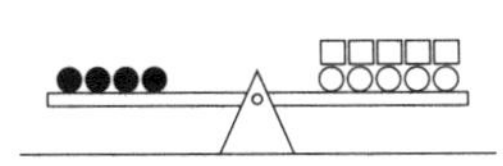

Je 2 Kreise ersetzen durch je 10 Quadrate:

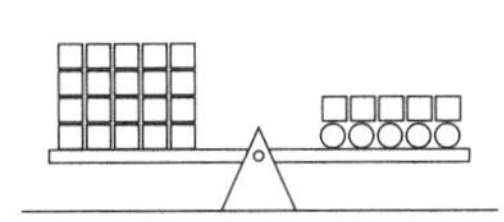

Auf beiden Seiten 5 Quadrate wegnehmen und die Last fünfteln:

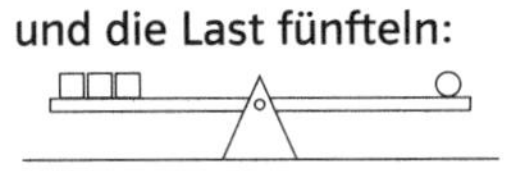

2. Bei all diesen Operationen bleibt die Waage im Gleichgewicht:

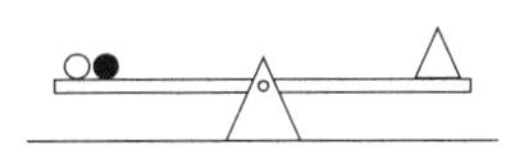

Dreieck ersetzen durch 10 Kreise:

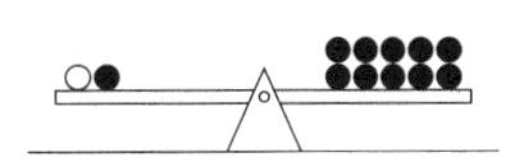

Beidseitig 1 Kreis wegnehmen:

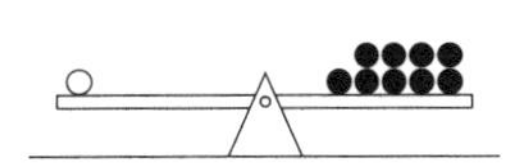

Dreimal 2 Kreise durch 1 Quadrat ersetzen:

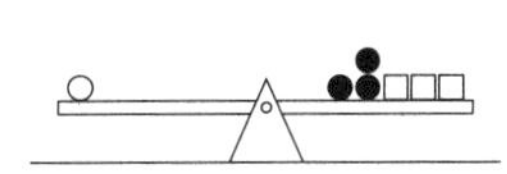

3. Bei all diesen Operationen bleibt die Waage im Gleichgewicht:

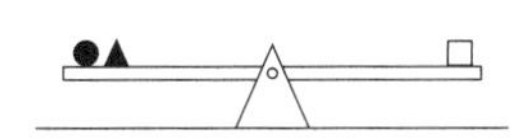

Last verdoppeln:

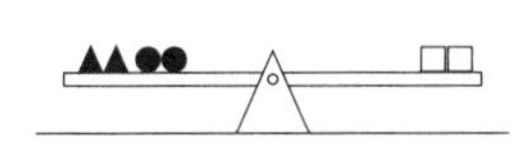

3 Sterne ersetzen die 2 Quadrate:

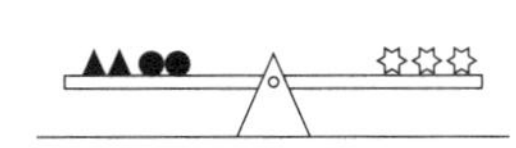

Beiderseits 3 Dreiecke dazugeben:

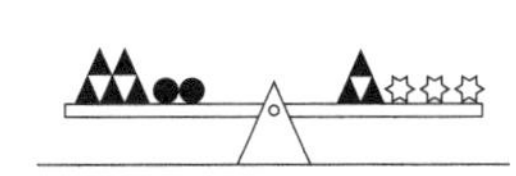

Dreieck-Stern-Paare durch Kreise ersetzen:

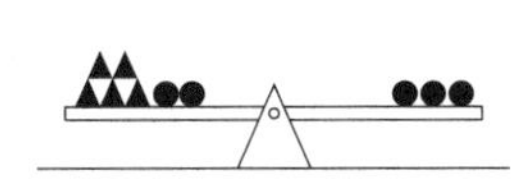

Je 2 Kreise wegnehmen:

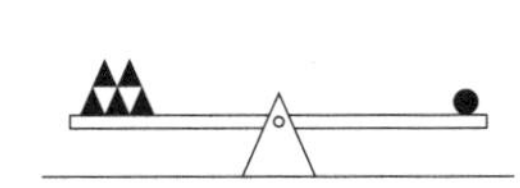

Z Zeichenuhr

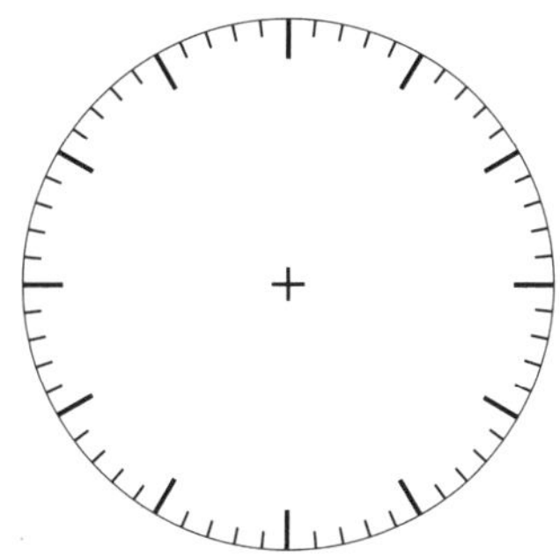

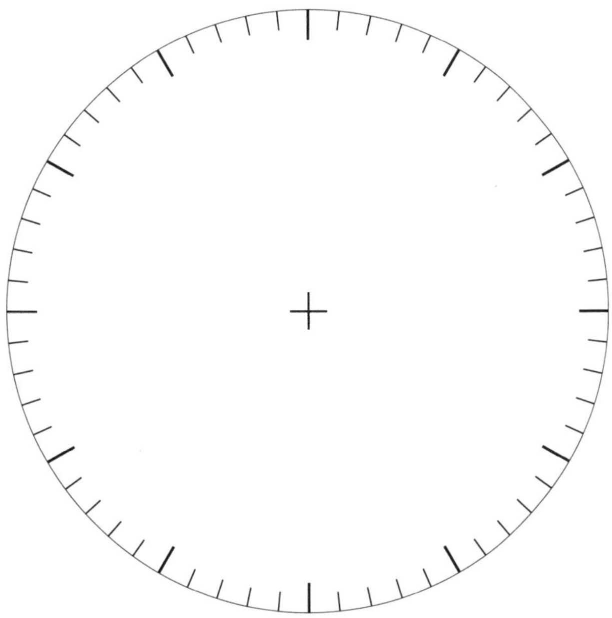

Folgende mathematische Fachbegriffe spielen in den genannten Lernumgebungen eine wichtige Rolle.